VISUELLES WISSEN
MATHEMATIK

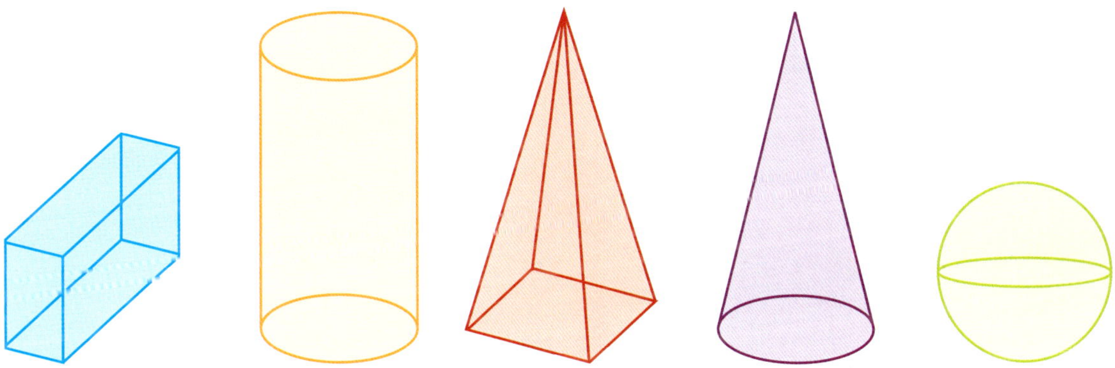

DK London / Delhi

Lektorat
Sarah MacLeod, Edward Aves, Ben Morgan, Alexandra Di Falco, Rachel Fox, Lisa Gillespie, Andrew Macintyre, Liz Wheeler, Jonathan Metcalf, Anita Kakar, Aashirwad Jain, Sonali Jindal, Rohan Sinha, Glenda R Fernandes

Gestaltung und Bildredaktion
Samantha Richiardi, Adam Brackenbury, Gus Scott, Owen Peyton Jones, Karen Self, Sanjay Chauhan, Sonakshi Singh, Aparajita Sen, Surya Sankash Sarangi, Taiyaba Khatoon, Sudakshina Basu, Vishal Bhatia, Nityanand Kumar, Malavika Talukder

Umschlaggestaltung
Akiko Kato, Sophia M.T.T., Juhi Sheth, Suhita Dharamjit, Rakesh Kumar

Herstellung
George Nimmo, Laura Andrews, Balwant Singh, Pankaj Sharma

Text- und Fachberatung
Belle Cottingham, John Farndon, Tom Jackson, Ben Morgan, Michael Olagunju, Jenny Skene, Karl Warsi

Für die deutsche Ausgabe:
Projektbetreuung Dr. Kerstin Schlieker
Herstellungskoordination Claudia Rode
Herstellung Sophie Schiela

Titel der englischen Originalausgabe:
SuperSimple Maths

Übersetzung Katja Roth
Lektorat Birgit Reit

ISBN 978-3-8310-4430-6

5902-322042-21990-07

Druck und Bindung Leo Paper Products, China

www.dk-verlag.de

DK

VISUELLES WISSEN
MATHEMATIK

DER ANSCHAULICHE EINSTIEG IN ALLE THEMENBEREICHE

Inhalt

Zahlen und Rechnen

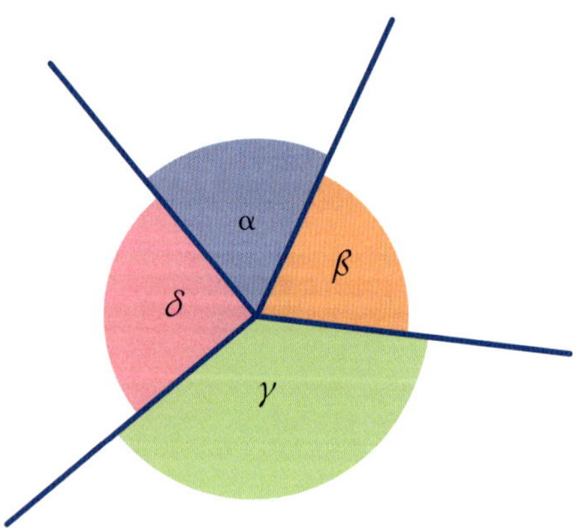

Winkel und Figuren

Brüche, Dezimalzahlen und Prozente

Maße

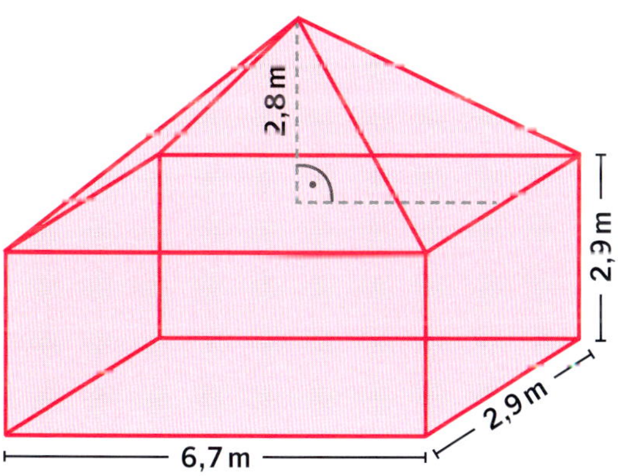

Einführung in die Algebra

Rechnen mit Potenzen

Gleichungen und Graphen

Verhältnis und Proportion

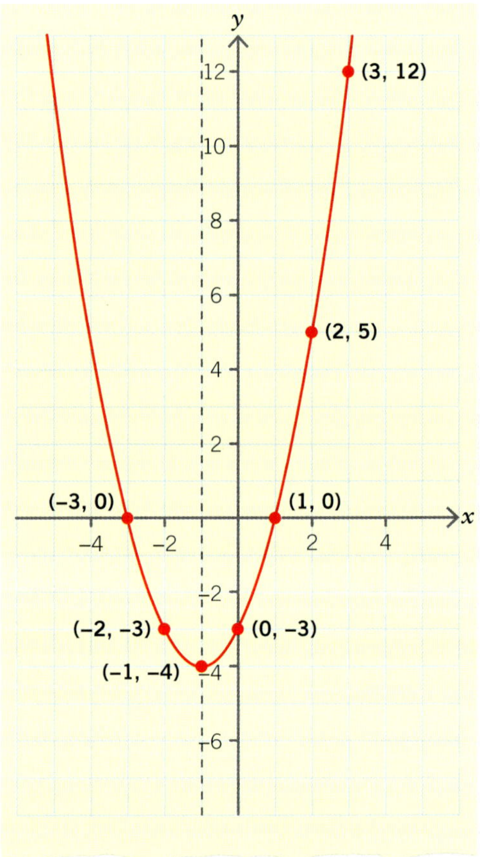

Geometrie

Trigonometrie

Wahrscheinlichkeit

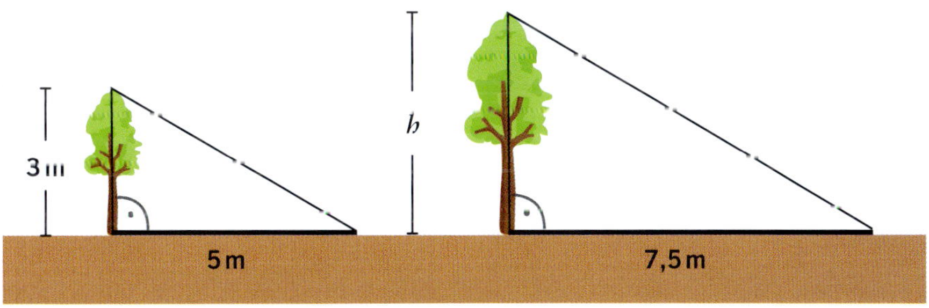

Statistik

Weitere Graphen

Folgen

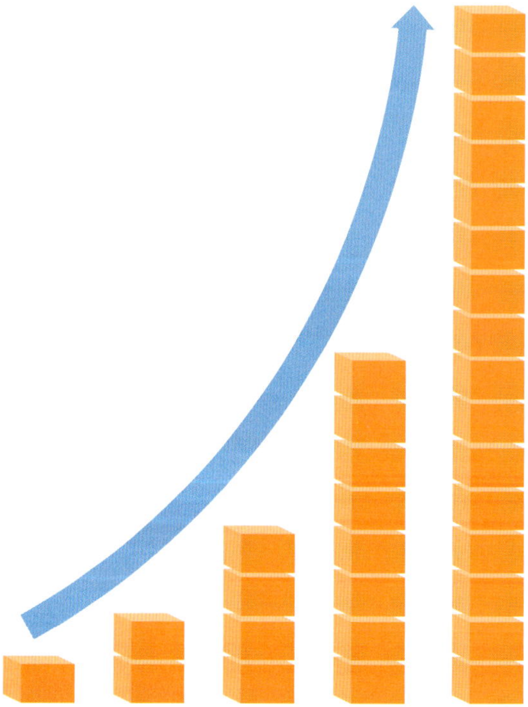

Zahlen und Rechnen

Zahlen – eine Einführung

Zahlen bilden das Fundament der Mathematik. Unser heutiges Zahlensystem heißt Dezimalsystem und basiert auf dem Denken, Zählen und Rechnen in Zehnergruppen.

Auf einen Blick

- ✓ Alle Zahlen im Dezimalsystem sind aus den Ziffern von 0 bis 9 in unterschiedlichen Kombinationen zusammengesetzt.
- ✓ Es gibt positive und negative Zahlen.
- ✓ Anteile werden durch Brüche wie ¾ oder Dezimalzahlen wie 0,75 dargestellt.
- ✓ Ganze Zahlen beinhalten die positiven und die negativen Zahlen sowie die Null, aber keine Brüche und Dezimalzahlen.

Verschiedene Arten von Zahlen
Im Dezimalsystem werden alle Zahlen aus nur 10 Ziffern gebildet, nämlich 0; 1; 2; 3; 4; 5; 6; 7; 8 und 9. Diese Ziffern werden in unterschiedlichen Kombinationen zusammengesetzt und können so jede erdenkliche Zahl von Null bis unendlich bilden. Sie werden ebenfalls genutzt, um verschiedene Arten von Mengen, beispielsweise negative Zahlen, Brüche und Dezimalzahlen darzustellen.

1

Natürliche Zahlen
Natürliche Zahlen sind alle ganzen positiven Zahlen. In manchen Büchern wird die Null zu den natürlichen Zahlen gezählt, in anderen nicht.

–2

Negative Zahlen
Eine positive Zahl ist eine Zahl, die größer ist als Null (z. B. 2). Entsprechend ist eine Zahl, die kleiner ist als Null, eine negative Zahl (z. B. –2).

$\frac{1}{4}$

Brüche
Brüche repräsentieren einen Teil von einem oder mehreren Ganzen. 1 ist eine ganze Zahl und ¼ repräsentiert einen Teil von einem Ganzen, das in vier Teile zerlegt wurde.

0,3

Dezimalzahlen
Dezimalzahlen sind Zahlen, in denen ein Komma vorkommt. Vor dem Komma (links davon) stehen die ganzen Zahlen, nach dem Komma (rechts davon) die Zehntel, Hundertstel, Tausendstel usw.

0

Null
Null ist ebenfalls eine Zahl. Die 0 steht neben den anderen Stellen einer Zahl als „Platzhalter“. Mithilfe der Null können wir z. B. zwischen den Zahlen 4, 40 und 400 unterscheiden.

Natürliche Zahlen, ganze Zahlen, Brüche, Dezimalzahlen

In diesem Buch geht es ausschließlich um natürliche Zahlen, ganze Zahlen, Brüche und Dezimalzahlen.

Natürliche Zahlen sind die Zahlen, die wir zum Zählen verwenden. Sie beginnen bei 0 oder 1 und gehen nach oben unendlich weiter.

Ganze Zahlen sind die natürlichen Zahlen und die negativen Zahlen, mit denen man von der 0 an abwärts immer weiter abwärts zählen kann.

Die Menge der Brüche und Dezimalzahlen umfasst die ganzen Zahlen und darüber hinaus auch alle Zahlen, die Bruchteile beinhalten.

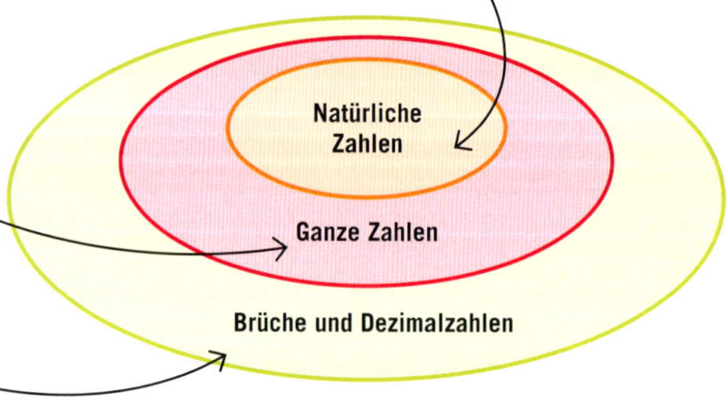

Dezimalzahlen

Dezimalzahlen sind Zahlen, in denen ein Komma vorkommt. Links vor dem Komma stehen alle ganzen Zahlen. Rechts nach dem Komma stehen die gebrochenen Teile, also die Zehntel, Hundertstel, Tausendstel und so weiter.

Auf einen Blick

- ✓ **Mithilfe von Dezimalzahlen stellt man Zahlen dar, die Teile enthalten, die kleiner als 1 sind.**
- ✓ **Ganze Zahlen stehen links vom Dezimalkomma, während der Anteil, der kleiner als 1 ist, rechts vom Komma steht.**
- ✓ **Will man Dezimalzahlen nach der Größe ordnen, so vergleicht man stellenweise von links nach rechts.**

Dezimalzahlen und Stellenwerte
Mithilfe einer Stellenwerttafel kann man sich Dezimalzahlen gut vorstellen. Hier steht jede Spalte für einen bestimmten Stellenwert.

67,74

Zehner 6 Zehner oder 60

Einer 7 Einer, oder 7

Zehntel 7 Zehntel oder $\frac{7}{10}$ oder 0,7

Hundertstel 4 Hundertstel oder $\frac{4}{100}$ ist gleich 0,04.

Z	E		z	h
6	7	,	7	4

Ziffern links vom Dezimalkomma stehen für ganze Zahlen.

Dezimalkomma

Ziffern rechts vom Dezimalkomma stehen für Teile von 1.

Dezimalzahlen ordnen

Will man Dezimalzahlen nach der Größe ordnen, so vergleicht man stellenweise von links nach rechts.

Aufgabe
Drei Läuferinnen liefern sich ein Kopf-an-Kopf-Rennen.

Läuferin A 9,4 Sekunden (s)
Läuferin B 9,37 Sekunden (s)
Läuferin C 9,42 Sekunden (s)

Ordne die Läuferinnen vom ersten bis zum dritten Platz.

Lösung

1. Die Ziffer 9 steht in allen drei Zahlen an der Einerstelle. Dies ist zugleich die erste Stelle: 9 ganze Sekunden.

2. Da 3 Zehntel kleiner sind als 4 Zehntel, ist Läuferin B die Schnellste.
1. Platz: Läuferin B mit 9,37 s

3. Die Zahl 9,4 entspricht 9,40. Da 0 Hundertstel kleiner sind als 2 Hundertstel, ist Läuferin A die Zweite.
2. Platz: Läuferin A mit 9,4 s
3. Platz: Läuferin C mit 9,42 s

	E		z	h
A	9	,	4	0
B	9	,	3	7
C	9	,	4	2

Addieren und subtrahieren

Bei der schriftlichen Addition schreibt man Zahlen stellengerecht untereinander (s. S. 11) und rechnet dann stellenweise von rechts nach links. Durch einen Überschlag kann man vorher schon schätzen, wie hoch das Ergebnis etwa sein wird, und daran kann man es auch überprüfen.

Auf einen Blick

- ✓ **Bei der schriftlichen Addition werden die Zahlen stellengerecht untereinander geschrieben.**
- ✓ **Dann wird spaltenweise addiert.**
- ✓ **Man addiert von rechts nach links, zuerst Einer plus Einer, dann Zehner plus Zehner, Hunderter plus Hunderter usw.**

Große Zahlen addieren

Addiere 342 und 297. Runde und überschlage zuerst: 340 + 300 = 640.

1. Schreibe die Zahlen stellengerecht untereinander, Hunderter unter Hunderter, Zehner unter Zehner, Einer unter Einer.

	H	Z	E
	3	4	2
+	2	9	7

2. Addiere nun die Einer: 2 plus 7. Die Summe ist 9. Schreibe die 9 in die Einerspalte der Ergebniszeile.

	H	Z	E
	3	4	2
+	2	9	7
			9

Wir arbeiten immer von rechts nach links.

3. Addiere die Zehner. Da die Summe (13) zwei Stellen hat, musst du die zweite Stelle (3) in die Zehnerspalte schreiben und die erste Stelle (1) in die Hunderterspalte „übertragen“.

	H	Z	E
	3	4	2
+	2_1	9	7
		3	9

Übertrage die 1.

4. Addiere die Hunderter und die übertragene 1. Die Lösung ist 639, was ungefähr dem Überschlagswert entspricht. Die Lösung ist wahrscheinlich richtig.

	H	Z	E
	3	4	2
+	2_1	9	7
	6	3	9

Addiere die übertragene 1.

Große Zahlen subtrahieren

Subtrahiere 195 von 927. Runde und überschlage zuerst: 930 – 200 = 730.

1. Schreibe die Zahlen stellengerecht untereinander. Die Zahl, von der abgezogen werden soll, steht oben, die andere unten.

	H	Z	E
	9	2	7
–	1	9	5

2. Subtrahiere zunächst die Einer von den Einern, die Lösung ist 2. Schreibe sie in die Lösungszeile.

	H	Z	E
	9	2	7
–	1	9	5
			2

3. Da man in der Zehnerspalte 2 minus 9 nicht rechnen kann, musst du aus der Hunderterspalte 1 „borgen“ und 12 minus 9 rechnen. Schreibe die 3 in die Ergebniszeile.

	H	Z	E
	9	2	7
–	1_1	9	5
		3	2

Borge 1 aus der Hunderterspalte.

4. Rechne nun 9 minus 2 (die geborgte 1 wird auch abgezogen). Das Ergebnis ist 732. Die Lösung ist nah am Überschlag, also wahrscheinlich richtig.

	H	Z	E
	9	2	7
–	1_1	9	5
	7	3	2

Dezimalzahlen addieren und subtrahieren

Die Addition und Subtraktion von Dezimalzahlen funktioniert genauso wie die Addition und Subtraktion von ganzen Zahlen (siehe linke Seite). Ziffern mit gleichem Stellenwert stehen untereinander und Komma steht unter Komma.

Auf einen Blick

- ✓ **Bei der Addition und Subtraktion werden die Dezimalzahlen stellengerecht untereinander geschrieben.**
- ✓ **Komma steht unter Komma. Bei Bedarf werden Nullen angehängt.**

Dezimalzahlen addieren

Berechne 26,97 + 14,8. Schreibe die Zahlen stellengerecht untereinander, sodass Komma unter Komma steht. Überschlage zunächst das Ergebnis, indem du die Dezimalzahlen auf die nächste ganze Zahl rundest: 27 + 15 = 42, die Lösung beträgt ungefähr 42.

1. Hänge an 14,8 eine 0 an, damit beide Zahlen gleich viele Nachkommastellen haben. Addiere von rechts nach links. Schreibe die 7 in die Spalte der Hundertstel in der Lösungszeile.

	Z	E	,	z	h
	2	6	,	9	7
+	1	4	,	8	0
			,		7

2. Es folgt die Zehntelspalte: Da 9 + 8 = 17, musst du die 1 in die Einerspalte übertragen.

	Z	E	,	z	h
	2	6	,	9	7
+	1	4_1	,	8	0
			,	7	7

Übertrage 1.

3. Addiere in der Einerspalte auch die übertragene 1. Da 6 + 4 + 1 = 11, muss eine weitere 1 übertragen werden.

	Z	E	,	z	h
	2	6	,	9	7
+	1_1	4_1	,	8	0
		1	,	7	7

Übertrage die nächste 1.

4. Jetzt die Zehnerspalte: Addiere wieder die übertragene 1. Die Lösung ist 41,77. Das ist nah am Überschlagswert, daher ist die Rechnung wahrscheinlich richtig.

	Z	E	,	z	h
	2	6	,	9	7
+	1_1	4	,	8	0
	4	1	,	7	7

Dezimalzahlen subtrahieren

Wie viel Geld bekommst du zurück, wenn du einen Schokoriegel für 1,34 € mit einem 5 €-Schein bezahlst? Achte darauf, dass beide Zahlen die gleiche Anzahl an Dezimalstellen haben. 5 lässt sich als 5,00 schreiben. Rechne also 5,00 € – 1,34 €.

Borge 1 von den Zehnteln.

1. Beginne mit der Hundertstel-Spalte: Da du 0 minus 4 nicht rechnen kannst, musst du 1 aus der Zehntelspalte borgen. Nun kannst du 10 – 4 rechnen. Notiere die 6 in der Hundertstelspalte der Lösungszeile.

	E	,	z	h
	5	,	0	0
–	1	,	3_1	4
		,		6

2. Jetzt musst du eine 1 aus der Einerspalte borgen. Subtrahiere also 4 wieder von 10, nicht von 0.

	E	,	z	h
	5	,	0	0
–	1_1	,	3_1	4
		,		6

3. Schreibe die 6 in die Zehntelspalte der Lösungszeile.

	E	,	z	h
	5	,	0	0
–	1_1	,	3_1	4
		,	6	6

4. Nun folgt die Einerspalte: Rechne hier 5 – 2. Die Lösung der Aufgabe lautet: Du erhältst 3,66 € zurück.

	E	,	z	h
	5	,	0	0
–	1_1	,	3_1	4
	3	,	6	6

Negative Zahlen

Negative Zahlen sind kleiner als Null. Wir verwenden sie täglich, beispielsweise bei der Angabe von Temperaturen unter 0 °C. Negative Zahlen erhalten ein vorangestelltes Minuszeichen, wie zum Beispiel –7.

Auf einen Blick

- ✓ Multiplikation und Division von Zahlen mit gleichem Vorzeichen ergeben immer eine positive Zahl.
- ✓ Multiplikation und Division von Zahlen mit unterschiedlichen Vorzeichen ergeben immer eine negative Zahl.
- ✓ Der Betrag einer Zahl ist ihr Wert ohne das Vorzeichen. Zahl und Gegenzahl haben unterschiedliche Vorzeichen, aber denselben Betrag.

Mit negativen Zahlen addieren und subtrahieren

Am Zahlenstrahl kann man Addition und Subtraktion negativer Zahlen gut zeigen: Für die Addition geht man schrittweise nach rechts, für die Subtraktion schrittweise nach links.

Eine positive Zahl zu einer negativen Zahl addieren
Man geht von der negativen Zahl aus nach rechts. Ist der Betrag der positiven Zahl größer als der Betrag der negativen Zahl, so ist das Ergebnis positiv.

$$-4 + 5 = 1$$

Eine negative Zahl zu einer beliebigen Zahl addieren
Die Addition einer negativen Zahl zu einer beliebigen Zahl ist dasselbe wie die Subtraktion der Gegenzahl.

$$9 + (-1) =$$
$$9 - 1 = 8$$

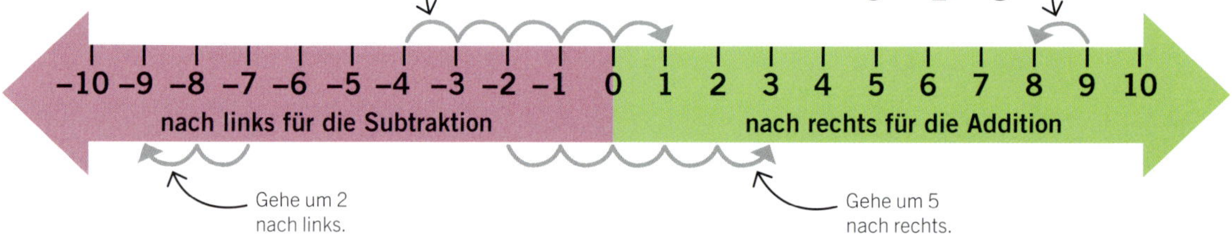

Eine positive Zahl von einer negativen Zahl subtrahieren
Man geht von der negativen Zahl aus entsprechend viele Schritte nach links.

$$-7 - 2 = -9$$

Eine negative Zahl von einer beliebigen Zahl subtrahieren
Die Subtraktion einer negativen Zahl von einer beliebigen Zahl ist dasselbe wie die Addition der Gegenzahl.

$$-2 - (-5) =$$
$$-2 + 5 = 3$$

Mit negativen Zahlen multiplizieren und dividieren

Die Regeln für Multiplikation und Division negativer Zahlen kann man sich ganz einfach merken. Werden zwei Zahlen mit gleichem Vorzeichen multipliziert oder dividiert, so ist das Ergebnis eine positive Zahl, sind die Vorzeichen unterschiedlich, ist das Ergebnis eine negative Zahl.

Mult./Div. einer positiven mit einer negativen Zahl = negative Zahl	+ – gleich –	$2 \cdot (-3) = -6$	$6 : (-3) = -2$
Mult./Div. einer negativen mit einer positiven Zahl = negative Zahl	– + gleich –	$-2 \cdot 3 = -6$	$-6 : 3 = -2$
Mult./Div. zweier negativer Zahlen = positive Zahl	– – gleich +	$-2 \cdot -3 = 6$	$-6 : (-3) = 2$

Multiplikation und Division mit 10, 100 und 1000

Will man eine ganze Zahl mit 10, 100 oder 1000 multiplizieren, so muss man lediglich entsprechend viele Nullen an die Zahl anhängen. Zum Beispiel gilt: $5 \cdot 10 = 50$ oder $62 \cdot 100 = 6200$. Für Dezimalzahlen braucht man aber noch ein paar zusätzliche Regeln.

Auf einen Blick

- ✓ Bei der Multiplikation mit 10, 100 oder 1000 rückt das Dezimalkomma um eine, zwei oder drei Stellen nach rechts.
- ✓ Bei der Division durch 10, 100 oder 1000 rückt das Dezimalkomma um eine, zwei oder drei Stellen nach links.

Multiplikation mit 10, 100 oder 1000

Wird eine Zahl mit 10 multipliziert, ändert sich der Stellenwert jeder einzelnen Ziffer um 10. Die Ziffern in der Stellenwerttabelle rücken also alle um eine Stelle nach links (oder das Dezimalkomma rückt um eine Stelle nach rechts). Die Multiplikation mit 100 oder 1000 funktioniert ebenso: Die Ziffern in der Stellenwerttafel rücken um so viele Stellen nach links wie die Zehnerzahl Nullen hat (oder das Dezimalkomma rückt um diese Anzahl an Stellen nach rechts). Hänge dabei so viele Nullen an wie nötig.

Multiplikation mit 10

$2{,}82 \cdot 10 = 28{,}2$

Das Dezimalkomma rückt um eine Stelle nach rechts.

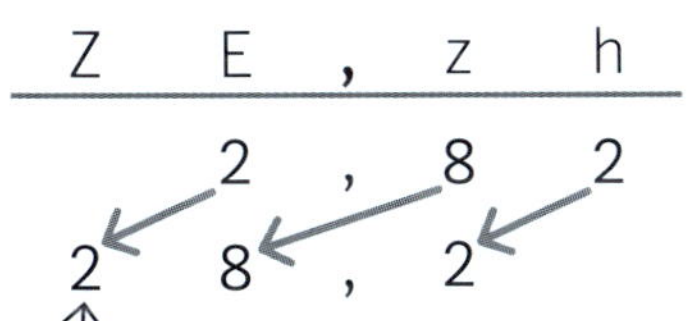

Jede Ziffer rückt eine Stelle nach links.

Multiplikation mit 100

$2{,}82 \cdot 100 = 282$

Das Dezimalkomma rückt zwei Stellen nach rechts.

Multiplikation mit 1000

$2{,}82 \cdot 1000 = 2820$

Das Dezimalkomma rückt drei Stellen nach rechts. Man muss eine Null anhängen.

Division durch 10, 100 oder 1000

Wird eine Zahl durch 10 dividiert, ändert sich der Stellenwert jeder einzelnen Ziffer um 10. Die Ziffern in der Stellenwerttabelle rücken also alle um eine Stelle nach rechts (oder das Dezimalkomma rückt um eine Stelle nach links). Die Division durch 100 und 1000 funktioniert ebenso: Die Ziffern in der Stellenwerttafel rücken um so viele Stellen nach rechts wie die Zehnerzahl Nullen hat (oder das Dezimalkomma rückt um diese Anzahl an Stellen nach links). Streiche so viele Endnullen wie nötig.

Division durch 10

$762 : 10 = 76{,}2$

Das Dezimalkomma rückt eine Stelle nach links.

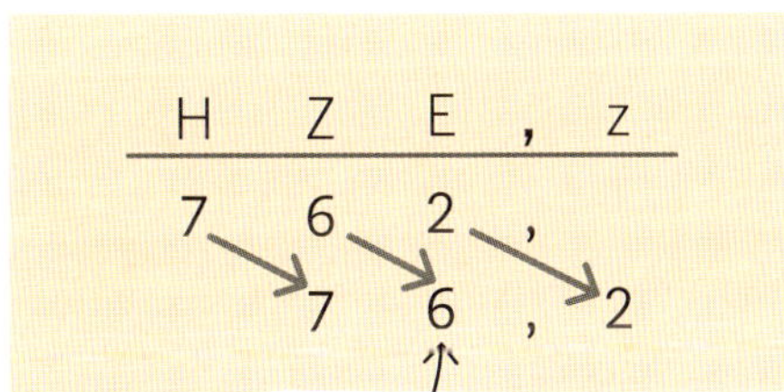

Jede Ziffer rückt eine Stelle nach rechts.

Division durch 100

$762 : 100 = 7{,}62$

Das Dezimalkomma rückt zwei Stellen nach links.

Division durch 1000

$762 : 1000 = 0{,}762$

Das Dezimalkomma rückt drei Stellen nach links.

Schriftliche Multiplikation

Das Ergebnis der Multiplikation von zwei Zahlen heißt Produkt. Es ist relativ schwierig, größere Zahlen im Kopf zu multiplizieren, daher benutzt man oft den Taschenrechner. Es gibt aber auch eine schriftliche Multiplikationsmethode, mit der man ein Produkt ganz einfach selbst ausrechnen kann.

Schriftliche Multiplikation

Bei der schriftlichen Multiplikation schreibt man links die Zahl, die mehr Stellen hat, rechts die Zahl, die weniger Stellen hat. Dann multipliziert man stellenweise. Nacheinander wird jede Ziffer des ersten Faktors mit jeder Ziffer des zweiten Faktors multipliziert. Zuvor kann man mit einer Überschlagsrechnung das Ergebnis ungefähr vorhersagen (siehe unten).

1. Multipliziere zuerst 162 mit der Hunderterstelle von 143. Arbeite stellenweise von rechts nach links: 1 · 2, dann 1 · 6, dann 1 · 1. Schreibe die Ziffern stellengerecht untereinander. Hänge zwei Nullen an, da du mit 100 (nicht mit 1) multipliziert hast.

```
162 · 143
─────────
16200
```

Multipliziere die Hunderterstelle.

Hänge zwei Nullen an.

2. Multipliziere die Zehnerstelle von 143 stellenweise von rechts nach links: 4 · 2, dann 4 · 6 (behalte 2), dann 4 · 1 (addiere die behaltene 2 zum Ergebnis: 4 + 2 = 6). Hänge eine Null an, da du mit 40 (nicht mit 4) multipliziert hast.

```
₂162 · 143
─────────
   16200
    6480
```

Multipliziere die Zehnerstelle.

Hänge eine Null an.

3. Multipliziere die Einerstelle von 143 von rechts nach links mit 162: 3 · 2, dann 3 · 6 (behalte 1), dann 3 · 1 (addiere hier wieder die behaltene 1). Schreibe stellengerecht untereinander.

```
₁162 · 143
─────────
    16200
+    6480
+     486
```

Multipliziere die Einerstelle.

Einer unter Einer, Zehner unter Zehner usw.

4. Jetzt musst du die Zwischenergebnisse noch addieren. Das Endergebnis ist 23 166. Dieser Wert liegt nah beim geschätzten Wert von 22 500, also ist die Lösung wahrscheinlich richtig.

```
 162 · 143
─────────
    16200
+    6480
+     486
    1 1 1
─────────
    23166
```

Überschlagsrechnung

Überschlage 162 · 143, indem du beide Faktoren zuerst auf 150 rundest und dann mithilfe deines Wissens über die Multiplikation mit 100 (s. S. 15) das Produkt von 150 · 150 berechnest.

1. Multipliziere zuerst 150 · 100.

150 · 100 = 15 000

2. Rechne jetzt noch 150 · 50. Da 50 die Hälfte von 100 ist, wird auch das Produkt von 150 · 50 die Hälfte von 150 · 100 sein.

150 · 50 = 7500

3. Addiere die beiden Produkte:

15 000 + 7500 = 22 500

Schriftliche Multiplikation von Dezimalzahlen

Die schriftliche Multiplikation von Dezimalzahlen funktioniert genau wie die schriftliche Multiplikation von ganzen Zahlen. Man muss nur vor der Multiplikation die Dezimalkommas entfernen und sie nach der Rechnung wieder an der richtigen Stelle einsetzen.
Wir rechnen hier als Beispiel 2,91 · 3,2.

1. Zuerst überschlagen wir kurz: 3 · 3 = 9, die Lösung ist also ungefähr 9. Indem du die linke Zahl mit 100 und die rechte mit 10 multiplizierst, kannst du die Dezimalkommas entfernen.

2,91 · 3,2

· 100 ↓ ↓ · 10

291 · 32

2. Multipliziere zuerst 291 mit der Zehnerstelle von 32. Arbeite stellenweise von rechts nach links: 3 · 1, dann 3 · 9 (schreibe 7; behalte 2), dann 3 · 2 (addiere die behaltene 2 zum Ergebnis: 6 + 2 = 8). Schreibe stellengerecht untereinander. Hänge eine Null an, da du mit 30 und nicht mit 3 multipliziert hast.

```
 ₂291 · 32
 ─────────
  8730
```

Multipliziere zuerst die Zehnerstelle.

Hänge eine Null an.

3. Multipliziere nun die Einerstelle. Beginne mit 2 · 1; dann 2 · 9 (schreibe 8 und behalte 1), dann 2 · 2 (addiere hier die behaltene 1). Arbeite jede Stelle ab und denke dabei immer an die behaltenen Zahlen.

```
 ₁291 · 32
 ─────────
  8730
   582
```

Multipliziere dann die Einerstelle.

4. Addiere die Zwischenergebnisse. Die Summe ist 9312. Jetzt fehlt nur noch das Dezimalkomma.

```
  291 · 32
 ─────────
  8730
+  582
   ₁₁
 ─────────
  9312
```

5. Um die Stelle für das Dezimalkomma zu finden, musst du zuerst die beiden Zahlen, 100 und 10, mit denen du oben die Dezimalzahlen in ganze Zahlen umgewandelt hast, miteinander multiplizieren. Dividiere dann 9312 durch diese Zahl (1000): Die Lösung ist 9,312.

100 · 10 = 1000

9312 : 1000 = 9,312

Da wir ungefähr 9 geschätzt hatten, ist die Lösung wahrscheinlich richtig.

Auf einen Blick

- ✓ **Mit schriftlicher Multiplikation kann man das Produkt großer Zahlen einfach berechnen.**
- ✓ **Schriftliche Multiplikation funktioniert auch bei Dezimalzahlen.**
- ✓ **Die Dezimalkommas werden vor der Rechnung entfernt und anschließend wieder hinzugefügt.**

Schriftliche Division

Bei der Division will man herausfinden, wie oft eine Zahl in eine andere „hineinpasst". Sie ist also die Umkehrung der Multiplikation und aus diesem Grund ein wenig schwieriger.

Auf einen Blick

- ✓ Bei der Division teilt man eine Zahl (Dividend) durch eine andere Zahl (Divisor).
- ✓ Die schriftliche Division ist für schwierigere Rechnungen gut geeignet.
- ✓ Bei der schriftlichen Division von Dezimalzahlen kann es sinnvoll sein, diese zuerst in ganze Zahlen umzuwandeln und anschließend das Dezimalkomma an der richtigen Stelle wieder einzufügen.

Schriftliche Division mit einstelligem Divisor
Falls der Dividend nicht durch den Divisor teilbar ist, bleibt ein Divisionsrest übrig. Diesen müssen wir dann ebenfalls noch dividieren.

1. Bei der Division beginnt man bei der höchsten Stelle. Dividiere also zuerst 7 durch 6. Notiere die 1 im Ergebnis und subtrahiere 1 · 6 in der linken Spalte. Ziehe dann die 5 nach unten.

```
753 : 6 = 1
– 6
 15
```

Subtrahiere die 6, denn 1 · 6 = 6.
Rechne zuerst 7 : 6.
7 : 6 = 1
Ziehe die 5 nach unten.

2. Rechne dann 15 : 6 und notiere die 2 im Ergebnis. Subtrahiere in der linken Spalte das Produkt aus 2 · 6 von 15 und ziehe dann die 3 herunter.

```
753 : 6 = 12
6
 15
– 12
  33
```

Rechne nun 15 : 6.
15 : 6 = 2
Ziehe die 3 nach unten.
Subtrahiere 2 · 6 = 12.

3. Dividiere 33 durch 6. Notiere die 5 im Ergebnis. Subtrahiere in der linken Spalte 5 · 6 von 33. Setze nun (gedanklich) im Dividenden ein Dezimalkomma und hänge eine Null an. Die Null musst du dann „herunterziehen". Setze auch im Ergebnis ein Dezimalkomma und rechne 30 : 6.
Notiere die 5 im Ergebnis. Subtrahiere 5 · 6 von 30. Die Lösung lautet 125,5.

```
753,0 : 6 = 125,5
6
 15
 12
  33
  30
   30
 – 30
    0
```

Setze ein Komma, hänge 0 an.
30 : 6 = 5
Lösung
Ziehe die 0 nach unten.
Subtrahiere 5 · 6 = 30.
Ende der Rechnung

Dezimalzahl durch eine ganze Zahl dividieren
Man dividiert eine Dezimalzahl durch eine ganze Zahl wie gewohnt. Das Komma im Ergebnis wird gesetzt, wenn man beim Dividieren das Komma im Dividenden überschreitet. Wir rechnen 42,6 : 3.

1. Dividiere zuerst 4 durch 3. Notiere die 1 im Ergebnis und subtrahiere 1 · 3 in der linken Spalte. Ziehe die 2 nach unten.

```
42,6 : 3 = 1
– 3
 12
```

Subtrahiere 1 · 3 = 3.
3 passt 1-mal in 4. Schreibe 1 im Ergebnis.

2. Jetzt dividiere 12 durch 3. Notiere 4 im Ergebnis und subtrahiere 4 · 3 in der linken Spalte.

```
42,6 : 3 = 14
– 3
 12
– 12
  0
```

12 : 3 = 4. Schreibe 4 im Ergebnis.
Subtrahiere 4 · 3 = 12.

3. Ziehe die 6 nach unten. Dabei überschreitest du das Komma. Setze daher jetzt auch ein Komma im Ergebnis und dividiere 6 durch 3. Notiere 2 im Ergebnis. Die Lösung lautet 14,2.

```
42,6 : 3 = 14,2
– 3
 12
– 12
  06
   6
   0
```

Komma überschritten
Setze ein Komma.
Lösung
Ende der Rechnung

Schriftliche Division mit mehrstelligem Divisor

Bei einem mehrstelligen Divisor kann die schriftliche Division einige Rechenschritte umfassen. Man arbeitet Schritt für Schritt jeweils mit dem verbleibenden Rest weiter.

1. Wir beginnen mit 45 : 36. Notiere die 1 im Ergebnis.

Dividiere zuerst 45 : 36.

450 : 36 = 1
36

Schreibe 1.

2. In der linken Spalte müssen wir dann 1 · 36 abziehen: 45 – 36 = 9. Übrig bleibt der Rest 9.

450 : 36 = 1
– 36
9

Rest nach der ersten Division

Subtrahiere 1 · 36 in der linken Spalte.

3. Ziehe die nächste Stelle (0) nach unten und dividiere 90 : 36.

Da 36 nur 2-mal in 90 passt, notiere die 2.

450 : 36 = 12
– 36
90

4. Da 2 · 36 = 72 ist, musst du jetzt 72 von 90 subtrahieren. Das Ergebnis ist 18.

450 : 36 = 12
– 36
90
– 72
18

5. Da der Dividend nun keine weiteren Stellen mehr hat, füge im Dividenden ein Dezimalkomma und eine 0 hinzu. Ziehe die hinzugefügte 0 nach unten und dividiere 180 durch 36.

450,0 : 36 = 12,
– 36
90
– 72
180

6. Diese Rechnung geht genau auf, denn 36 passt genau 5-mal in 180.

450,0 : 36 = 12,5 (Lösung)
– 36
90
– 72
180
– 180
0

Schriftliche Division mit zwei Dezimalzahlen

Zuerst werden beide Zahlen in ganze Zahlen umgewandelt, indem man mit entsprechenden Zehnerzahlen (10; 100; 1000 usw.) multipliziert. Wir berechnen im Beispiel 52,14 : 0,22.

1. Um das Dezimalkomma zu entfernen, multiplizieren wir beide Zahlen mit 100. Das Komma rückt somit um zwei Stellen nach rechts und wir können mit ganzen Zahlen rechnen. Zuvor überschlagen wir kurz: 5000 : 20 = 250.

52,14 : 0,22
· 100 · 100
5214 : 22

2. Jetzt dividieren wir schriftlich wie gewohnt: 22 passt 2-mal in 52. Die 2 wird im Ergebnis notiert. Subtrahiere in der linken Spalte (2 · 22 =) 44 von 52. Es bleibt ein Rest von 8.

5214 : 22 = 2
– 44
8

3. Ziehe die nächste Stelle (1) herunter und dividiere 81 durch 22. Notiere die 3 im Ergebnis. Subtrahiere in der linken Spalte (3 · 22 =) 66 von 81. Es bleibt ein Rest von 15.

5214 : 22 = 23
– 44
81
– 66
15

4. Ziehe zum Schluss die letzte Stelle (4) herunter und dividiere 154 durch 22. Diese Rechnung geht genau auf, denn 22 passt genau 7-mal in 154. Das Ergebnis 237 ist nah an unserem geschätzten Wert (250), also ist es vermutlich korrekt.

5214 : 22 = 237
– 44
81
– 66
154
– 154
0

Im Kopf addieren und subtrahieren

Viele alltägliche Rechnungen können etwas vereinfacht werden, sodass man sie auch im Kopf oder mithilfe kurzer, schriftlicher Notizen schneller lösen kann.

Auf einen Blick

- ✓ **Mithilfe der Zerlegungsmethode lässt sich eine Rechnung in mehrere einfache Schritte zerlegen.**
- ✓ **Mit der Ausgleichsmethode gleicht man die Zahlen beidseitig so an bzw. aus, dass man einfacher rechnen kann.**

Zerlegungsmethode
Du kannst eine schwierige Rechnung in mehrere einfachere Rechnungen zerlegen. Wir berechnen hier zum Beispiel 352 + 414, indem wir zuerst die Hunderter, Zehner und Einer getrennt zusammenzählen und dann die Zwischenergebnisse addieren.

352 + 414 = ?

300 + 400 = 700 — **1.** Addiere zuerst die Hunderter.

50 + 10 = 60 — **2.** Dann addiere die Zehner.

2 + 4 = 6 — **3.** Als Nächstes die Einer

700 + 60 + 6 = 766 — **4.** Bilde am Ende die Gesamtsumme.

Ausgleichsmethode der Addition
Manchmal kann man Zahlen einfacher addieren, wenn man zuerst bis zum nächsten Zehner, Hunderter, Tausender usw. ergänzt und dann den Rest addiert. Rechne zum Beispiel 196 + 234.

1. Ergänze zuerst bis zum nächsten Hunderter: 196 + 4 = 200.

2. Dafür musst du auf der anderen Seite 4 von 234 abziehen.

196 + 234 = ?

+ 4 | − 4

200 + 230 = 430

3. Mit diesen glatten Zahlen kannst du schneller rechnen.

Ausgleichsmethode der Subtraktion
Bei der Subtraktion müssen wir auf beiden Seiten denselben Wert addieren oder subtrahieren. Wir berechnen 27,6 – 18,8.

1. Addiere 1,2 zu 18,8 um auf 20 zu kommen.

27,6 − 18,8 = ?

+ 1,2 | + 1,2

28,8 − 20,0 = 8,8

2. Nun musst du zum Ausgleich denselben Wert zu 27,6 addieren.

3. Mit diesen einfacheren Zahlen kannst du besser rechnen.

Im Kopf multiplizieren und dividieren

Es gibt Zahlen, mit denen man leichter rechnen kann als mit anderen. Multiplikationen oder Divisionen lassen sich im Kopf leicht vereinfachen, indem man die Rechnungen in mehrere Schritte zerlegt.

Auf einen Blick

- ✓ Man kann Rechenaufgaben in mehrere einfache Rechenschritte zerlegen.
- ✓ Mit der Kompensationsmethode und dem Einmaleins kann man viele Ergebnisse geschickt bestimmen.

Zerlegungsmethode
Mithilfe der Zerlegungsmethode können wir komplizierte Multiplikationen und Divisionen in mehrere einfachere Rechnungen zerlegen. Im Beispiel rechnen wir 43 · 52.

$43 \cdot 52 = ?$

$40 \cdot 50 = 2000$

$3 \cdot 50 = 150$

$43 \cdot 2 = 86$

$2000 + 150 + 86 = 2236$

1. Zuerst rechnen wir 40 · 50.

2. Dann rechnen wir 3 · 50.

3. Inzwischen haben wir 43 · 50 berechnet. Jetzt müssen wir noch 43 · 2 rechnen.

4. Zum Schluss addieren wir alle Einzelergebnisse.

Ausgleichsmethode der Multiplikation
Für Multiplikationen ist es natürlich immer wichtig, das Einmaleins gut zu können. Bei der Ausgleichsmethode multiplizieren wir den ersten Faktor mit demselben Wert, durch den wir den anderen Faktor dividieren. Dies wiederholen wir, bis wir eine einfachere Rechnung haben.

1. Da die beiden Zahlen 24 und 36 durch 3 teilbar sind, kannst du den ersten Faktor mit 3 multiplizieren und den zweiten Faktor durch 3 dividieren.

2. Multipliziere und dividiere nun so lange mit bzw. durch 3, bis die Rechnung einfacher wird.

3. Jetzt ist es sinnvoller, mit 2 zu multiplizieren bzw. durch 2 zu dividieren. Dann kannst du das Ergebnis ausrechnen.

$24 \cdot 36 = ?$

(· 3 | : 3)

$72 \cdot 12$

(· 3 | : 3)

$216 \cdot 4$

(· 2 | : 2)

$432 \cdot 2 = 864$

Ausgleichsmethode der Division
Man dividiert beidseits durch dieselbe Zahl, bis man eine einfachere Rechnung hat. Wir berechnen im Beispiel 224 : 28.

1. Dividiere beide Seiten durch 2, um die Rechnung zu vereinfachen.

2. Dividiere nochmals durch 2.

3. Nun erkennst du ganz leicht, dass dies eine Aufgabe der Achterreihe ist.

$224 : 28 = ?$

(: 2 | : 2)

$112 : 14$

(: 2 | : 2)

$56 : 7 = 8$

Potenzen

Multipliziert man eine Zahl einmal oder mehrfach mit sich selbst, so sagt man, sie wird potenziert. Der Exponent – das ist die kleine hochgestellte Zahl – gibt an, in der wievielten Potenz die Zahl steht. Die potenzierte Zahl heißt Basis. $4 \cdot 4$ schreibt man daher auch 4^2 und dies ist die zweite Potenz von 4.

Auf einen Blick

- ✓ **Die Potenzschreibweise ist eine Kurzschreibweise für das Multiplizieren einer Zahl mit sich selbst.**
- ✓ **Eine Quadratzahl (Kubikzahl) ist das Ergebnis der einfachen (zweifachen) Multiplikation einer Zahl mit sich selbst.**
- ✓ **Man schreibt: b^a „Basis hoch Exponent"**

Quadratzahlen

Multipliziert man eine Zahl mit sich selbst, so sagt man, sie wird „quadriert". Quadriert deshalb, weil eine Quadratfläche entsteht, wenn man in Einheitsquadraten denkt. Im Beispiel werden 3 Reihen mit 3 Einheitsquadraten ausgelegt, also $3 \cdot 3$. Natürlich kann man jede Zahl quadrieren.

3 Reihen mit je 3 Einheitsquadraten ergeben ein Quadrat: $3 \cdot 3 = 3^2 = 9$.

$3^2 = 9$

Das bedeutet „hoch 2" oder „zum Quadrat".

1^2	2^2	3^2	4^2	5^2	10^2
$1 \cdot 1$	$2 \cdot 2$	$3 \cdot 3$	$4 \cdot 4$	$5 \cdot 5$	$10 \cdot 10$
1	4	9	16	25	100

Kubikzahlen

Multipliziert man eine Zahl zweimal mit sich selbst, so spricht man von „hoch drei rechnen" (oder „kubieren"). Wenn man in Einheitswürfeln denkt, entsteht ein Würfel (Kubus). Im Beispiel werden 3 Reihen mit 3 Einheitswürfeln in 3 Schichten aufeinandergelegt , also $3 \cdot 3 \cdot 3$. Natürlich kann man jede Zahl „hoch drei rechnen".

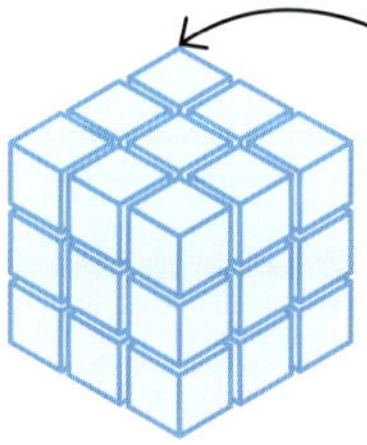

3 Reihen mit je 3 Einheitswürfeln in 3 Schichten, also $3 \cdot 3 \cdot 3 = 3^3 = 27$.

$3^3 = 27$

Das bedeutet „hoch drei rechnen" (oder „kubieren").

1^3	2^3	3^3	4^3	5^3	10^3
$1 \cdot 1 \cdot 1$	$2 \cdot 2 \cdot 2$	$3 \cdot 3 \cdot 3$	$4 \cdot 4 \cdot 4$	$5 \cdot 5 \cdot 5$	$10 \cdot 10 \cdot 10$
1	8	27	64	125	1000

Taschenrechner

Wissenschaftliche Taschenrechner haben Tasten für das Potenzieren, sodass man 2^4 $(2 \cdot 2 \cdot 2 \cdot 2)$, 2^5 usw. mithilfe dieser Tasten schnell rechnen kann.

Quadrat- und Kubikzahlen

Gib die Zahl ein, die quadriert oder kubiert werden soll (Basis), und drücke dann die entsprechende Taste.

$2^2 =$ [2] [x^2] $= 4$

$2^3 =$ [2] [x^3] $= 8$

Höhere Potenzen

Für höhere Potenzen gibt es die Potenzieren-Taste: Gib zuerst die Zahl (Basis) ein, drücke dann die Potenzieren-Taste und gib noch den Exponenten ein.

$2^5 =$ [2] [x^y] [5] $= 32$

Teiler und Vielfache I

Teiler (Faktoren) einer natürlichen Zahl n sind all diejenigen natürlichen Zahlen, durch die n ohne Rest dividiert werden kann. Wird eine Zahl m hingegen mit einer beliebigen natürlichen Zahl multipliziert, so ist das Produkt ein Vielfaches der Zahl m.

Auf einen Blick

- ✓ Teiler einer natürlichen Zahl n sind alle natürlichen Zahlen, durch die n ohne Rest teilbar ist.
- ✓ Zu jedem Faktor a einer Zahl n gibt es einen Gegenfaktor b mit $a \cdot b = n$.
- ✓ Die Vielfachen einer natürlichen Zahl m sind alle Produkte, die m als Teiler haben.

Teiler (Faktoren)

Die Teiler (Faktoren) von 10 kann man sich vorstellen, indem man einen Schokoriegel mit 10 Stücken aufteilt. Wenn man nur ganze Stücke verteilt, gibt es dazu vier Möglichkeiten, also hat die Zahl 10 die vier Teiler 1, 2, 5 und 10.

10 : 1 = 10

„Verteilt“ man den Riegel an eine Person, so erhält sie alle 10 Stücke.

10 : 2 = 5

Verteilt man den Riegel an 2 Personen, so erhalten beide Personen je 5 ganze Stücke.

10 : 5 = 2

Verteilt man den Riegel an 5 Personen, so erhalten die 5 Personen je 2 ganze Stücke.

10 : 10 = 1

Verteilt man den Riegel an 10 Personen, so erhält jede Person 1 ganzes Stück.

Faktorpaare (Teilerpaare)

Zwei natürliche Zahlen, die miteinander multipliziert ein bestimmtes Produkt, wie z. B. 20, ergeben, sind ein Faktorpaar dieses Produkts. Um alle Faktorpaare von 20 zu ermitteln, muss man alle natürlichen Zahlenpaare auflisten, die miteinander multipliziert die Zahl 20 ergeben.

1. Beginne mit den Zahlen 1 und 20 und liste sie gemeinsam auf. — $1 \cdot 20 \longrightarrow$ **1; 20**
2. Da $2 \cdot 10 = 20$, fügen wir 2 und 10 zur Liste hinzu. — $2 \cdot 10 \longrightarrow$ **2; 10**
3. 3 ist kein Teiler von 20, denn $3 \cdot 6 = 18$ (zu klein) und $3 \cdot 7 = 21$ (zu groß). — ~~3~~
4. Da $4 \cdot 5 = 20$, fügen wir auch diese Zahlen zur Liste hinzu. — $4 \cdot 5 \longrightarrow$ **4; 5**
5. Wiederholen sich die Zahlen, kann man aufhören, denn dann sind alle Faktorpaare bestimmt. — $5 \cdot 4$
6. Schreibe alle Teiler in aufsteigender Reihenfolge auf. — **1; 2; 4; 5; 10; 20**

Vielfache

Vielfache sind das Ergebnis der Multiplikation einer natürlichen Zahl mit einer anderen natürlichen Zahl. Sie bilden also das Einmaleins dieser Zahl.

Die ersten fünf Vielfachen von 7

$7 \cdot 1 = 7$
$7 \cdot 2 = 14$
$7 \cdot 3 = 21$
$7 \cdot 4 = 28$
$7 \cdot 5 = 35$

Die ersten fünf Vielfachen von 11

$11 \cdot 1 = 11$
$11 \cdot 2 = 22$
$11 \cdot 3 = 33$
$11 \cdot 4 = 44$
$11 \cdot 5 = 55$

Primzahlen

Eine Primzahl ist eine natürliche Zahl (ungleich 1), die nur durch 1 und sich selbst ohne Rest teilbar ist. Primzahlen haben also nur zwei Teiler. Jede andere natürliche Zahl hat mehr Teiler. Sie kann als Produkt von Primzahlen geschrieben werden und heißt zusammengesetzte Zahl.

Primzahlen bis 100
Zwischen den Zahlen 2 und 100 gibt es 25 Primzahlen. Außer 2 und 5 (siehe unten), enden alle Primzahlen auf 1; 3; 7 oder 9. Allerdings sind nicht alle Zahlen, die auf diese Ziffern enden, Primzahlen.

1 ist keine Primzahl und keine zusammengesetzte Zahl.

2 ist die einzige gerade Primzahl. Alle anderen geraden Zahlen sind durch 2 teilbar und somit keine Primzahlen.

Alle Primzahlen sind pink markiert.

1	2	3	4	5	6	7	8	9	10
11	12	13	14	15	16	17	18	19	20
21	22	23	24	25	26	27	28	29	30
31	32	33	34	35	36	37	38	39	40
41	42	43	44	45	46	47	48	49	50
51	52	53	54	55	56	57	58	59	60
61	62	63	64	65	66	67	68	69	70
71	72	73	74	75	76	77	78	79	80
81	82	83	84	85	86	87	88	89	90
91	92	93	94	95	96	97	98	99	100

Auf einen Blick

- ✓ Eine Primzahl ist nur durch sich selbst und durch 1 teilbar.
- ✓ Ist eine natürliche Zahl zwischen 1 und 100 nicht ohne Rest durch 2; 3; 5 oder 7 teilbar, so ist sie eine Primzahl.

Primzahl oder nicht?

Ob eine Zahl zwischen 2 und 100 Primzahl ist oder nicht, kannst du mit einer ganz einfachen Methode herausfinden: Wenn sie nicht ohne Rest durch 2; 3; 5 oder 7 teilbar ist, ist sie prim.

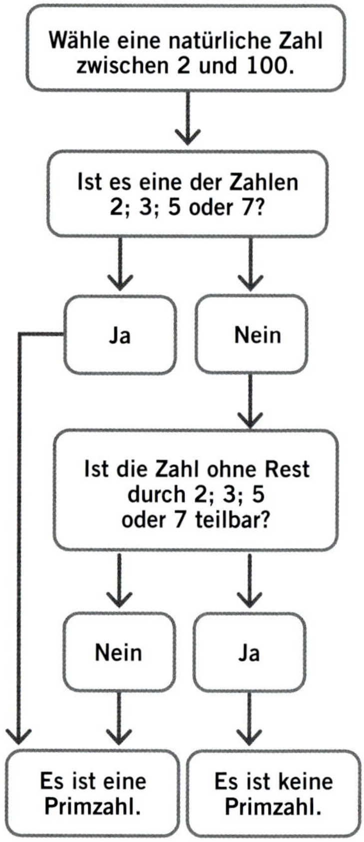

Primzahlzerlegung

Primzahlen sind die Bausteine der Zahlen, denn jede natürliche Zahl ist entweder eine Primzahl oder kann als Produkt aus Primzahlen geschrieben werden. Eine natürliche Zahl, die keine Primzahl ist, heißt zusammengesetzte Zahl.

Auf einen Blick

- ✓ **Eine natürliche Zahl, die keine Primzahl ist, kann man als Produkt aus Primzahlen schreiben.**
- ✓ **Die Darstellung einer Zahl als Produkt aus lauter Primzahlen nennt man Primfaktorzerlegung.**
- ✓ **Mithilfe von Faktorbäumen kann man die Primzahlzerlegung einer Zahl leicht finden.**

Einen Faktorbaum erstellen

Jede natürliche Zahl, die keine Primzahl ist, lässt sich als Produkt ausschließlich aus Primzahlen schreiben. Um alle Primfaktoren und somit die Primfaktorzerlegung einer beliebigen natürlichen Zahl zu finden, kannst du einen Faktorbaum erstellen.

1. Suche zunächst beliebige Teiler der Zahl.

2. Da 56 eine gerade Zahl ist, ist sie durch 2 teilbar. Markiere die 2, da sie eine Primzahl ist. Weiter geht es mit 28.

3. Da 28 keine Primzahl ist, kannst du sie weiter teilen. Fahre fort und markiere dabei alle Primzahlen.

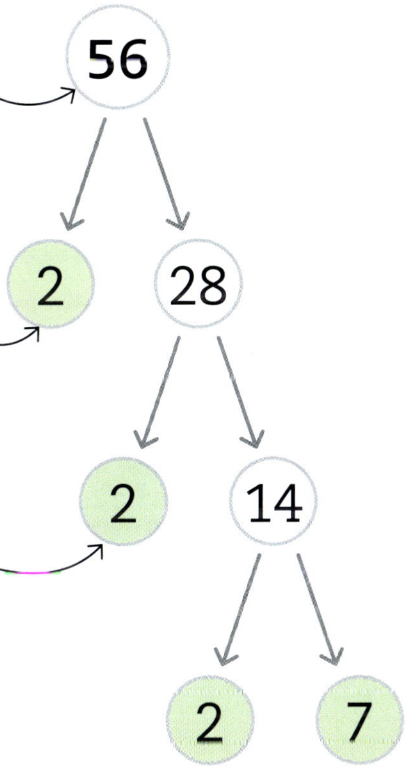

4. Sind nur noch Primzahlen übrig, schreibe sie in aufsteigender Reihenfolge.

$$2 \cdot 2 \cdot 2 \cdot 7 = 56$$

5. Nutze die Potenzschreibweise, wenn eine Primzahl mehr als einmal vorkommt.

$$2^3 \cdot 7 = 56$$

Anderer Baum, gleiches Ergebnis
Meist gibt es mehrere Möglichkeiten, zum Ziel zu kommen, aber am Ende ist die Primfaktorzerlegung für jede Zahl eindeutig

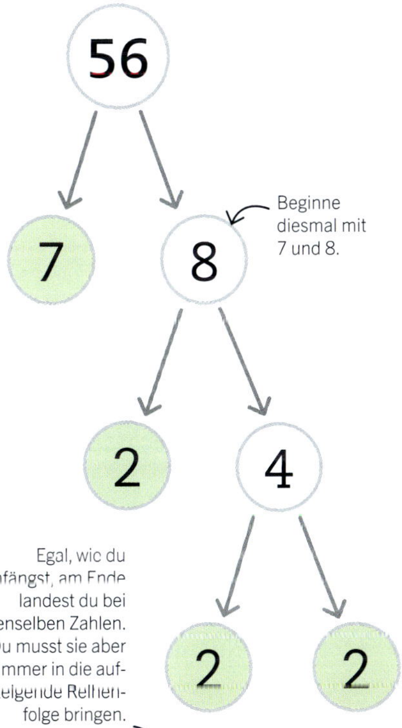

Beginne diesmal mit 7 und 8.

Egal, wie du anfängst, am Ende landest du bei denselben Zahlen. Du musst sie aber immer in die aufsteigende Reihenfolge bringen.

$$7 \cdot 2 \cdot 2 \cdot 2 = 56$$

$$2^3 \cdot 7 = 56$$

Teiler und Vielfache II

Haben zwei oder mehr natürliche Zahlen dieselben Teiler, so nennen wir diese Teiler gemeinsame Teiler. Dieselben Vielfachen von zwei oder mehr natürlichen Zahlen nennen wir gemeinsame Vielfache.

Auf einen Blick

- ✓ Gemeinsame Teiler zweier natürlicher Zahlen sind Zahlen, die beide Zahlen ohne Rest teilen.
- ✓ Dieselben Vielfachen von zwei oder mehr Zahlen nennt man gemeinsame Vielfache.
- ✓ Der größte gemeinsame Teiler (ggT) ist der größte Faktor, den zwei oder mehr Zahlen gemeinsam haben.
- ✓ Das kleinste gemeinsame Vielfache von zwei oder mehr Zahlen heißt kgV.

Gemeinsame Teiler
Alle Teiler von 12 und 16 sind im Diagramm unten dargestellt. Die gemeinsamen Faktoren sind gelb markiert. Die größte Zahl, die Teiler beider Zahlen ist, heißt größter gemeinsamer Teiler (ggT).

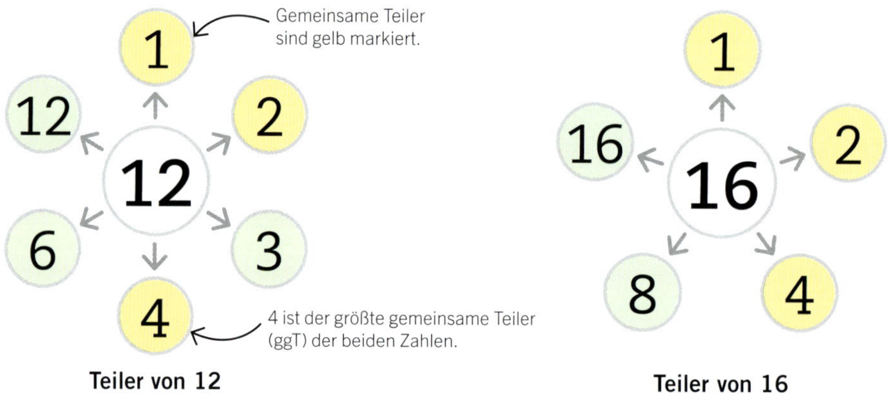

Gemeinsame Vielfache
Auf mehreren Zahlenstrahlen kann man Vielfache zweier oder mehrerer Zahlen markieren. Die kleinste Zahl, die dann auf allen Strahlen gekennzeichnet ist, ist das kgV. Hier sind die Vielfachen von 4 und 6 markiert.

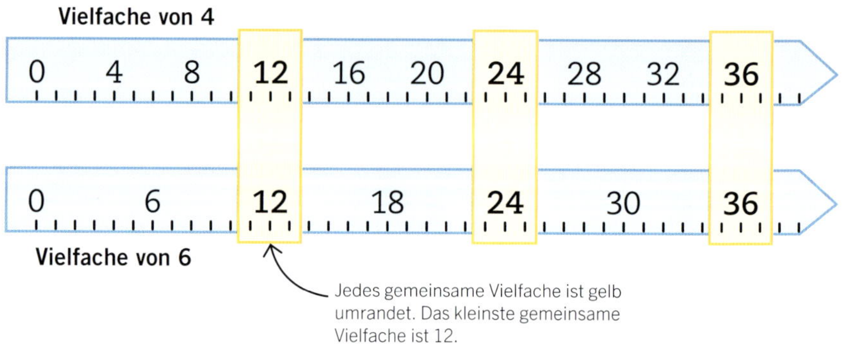

Suche nach ggT und kgV mithilfe des Faktorbaums

Für kleinere Zahlen kann man das kgV und den ggT durch Aufschreiben der Faktoren finden. Für größere Zahlen ist es oft sinnvoller, einen Faktorbaum aufzustellen. Im Beispiel suchen wir den ggT und das kgV von 36 und 120.

1. Erstelle den Faktorbaum
Bestimme die Primfaktoren beider Zahlen mithilfe von Faktorbäumen.

Faktorbaum von 36

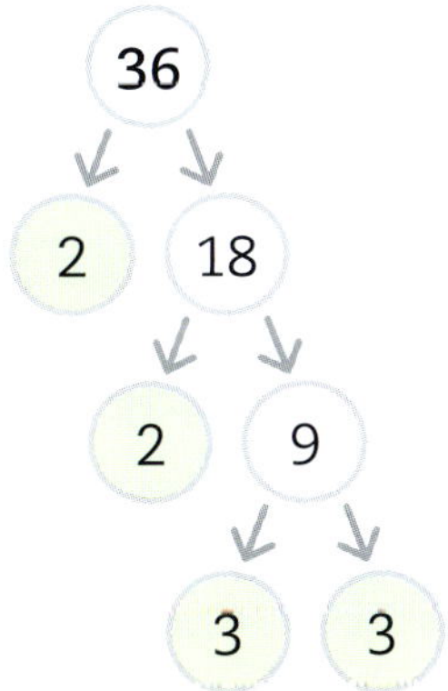

Faktorbaum von 120

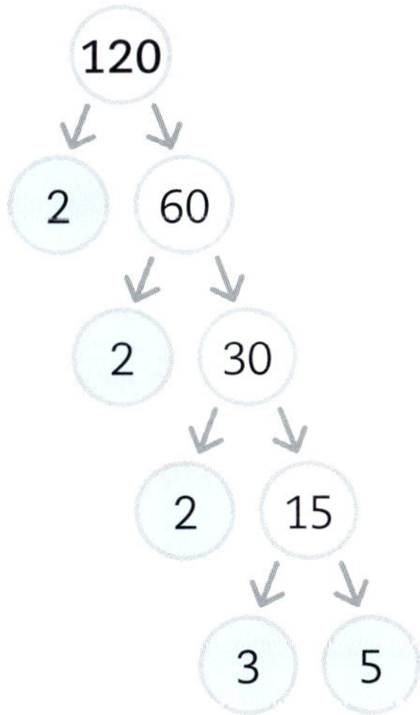

$2 \cdot 2 \cdot 3 \cdot 3$ $\qquad$ $2 \cdot 2 \cdot 2 \cdot 3 \cdot 5$

36 und 120 haben zweimal die 2 und eine 3 als gemeinsame Faktoren.

2. Bestimme den ggT
Multipliziere alle Faktoren, die in beiden Listen gemeinsam stehen. Als Ergebnis erhältst du den ggT.

$2 \cdot 2 \cdot 3 \cdot 3$ $\qquad$ $2 \cdot 2 \cdot 2 \cdot 3 \cdot 5$

$$2 \cdot 2 \cdot 3 = 12$$

Multipliziere alle gemeinsamen Faktoren. Das Ergebnis ist der ggT.

3. Bestimme das kgV
Streiche alle gemeinsamen Faktoren ab und multipliziere die übrigen mit dem ggT. Das Ergebnis ist das kgV.

$\not{2} \cdot \not{2} \cdot \not{3} \cdot 3$ $\qquad$ $\not{2} \cdot \not{2} \cdot 2 \cdot \not{3} \cdot 5$

$$3 \cdot 2 \cdot 5 \cdot 12 = 360$$

Multipliziere die übrigen Faktoren mit dem ggT. Das Ergebnis ist das kgV.

Das Venn-Diagramm

Hat man alle Primfaktoren gefunden, kann man sie auch in einem Venn-Diagramm (s. S. 217) darstellen. Das ist eine andere Möglichkeit, das kgV und den ggT von 36 und 120 zu bestimmen.

1. Gemeinsame Primfaktoren müssen in die Schnittmenge

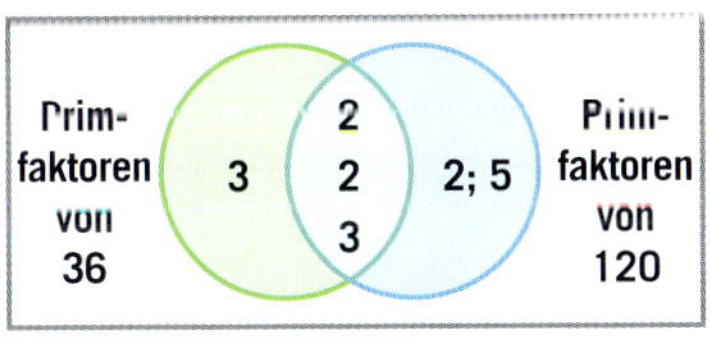

2. Den ggT findest du, indem du die Zahlen in der Schnittmenge multiplizierst.

$$2 \cdot 2 \cdot 3 = 12$$

3. Das kgV findest du, wenn du alle Faktoren aus allen drei Bereichen miteinander multiplizierst

$$3 \cdot 2 \cdot 2 \cdot 3 \cdot 2 \cdot 5 = 360$$

Rechenreihenfolge

Beim Rechnen mit mehreren Operationen muss man bestimmte „Vorfahrtsregeln“ berücksichtigen, sonst erhält man ein falsches Ergebnis. Es gibt eine klar vorgeschriebene Reihenfolge.

KlaPoDMAS

Es gibt eine kurze Eselsbrücke, mit der du dir die Reihenfolge der Rechnungen gut merken kannst: KlaPoDMAS.

1. (Kla) Zuerst die Klammern

Rechnungen in Klammern werden zuerst ausgeführt.

Rechne zuerst den Term in der Klammer und multipliziere dann.

$4 \cdot \mathbf{(5 + 2)}$
$= 4 \cdot 7$
$= 28$

Rechnet man erst 4 · 5 und addiert dann 2 dazu, ist das Ergebnis 22. Das ist falsch.

2. (Po) steht für das Potenzieren

Potenzen (s. S. 22) müssen direkt nach Klammertermen berechnet werden.

Rechne zuerst 5 hoch 2 und dann mal 4.

$4 \cdot \mathbf{5^2}$
$= 4 \cdot 25$
$= 100$

Rechnet man erst 4 · 5 und quadriert dann, erhält man 400. Das ist falsch.

3. (DM) steht für Division/Multiplikation

Division und Multiplikation kommen immer vor Addition und Subtraktion. Man sagt auch oft: „Punkt vor Strich!“ Bei zwei gleichwertigen Operatoren musst du von links nach rechts rechnen.

$7 + \mathbf{5 \cdot 4}$
$= 7 + 20 = 27$

Erst die Multiplikation (Punkt), dann die Addition (Strich).

Bei gleichwertigen Operatoren beginne immer links.

$\mathbf{8 : 2} \cdot 4$
$= 4 \cdot 4 = 16$

4. (AS) steht für Addition/Subtraktion

Addition und Subtraktion sind die letzten Operatoren. Auch hier gilt, dass man bei gleichwertigen Operatoren von links nach rechts arbeiten muss.

$\mathbf{8 - 2} + 4$
$= 6 + 4$
$= 10$

Rechnet man zuerst 2 + 4 und subtrahiert das Ergebnis von 8, so erhält man 2. Das ist falsch.

Auf einen Blick

- ✓ **Beim Rechnen muss man immer auf die richtige Reihenfolge achten.**
- ✓ **KlaPoDMAS kann man sich als Eselsbrücke für die Rechenreihenfolge gut merken.**

KlaPoDMAS anwenden

Aufgabe

Berechne $4 + 3^2 - (5 - 3) \cdot 3$.

Lösung

1. Rechne zuerst die Klammern aus.

$\mathbf{4 + 3^2 - (5 - 3) \cdot 3}$
$\mathbf{= 4 + 3^2 - 2 \cdot 3}$

2. Es folgen die Potenzen.

$\mathbf{4 + 3^2 - 2 \cdot 3}$
$\mathbf{= 4 + 9 - 2 \cdot 3}$

3. Dann die Multiplikation.

$\mathbf{4 + 9 - 2 \cdot 3}$
$\mathbf{= 4 + 9 - 6}$

4. Zum Schluss Addition und Subtraktion von links nach rechts.

$\mathbf{4 + 9 - 6}$
$\mathbf{= 13 - 6}$
$\mathbf{= 7}$

Mit dem Taschenrechner

Wissenschaftliche Taschenrechner befolgen die Rechenregeln KlaPoDMAS. Achte immer darauf, alle Rechnungen und Klammern in der richtigen Reihenfolge einzutippen.

$$\mathbf{30 : (3^2 + 6) = 2}$$

Rechnest du die Klammer nicht zuerst, erhältst du ungefähr 9,3333333. Das ist falsch.

Winkel und Figuren

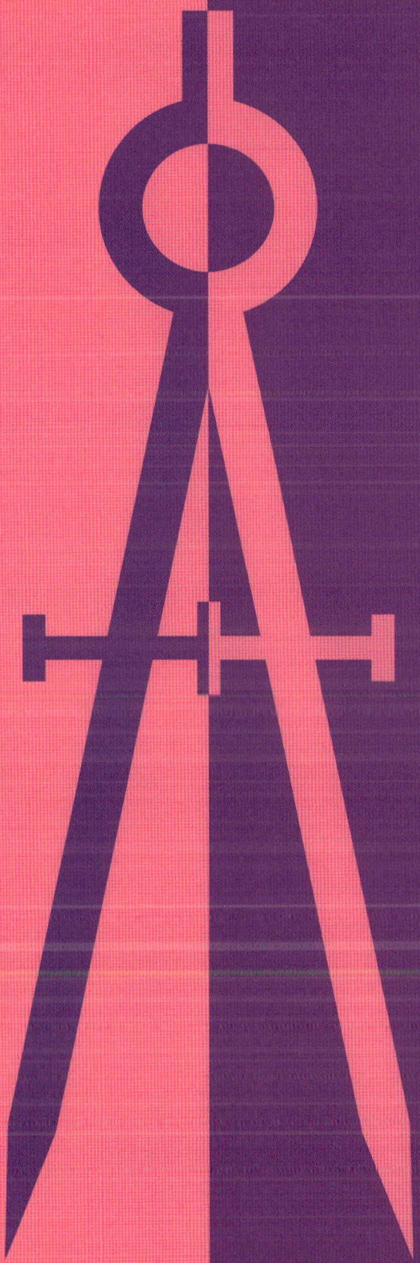

Winkel

Winkel gibt es überall: auf Straßen, an Gebäuden, in Möbeln und Maschinen. Die Größe eines Winkels misst man in Grad (°). Die Gradzahl gibt an, wie weit die erste Linie (1. Schenkel) um den gemeinsamen Scheitel gedreht werden muss, um genau auf der zweiten Linie (2. Schenkel) anzukommen.

Winkelarten

Eine ganze Drehung oder ein Vollwinkel entspricht einer Winkelgröße von 360°, eine halbe Drehung oder eine gerade Linie enspricht 180°. Es gibt vier weitere Winkelarten: spitze Winkel, rechte Winkel, stumpfe Winkel und überstumpfe Winkel.

Auf einen Blick

- ✓ Spitze Winkel sind zwischen 0° und 90° groß.
- ✓ Ein rechter Winkel ist 90° groß, das entspricht einer Vierteldrehung.
- ✓ Stumpfe Winkel liegen zwischen 90° und 180°.
- ✓ Ein gestreckter Winkel ist 180° groß, das entspricht einer halben Drehung.
- ✓ Überstumpfe Winkel sind größer als 180°.
- ✓ Ein Kreis hat genau 360°, das entspricht einer ganzen Drehung.

Spitzer Winkel
Das ist ein spitzer Winkel. Spitze Winkel sind zwischen 0° und 90° groß.

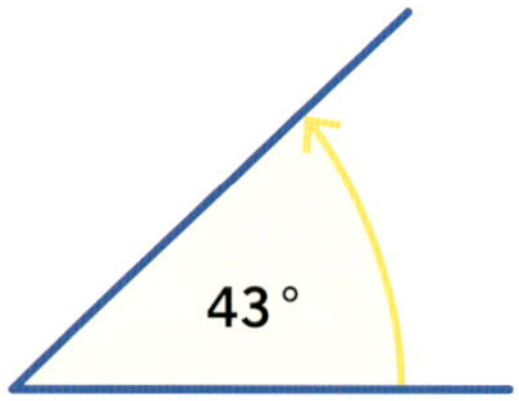

Rechter Winkel
Das ist ein rechter Winkel. Rechte Winkel sind genau 90° groß, entsprechen also einer Vierteldrehung.

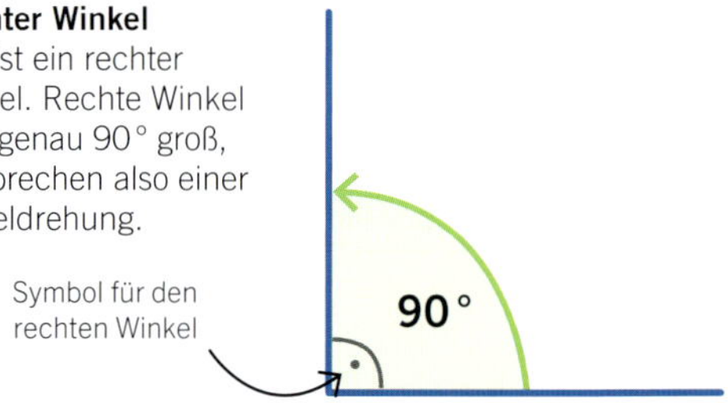

Stumpfer Winkel
Das ist ein stumpfer Winkel. Stumpfe Winkel sind zwischen 90° und 180° groß.

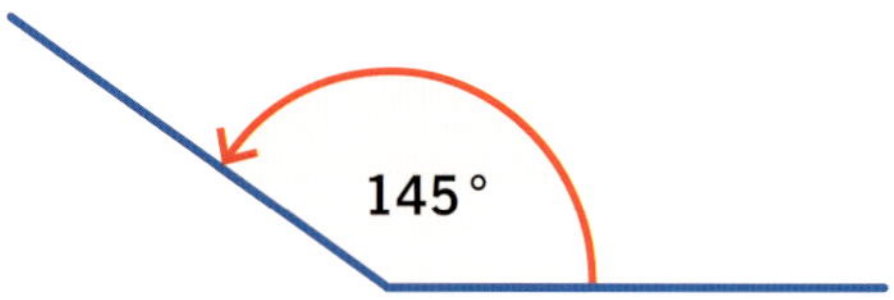

Gestreckter Winkel – halbe Drehung
Das ist ein gestreckter Winkel. Er ist genau 180° groß, das entspricht einer halben Drehung.

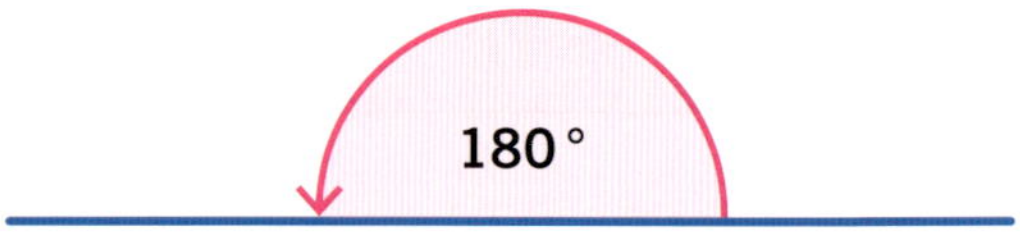

Überstumpfer Winkel
Das ist ein überstumpfer Winkel. Diese Winkel liegen zwischen 180° und 360°.

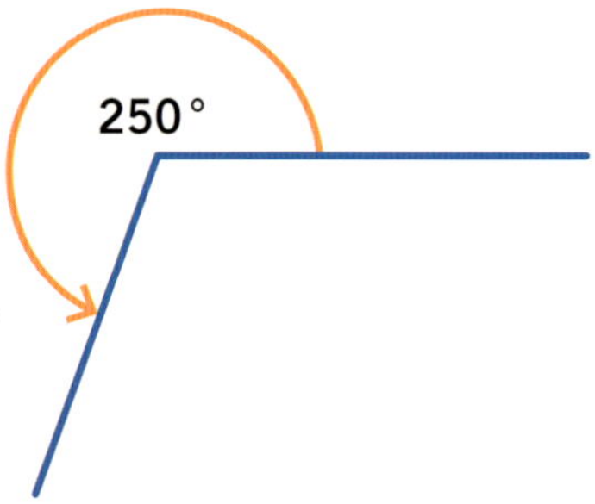

Vollwinkel – ganze Drehung
Dies ist ein Vollwinkel oder ein Kreis. Er ist 360° groß.

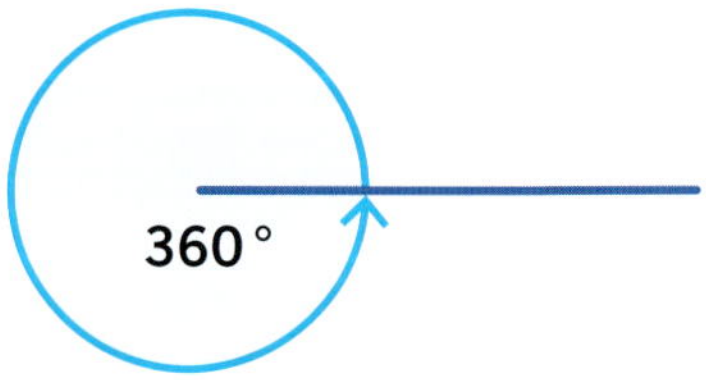

Über Winkel

Die Größe eines Winkels lässt sich manchmal ganz einfach anhand der Größen anderer Winkel berechnen, weil wir genau wissen, wie viel Grad ein Vollwinkel, ein gestreckter Winkel oder ein rechter Winkel jeweils haben.

Auf einen Blick

- ✓ **Zwei Winkel, die sich zu 90° addieren, heißen Komplementärwinkel.**
- ✓ **Winkel an einer Geraden addieren sich zu 180°.**
- ✓ **Zwei Winkel, die sich zu 180° addieren, heißen Ergänzungswinkel.**
- ✓ **Winkel, die so um einen Scheitel angeordnet sind, dass sich insgesamt eine Volldrehung ergibt, addieren sich zu 360° (Vollwinkel).**

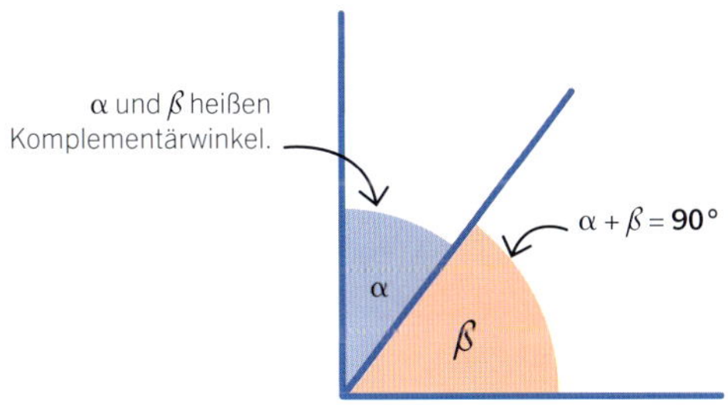

Komplementärwinkel

Besteht ein rechter Winkel aus zwei oder mehr Winkeln, die alle aneinandergrenzen, so addieren sich ihre Winkelgrößen zu 90°, denn 90° ist genau die Größe eines rechten Winkels. Zwei beliebige Winkel, deren Winkelgröße sich zu 90° addiert, heißen Komplementärwinkel.

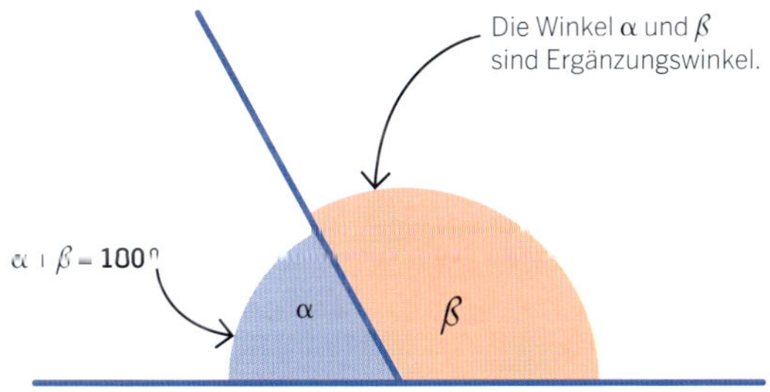

Ergänzungswinkel

Besteht ein gestreckter Winkel aus zwei oder mehr aneinandergrenzenden Winkeln, so addieren sich ihre Winkelgrößen zu 180°, denn 180° ist genau die Größe eines gestreckten Winkels.
Zwei beliebige Winkel, deren Winkelgrößen sich zu 180° addieren, sind Ergänzungswinkel zueinander.

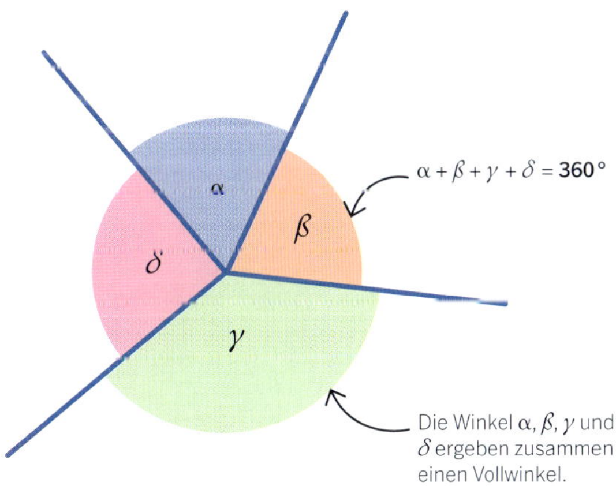

Vollwinkel

Aneinandergrenzende Winkel, die so um einen Scheitelpunkt liegen, dass sich eine Volldrehung ergibt, addieren sich zu 360°.

Winkel und Parallelen

Geraden, die keinen Punkt gemeinsam haben, heißen Parallelen. Werden zwei parallele Geraden von einer dritten Geraden (einer Transversalen) geschnitten, so entstehen verschiedene Winkelpaare.

Auf einen Blick

- ✓ **Schneiden sich zwei Geraden, so sind die am Scheitel gegenüberliegenden Winkel gleich groß.**
- ✓ **Schneidet eine Gerade zwei Parallelen, so entstehen zwei Paare von Wechselwinkeln. Diese liegen auf verschiedenen Seiten der Geraden und sind gleich groß.**
- ✓ **Schneidet eine Gerade zwei Parallelen, so entstehen zwei Paare von Stufenwinkeln. Diese liegen auf derselben Seite der Geraden und sind gleich groß.**

Parallelen und Transversalen
Schneidet eine Transversale zwei parallele Geraden (kurz: Parallelen), so entstehen zwei Paare gleicher Winkel. Die Bezeichnungen für diese Winkel sind abhängig von ihrer Lage zueinander.

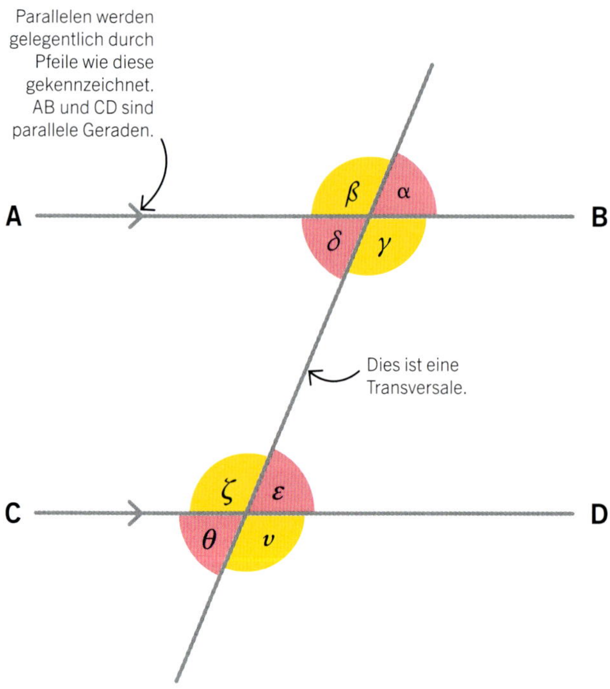

Gegenüberliegende Winkel
Winkel, die auf verschiedenen Seiten der kreuzenden Geraden liegen, heißen Scheitelwinkel und sind gleich groß.
Kreuzt eine Transversale zwei Parallelen, entstehen vier Paare gleich großer Winkel.

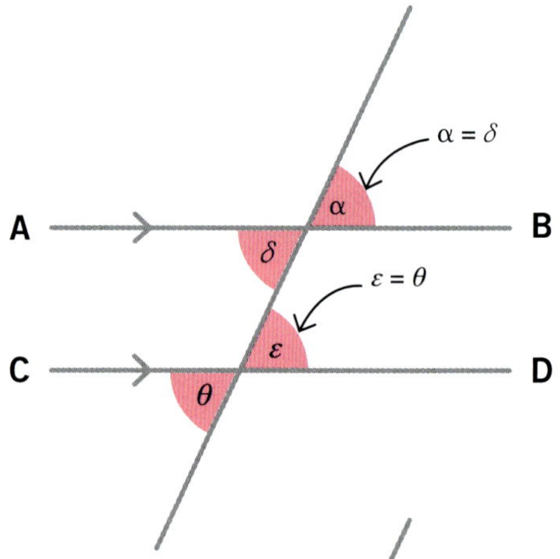

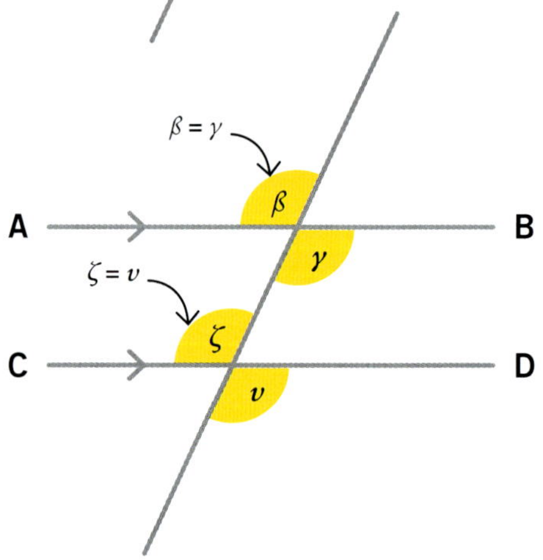

Winkelgrößen berechnen

Aufgabe
Wie groß ist der Winkel γ?

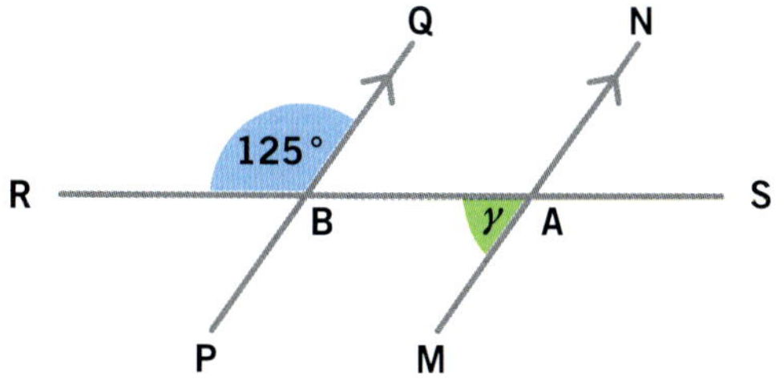

Lösung
Wir können die Regeln über Winkel, Parallelen und Transversalen nutzen, um die Winkelgröße von γ zu berechnen. Winkel an einer Geraden addieren sich zu 180°. Daher können wir den Winkel PBR berechnen.

$$\angle PBR = 180° - 125° = 55°$$

Zeichen für „Winkel“

Winkel PBR und Winkel γ sind Stufenwinkel, also sind sie gleich groß. Winkel γ beträgt 55°.

Wechselwinkel
Schneidet eine Transversale zwei Parallelen, so heißen die Winkel, die auf verschiedenen Seiten der Transversalen liegen, Wechselwinkel. Wechselwinkel sind gleich groß. Beim Schnitt einer Transversalen mit zwei Parallelen entstehen vier Paare von Wechselwinkeln. Zwei sind hier abgebildet:

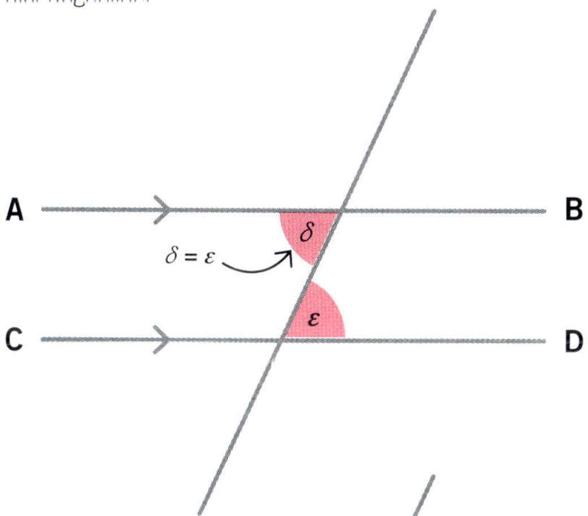

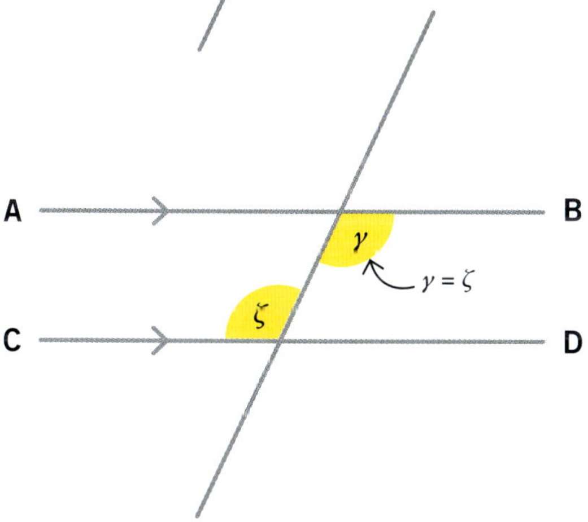

Stufenwinkel
Schneidet eine Transversale zwei parallele Geraden, so heißen die Winkel, die auf der gleichen Seite der Transversalen und entweder beide über oder unter den Geraden liegen, Stufenwinkel. Beim Schnitt einer Transversalen mit zwei Parallelen entstehen vier Paare von Stufenwinkeln:

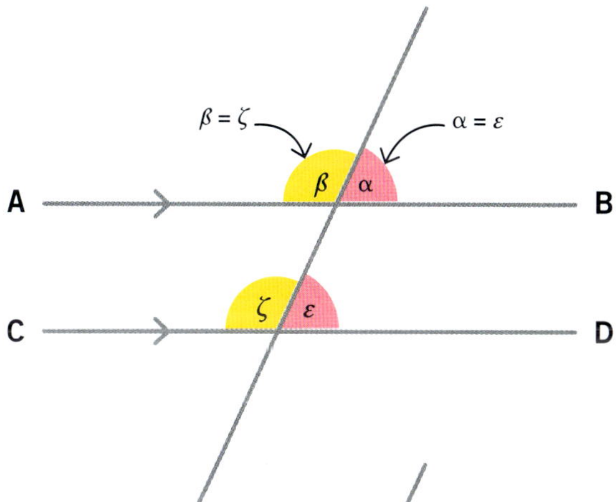

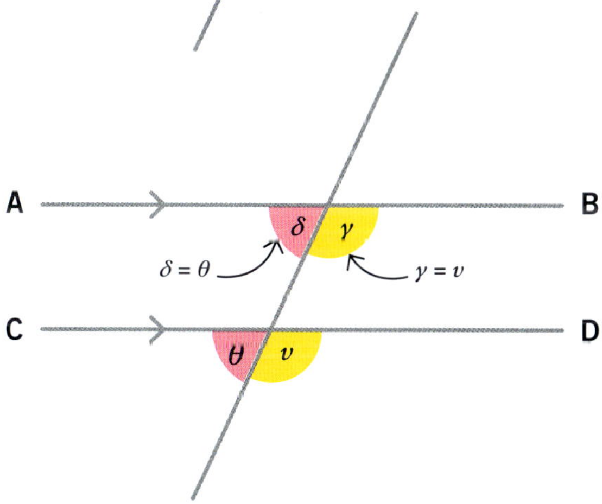

Winkel messen und zeichnen

Winkel werden in Grad (°) gemessen. Zum Messen und Zeichnen von Winkeln verwendet man ein Geodreieck. Dieses hat eine Linealkante (die Grundlinie) und einen Winkelmesser.

Auf einen Blick

- ✓ **Winkel misst man in Grad (°).**
- ✓ **Mit einem Geodreieck kann man Winkel messen und zeichnen.**
- ✓ **Der Nullpunkt des Geodreiecks muss auf dem Scheitel liegen und die Linealkante auf dem ersten Schenkel.**

Winkel messen

Der Winkelmesser des Geodreiecks hat zwei entgegengesetzt verlaufende Skalen, daher kann man in beide Richtungen messen. Wichtig: Ein Winkel wird normalerweise gegen den Uhrzeigersinn gemessen.

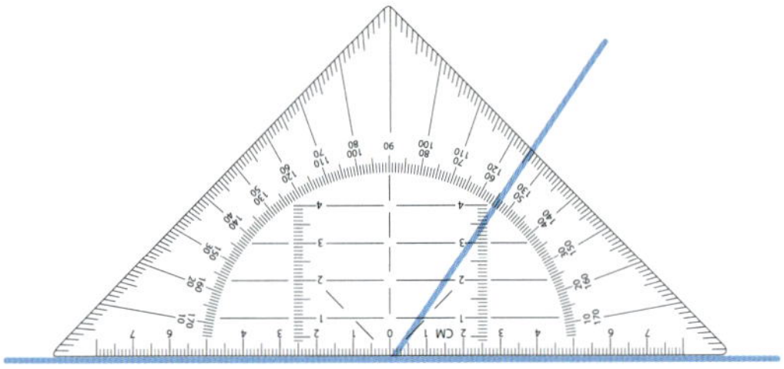

1. Lege das Geodreieck so auf den Winkel, dass die Null auf dem Scheitel liegt und die Linealkante auf dem ersten Schenkel.

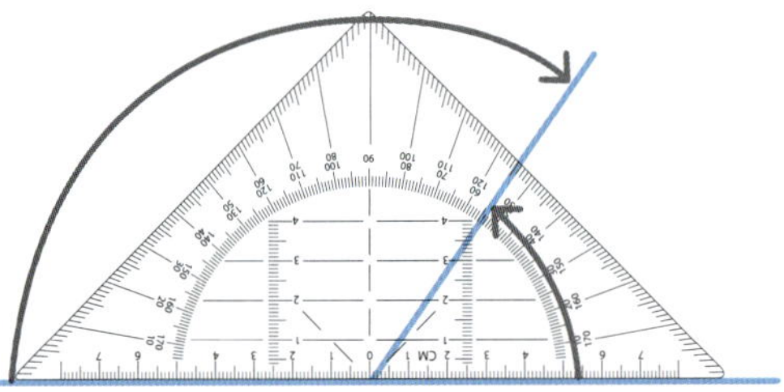

2. Miss den Winkel mit der inneren Skala entgegen den Uhrzeigersinn.

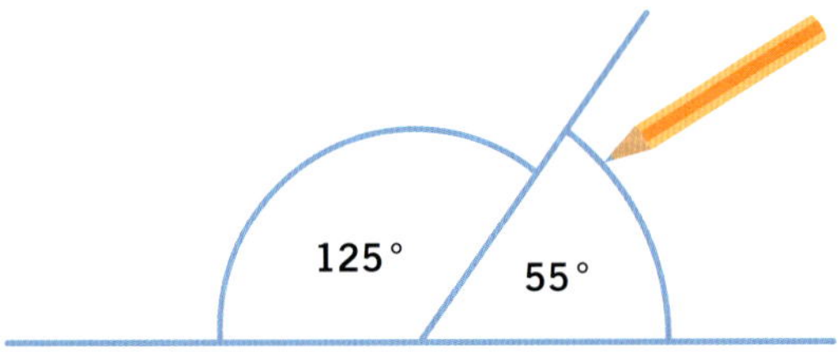

3. Jetzt kannst du die Winkelgröße eintragen. Hier sind es 55°. Die zweite Winkelgröße beträgt 125°.

Winkel zeichnen

Willst du einen Winkel mit einer bestimmten Größe zeichnen, so brauchst du ebenfalls ein Geodreieck.

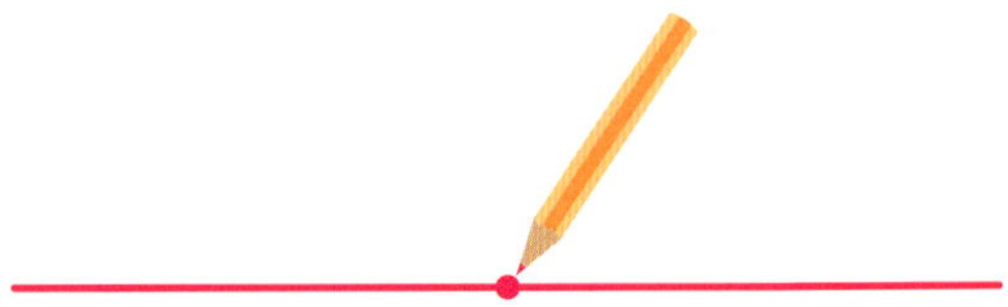

1. Zeichne mit Bleistift und Lineal zuerst eine gerade Linie und markiere den Scheitelpunkt.

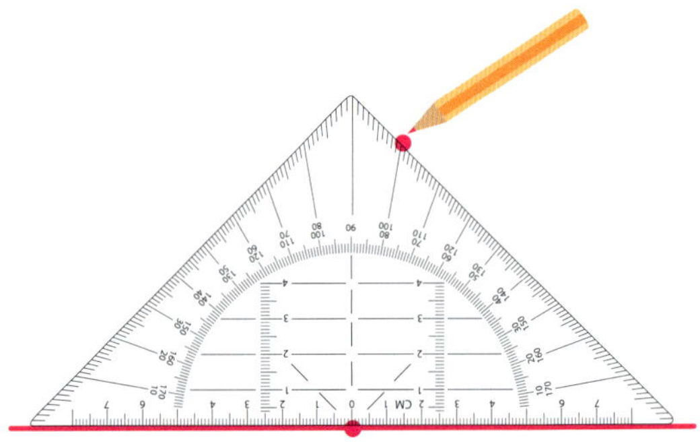

2. Lege das Geodreieck mit der Null auf den Scheitelpunkt, sodass die Linealkante genau auf der Linie liegt. Trage mit dem Bleistift die gewünschte Winkelgröße ab.

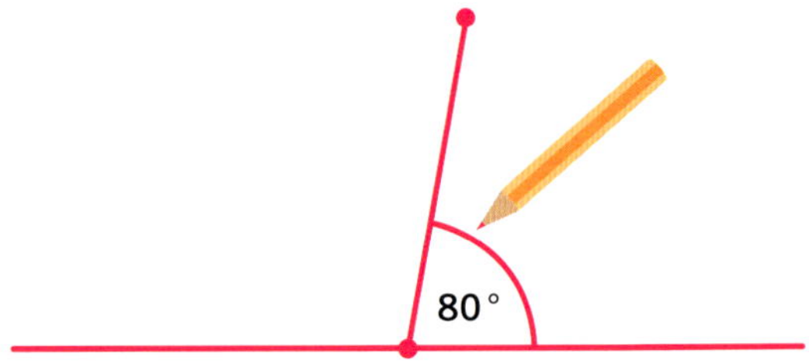

3. Ziehe mit Bleistift und Lineal eine Linie durch die beiden Punkte und markiere den Winkel.

Symmetrien

Manche Figuren haben eine ganz besondere Eigenschaft, die Symmetrie. Es gibt zwei Arten von Symmetrien: Achsensymmetrie (Spiegelsymmetrie) und Drehsymmetrie. Eine Figur ohne Symmetrien ist asymmetrisch.

Achsensymmetrie
Eine ebene Figur ist achsensymmetrisch, wenn sie durch Spiegelung an einer Symmetrieachse (Spiegelachse) auf sich selbst abgebildet werden kann. Eine ebene Figur kann mehrere Spiegelachsen haben. Knickt man eine spiegelsymmetrische Figur entlang der Symmetrieachse, so liegen beide Hälften der Figur deckungsgleich aufeinander.

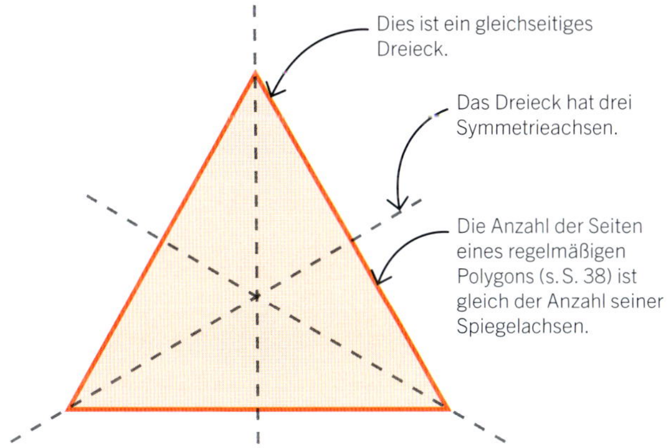

Drehsymmetrie
Eine ebene Figur ist drehsymmetrisch, wenn sie durch Drehung um einen bestimmten Punkt (das Dreh- oder Symmetriezentrum) deckungsgleich auf sich selbst abgebildet werden kann. Manche Figuren können sogar mehrfach gedreht werden und kommen wieder deckungsgleich auf sich zu liegen. Die Anzahl der möglichen Drehungen heißt Ordnung. Eine Figur, die nicht drehsymmetrisch ist, hat die Drehordnung 1.

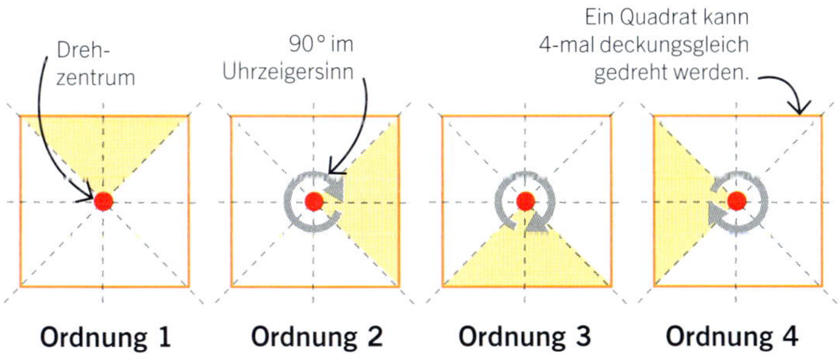

Auf einen Blick

- **Eine ebene Figur ist achsensymmetrisch, wenn sie durch Spiegelung an einer Linie (Spiegelachse oder Symmetrieachse) auf sich selbst abgebildet werden kann.**
- **Eine ebene Figur ist drehsymmetrisch, wenn sie durch Drehung um einen Punkt (Drehzentrum oder Symmetriezentrum) auf sich selbst abgebildet werden kann.**
- **Regelmäßige Polygone haben so viele Spiegelachsen wie Seiten.**

Dreiecksymmetrien

Aufgabe
Sind die folgenden Sätze wahr oder falsch?
a) Ein rechtwinkliges Dreieck hat genau eine Symmetrieachse.
b) Ein rechtwinkliges Dreieck ist drehsymmetrisch mit der Ordnung 2.

Lösung
a) Stimmt nicht für alle rechtwinkligen Dreiecke, aber für gleichschenklige.

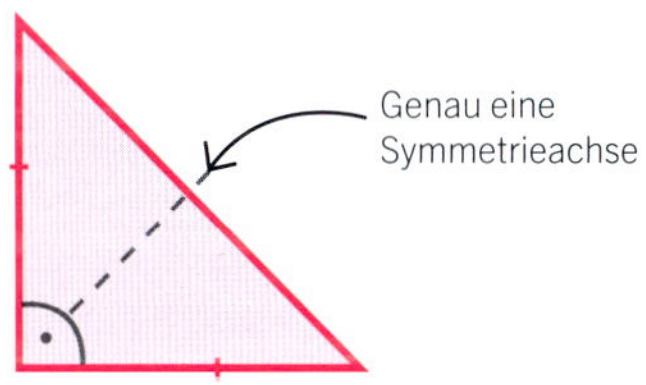

b) Falsch, ein rechtwinkliges Dreieck hat die Drehordnung 1 (keine Drehsymmetrie).

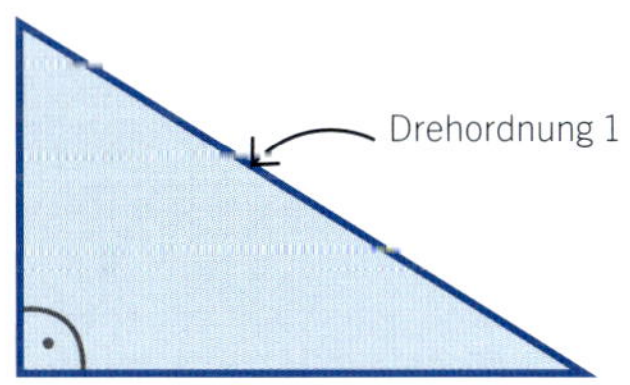

Eigenschaften von Dreiecken

Ein Dreieck ist ein Polygon mit drei Seiten, drei Ecken und drei Winkeln. Je zwei Seiten eines Dreiecks treffen sich in einer Ecke. Die Ecken werden mit Großbuchstaben benannt. Ein Dreieck mit den Ecken A, B und C wird als ΔABC bezeichnet. Dabei steht das Δ für das Wort „Dreieck".

Auf einen Blick

- ✓ **Ein gleichseitiges Dreieck hat drei gleich lange Seiten und drei gleich große Winkel.**
- ✓ **Ein gleichschenkliges Dreieck hat zwei gleich lange Seiten und zwei gleich große Winkel.**
- ✓ **Ein rechtwinkliges Dreieck hat einen rechten Winkel.**
- ✓ **Ein ungleichseitiges Dreieck hat drei unterschiedliche Seitenlängen und Winkelgrößen.**

Gleichseitige Dreiecke

Ein gleichseitiges Dreieck hat drei gleich lange Seiten und drei gleich große Winkel. Es ist drehsymmetrisch und hat die Drehordnung 3 (s. S. 35).

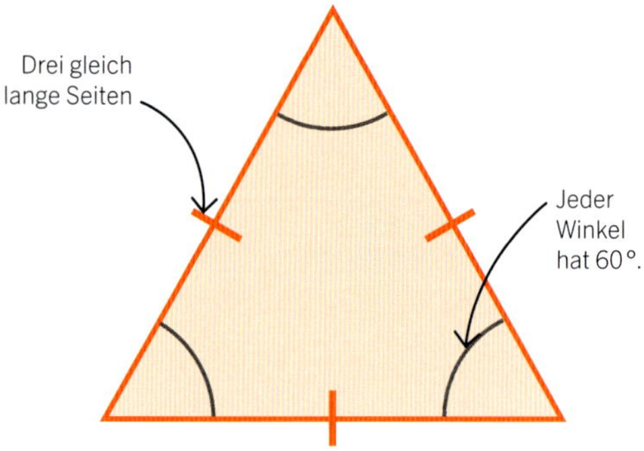

Gleichschenklige Dreiecke

Ein gleichschenkliges Dreieck hat zwei gleich lange Seiten und zwei gleich große Winkel. Das Dreieck ist nicht dreh-, aber achsensymmetrisch.

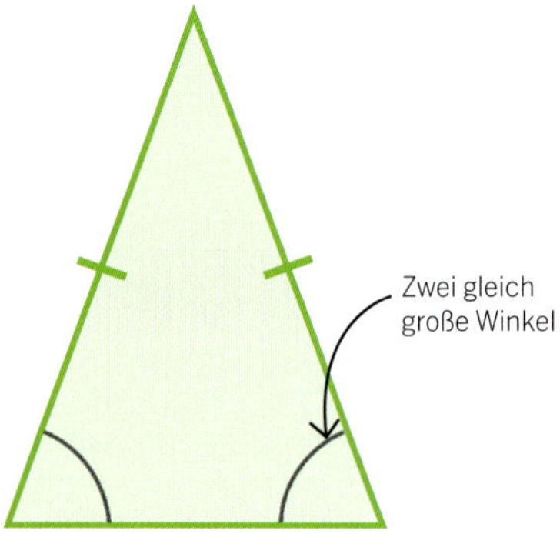

Rechtwinklige Dreiecke

Ein rechtwinkliges Dreieck hat einen 90°-Winkel. Alle Seiten können unterschiedlich lang sein, höchstens zwei Seiten können gleich lang sein. Ein rechtwinkliges Dreieck ist nur dann achsensymmetrisch, wenn es zwei gleich lange Seiten besitzt.

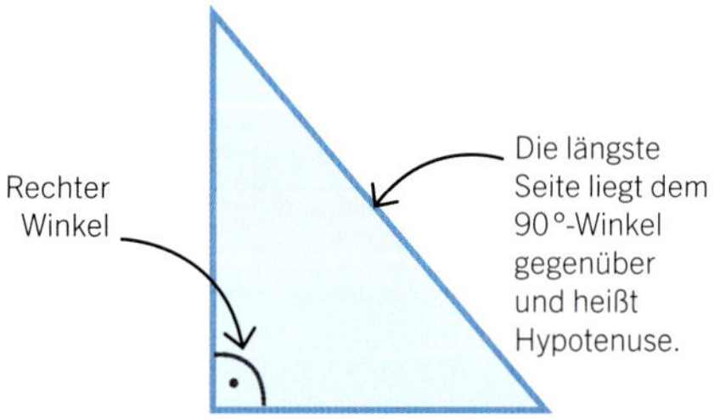

Ungleichseitige Dreiecke

Ein ungleichseitiges Dreieck hat drei unterschiedlich lange Seiten und drei unterschiedlich große Winkel. Es ist weder dreh- noch achsensymmetrisch.

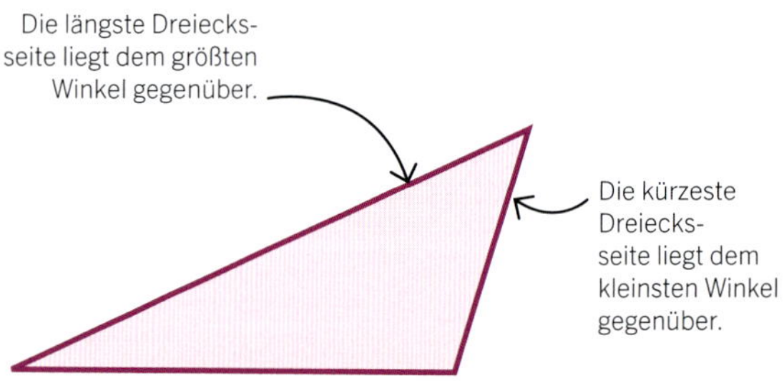

Eigenschaften von Vierecken

Vierecke haben vier Seiten, vier Ecken und vier Winkel. Es gibt regelmäßige und unregelmäßige Vierecke. Ein regelmäßiges Viereck hat gleich lange Seiten und gleich große Winkel. Ein unregelmäßiges Viereck hat unterschiedlich große Seiten und Winkel.

Auf einen Blick

- ✓ **Ein Viereck hat vier Seiten, vier Winkel und vier Ecken.**
- ✓ **Quadrate, Rechtecke, Parallelogramme, Rauten und Drachen sind Vierecke.**
- ✓ **Regelmäßige Vierecke haben gleich lange Seiten und Winkel, unregelmäßige Vierecke haben Seiten und Winkel, die nicht gleich lang bzw. nicht gleich groß sind.**

Quadrat
Ein Quadrat hat vier gleich lange Seiten und vier gleich große Winkel. Es besitzt vier Symmetrieachsen und ist drehsymmetrisch mit der Drehordnung 4 (s. S. 35). Gegenüberliegende Seiten sind parallel und die Diagonalen stehen senkrecht aufeinander.

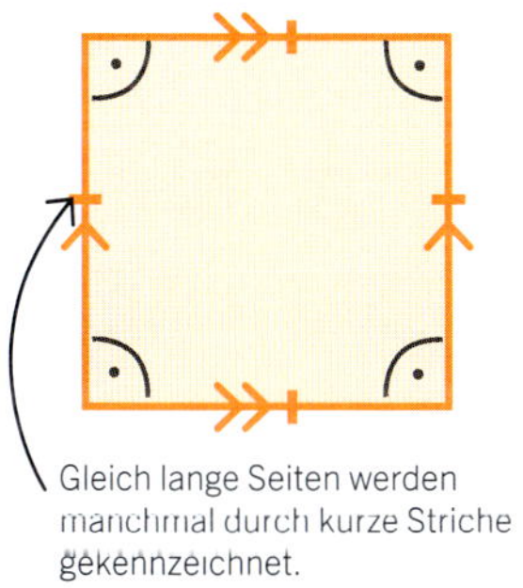

Rechteck
Ein Rechteck hat zwei Seitenpaare gleicher Länge. Die gleich langen Seiten sind jeweils parallel und die Diagonalen sind gleich lang. Außerdem hat es vier gleich große Winkel und besitzt zwei Symmetrieachsen. Rechtecke sind drehsymmetrisch mit der Ordnung 2.

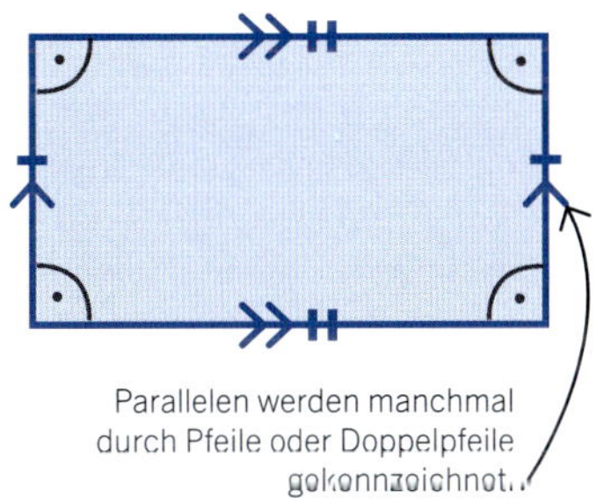

Parallelogramm
Ein Parallelogramm hat zwei Paar gleich lange und zueinander parallele Seiten. Gegenüberliegende Winkel sind gleich groß und die Diagonalen halbieren sich. Es gibt keine Symmetrieachse, aber jedes Parallelogramm ist drehsymmetrisch mit der Ordnung 2.

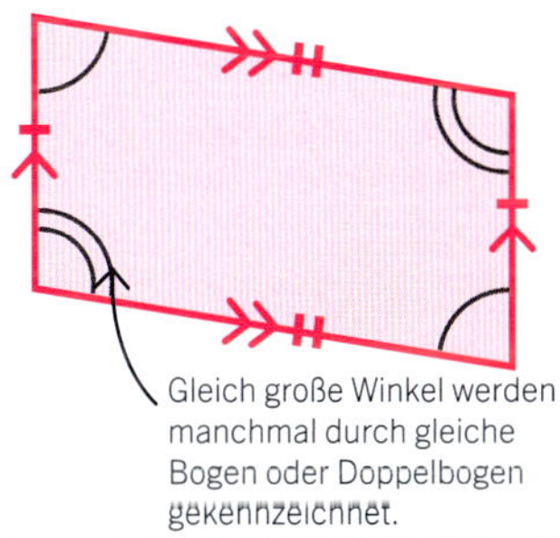

Raute (Rhombus)
Eine Raute ist ein Parallelogramm mit vier gleich langen Seiten. Gegenüberliegende Seiten sind parallel, gegenüberliegende Winkel gleich groß. Die Diagonalen stehen senkrecht aufeinander und halbieren sich. Rauten haben zwei Symmetrieachsen und sind drehsymmetrisch mit der Ordnung 2.

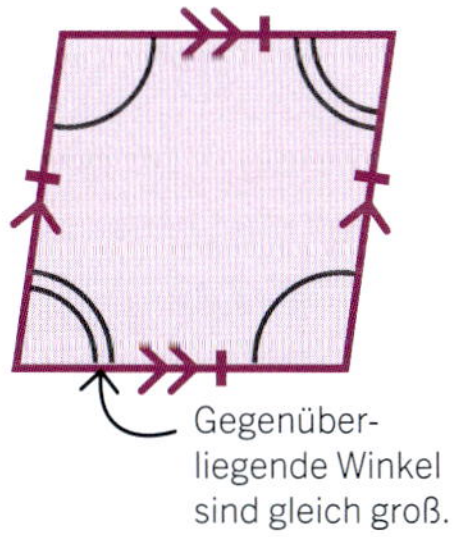

Trapez
Mindestens zwei Seiten eines Trapezes sind parallel, aber nicht unbedingt gleich lang. Sind die beiden nicht parallelen Seiten gleich lang, spricht man von einem gleichschenkligen Trapez. Dieses hat genau eine Symmetrieachse.

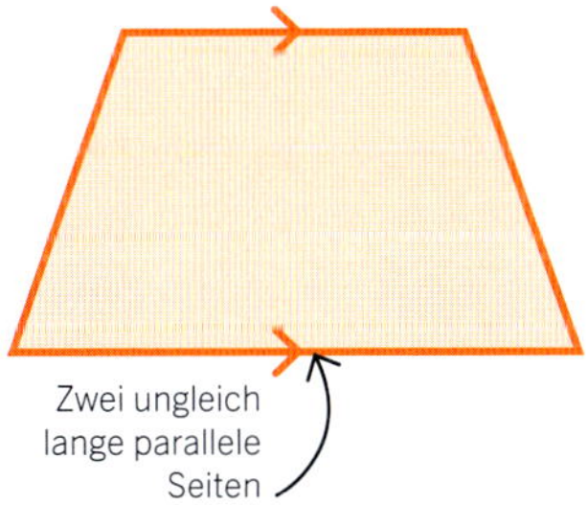

Drachen
Ein Drachen hat zwei Paar gleich lange Seiten und ein Paar gleich große Winkel. Er ist achsen-, aber nicht drehsymmetrisch. Seine Diagonalen stehen senkrecht aufeinander.

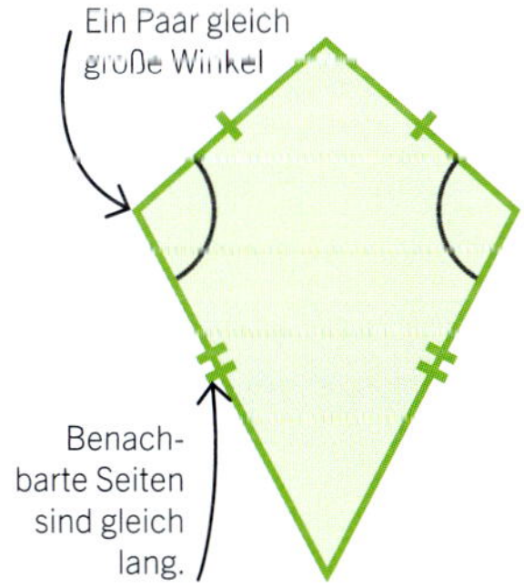

Vielecke (Polygone)

Ein Polygon ist eine ebene Figur mit mindestens drei geraden Seiten, das gleich viele Winkel wie Seiten hat. Polygone werden nach der Anzahl ihrer Seiten und Winkel benannt. Ein Polygon mit sieben Seiten und Winkeln heißt Siebeneck oder Heptagon, weil „hepta“ das griechische Wort für „sieben“ ist.

Regelmäßige Polygone

In einem regelmäßigen Polygon sind alle Seiten gleich lang und alle Winkel gleich groß. Ein Polygon muss mindestens drei Seiten und Winkel haben, nach oben gibt es keine Grenze: Ein Myriagon hat z. B. 10 000 Seiten und Winkel.

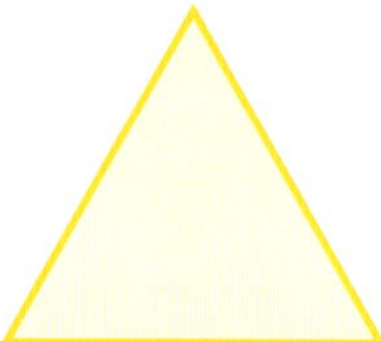

Dreieck
(3 Seiten und Winkel)

Quadrat
(4 Seiten und Winkel)

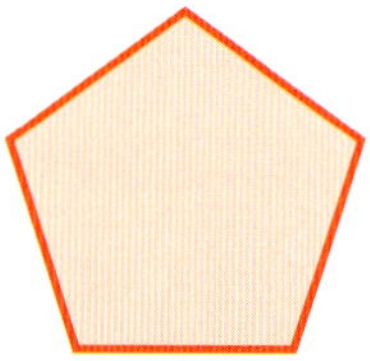

Fünfeck/Pentagon
(5 Seiten und Winkel)

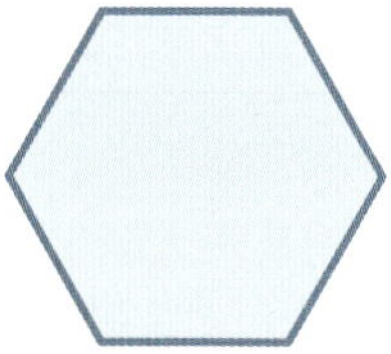

Sechseck/Hexagon
(6 Seiten und Winkel)

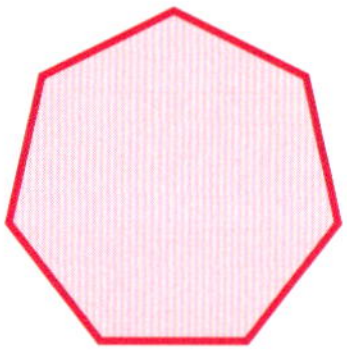

Siebeneck/Heptagon
(7 Seiten und Winkel)

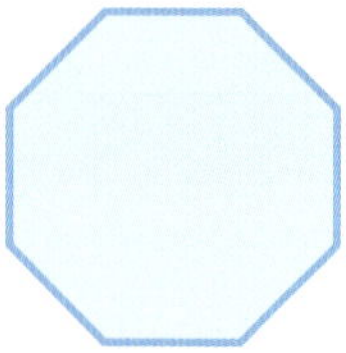

Achteck/Oktagon
(8 Seiten und Winkel)

Neuneck/Nonagon
(9 Seiten und Winkel)

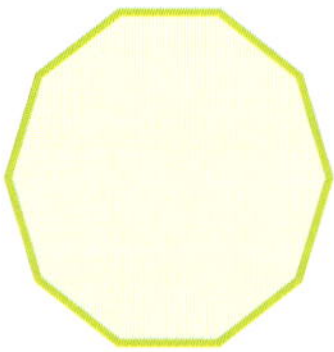

Zehneck/Dekagon
(10 Seiten und Winkel)

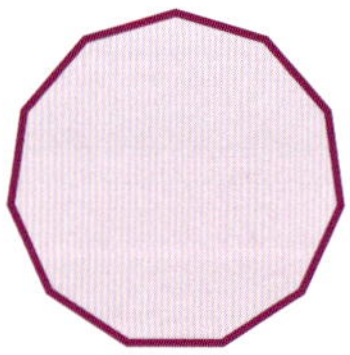

Elfeck/Hendekagon
(11 Seiten und Winkel)

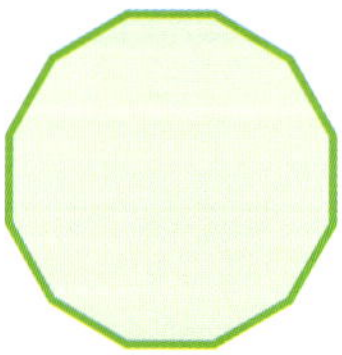

Zwölfeck/Dodekagon
(12 Seiten und Winkel)

15-Eck/Pentadekagon
(15 Seiten und Winkel)

20-Eck/Ikosagon
(20 Seiten und Winkel)

Auf einen Blick

- ✓ Ein regelmäßiges Polygon hat nur gleich lange Seiten und gleich große Winkel.
- ✓ Ein unregelmäßiges Polygon hat mindestens zwei ungleiche Seiten und ungleiche Winkel.
- ✓ Ein konkaves Polygon hat mindestens einen überstumpfen Winkel.
- ✓ Ein konvexes Polygon hat nur spitze und stumpfe Winkel.

Unregelmäßige Polygone

Ein Polygon mit mindestens einer ungleich langen Seite ist unregelmäßig. Es gibt zwei Arten unregelmäßiger Polygone: konkave und konvexe.

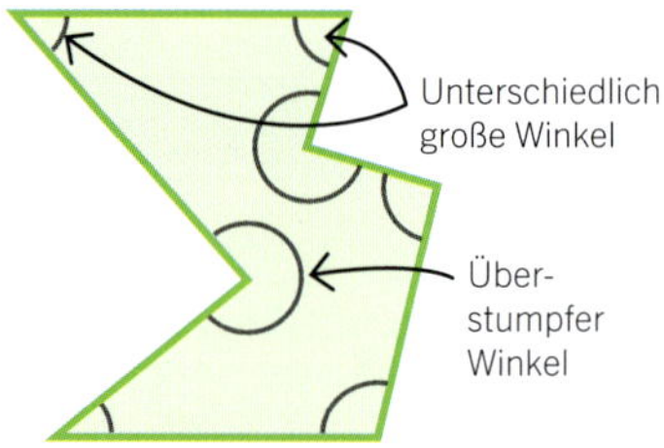

Konkave Polygone
Ein konkaves Polygon hat mindestens einen überstumpfen Winkel (größer als 180°).

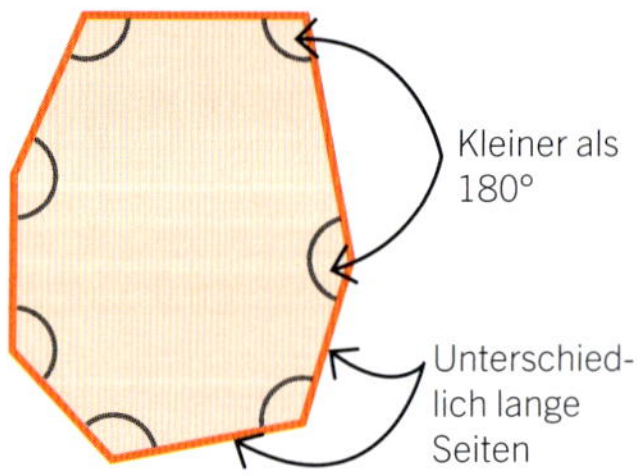

Konvexe Polygone
Ein konvexes Polygon hat nur Winkel, die kleiner sind als 180°.

Winkel im Dreieck

Das Dreieck ist eine der wichtigsten ebenen Figuren. Es besteht immer aus drei Seiten und drei Winkeln. Unabhängig von den Seitenlängen addieren sich die Winkel im Inneren eines Dreiecks immer zu 180°.

Auf einen Blick

- ✓ Die Winkelsumme im Dreieck beträgt 180°.
- ✓ Die Außenwinkel eines Dreiecks addieren sich zu 360°.

Innenwinkel
Legt man die Innenwinkel eines Dreiecks nebeneinander, entsteht ein gestreckter Winkel, der genau 180° groß ist.

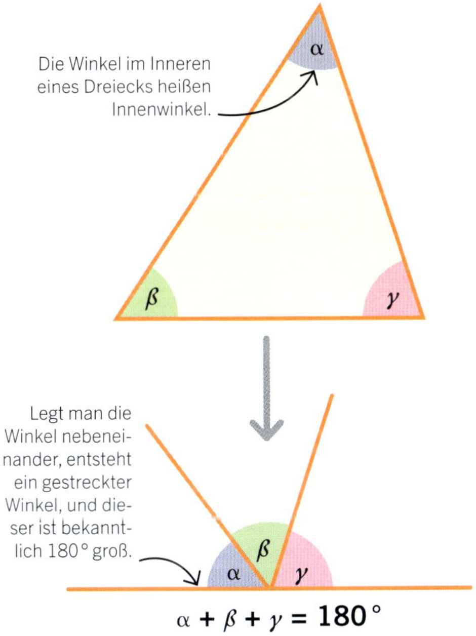

Außenwinkel
Außenwinkel eines Dreiecks entstehen durch Verlängerung der einzelnen Dreiecksseiten über die Eckpunkte hinaus. Die Summe je zweier Nebenwinkel beträgt 180°. Außerdem ist jeder Nebenwinkel so groß wie die Summe der beiden nicht anliegenden Innenwinkel. Die Summe aller drei Außenwinkel beträgt 360°.

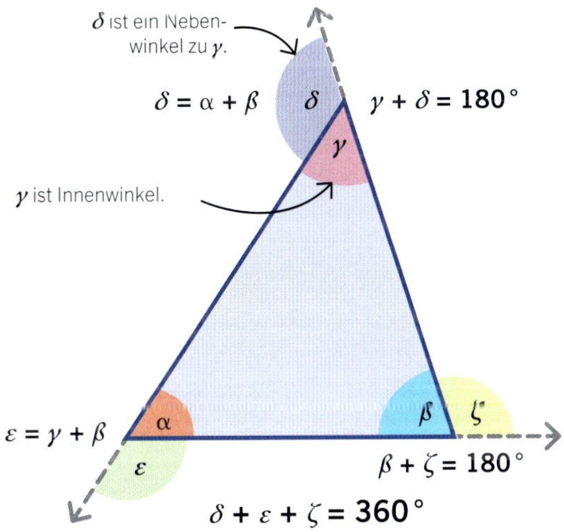

Bestimme die fehlenden Winkel

Aufgabe
Wie groß sind die Winkel α und β in diesem Dreieck? Wende dein Wissen über Innen- und Außenwinkel an.

Lösung
1. Die Summe aus Außenwinkel und anliegendem Innenwinkel beträgt 180°. Also ergibt sich β durch die Subtraktion 180° – 135°:

$$\beta = 180° - 135° = 45°$$

2. Die Summe der Innenwinkel eines Dreiecks beträgt 180°. Daher ergibt sich α durch Subtraktion der beiden bekannten Winkel von 180°:

$$\alpha = 180° - 115° - 45° = 20°$$

Winkel im Viereck

Ein Viereck besteht aus vier Seiten und vier Ecken, setzt man sie alle aneinander, ergeben die Innenwinkel eines Vierecks einen Vollwinkel von 360 °.

Auf einen Blick

- ✓ **Die Summe aller Innenwinkel eines Vierecks beträgt 360 °.**
- ✓ **Setzt man die Winkel eines Vierecks alle nebeneinander um einen Punkt herum, erhält man einen Vollwinkel.**

Innenwinkel eines Vierecks
Teilt man ein Viereck in zwei Dreiecke oder legt man die Winkel eines Vierecks alle aneinander um einen Punkt herum, erkennt man leicht, dass die Summe der Innenwinkel genau 360 ° beträgt.

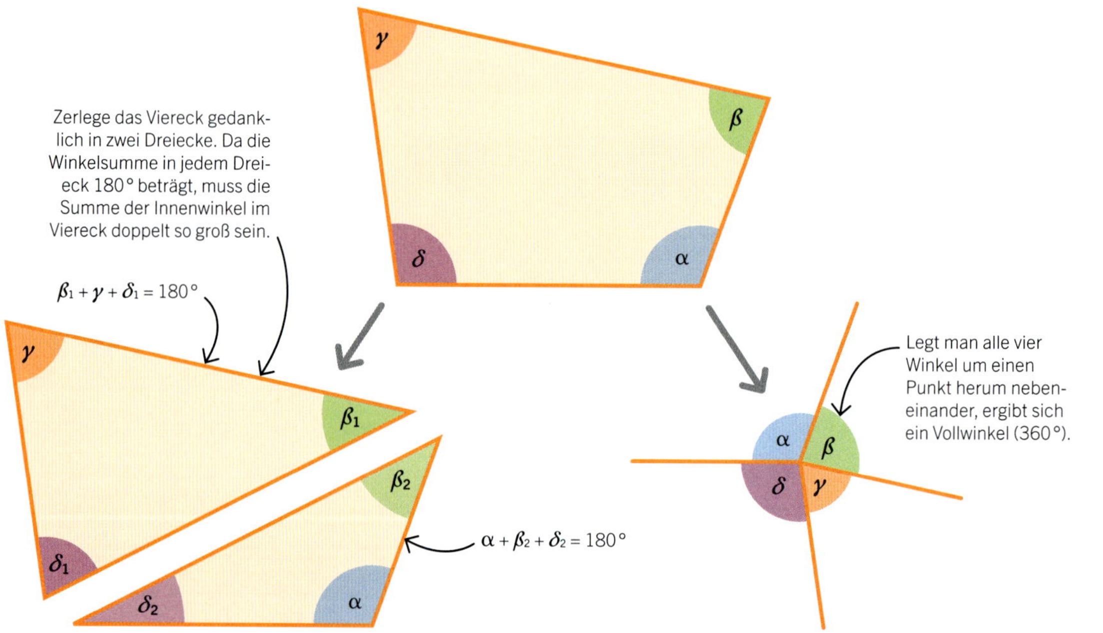

$$180° + 180° = 360°$$

$$\alpha + \beta + \gamma + \delta = 360°$$

Berechne den fehlenden Winkel

Aufgabe
Bestimme die Größe des Winkels δ in diesem Viereck.

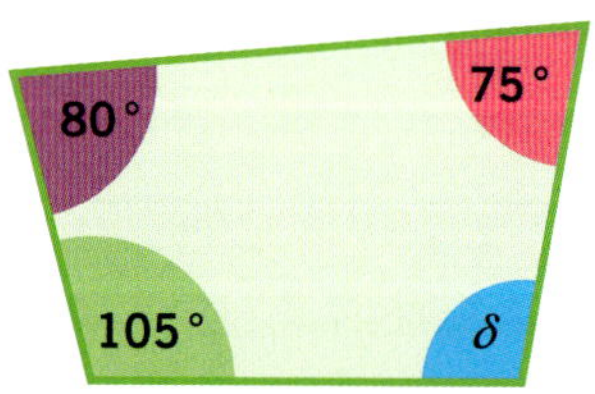

Lösung
Die Summe der Innenwinkel in einem Viereck beträgt 360 °. Wir müssen also die drei bekannten Winkel von 360 ° abziehen, um die Größe des Winkels δ zu erhalten.

$$\delta = 360° - 80° - 75° - 105°$$
$$= 100°$$

Außenwinkel von Polygonen

Die Außenwinkel eines Polygons sind die außen anliegenden Winkel eines Polygons zwischen einer Seite des Polygons und der Verlängerung einer benachbarten Seite. Die Summe aller Außenwinkel eines Polygons beträgt 360°.

Auf einen Blick

- ✓ **Die Summe der Außenwinkel eines jeden Polygons beträgt 360°.**
- ✓ **Die Größe der Außenwinkel eines regelmäßigen Polygons kann man berechnen, indem man 360° durch die Anzahl seiner Winkel (oder Seiten) dividiert.**

Unregelmäßige Polygone
Wir sehen, dass sich die Außenwinkel eines Polygons zu 360° addieren, wenn wir alle Außenwinkel nebeneinander um einen Punkt herum anordnen.

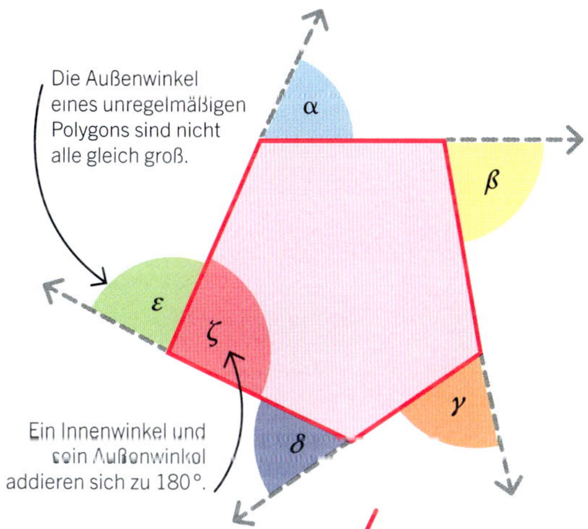

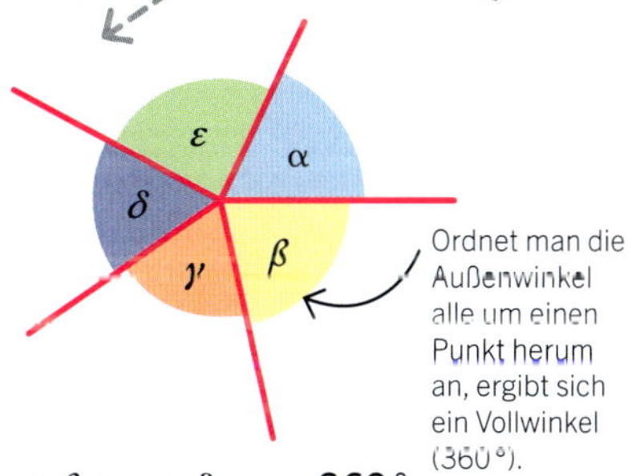

$$\alpha + \beta + \gamma + \delta + \varepsilon = 360°$$

Regelmäßige Polygone
Die Summe der Außenwinkel eines regelmäßigen Polygons beträgt ebenfalls 360°. Mithilfe dieser Information kann man die Größe eines einzelnen Außenwinkels berechnen.

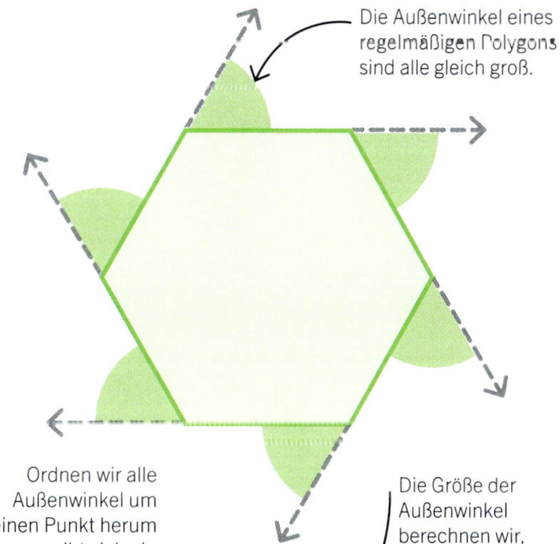

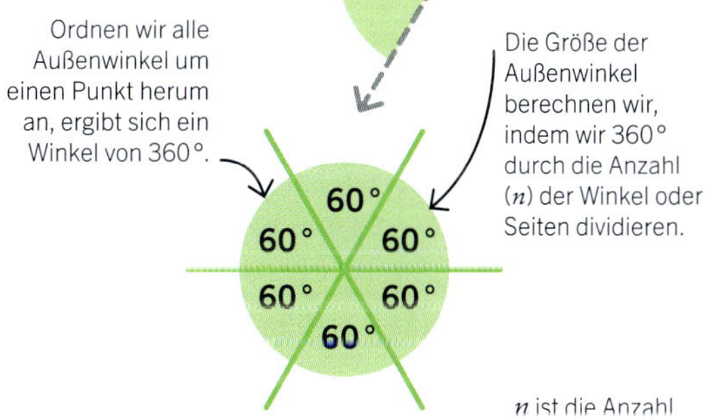

$$360° : 6 = 60°$$

n ist die Anzahl der Seiten und Winkel des regelmäßigen Polygons.

Summe der Außenwinkel eines jeden Polygons = 360°

Größe eines Außenwinkels eines regelmäßigen Polygons $= \frac{360°}{n}$

Innenwinkel von Polygonen

Die Summe der Außenwinkel eines jeden Polygons beträgt zwar immer 360°, aber die Summe der Innenwinkel ist davon abhängig, wie viel Seiten ein Polygon hat.

Auf einen Blick

- ✓ **Die Formel für die Summe der Innenwinkel eines konvexen Polygons mit n Seiten lautet:**
  $(n-2) \cdot 180°$
- ✓ **Die Größe eines Innenwinkels eines regelmäßigen Polygons berechnet man, indem man die Summe der Innenwinkel durch die Anzahl der Seiten dividiert.**

Innenwinkel konvexer Polygone
In einem konvexen Polygon ist jeder Winkel kleiner als 180°. Wenn wir es in Dreiecke zerlegen, können wir die Summe seiner Innenwinkel bestimmen: Da die Winkelsumme der Innenwinkel eines jeden Dreiecks 180° beträgt, müssen wir die Anzahl der Dreiecke, in die sich das Polygon zerlegen lässt, mit 180° multiplizieren, um die Winkelsumme der Innenwinkel zu erhalten.

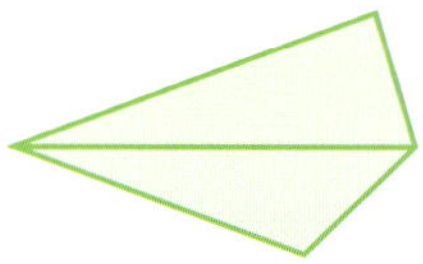

Viereck
Das Viereck lässt sich in zwei Dreiecke zerlegen. Die Summe seiner Innenwinkel ergibt sich aus der Summe der Innenwinkel der beiden Dreiecke:

$$2 \cdot 180° = 360°$$

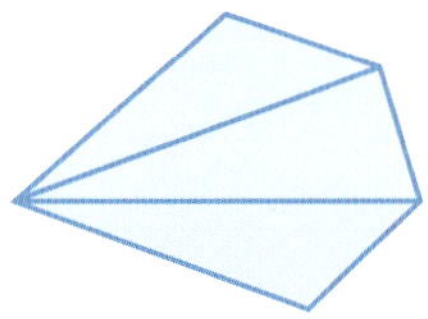

Fünfeck (Pentagon)
Das Fünfeck kann in drei Dreiecke zerlegt werden. Die Summe seiner Innenwinkel ergibt sich aus der Summe der Innenwinkel der drei Dreiecke:

$$3 \cdot 180° = 540°$$

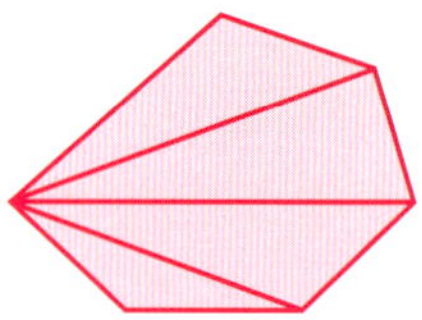

Sechseck (Hexagon)
Das Sechseck kann in vier Dreiecke zerlegt werden. Die Summe der Innenwinkel ergibt sich aus der Summe der Innenwinkel der vier Dreiecke:

$$4 \cdot 180° = 720°$$

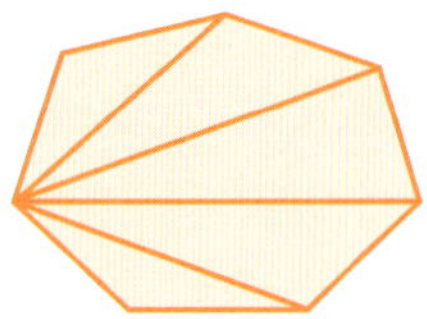

Siebeneck (Heptagon)
Das Siebeneck lässt sich in fünf Dreiecke zerlegen. Die Summe seiner Innenwinkel ergibt sich aus der Summe der Innenwinkel der fünf Dreiecke:

$$5 \cdot 180° = 900°$$

Eine Formel für die Innenwinkel konvexer Polygone
Die Anzahl der Dreiecke, in die man ein Polygon zerlegen kann, ist immer um zwei kleiner als die Anzahl seiner Seiten. Daher kann man anhand dieser Formel die Innenwinkelsumme eines Polygons bestimmen.

n steht für die Anzahl der Seiten des Polygons.

$$\text{Summe der Innenwinkel eines konvexen Polygons} = (n-2) \cdot 180°$$

Innenwinkel eines regelmäßigen Polygons
Die Größe eines Innenwinkels eines regelmäßigen Polygons kann man ganz einfach berechnen, indem man die Summe aller Innenwinkel durch die Anzahl der Ecken dividiert.

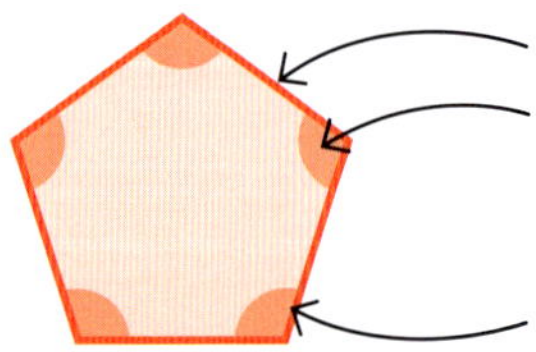

Regelmäßiges Fünfeck

1. Ein Fünfeck hat 5 Seiten.

2. Berechne zuerst mit der Formel die Summe der Innenwinkel:
$(5-2) \cdot 180° = 540°$

3. Um die Größe eines Winkels zu berechnen, dividiere diese Summe durch die Anzahl der Seiten:
$540° : 5 = 108°$

Eigenschaften von Kreisen

Ein Kreis ist eine ebene Figur, die aus einer Menge von Punkten besteht, die alle denselben Abstand zu einem bestimmten Punkt haben. Dieser Punkt heißt Mittelpunkt.

Wichtige Kreisteile
Ein Kreis kann so gefaltet werden, dass zwei deckungsgleiche Hälften entstehen. Eine solche Faltlinie heißt Durchmesser des Kreises. Dreht man den Kreis um den Mittelpunkt, wird er immer deckungsgleich auf sich selbst abgebildet, er ist also drehsymmetrisch (s. S. 35). Ein Kreis kann in viele unterschiedliche Teile zerlegt werden.

Auf einen Blick

- ✓ Der Umfang ist die Länge der äußeren Kreislinie.
- ✓ Jeder Punkt der Kreislinie hat denselben Abstand zum Mittelpunkt.
- ✓ Der Radius ist der Abstand zwischen dem Kreismittelpunkt und jedem Punkt der Kreislinie.
- ✓ Jede Verbindungsstrecke, die durch den Mittelpunkt des Kreises geht und zwei Punkte der Kreislinie miteinander verbindet, heißt Durchmesser.

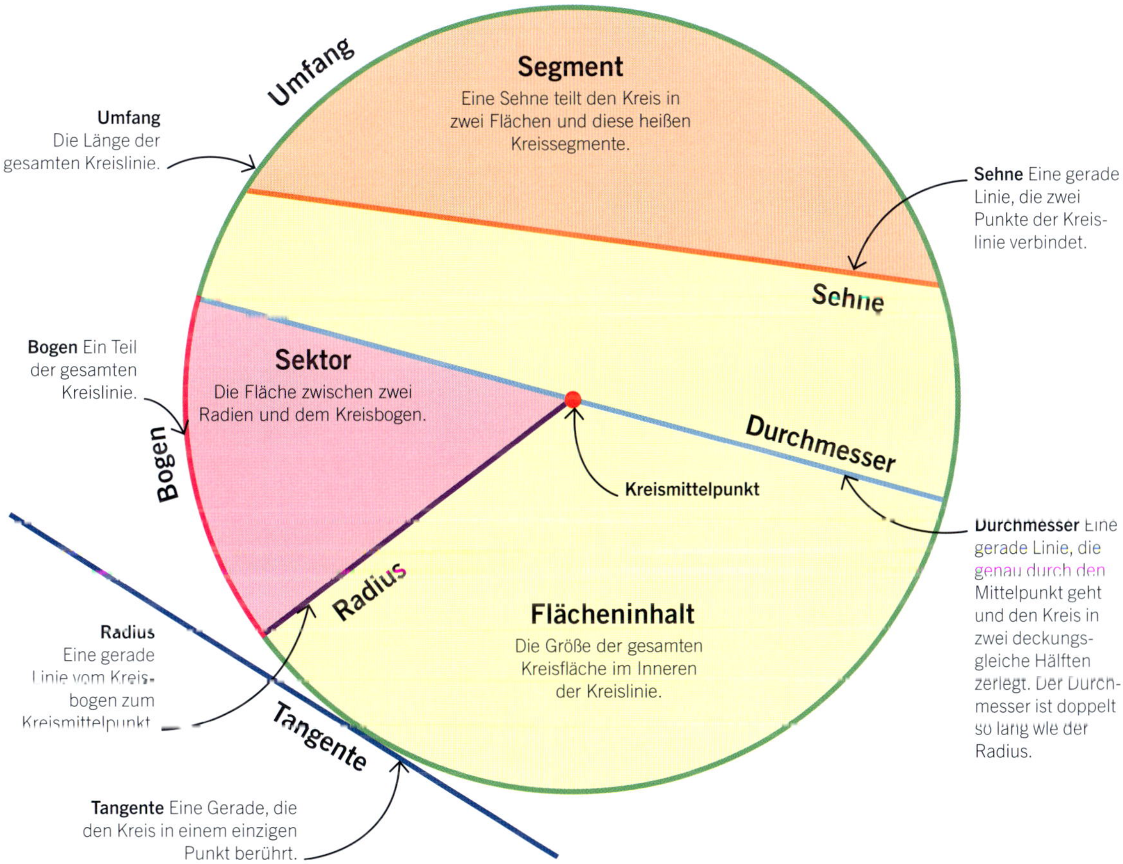

Übungsaufgabe
Mit Winkeln arbeiten

Mit unserem Wissen über Formen und Zahlen können wir nun auch komplexere Probleme lösen.

Siehe auch

31 Über Winkel
38 Vielecke (Polygone)
41 Außenwinkel von Polygonen
42 Innenwinkel von Polygonen

Frage
Die blauen Linien gehören zu einem regelmäßigen Polygon. Wie viele Seiten hat das gesamte blaue Polygon und wie lautet der richtige Fachbegriff dafür?

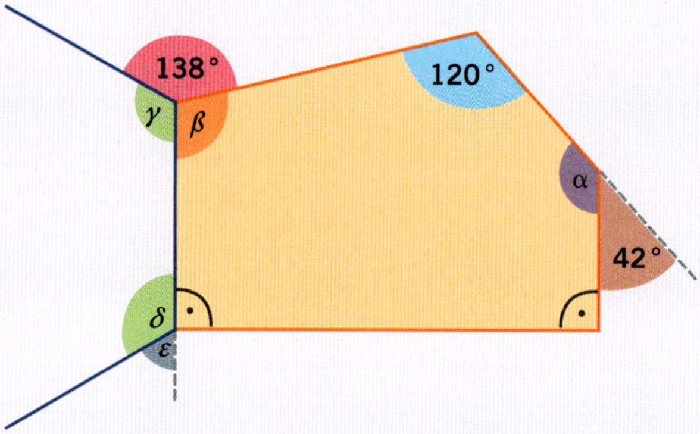

Antwort

1. Zuerst wenden wir unser Wissen über Winkel an. Wir können den Winkel α berechnen, denn Winkel an einer geraden Linie addieren sich zu 180°.

$$\alpha = 180° - 42° = 138°$$

2. Nun berechnen wir die Summe der Innenwinkel des orangefarbenen Fünfecks, denn wir brauchen sie für den Winkel β.

$$\text{Summe der Innenwinkel eines konvexen Polygons} = (n - 2) \cdot 180°$$

$$= (5 - 2) \cdot 180°$$
$$= 540°$$

3. Den Winkel β erhalten wir durch Subtraktion der vier bekannten Innenwinkel von 540°.

$$\beta = 540° - 120° - 138° - 90° - 90°$$
$$= 102°$$

4. Da wir nun β kennen, können wir γ berechnen, denn die Winkel um diesen Punkt addieren sich zu einem Vollwinkel (360°).

$$\gamma = 360° - 138° - 102°$$
$$= 120°$$

5. Da Winkel in einem regelmäßigen Polygon alle gleich sind, misst Winkel δ genau wie Winkel γ 120°.

$$\delta = \gamma = 120°$$

6. Um die Anzahl der Seiten des regelmäßigen blauen Polygons zu bestimmen, brauchen wir noch einen Außenwinkel, also den Winkel ε. Wir wissen, dass sich die Winkel an einer geraden Linie zu 180° addieren.

$$\varepsilon = 180° - 120°$$
$$= 60°$$

7. Nun können wir die Anzahl der Seiten des blauen Polygons bestimmen: Da sich die Außenwinkel eines regulären Polygons immer zu 360° addieren, dividieren wir diesen Wert durch die Größe eines einzelnen Winkels.

$$\text{Anzahl der Seiten} = \frac{360°}{60°} = 6$$

Das blaue Polygon hat 6 Seiten. Es ist ein regelmäßiges Sechseck (Hexagon).

Brüche, Dezimalzahlen und Prozente

Brüche

Ein Bruch steht für den Teil eines Ganzen. Brüche schreibt man mit zwei übereinanderstehenden, durch einen Bruchstrich getrennten Zahlen.

Auf einen Blick

- ✓ **Ein Bruch repräsentiert einen Teil von einem Ganzen.**
- ✓ **Die obere Zahl heißt Zähler, die untere Nenner.**
- ✓ **Brüche, die unterschiedlich aussehen, können trotzdem denselben Wert haben. Brüche, die denselben Wert haben, heißen äquivalente Brüche.**

Was ist ein Bruch?

Ein Bruch gibt an, wie viele Teile eines Ganzen betrachtet werden. Beispiele sind ein Halbes, fünf Achtel oder drei Viertel. Hier siehst du zum Beispiel drei Viertel eines Ganzen.

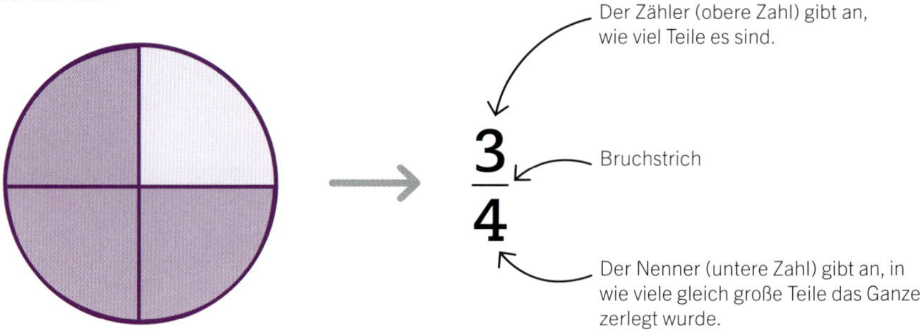

Äquivalente Brüche

Ein und derselbe Wert kann durch viele verschiedene Brüche dargestellt werden. Zwei Brüche, die denselben Wert darstellen, nennt man äquivalente Brüche.

Kürzen

Ein Bruch lässt sich vereinfachen („kürzen"), indem man Zähler und Nenner durch dieselbe Zahl dividiert. Man erhält dann einen zum Ausgangsbruch äquivalenten Bruch.

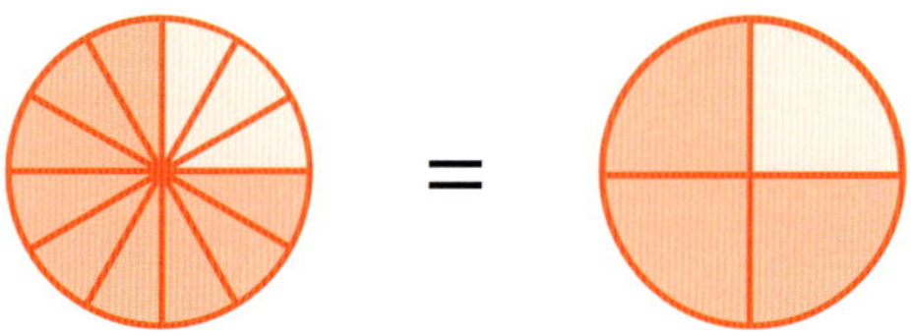

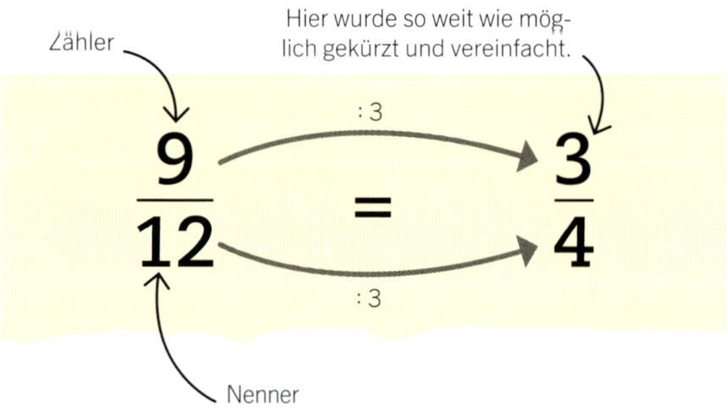

Erweitern

Um einen Bruch zu erweitern, muss man Zähler und Nenner mit derselben Zahl multiplizieren. Das Ergebnis ist auch hier ein zum Ausgangsbruch äquivalenter Bruch.

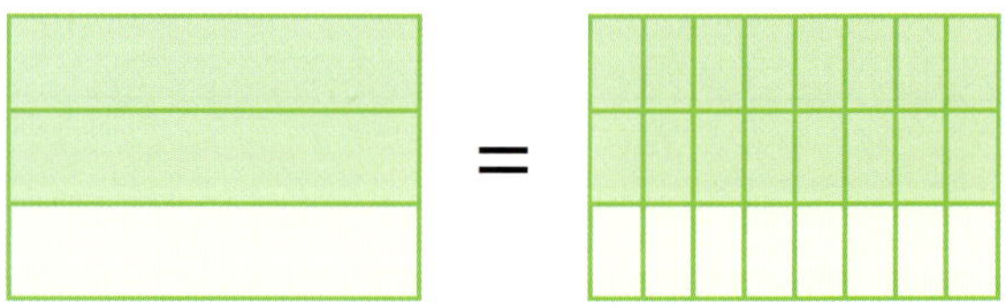

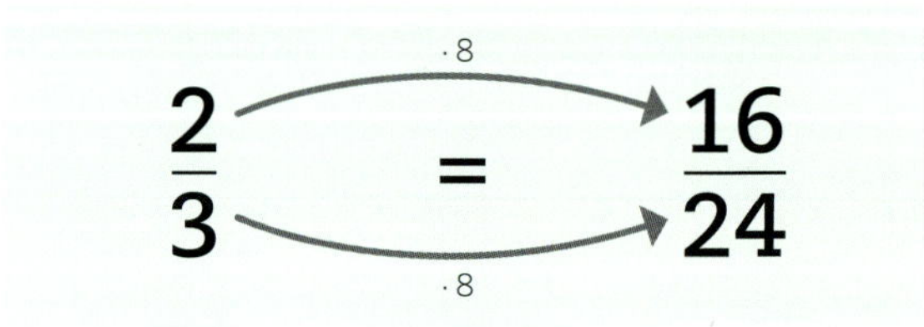

Unechte Brüche und gemischte Zahlen

Nicht jeder Bruch ist kleiner als 1. Ein Bruch, dessen Betrag größer oder gleich 1 ist, heißt unechter Bruch. Bei einem solchen Bruch ist der Betrag des Zählers größer oder gleich dem Betrag des Nenners. Er lässt sich auch als gemischte Zahl, bestehend aus einer ganzen Zahl und einem echten Bruch, schreiben.

Auf einen Blick

- ✓ Echte Brüche haben einen Betrag kleiner als 1.
- ✓ Der Betrag eines unechten Bruchs ist größer oder gleich 1.
- ✓ Eine gemischte Zahl besteht aus einer ganzen Zahl und einem Bruch.

Verschiedene Arten von Brüchen
Für Brüche gibt es beispielsweise diese drei Schreibweisen:

Echter Bruch
Ein Bruch, dessen Betrag kleiner 1 ist, heißt echter Bruch.

$$\frac{1}{4}$$

Der Zähler ist kleiner als der Nenner.

Unechter Bruch
Ein Bruch, dessen Betrag größer 1 ist, heißt unechter Bruch.

$$\frac{35}{4}$$

Der Zähler ist größer als der Nenner.

Gemischte Zahl
Ein Bruch, der aus einer Kombination von einer ganzen Zahl mit einem Bruch besteht, heißt gemischte Zahl.

$$8\frac{3}{4}$$

Unechte Brüche in gemischte Zahlen verwandeln
Ein Bruch entspricht einer Division. Um unechte Brüche in gemischte Zahlen zu verwandeln, kannst du einfach den Zähler durch den Nenner dividieren.

$$\frac{11}{4} = 11 : 4 = 2 \text{ Rest } 3 = 2\frac{3}{4}$$

1. Dividiere den Zähler durch den Nenner.

2. Das Ergebnis ist die ganze Zahl 2 mit einem Rest von 3. Man sagt: „2 Rest 3."

3. Das Ergebnis ist eine gemischte Zahl, bestehend aus der ganzen Zahl 2 und dem Bruch ¾.

Brüche darstellen
Man kann $^{11}/_4$ auch als $2^3/_4$ darstellen. Der Bruch besteht aus 2 Ganzen und 3 Vierteln ($^3/_4$).

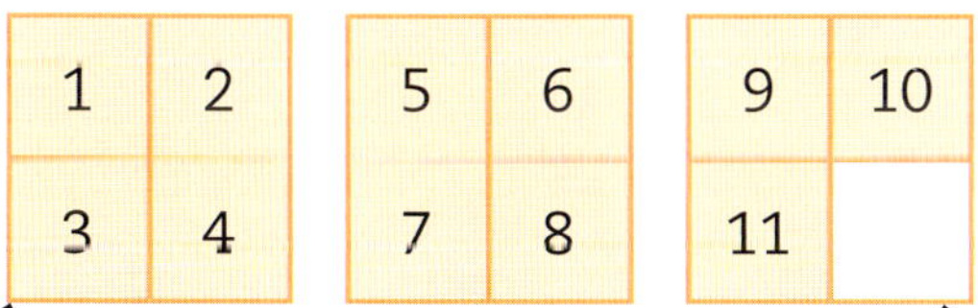

Jede Gruppe von 4 Quadraten (Vierteln) stellt 1 Ganzes dar.

$$\frac{11}{4} = 2\frac{3}{4}$$

Hier sind nur 3 Teile von 1 Ganzen (¾) übrig.

Gemischte Zahlen in unechte Brüche verwandeln
Multipliziere zuerst die ganze Zahl mit dem Nenner und addiere anschließend das Ergebnis dieser Multiplikation zum Zähler.

$$3\frac{2}{3} = \frac{3 \cdot 3 + 2}{3} = \frac{11}{3}$$

1. Multipliziere die ganze Zahl mit dem Nenner.

2. Addiere den Zähler.

3. Das Ergebnis ist ein unechter Bruch (der Zähler ist größer als der Nenner).

Brüche darstellen
Man kann den Bruch durch 4 Ganze, bestehend aus je 3 Teilen (Dritteln) darstellen. 3 Ganze und zwei Drittel ($^2/_3$) von einem Ganzen sind das Gleiche wie elf Drittel ($^{11}/_3$).

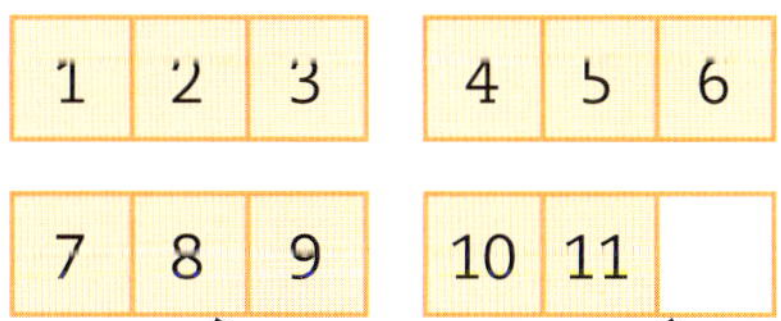

Immer 3 Quadrate bilden 1 Ganzes.

$$3\frac{2}{3} = \frac{11}{3}$$

Hier sind nur 2 Teile von 1 Ganzen (⅔) übrig.

Brüche vergleichen

Um ungleichnamige Brüche (Brüche mit unterschiedlichen Nennern) wie $\frac{8}{11}$ und $\frac{5}{7}$ zu vergleichen, macht man diese Brüche meist zuerst gleichnamig.

Auf einen Blick

- ✓ Das kleinste gemeinsame Vielfache (kgV) ist eine Zahl, die durch alle ursprünglichen Nenner teilbar ist.
- ✓ Das kgV der Nenner ist sehr hilfreich, wenn es darum geht, Brüche zu vergleichen.
- ✓ Das kgV wird bestimmt, indem man zunächst alle Vielfachen der ursprünglichen Nenner aufschreibt.

Brüche sortieren
Um Brüche der Größe nach zu sortieren, muss man sie zuerst auf einen gemeinsamen Nenner bringen. Schreibe alle Vielfachen der einzelnen Nenner auf und bestimme dann das kleinste gemeinsame Vielfache (kgV; s. S. 26). Das kgV ist dann der gemeinsame Hauptnenner für alle zu sortierenden Brüche.

1. Schreibe die Vielfachen der einzelnen Nenner auf und bestimme das kgV.

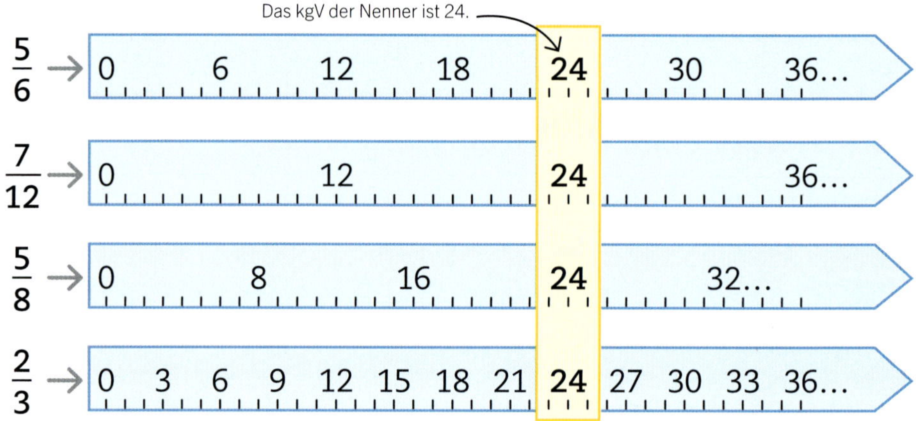

2. Du siehst, dass das kgV der Nenner 24 ist. Nun musst du Zähler und Nenner aller Brüche jeweils mit derjenigen Zahl multiplizieren, die im Nenner 24 ergibt.

$$\frac{5}{6} \xrightarrow{\cdot 4} \frac{20}{24} \qquad \frac{5}{8} \xrightarrow{\cdot 3} \frac{15}{24}$$

$$\frac{7}{12} \xrightarrow{\cdot 2} \frac{14}{24} \qquad \frac{2}{3} \xrightarrow{\cdot 8} \frac{16}{24}$$

3. Jetzt kannst du die Brüche ganz einfach vergleichen. Sortiere sie vom größten zum kleinsten Wert.

$\frac{5}{6}$ ← Größter Bruch

$\frac{2}{3}$

$\frac{5}{8}$

$\frac{7}{12}$ ← Kleinster Bruch

Brüche addieren und subtrahieren

Brüche können, ebenso wie ganze Zahlen, addiert und subtrahiert werden. Wenn die Brüche nicht gleichnamig sind, muss man sie zuerst gleichnamig machen.

Auf einen Blick

- ✓ Gleichnamige Brüche werden addiert, indem man ihre Zähler addiert.
- ✓ Um einen Bruch von einem gleichnamigen Bruch zu subtrahieren, subtrahiert man seinen Zähler vom anderen Zähler.
- ✓ Um mit ungleichnamigen Brüchen zu rechnen, muss man sie zuerst gleichnamig machen.

Gleichnamige Brüche haben denselben Nenner
Wenn du gleichnamige Brüche addieren willst, kannst du einfach die Zähler addieren. Ebenso kannst du bei der Subtraktion eines Bruchs von einem gleichnamigen Bruch einfach den einen Zähler vom anderen subtrahieren. Die Nenner bleiben erhalten.

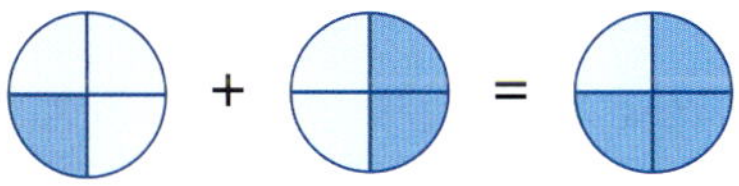

$$\frac{1}{4} + \frac{2}{4} = \frac{3}{4}$$

Summe der Zähler

Der Nenner bleibt gleich.

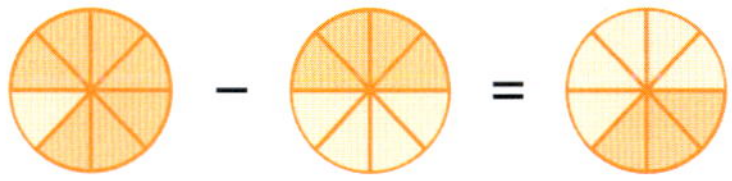

$$\frac{7}{8} - \frac{4}{8} = \frac{3}{8}$$

Differenz der Zähler

Brüche mit ungleichen Nennern
Brüche mit ungleichen Nennern muss man zuerst gleichnamig machen (man bringt sie auf den denselben Nenner, also den Hauptnenner). Bei gemischten Zahlen ist es oft besser, sie in unechte Brüche umzuwandeln. Man kann aber auch mit den ganzzahligen Teilen und den Brüchen separat rechnen und anschließend alles wieder zusammenfügen.

1. Berechne $1\frac{1}{2} + 2\frac{2}{3}$.

$$1\frac{1}{2} + 2\frac{2}{3} = ?$$

2. Wandle die gemischten Zahlen in unechte Brüche um.

$$1\frac{1}{2} = \frac{3}{2} \qquad 2\frac{2}{3} = \frac{8}{3}$$

3. Bringe die Brüche mithilfe des kgV auf den Hauptnenner.

$$\frac{3}{2} \xrightarrow{\cdot 3} \frac{9}{6} \qquad \frac{8}{3} \xrightarrow{\cdot 2} \frac{16}{6}$$

4. Jetzt sind die Brüche gleichnamig. Addiere nun einfach die Zähler.

$$\frac{9}{6} + \frac{16}{6} = \frac{25}{6}$$

5. Wandle das Ergebnis wieder in eine gemischte Zahl um.

$$\frac{25}{6} = 4\frac{1}{6}$$

1. Berechne $1\frac{3}{4} - \frac{1}{8}$.

$$1\frac{3}{4} - \frac{1}{8} = ?$$

2. Erweitere den ersten Bruch auf einen Bruch mit dem Nenner 8. (Behalte die 1 für später im Kopf!)

$$\frac{3}{4} \xrightarrow{\cdot 2} \frac{6}{8}$$

3. Subtrahiere den zweiten Zähler vom ersten.

$$\frac{6}{8} - \frac{1}{8} = \frac{5}{8}$$

4. Füge die 1 wieder hinzu.

$$\frac{5}{8} + 1 = 1\frac{5}{8}$$

Bruchteil von einer Menge

Ein Bruch wie ¼ steht für einen Anteil an einem Ganzen oder an einer Menge, beispielsweise einer Menge Mehl aus einer Mehltüte.

Auf einen Blick

- ✓ Um den Bruchteil von einem Ganzen bzw. einer Menge zu berechnen, muss man das Ganze mit dem Zähler multiplizieren und das Ergebnis durch den Nenner dividieren.
- ✓ Man kann das Ganze auch zuerst durch den Nenner dividieren und dann das Ergebnis mit dem Zähler multiplizieren.

Anteil an einer Menge berechnen
Wie viel sind ⅘ einer 1000 g Packung Mehl? Um dies zu berechnen, musst du ⅘ · 1000 rechnen. Du musst also ⅕ von 1000 berechnen und das Ergebnis mit 4 multiplizieren.

$\frac{4}{5} \cdot 1000\,g = ?$

Gesamtmenge Mehl: 1000 g

1. Berechne zuerst 1/5, indem du die Gesamtmenge durch den Nenner dividierst.

$$1000\,g : 5 = 200\,g$$

2. Multipliziere das Ergebnis mit dem Zähler, um 4/5 zu bestimmen.

$$200\,g \cdot 4 = 800\,g$$

3. Die Reihenfolge der Rechnungen ist egal: Du kannst auch zuerst die Gesamtmenge mit dem Zähler multiplizieren und dann das Ergebnis durch den Nenner dividieren.

$$1000\,g \cdot 4 = 4000\,g$$
$$4000\,g : 5 = 800\,g$$

Einen Schatz aufteilen

Aufgabe
Ein Piratenkapitän teilt 220 Goldmünzen ungleich unter seiner Mannschaft auf. Kamerad 1 bekommt ½. Kameradin 2 bekommt ¼. Kameradin 3 bekommt ⅕. Kamerad 4 bekommt 1/20. Wie viel erhält jede und jeder?

Lösung
1. Um jeden einzelnen Anteil zu bestimmen, multipliziere jeweils die Gesamtzahl mit dem Zähler und dividiere das Ergebnis durch den Nenner.

Kamerad 1:
1 · 220 : 2 = 110 Goldmünzen

Kameradin 2:
1 · 220 : 4 = 55 Goldmünzen

Kameradin 3:
1 · 220 : 5 = 44 Goldmünzen

Kamerad 4:
1 · 220 : 20 = 11 Goldmünzen

2. Addiere zur Probe alle Anteile. Ihre Summe muss 220 Goldmünzen ergeben:
110 + 55 + 44 + 11 = 220

Brüche multiplizieren

Multipliziert man eine Zahl mit 2, ist das Ergebnis das Zweifache der Zahl, multipliziert man eine Zahl mit ½, ist das Ergebnis die Häfte der Zahl. Die Multiplikation einer Zahl mit einem Bruch kann man also auch als das Berechnen eines bestimmten Bruchteils der Zahl verstehen. Deshalb sagt man oft auch: „½ von 3."

Einen Bruch mit einer positiven ganzen Zahl multiplizieren
Multipliziert man einen Bruch mit einer positiven ganzen Zahl n, so ist es dasselbe, als würde man den Bruch n-mal addieren.

$$\frac{1}{6} \cdot 3 = \frac{1}{6} + \frac{1}{6} + \frac{1}{6}$$

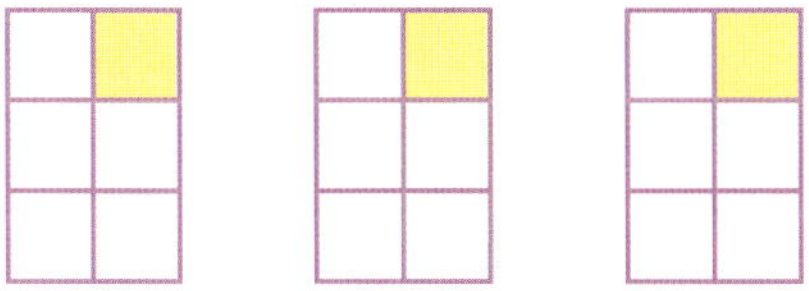

$$= \frac{3}{6} \qquad = \frac{1}{2}$$

Vereinfache das Ergebnis.

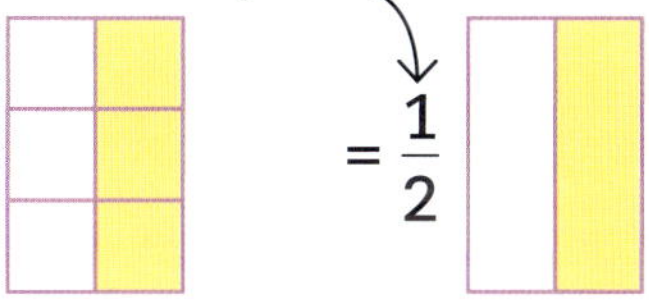

Echte Brüche multiplizieren
Die Multiplikation zweier Brüche ist sehr einfach: Man multipliziert beide Zähler und beide Nenner miteinander. Wenn du ⅔ mit ¾ multiplizieren willst, kannst du dir vorstellen, du suchst ⅔ von ¾. Das Ergebnis muss also ein kleinerer Bruch sein.

1. Multipliziere die Zähler.

2. Multipliziere die Nenner.

3. Vereinfache das Ergebnis.

$$\frac{2}{3} \cdot \frac{3}{4} = \frac{6}{12} = \frac{1}{2}$$

Auf einen Blick

- ✓ Multipliziert man eine positive ganze Zahl mit einem Bruch, so berechnet man den entsprechenden Teil dieser Zahl.
- ✓ Brüche werden multipliziert, indem man Zähler mal Zähler und Nenner mal Nenner rechnet.
- ✓ Das Ergebnis der Multiplikation kann meist noch vereinfacht (gekürzt) werden.

Gemischte Zahlen multiplizieren

Verwandle gemischte Zahlen zuerst in unechte Brüche und rechne dann. Berechne 4¼ · ⅖.

1. Verwandle 4¼ in einen unechten Bruch.

$$4\frac{1}{4} = \frac{4 \cdot 4 + 1}{4} = \frac{17}{4}$$

2. Multipliziere beide Zähler und beide Nenner miteinander und vereinfache das Ergebnis so weit wie möglich.

$$\frac{17}{4} \cdot \frac{2}{5} = \frac{34}{20} = \frac{17}{10}$$

Vereinfache so weit wie möglich.

3. Schreibe das Ergebnis als gemischte Zahl.

$$\frac{17}{10} = 1\frac{7}{10}$$

Der Rest der Division wird zum Zähler des echten Bruchs in der gemischten Zahl.

Brüche dividieren

Wenn man eine positive ganze Zahl durch eine andere dividiert, stellt man sich meist vor, wie oft die zweite Zahl in die erste hineinpasst. Das funktioniert mit Brüchen auch. Wenn du ¼ : ½ rechnest, rechnest du aus, wie oft ½ in ¼ hineinpasst. Die Regeln für das Dividieren von Brüchen sind ganz einfach.

Auf einen Blick

- ✓ **Um einen Bruch durch einen anderen Bruch zu dividieren, multipliziert man den ersten Bruch mit dem Kehrwert des zweiten Bruchs.**
- ✓ **Den Kehrwert eines Bruchs erhält man durch das Vertauschen von Zähler und Nenner.**
- ✓ **Vor der eigentlichen Division sollte man gemischte Zahlen in unechte Brüche umwandeln.**

Eine ganze Zahl durch einen Bruch dividieren
Willst du eine ganze Zahl durch einen Bruch dividieren, also beispielsweise 3 : ¾ rechnen, musst du herausfinden, wie oft der Bruch in die ganze Zahl 3 hineinpasst.

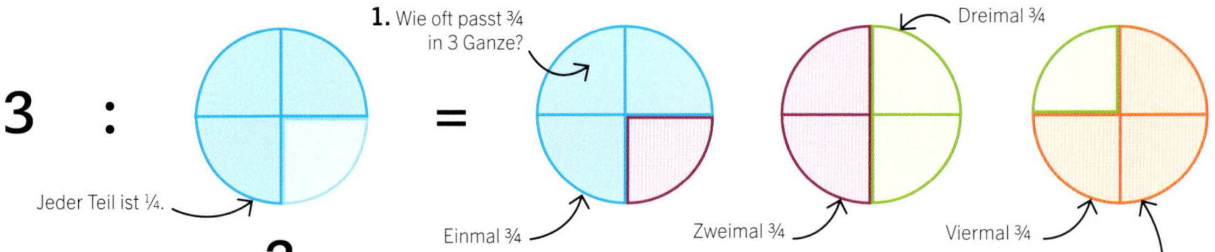

$$3 : \frac{3}{4} = 4$$

Einen Bruch durch eine ganze Zahl dividieren
Dividiert man einen Bruch durch eine ganze Zahl, muss man den Bruch in entsprechend viele Teile „zerlegen". In dem Beispiel ¾ : 2 muss man also ¾ in 2-mal so viele Teile zerlegen, wie es ursprünglich waren.

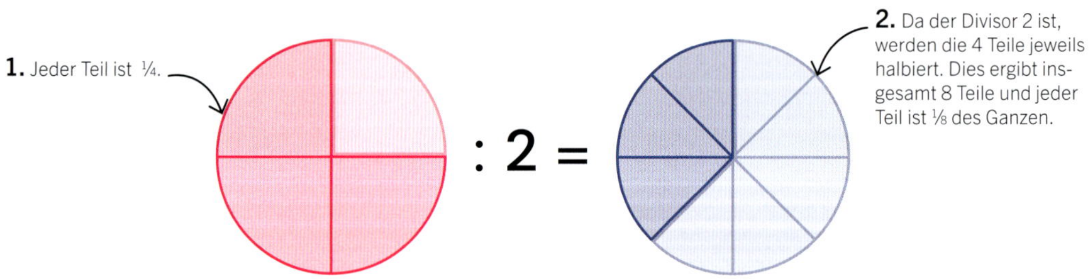

$$\frac{3}{4} : 2 = \frac{3}{8}$$

Der Zähler bleibt gleich.

Der Nenner wird verdoppelt und damit der Wert halbiert.

Mit dem Kehrwert multiplizieren

Wenn du ¾ durch 2 dividierst, bedeutet das, dass du den Wert von ¾ halbierst (s. linke Seite). Die Division durch 2 ist also dasselbe wie die Multiplikation mit dem Bruch ½. Dividieren und Multiplizieren sind entgegengesetzte (inverse) Operationen. Es gibt einen ganz einfachen Trick, mit dem du einen Bruch durch eine ganze Zahl dividieren kannst: Wandle die ganze Zahl in einen unechten Bruch um, bilde den Kehrwert und multipliziere die beiden Brüche miteinander.

1. Wandle die Zahl 2 in einen unechten Bruch um: Die ganze Zahl ist der Zähler und der Nenner ist 1.

2. Schreibe · statt : und bilde den Kehrwert von ²⁄₁.

$$\frac{3}{4} : \frac{2}{1} \rightarrow \frac{3}{4} \cdot \frac{1}{2} = \frac{3}{8}$$

3. Multipliziere nun die beiden Zähler und die beiden Nenner.

Einen Bruch durch einen anderen Bruch dividieren

Auch bei der Division eines jeden Bruchs durch einen anderen Bruch kann man die Methode der Multiplikation mit dem Kehrwert anwenden. Hier dividieren wir als Beispiel ¼ : ⅓.

1. Stell dir für die Berechnung von ¼ : ⅓ vor, dass beide Brüche auf denselben Nenner gebracht werden.

2. Wie oft passt ⁴⁄₁₂ in ³⁄₁₂?

3. ³⁄₁₂ : ⁴⁄₁₂ ist dasselbe wie 3 : 4 oder ¾.

$$\frac{1}{4} : \frac{1}{3} = \frac{3}{12} : \frac{4}{12} = \frac{3}{4}$$

$$\frac{1}{4} : \frac{1}{3} \rightarrow \frac{1}{4} \cdot \frac{3}{1} = \frac{3}{4}$$

4. Schneller geht es, wenn du den Kehrwert des zweiten Bruchs mit dem ersten Bruch multiplizierst.

³⁄₁ ist der Kehrwert von ⅓.

Gemischte Zahlen dividieren

Kommen in einer Division gemischte Zahlen vor, verwandelt man diese zuerst in unechte Brüche.

Aufgabe

Berechne 1½ : 3⅓.

Lösung

1. Verwandle die beiden gemischten Zahlen in unechte Brüche.

$$1\frac{1}{2} : 3\frac{1}{3} = \frac{3}{2} : \frac{10}{3}$$

2. Bilde den Kehrwert des zweiten Bruchs und multipliziere ihn mit dem ersten.

$$\frac{3}{2} : \frac{10}{3} = \frac{3}{2} \cdot \frac{3}{10} = \frac{9}{20}$$

Prozente

Prozent bedeutet „von Hundert“ oder „Hundertstel“. Ein Prozentsatz gibt an, wie viele Teile von hundert Teilen von etwas betroffen sind. Dieser Bezug auf 100 kann beim Vergleich von zwei oder mehr Werten sehr nützlich sein. Das Symbol % steht für Prozent.

Auf einen Blick

- ✓ Ein Prozentsatz repräsentiert einen Anteil aus 100.
- ✓ Prozente werden durch das Symbol % dargestellt.
- ✓ Brüche und Dezimalzahlen können als Prozentsätze dargestellt werden.

Teile von 100

Prozente kann man sich jeweils als einen Anteil von 100 gleichen Teilen vorstellen. Der Ausdruck 10 % bedeutet also „10 Teile von 100“.

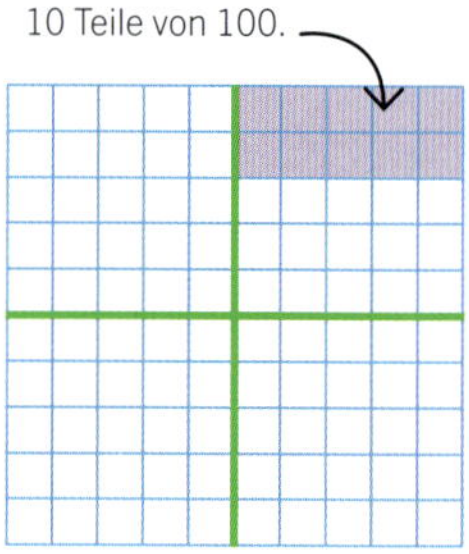

10 %

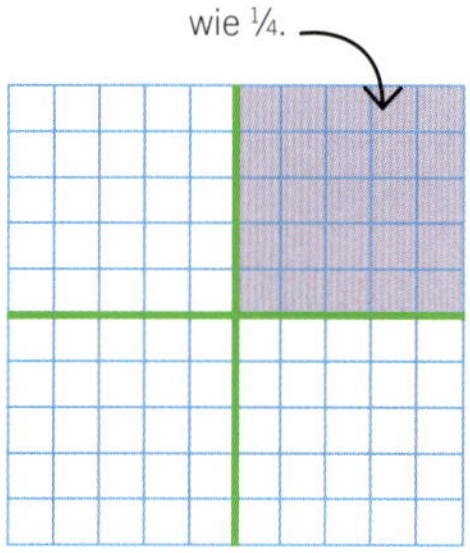

25 %

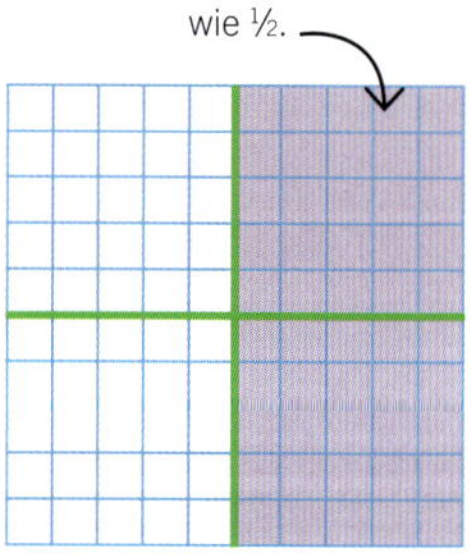

50 %

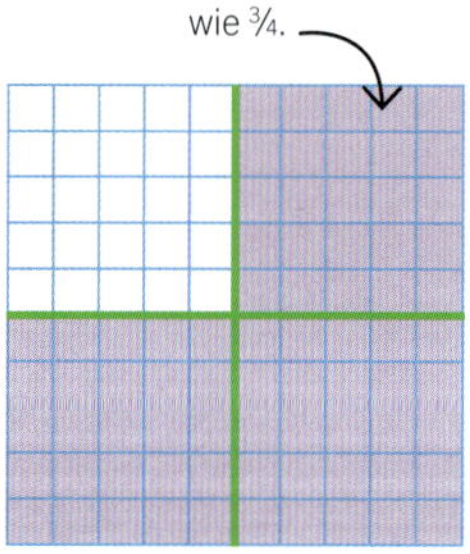

75 %

Prozente und Brüche

Um eine Bruchzahl in eine Prozentangabe umzuwandeln, kann man sie als Dezimalzahl schreiben und dann mit 100 multiplizieren.

1. Dividiere den Zähler durch den Nenner.

$$\frac{3}{4} = 3 : 4 = 0{,}75$$

2. Multipliziere mit 100.

$$0{,}75 \cdot 100 = 75\,\%$$

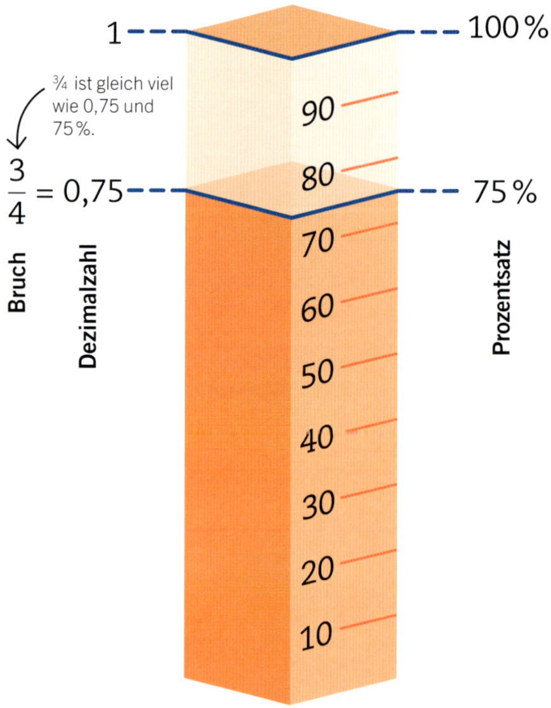

Dezimalzahlen, Brüche und Prozente

Jede Zahl kann in Form einer Dezimalzahl, eines Bruchs oder als Prozentsatz geschrieben werden.

Auf einen Blick

- ✓ Jede Zahl kann als Bruch, Dezimalzahl und Prozentsatz geschrieben werden.
- ✓ Es gibt einfache Umrechnungsmethoden von einer Form in die andere.

Umrechnungsmethoden
Bruch, Dezimalzahl oder Prozentsatz sehen zwar nicht gleich aus, aber sie können jeweils dieselbe Zahl repräsentieren. Die drei Zahlenarten sind gleichwertig und können ineinander umgewandelt werden.

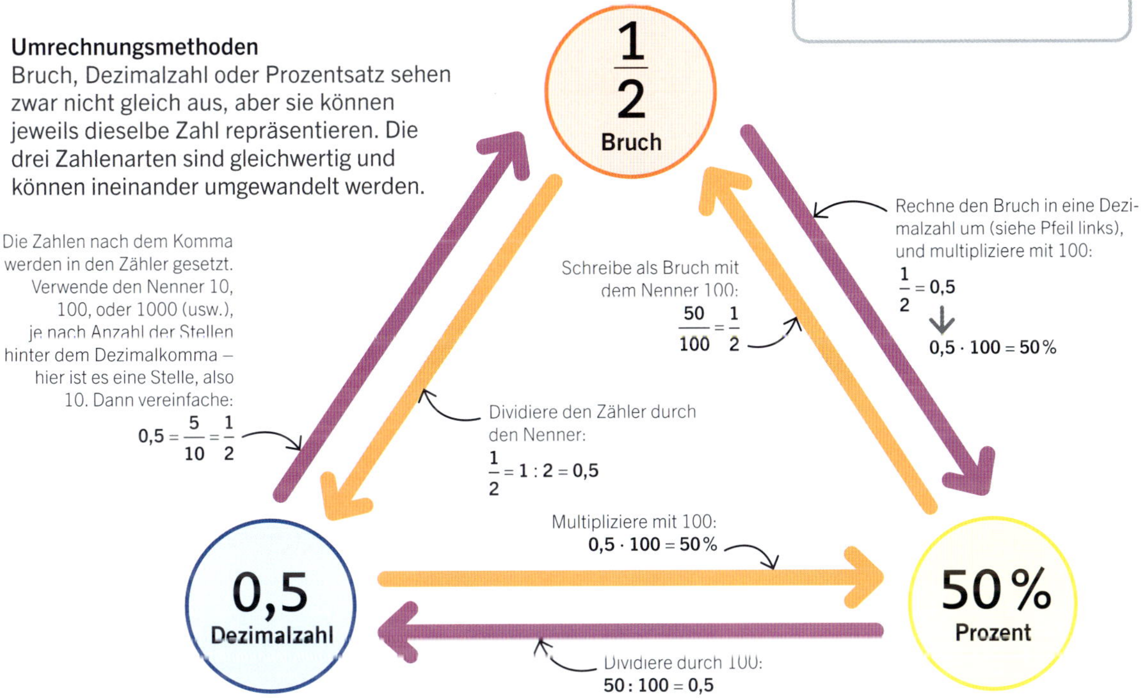

Diese Zahlen solltest du kennen

Viele einfache Dezimalzahlen, Brüche und Prozentsätze braucht man sehr oft im täglichen Leben. Einige der wichtigsten sind hier aufgeführt.

Dezimalzahl	Bruch	Prozentsatz	Dezimalzahl	Bruch	Prozentsatz
0,1	$\frac{1}{10}$	10 %	0,5	$\frac{1}{2}$	50 %
0,25	$\frac{1}{4}$	25 %	0,666 …	$\frac{2}{3}$	66,7 %
0,333 …	$\frac{1}{3}$	33,3 %	0,75	$\frac{3}{4}$	75 %

Prozentwert bestimmen

Den Wert eines prozentualen Anteils an einem bestimmten Grundwert kann man ebenso bestimmen wie einen Bruchteil von einer Menge oder einem Ganzen (s. S. 50).

Auf einen Blick

- ✓ Um den Wert eines gegebenen Prozentsatzes zu bestimmen, wird der Prozentsatz in eine Dezimalzahl umgerechnet und diese mit dem Grundwert multipliziert.
- ✓ Man kann auch den Prozentsatz in einen Bruch konvertieren und diesen mit dem Grundwert multiplizieren.

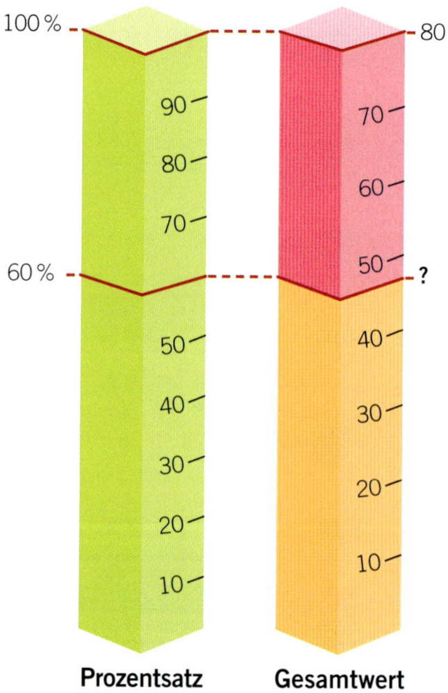

Den Wert eines prozentualen Anteils berechnen
60 % der 80 Schülerinnen eines Jahrgangs spielen ein Musikinstrument. Wie viele Schülerinnen spielen also ein Musikinstrument? Schreibe den Prozentsatz als Dezimalzahl und multipliziere diese mit dem Grundwert (Anzahl aller Schülerinnen).

1. Schreibe den Prozentsatz als Dezimalzahl, indem du die Prozentzahl durch 100 dividierst.

$$60\,\% = 60 : 100 = 0{,}6$$

60 % von 80 ist dasselbe wie 0,6 · 80.

2. Mutipliziere die Dezimalzahl mit dem Grundwert (Anzahl aller Schülerinnen).

$$0{,}6 \cdot 80 = 48$$

$$\text{Prozentwert} = \text{Prozentzahl} : 100 \cdot \text{Grundwert}$$

Den Prozentwert mithilfe eines Bruchs berechnen

Man kann den Wert auch berechnen, indem man den Prozentsatz nicht in eine Dezimalzahl, sondern in einen Bruch umwandelt.

1. Schreibe den Prozentsatz als Bruch mit dem Nenner 100 und vereinfache soweit wie möglich.

$$60\,\% = \frac{60}{100} = \frac{3}{5}$$

2. Schreibe 80 als Bruch, multipliziere die Brüche und vereinfache das Ergebnis.

$$\frac{3}{5} \cdot \frac{80}{1} = \frac{240}{5} = \frac{48}{1} = 48$$

Prozentrechnen im Kopf

In Berechnungen mit Preis- und Mengenvergleichen kommen sehr häufig Prozentangaben vor. Mit ein paar kleinen Tricks kannst du es dir manchmal leichter machen.

Auf einen Blick

- ✓ Schwierige Rechnungen lassen sich in einzelne Schritte zerlegen und vereinfachen.
- ✓ Viele Rechnungen lassen sich durch das Vertauschen von Prozentwert und Gesamtwert oder auch durch „Verdoppeln und Halbieren" leichter ausführen.

Vereinfachen

Komplizierte Prozentangaben kannst du vereinfachen. Beispiel: Das Fahrrad wird für 600 € eingekauft. Der Verkäufer schlägt 21 % auf den Originalpreis auf. Wie hoch ist der neue Preis?

Originalpreis: 600 €
Neuer Preis: 600 € + 21 %

1. Du musst 21 % von 600 € berechnen und das Ergebnis zum Originalpreis addieren.

21 % von 600 € = ?

2. Teile die 21 % in einfachere Zahlen auf: 10 %, nochmal 10 % und 1 %.

10 % von 600 € = 60 €
10 % von 600 € = 60 €
1 % von 600 € = 6 €

3. Addiere die 10 %, 10 % und 1 %. Das Ergebnis sind 21 % von 600 €.

60 € + 60 € + 6 € = 126 €

4. Addiere nun diese Summe zum Originalpreis und du hast den neuen Preis.

126 € + 600 € = 726 €

Vertauschen

Du darfst Prozentzahl und Gesamtwert in der Rechnung auch vertauschen. Mit diesem Trick kannst du viele Rechnungen vereinfachen.

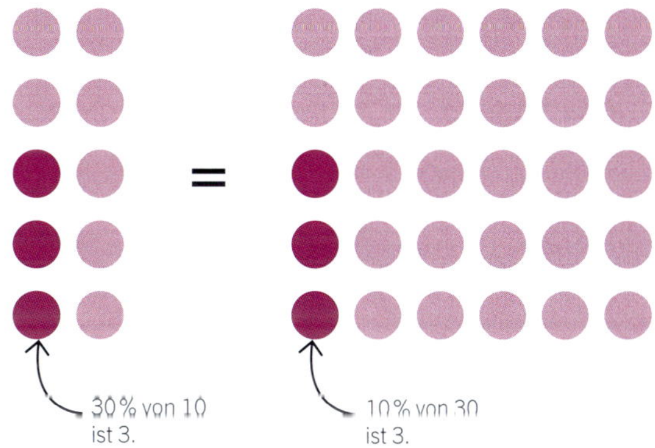

Verdoppeln und Halbieren

Manchmal kannst du eine Rechnung vereinfachen, indem du den Prozentsatz verdoppelst und den Gesamtwert halbierst oder umgekehrt. Du kannst auch jeden anderen Faktor verwenden, solange du auf der einen Seite multiplizierst und auf der anderen Seite dividierst.

5 % von 80 = ? (· 2 / : 2) → 10 % von 40 = 4

40 % von 80 = ? (: 4 / · 4) → 10 % von 320 = 32

Prozentuale Änderungen

Wenn Werte zu- oder abnehmen, will man manchmal ermitteln, um wie viel Prozent sie sich verändert haben. Vor allem bei Veränderungen in der Bevölkerungszahl oder zur Berechnung von Gewinnen und Verlusten sind Prozentsätze oft besonders praktisch.

Auf einen Blick

✓ Die Berechnung der prozentualen Veränderung ist oft nützlich, z. B. in der Gewinn- oder Verlustrechnung.

$$\text{Prozentuale Zu- oder Abnahme} = \frac{\text{Zu- oder Abnahme}}{\text{Grundwert}} \cdot 100\,\%$$

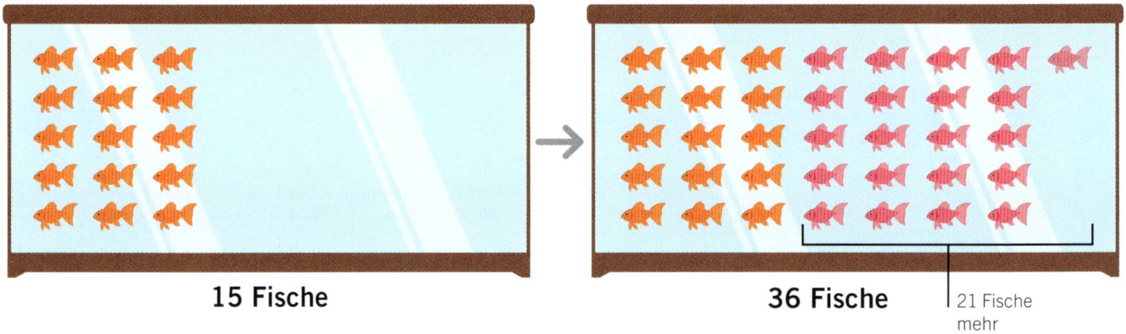

Prozentuale Zu- oder Abnahme
Die Fischpopulation in einem Aquarium ist von 15 auf 36 Fische gewachsen. Wie groß ist die prozentuale Zunahme? Für solche Berechnungen gibt es eine einfache Formel. Vergiss bei deinem Ergebnis nicht das %-Symbol.

$$\text{Prozentuale Zu- oder Abnahme} = \frac{\text{Tatsächliche Zu- oder Abnahme}}{\text{Grundwert}} \cdot 100\,\%$$

$$\text{Prozentuale Zu- oder Abnahme} = \frac{21}{15} \cdot 100\,\% = 140\,\%$$

Prozentualer Gewinn oder Verlust

Aufgabe
Ein Händler kauft T-Shirts für 10 € ein und verkauft sie für 25 €.
Wieviel Prozent Gewinn macht er?

Lösung
Wende die Formel für prozentuale Zunahme an:

$$\text{Prozentuale Zunahme} = \frac{\text{Tatsächliche Zunahme}}{\text{Grundwert}} \cdot 100\,\%$$

$$= \frac{25 - 10}{10} \cdot 100\,\%$$

$$= 150\,\%$$

Der Händler macht 150 % Gewinn.

Prozentuale Zu- und Abnahme

Im täglichen Leben werden Veränderungen von Preisen oder Packungsgrößen oft prozentual angegeben. Mithilfe der folgenden Methoden kannst du die neuen Werte nach der Zu- oder Abnahme jeweils berechnen.

Auf einen Blick

- ✓ Bei einer prozentualen Zunahme wird der neue Preis berechnet, indem man den Prozentwert (tatsächliche Zunahme) zum Originalpreis addiert.
- ✓ Eine prozentuale Preisabnahme wird berechnet, indem man den Prozentwert vom Originalpreis subtrahiert.

Prozentuale Zunahme

Eine Kekspackung enthält normalerweise 380 g. Die Sonderpackung enthält 25 % mehr zum selben Preis. Wie schwer ist die Sonderpackung? Die Berechnung erfolgt in zwei Schritten:

1. Berechne zuerst 25 % von 380 g. Schreibe den Prozentsatz als Bruch mit dem Nenner 100 und multipliziere ihn mit 380 g.

$$\frac{25}{100} \cdot 380\,g = 95\,g$$

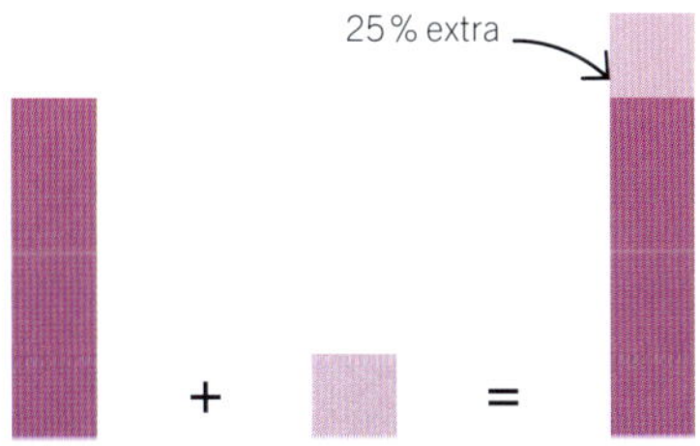

$$380\,g + 95\,g = 475\,g$$

2. Addiere das Ergebnis (Prozentwert) zum Originalgewicht.

Prozentuale Abnahme

Wenn ein Geschäft einen Preisnachlass gewährt, kann es z. B. ein T-Shirt, das 12 € kostet, 15 % billiger anbieten. Den neuen Preis kannst du wie oben ausrechnen, aber du musst den Nachlass vom Originalpreis subtrahieren, statt ihn zu addieren.

1. Schreibe den Prozentsatz als einen Bruch mit dem Nenner 100 und multipliziere ihn mit dem Originalpreis.

$$\frac{15}{100} \cdot 12\,€ = 1{,}80\,€$$

2. Subtrahiere das Ergebnis vom Originalpreis. Das Ergebnis ist der reduzierte Preis.

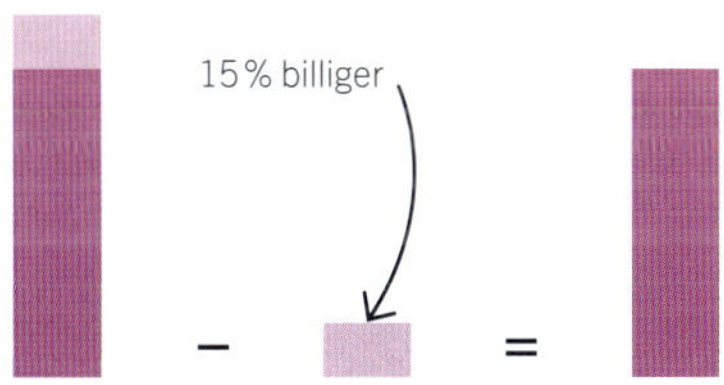

$$12\,€ - 1{,}80\,€ = 10{,}20\,€$$

In einem Schritt

Die prozentuale Zu- oder Abnahme lässt sich auch in nur einem Schritt berechnen: Ein Zuwachs von 25 % bedeutet beispielsweise, dass der neue Wert 125 % des alten Werts ausmacht: 100 % + 25 % = 125 %
Das entspricht der Dezimalzahl 1,25. Wenn du also den Originalwert mit 1,25 multiplizierst, erhältst du als Ergebnis den erhöhten Wert.
Für eine prozentuale Abnahme von 15 % rechnet man: 100 % – 15 % = 85 %
Das entspricht der Dezimalzahl 0,85. Wenn du den Originalwert mit 0,85 multiplizierst, erhältst du als Ergebnis den reduzierten Wert.

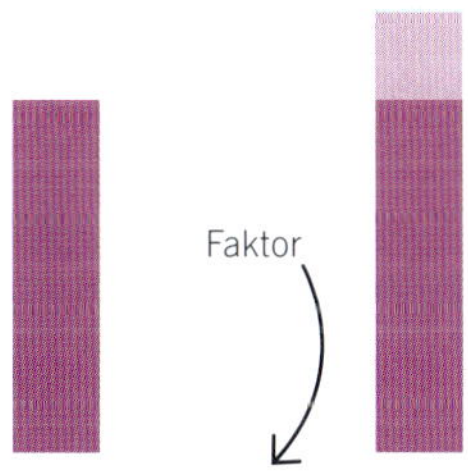

$$380 \cdot 1{,}25 = 475$$

Prozentrechnung rückwärts

Wenn du heute 20 % größer bist als vor fünf Jahren, wie groß warst du dann vor fünf Jahren? Manchmal muss man rückwärts rechnen, um den Originalwert zu berechnen. Das ist besonders bei Geld und Finanzen oft erforderlich.

Auf einen Blick

- ✓ **Um rückwärts zu rechnen, nimmt man den alten Wert als Grundwert (100 %).**
- ✓ **Zuerst muss man den Wert von 1 % berechnen.**

Zunahme

Der Wert einer Immobile verändert sich im Lauf der Zeit. Wenn ein Haus jetzt 351 000 € wert ist und der Preis in den letzten Jahren um 30 % gestiegen ist, wie viel war es vor fünf Jahren wert?

1. Zeichne zwei Balken, einen für den Originalpreis und einen für den neuen Preis.

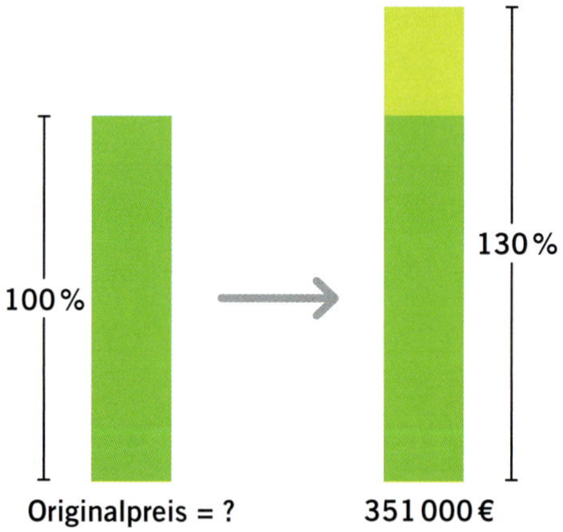

2. Die Balken zeigen, dass 351 000 € genau 130 % des Originalpreises entsprechen. Berechne nun 1 %.

$$1\,\% = 351\,000\,€ : 130$$
$$= 2700\,€$$

3. Den Originalpreis erhältst du, wenn du 2700 € mit 100 multiplizierst.

$$100\,\% = 100 \cdot 2700\,€$$
$$= 270\,000\,€$$

Vor fünf Jahren war das Haus 270 000 € wert.

Abnahme

Mit derselben Methode kannst du auch die Abnahme berechnen. Beispiel: Die Verkaufszahlen für DVDs sind zwischen 2011 und 2021 um 75 % gesunken. Wie viel DVDs wurden dann 2011 verkauft, wenn im Jahr 2021 genau 32 Millionen verkauft wurden?

1. Die beiden Balken stehen wieder für den alten Wert und für den neuen Wert.

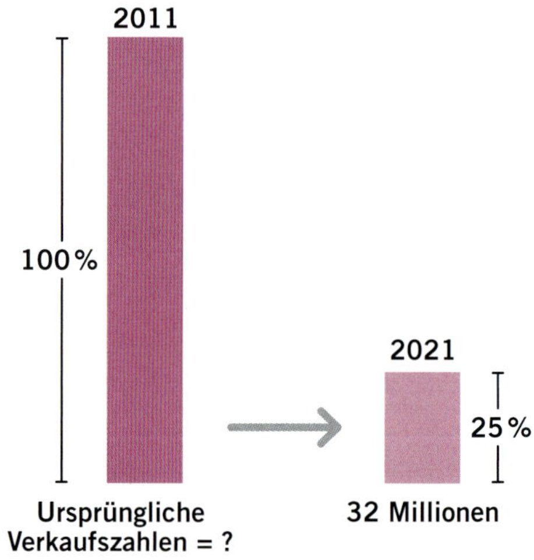

2. Die Balken zeigen, das 32 Millionen genau 25 % der Verkäufe im Jahr 2011 ausmachen. Berechne nun 1%.

$$1\,\% = 32\,000\,000 : 25$$
$$= 1\,280\,000$$

3. Um zu berechnen, wie viel DVDs 2011 verkauft wurden, multipliziere 1 280 000 mit 100.

$$100\,\% = 100 \cdot 1\,280\,000$$
$$= 128\,000\,000$$

Im Jahr 2011 wurden 128 Millionen DVDs verkauft.

Wachstum und Zerfall

Der Wert eines Gebrauchtwagens nimmt mit zunehmendem Alter ab. Eine nach bestimmten Zeitintervallen wiederholte Zu- bzw. Abnahme nennt man Wachstum bzw. Zerfall. Nimmt ein Wert in derselben Zeitspanne immer um denselben Prozentsatz zu oder ab, so multipliziert man wiederholt mit einem festen Wachstumsfaktor.

Auf einen Blick

- ✓ **Wiederholte prozentuale Zunahme heißt exponentielles Wachstum.**
- ✓ **Zerfall ist die wiederholte prozentuale Abnahme.**
- ✓ **Die wiederholte prozentuale Zu- oder Abnahme nennt man Wachstumsrate. Die Endgröße N nach n Zeitspannen berechnet man aus der ursprünglichen Größe N_0 mit:**

$$N = N_0 \cdot (\text{Wachstumsfaktor})^n$$

Wachstum

Ein Streaming-Dienst hat im ersten Jahr 10 000 Abonnenten. Die Zahl der Abonnenten steigt jährlich um 15 % gegenüber dem Vorjahr, wie im Diagramm unten zu sehen ist. Es entsteht eine steigende Kurve, eine sogenannte exponentielle Wachstumskurve.

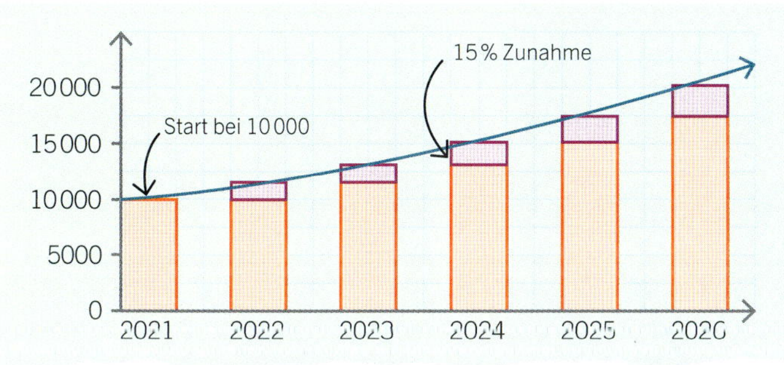

Wenn du die Abonnentenzahl nach drei Jahren feststellen willst, musst du kein Diagramm zeichnen, denn es gibt eine einfache Formel. Eine jährliche Zunahme um 15 % bedeutet beispielsweise, dass man am Ende eines Jahres immer 100 % + 15 %, also 115 % des Vorjahres hat. Das entspricht der Dezimalzahl 1,15.

Endwert — Ursprünglicher Wert — Anzahl der Zeitspannen

$$N = N_0 \cdot (\text{Wachstumsfaktor})^n$$

Für eine Wachstumsrate von 15 % benutzt man den Wachstumsfaktor 1,15.

Abonnenten nach 3 Jahren $= 10\,000 \cdot (1{,}15)^3$
$= 10\,000 \cdot 1{,}520875$
$= 15\,200$ **(gerundet auf Hunderter)**

Zerfall

Natürlich kann man den Wachstumsfaktor auch bei regelmäßigen, gleichen prozentualen Abnahmen anwenden. Solche Vorgänge heißen Zerfall.

Aufgabe

Ein Neuwagen kostet 9000 €. Wenn sein Wert jährlich um 20 % gegenüber dem Vorjahr fällt, wie viel ist er nach zwei Jahren noch wert?

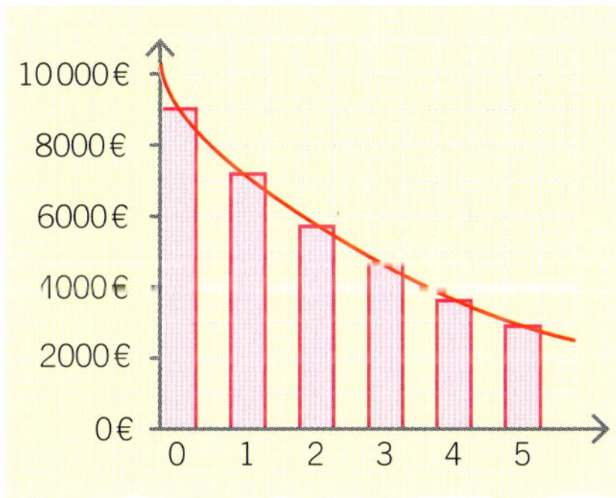

Lösung

1. Für einen Zerfall von jährlich 20 % verwendet man den Wachstumsfaktor 0,8 (das entspricht 100% – 20% = 80 %).

2. Setze die Werte in die Formel ein.

Endgültiger Wert $= N_0 \cdot (\text{Wachstumsfaktor})^n$
$= 9000 \cdot (0{,}8)^2$
$= 9000 \cdot 0{,}64$
≈ 5760

Nach zwei Jahren ist das Auto noch 5800 € (gerundet auf Hunderter) wert.

Zinseszins

Bei vielen Geldanlagen gibt es jährlich Zinsen. Bei der einfachen Verzinsung wird jährlich einfach derselbe Betrag addiert. Beim Zinseszins hingegen wächst der Zuwachs jedes Jahr. Über einen langen Zeitraum hinweg nimmt der Wert wesentlich stärker und schneller zu als bei der einfachen Verzinsung.

Auf einen Blick

- ✓ **Zinseszinsen berechnen sich aus dem ursprünglichen Kapital und den bereits erhaltenen Zinsen.**
- ✓ **Die Zinseszinsen berechnet man mithilfe des Zinsfaktors.**
- ✓ **Bei Geldanlagen und Krediten wird meist mit Zinseszinsen gearbeitet.**

Zinseszins oder einfache Verzinsung

Das Diagramm zeigt den Unterschied zwischen einfacher Verzinsung (lila) und Zinseszins (orange) bei einer Geldanlage von 10 000 € und und einem Zinssatz von 10 %.

Bei einfacher Verzinsung wird der Zinssatz immer auf das ursprüngliche Kapital bezogen berechnet. Die Zinsen werden dem Kapital nicht zugeschlagen und nicht mitverzinst. Das ist sehr unüblich. Werden die mit dem ursprünglichen Kapital bereits verdienten Zinsen mitverzinst, spricht man von Zinseszinsen. Der ausgezahlte Zins erhöht sich im Laufe der Zeit immer mehr.

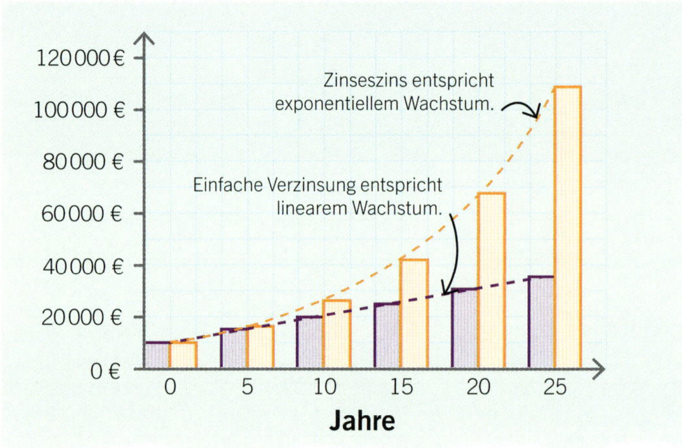

Zinsfaktor

Mithilfe des Zinsfaktors kann man das Endkapital ganz einfach wie mit dem Wachstumsfaktor (s. S. 61) berechnen.

$$N = N_0 \cdot (\text{Zinsfaktor})^n$$

- N: Endkapital
- N_0: Anfangskapital
- Zinsfaktor: Aus der Schreibweise von 100 % + 10 % = 110 % ergibt sich hier die Dezimalzahl 1,1.
- n: Anzahl der Jahre

$$\text{Endkapital nach 25 Jahren} = 10\,000\,€ \cdot (1{,}1)^{25} = 108\,347{,}06\,€$$

Zinsen bei Krediten

Wenn man bei der Bank einen Kredit aufnimmt, muss man dafür Zinsen bezahlen. Auch hier geht es immer um Zinseszinsen und nicht um einfache Verzinsung. Leistet man die Rückzahlungen nicht regelmäßig, können die Schulden sehr schnell ansteigen.

Aufgabe

Ein Mann will ein Motorrad für 5000 € kaufen. Da er keine Ersparnisse hat, leiht er sich die gesamten 5000 € bei der Bank zu einem Zinssatz von 18 % pro Jahr. Wenn er nun drei Jahre lang nichts bezahlen kann, wie hoch ist seine Gesamtschuld bei der Bank?

Lösung

$$\text{Gesamtschuld} = 5000\,€ \cdot (1{,}18)^3 = 8215{,}16\,€$$

Die Gesamtschuld beträgt nach drei Jahren 8215,16 €.

Periodische Dezimalzahlen

Endliche Dezimalzahlen wie 0,5; 0,01 oder 0,00003 haben eine endliche Anzahl von Stellen, sie hören irgendwann auf. Eine periodische Dezimalzahl hört nie auf: Ab einer bestimmten Stelle wiederholt sich die Ziffernfolge immer wieder.

Auf einen Blick

- ✓ Eine periodische Dezimalzahl hat unendlich viele Stellen.
- ✓ Ab einer bestimmten Stelle wiederholt sich dieselbe Ziffernfolge unendlich oft. Diese Ziffernfolge nennt man Periode.
- ✓ Über die Stellen der Periode schreibt man einen Strich.

1/3 als Dezimalzahl
Der Bruch 1/3 wird als Dezimalzahl so geschrieben: 0,3333 …
Das erkennt man beim schriftlichen Dividieren: Es bleibt immer wieder derselbe Rest. Auf dem Taschenrechner sieht das so aus:

1 : 3 = 0.333333333333

Die Ziffer 3 wiederholt sich unendlich oft.

1,000 : 3 = 0,
0
1

1. Die 3 passt nicht in 1. Schreibe 0 und setze ein Dezimalkomma. 1 – 0 = 1, hänge 0 an.

1,000 : 3 = 0,3
0↓
10

2. Die 3 passt 3-mal in die 10. Schreibe 3 hinter das Komma. 10 – 9 = 1, hänge erneut 0 an.

1,000 : 3 = 0,33
0
10
9↓
10
9

3. Dieser Vorgang wiederholt sich unendlich oft und hört niemals auf.

$0,\overline{3}$

4. Die Zahl wird als 0,3 mit einem kleinen Strich über der Periode 3 geschrieben.

1/7 als Dezimalzahl
Nicht immer besteht die Periode aus einer einzigen Ziffer.

1 : 7 = 0.142857142857

Die Dezimalzahl hat eine sechsstellige Periode: 142857

$0,\overline{142857}$

Man setzt einen Strich von der ersten bis zur letzten Stelle über die Ziffern der Periode.

Primfaktoren im Nenner

Nur diejenigen Brüche, deren Nenner ausschließlich die Primfaktoren 2 und 5 (s. S. 25) enthalten, lassen sich in nicht periodische, endliche Dezimalzahlen umwandeln. Alle anderen Brüche ergeben periodische Dezimalzahlen.

	Endliche Dezimalzahlen			Periodische Dezimalzahlen		
Bruch	$\frac{1}{5}$	$\frac{1}{25}$	$\frac{1}{200}$	$\frac{1}{6}$	$\frac{1}{9}$	$\frac{4}{11}$
Dezimalzahl	0,2	0,04	0,005	$0,1\overline{6}$	$0,\overline{1}$	$0,\overline{36}$

Perioden und Brüche

Da periodische Dezimalzahlen unendlich lang sind, können sie nie ganz aufgeschrieben werden. Wenn man sie exakt angeben will, verwandelt man sie daher in Brüche.

Auf einen Blick

- ✓ **Periodische Dezimalzahlen kann man in Brüche umwandeln.**
- ✓ **Die Bruchschreibweise ist eine Möglichkeit, periodische Dezimalzahlen exakt anzugeben.**
- ✓ **Man berechnet den Bruch, indem man zunächst den periodischen Teil geschickt subtrahiert.**

Periodische Dezimalzahlen in Brüche umwandeln

Um eine periodische Dezimalzahl in einen Bruch zu verwandeln, verwenden wir eine Methode aus der Algebra. Die periodische Dezimalzahl wird durch die Variable d repräsentiert:

1. Um $0,\overline{567}$ in einen Bruch umzuwandeln, stellen wir zunächst die Dezimalzahl durch den Buchstaben d dar.

$$d = 0,\overline{567}$$

2. Multipliziere d so mit einer Zehnerpotenz, dass genau die erste Periode links vor dem Dezimalkomma steht.

$$d = 0,\overline{567}$$
$$1000d = 567,\overline{567}$$

Wir multiplizeren d mit 1000 weil $0,\overline{567}$ eine Periode der Länge 3 (drei Stellen) hat.

3. Subtrahiere nun d von $1000d$, indem du $0,\overline{567}$ abziehst. Übrig bleibt 567, und das ist gleich $999d$.

$$1000d = 567,\overline{567}$$
$$-d = 0,\overline{567}$$
$$999d = 567$$

4. Dividiere 567 durch 999, dann erhältst du d. d entspricht dem Bruch $^{567}/_{999}$, der nach vollständiger Kürzung gleich $^{21}/_{37}$ ist.

$$d = \frac{567}{999} = \frac{21}{37}$$

Komplexere periodische Dezimalzahlen umwandeln

Folgt die Periode nicht direkt auf das Dezimalkomma, so geht man etwas anders vor:

1. Um $0,1\overline{2}$ in einen Bruch umzuwandeln, setzen wir zuerst $0,1\overline{2} = d$. Dann multiplizieren wir mit einer Zehnerpotenz, sodass der nicht periodische Teil links vor dem Komma steht.

$$d = 0,1\overline{2}$$
$$10d = 1,\overline{2}$$

Durch Multiplikation von d mit 10 erhält man $10d$.

2. Multipliziere $10d$ noch einmal mit 10, damit auch der periodische Teil einmal links vor dem Komma steht.

$$10d = 1,\overline{2}$$
$$100d = 12,\overline{2}$$

Durch Multiplikation von $10d$ mit 10 erhält man $100d$.

3. Subtrahiere $10d$ von $100d$, um den periodischen Teil von $100d$ zu entfernen. Übrig bleibt $90d$.

$$100d = 12,\overline{2}$$
$$-10d = 1,\overline{2}$$
$$90d = 11$$

4. Dividiere 11 durch 90, dann erhältst du d. d entspricht dem Bruch $^{11}/_{90}$.

$$d = \frac{11}{90}$$

Maße

Metrische Einheiten und Zeiteinheiten

Das metrische System basiert auf der Grundlage von einem Meter (1 m) und den Zahlen 10, 100 und 1000. Daher sind Berechnungen im metrischen System immer sehr einfach.

Auf einen Blick

- ✓ **Millimeter, Zentimeter, Meter, und Kilometer sind unsere Standardlängeneinheiten.**
- ✓ **Milligramm, Gramm, Kilogramm und Tonnen sind unsere Standardeinheiten für die Masse.**
- ✓ **Unsere Volumeneinheiten sind Kubikmillimeter, Kubikzentimeter, Kubikdezimeter und Kubikmeter sowie Milliliter, Zentiliter, Liter und Kiloliter.**

Längeneinheiten
Eine Länge ist der Abstand zwischen zwei Punkten.
Sie wird in Millimeter (mm), Zentimeter (cm), Meter (m) und Kilometer (km) angegeben. Millimeter sind für das Messen sehr kleiner Gegenstände hilfreich, Kilometer verwendet man dagegen für große Abstände.

10 Millimeter (mm) = 1 Zentimeter (cm)

100 Zentimeter (cm) = 1 Meter (m)

1000 Meter (m) = 1 Kilometer (km)

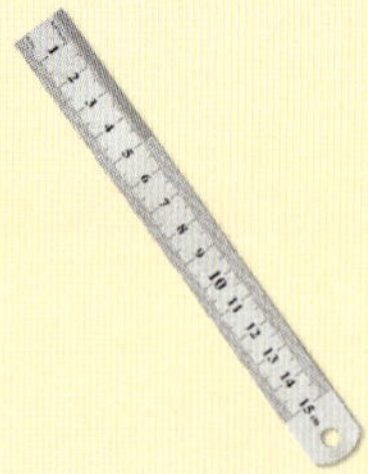

Masseeinheiten
Die Masse gibt an, wie viel Materie in einem Gegenstand enthalten ist.
Sie wird in Milligramm (mg), Gramm (g), Kilogramm (kg) und Tonnen (t) angegeben. Für die Masse leichter Dinge verwendet man Milligramm, für besonders schwere Gegenstände Tonnen.

1000 Milligramm (mg) = 1 Gramm (g)

1000 Gramm (g) = 1 Kilogramm (kg)

1000 Kilogramm (kg) = 1 Tonne (t)

Volumeneinheiten
Das Volumen gibt an, wie viel Raum ein Körper einnimmt oder wie viel Platz in einem Gefäß (Hohlkörper) ist.
Volumen kann in Milliliter (ml), Zentiliter (cl), Liter (l) und Kiloliter (kl) angegeben werden. Milliliter verwendet man für sehr kleine Gefäße, Kiloliter kommen eher selten vor und werden für sehr große Rauminhalte verwendet.

1000 Milliliter (ml) = 1 Liter (l)

100 Zentiliter (cl) = 1 Liter (l)

1000 Liter (l) = 1 Kiloliter (kl)

Zeiteinheiten

Anders als die metrischen Einheiten beruhen die Zeiteinheiten nicht auf der Basis 10. Sie sind keine metrischen Einheiten. Die Tage und Jahre wurden schon sehr früh in der Menschheitsgeschichte unterteilt und die Einteilungen basieren meist auf den Zahlen 60 und 12.

60 Sekunden = 1 Minute

60 Minuten = 1 Stunde

24 Stunden = 1 Tag

7 Tage = 1 Woche

12 Monate = 1 Jahr

Imperiale Maßeinheiten

Einige Länder, beispielsweise die USA, verwenden ein anderes Maßsystem, das sogenannte Imperiale System. Die Einheiten in diesem System basieren nicht auf der Zahl 10.

Auf einen Blick

- ✓ **Inch (Zoll), Foot (Fuß), Yard und Meile sind imperiale Längeneinheiten.**
- ✓ **Ounce (Unze), Pound, Stone, Hundredweight und Ton (imperiale Tonne) sind imperiale Masseeinheiten.**
- ✓ **Fluid Ounce (Flüssigunze), Cup, Pint, Quarter und Gallone sind imperiale Volumeneinheiten.**

Längeneinheiten
Die Länge ist der Abstand zwischen zwei Punkten. Im imperialen System wird eine Länge gemessen in Inch (in), Foot (ft), Yard (yd) und Meile. Für kürzere Abstände verwendet man Inches, für längere Entfernungen dagegen Meilen.

12 Inches (in) = 1 Foot (ft)
3 Foot (ft) = 1 Yard (yd)
1760 Yards (yd) = 1 Meile

Masseeinheiten
Die Masse gibt an, wie viel Materie in einem Gegenstand enthalten ist. Im imperialen System wird sie in Ounce (oz), Pound (lb), Stone, Hundredweight (cwt) und imperialen Tonnen (t) angegeben. Für sehr leichte Gegenstände verwendet man Ounces, für sehr schwere Tonnen.

16 Ounces (oz) = 1 Pound (lb)
14 Pounds (lb) = 1 Stone
112 Pounds (lb) = 1 Hundredweight (cwt)
2240 Pounds (lb) = 1 Ton
20 Hundredweights (cwt) = 1 Ton

Volumeneinheiten
Das Volumen gibt an, wie viel Raum ein Körper einnimmt bzw. wie viel Platz in einem Gefäß (Hohlkörper) ist. Im imperialen System wird das Volumen in Fluid Ounces (fl oz), Cups, Pints (pt), Quarters (qt) und Gallonen (gal) angegeben. Ein kleines Volumen wird in Fluid Ounces, ein großes in Gallonen angegeben.

8 Fluid Ounces (fl oz) = 1 Cup
20 Fluid Ounces (fl oz) = 1 Pint (pt)
2 Pints (pt) = 1 Quarter (qt)
8 Pints (pt) = 1 Gallone (gal)
4 Quarter (qt) = 1 Gallone (gal)

Maße am Körper

Einige sehr alte, aber heute noch geläufige Maßeinheiten sind aufgrund von Körpermaßen entstanden.

Ein Cubit (Elle) ist 18 Inches lang und entspricht etwa der Länge des Unterarms vom Ellbogen zur Spitze des Mittelfingers.

Ein Span (Spanne) ist 9 Inches lang und reicht von der Daumenspitze bis zum kleinen Finger der gespreizten Hand.

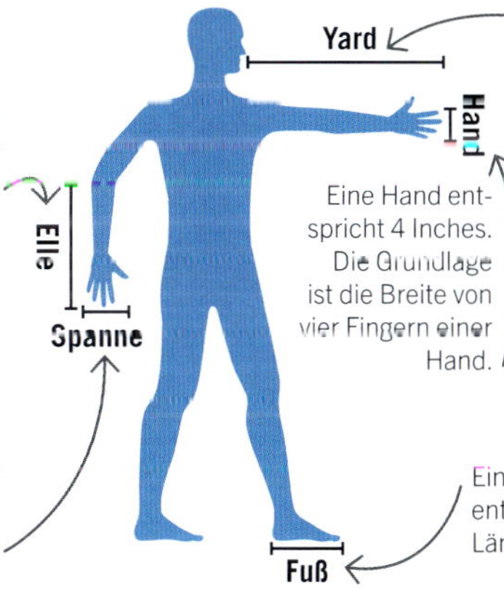

Ein Yard entspricht dem Abstand von der Nasenspitze bis zur Spitze des Mittelfingers.

Eine Hand entspricht 4 Inches. Die Grundlage ist die Breite von vier Fingern einer Hand.

Ein Foot (Fuß) entspricht etwa der Länge eines Fußes.

Maßeinheiten umrechnen

Manchmal sind Maße in einer Einheit angegeben, man braucht sie aber in einer anderen Einheit. Zum Umrechnen von einer Einheit in eine andere verwendet man eine Umrechnungszahl.

Auf einen Blick

- ✓ **Um von der einen Einheit in die andere umzurechnen, braucht man die richtige Umrechnungszahl.**
- ✓ **Zur Umrechnung zwischen dem metrischen und dem imperialen System verwendet man ungefähre Werte.**

Umrechnungszahlen
Zum Umrechnen von einer Einheit in die andere braucht man die richtige Umrechnungszahl. Will man z. B. Zentimeter in Meter umrechnen, verwendet man die Umrechnungszahl 100. In der Umrechnungstabelle auf Seite 66 findest du die Umrechnungszahlen für metrische Einheiten und auf Seite 67 die Umrechnungszahlen für imperiale Einheiten.

Dieser Elefant wiegt 2600 kg. Für die Umrechnung in metrische Tonnen dividiert man durch 1000, denn 1 Tonne entspricht genau 1000 kg:
2600 : 1000 = 2,6
Er wiegt also 2,6 t.

Diese Maus ist 4,3 cm lang. Für die Umrechnung in Millimeter multiplizieren wir mit 10, denn 1 cm entspricht 10 mm:
$4{,}3 \cdot 10 = 43$
Sie ist 43 mm lang.

Umrechnung metrisch – imperial
Manchmal muss man auch Umrechnungen von einer metrischen Einheit in eine imperiale Einheit oder umgekehrt vornehmen. Dafür verwendet man meist diese Näherungswerte.

Metrisch	Imperial
2,5 Zentimeter (cm)	1 Inch (in)
30 Zentimeter (cm)	1 Foot (ft)
1 Meter (m)	1 ⅒ Yards (yd)
1,6 Kilometer (km)	1 Meile
8 Kilometer (km)	5 Meilen
1 Kilogramm (kg)	2 ¼ Pounds (lb)
1 metrische Tonne (t)	1 imperiale Tonne (t)
1 Liter (l)	1 ¾ Pints (pt)
4,5 Liter (l)	1 Gallone (gal)

Flächen- und Volumeneinheiten

Jede Flächeneinheit besteht aus zwei Dimensionen, jede Volumeneinheit aus drei Dimensionen. Das spielt beim Umrechnen der Einheiten in größere oder kleinere Einheiten eine wichtige Rolle.

Auf einen Blick

- ✓ **Um Flächeneinheiten in (nächst-) höhere oder niedrigere Einheiten umzurechnen, muss man beide Dimensionen umrechnen und dann miteinander multiplizieren.**
- ✓ **Für die drei Dimensionen der Volumeneinheiten gilt das Gleiche.**

Flächeneinheiten umrechnen

Vorsicht: 1 cm^2 ist nicht gleich 10 mm^2 und 1 m^2 ist nicht gleich 100 cm^2. Wir haben hier in jede Richtung (in jeder Dimension) das 10-Fache! Im Beispiel haben wir 10 mm Länge und 10 mm Breite und diese beiden Werte müssen wir miteinander multiplizieren.

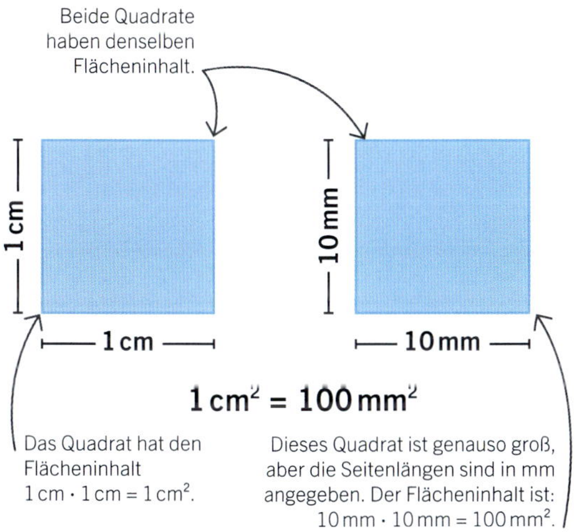

Volumeneinheiten umrechnen

Vorsicht: 1 cm^3 ist nicht gleich 10 mm^3 und 1 m^3 ist nicht gleich 100 cm^3. Wir haben hier in jede Richtung (in jeder Dimension) das 10-Fache! Im Beispiel haben wir 100 cm Länge, 100 cm Breite und 100 cm Höhe und diese drei Werte müssen wir miteinander multiplizieren.

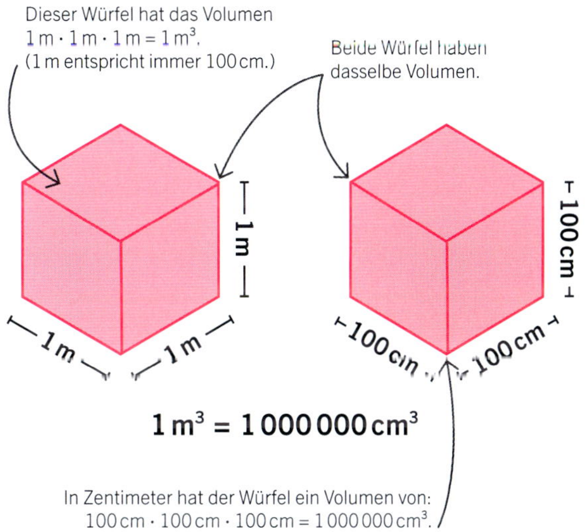

Volumen einer Schachtel

Aufgabe

Die Schachtel ist 8 cm lang, 7 cm breit und 4 cm hoch. Berechne das Volumen in Kubikmillimeter.

Lösung

1. Rechne jede Seitenlänge in Millimeter um.

8 cm · 10 = 80 mm
7 cm · 10 = 70 mm
4 cm · 10 = 40 mm

1 cm entspricht genau 10 mm, also muss jede Seitenlänge mit 10 multipliziert werden.

2. Um das Volumen in Kubikmillimeter zu errechnen, multipliziere alle drei Längen miteinander.

80 mm · 70 mm · 40 mm = 224 000 mm^3

Zusammengesetzte Maße

Manche Einheiten stehen in Verbindung mit anderen. Sind dann zwei von drei Werten gegeben, lässt sich der dritte Wert durch Division oder Multiplikation berechnen. Das gilt beispielsweise für die zusammengesetzten Einheiten von Geschwindigkeit, Dichte und Druck.

Auf einen Blick

- ✓ Geschwindigkeit ist zurückgelegter Weg pro Zeiteinheit. Sie wird in km/h oder m/s gemessen.
- ✓ Druck ist die senkrecht auf eine Fläche wirkende Kraft, dividiert durch den Flächeninhalt. Er wird gemessen in Newtonmeter (N/m^2) oder Pascal (Pa).
- ✓ Dichte ist die Masse, die in einem bestimmten Volumen vorhanden ist (Masse pro Volumeneinheit). Sie wird meist in kg/m^3 oder g/cm^3 angegeben.

Formeldreiecke

Bei Formeln der Form $A = {}^B/_C$ kann man sich den Zusammenhang ganz einfach mithilfe eines Formeldreiecks merken: Der Dividend, hier ist es B, steht ganz oben im Dreieck. Die beiden anderen Elemente der Formel, A und C, stehen in den unteren Ecken. An der Position jeder Variablen sieht man, ob die anderen beiden dividiert oder multipliziert werden müssen.

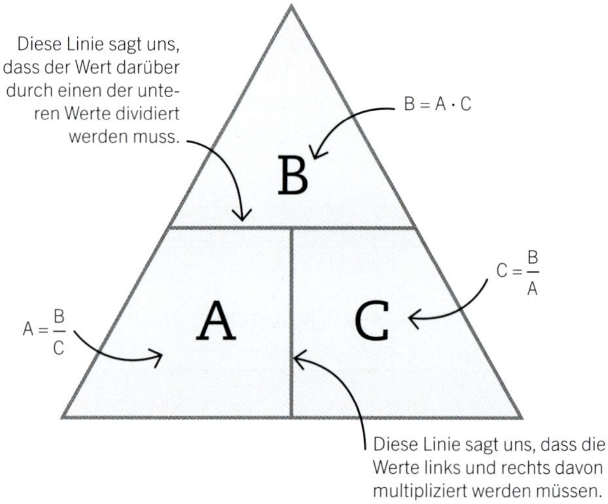

Geschwindigkeit

Die Geschwindigkeit ist gleich dem zurückgelegten Weg in einer bestimmten Zeit. Sie wird berechnet, indem man den zurückgelegten Weg durch die dafür benötigte Zeit dividiert. Geschwindigkeit wird angegeben als Weg pro Zeiteinheit, z. B. Kilometer pro Stunde (km/h) oder Meter pro Sekunde (m/s).

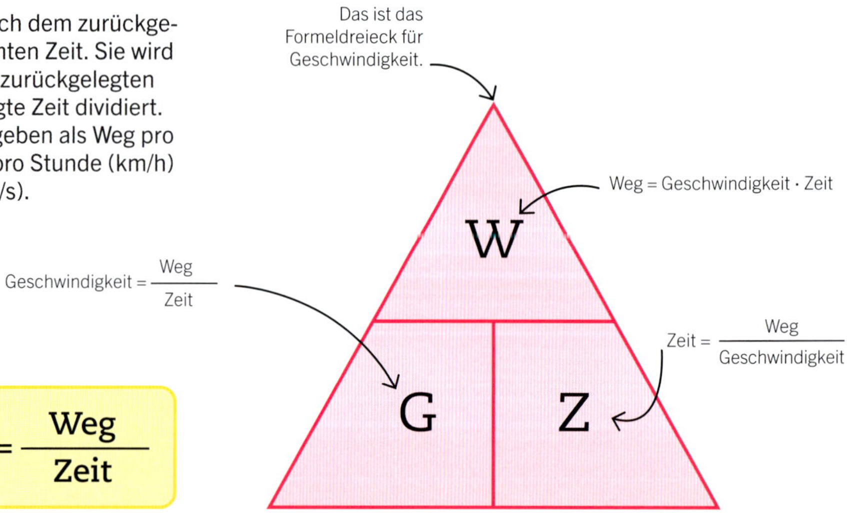

$$\text{Geschwindigkeit} = \frac{\text{Weg}}{\text{Zeit}}$$

Druck

Druck ist die senkrechte Kraft, die auf eine bestimmte Fläche wirkt. Er wird berechnet, indem man die Kraft (in Newton) durch den Flächeninhalt der Gesamtoberfläche (kurz: Fläche) dividiert. Druck wird in N/m^2 oder in Pascal (Pa) angegeben.

$$\text{Druck} = \frac{\text{Kraft}}{\text{Fläche}}$$

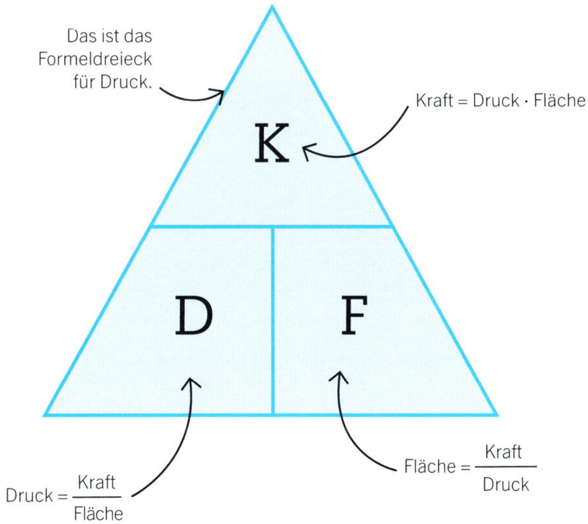

Dichte

Dichte ist ein Maß für die Masse pro Volumeneinheit. Sie wird berechnet, indem man die Masse durch das Gesamtvolumen dividiert. Die Dichte wird angegeben in Kilogramm pro Kubikmeter (kg/m^3) oder in Gramm pro Kubikzentimeter (g/cm^3).

$$\text{Dichte} = \frac{\text{Masse}}{\text{Volumen}}$$

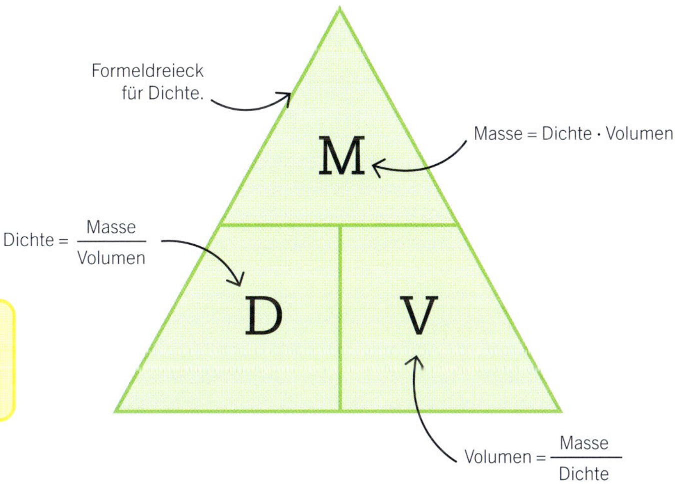

Bevölkerungsdichte

Anders als die Dichte eines Körpers gibt die Bevölkerungsdichte nicht die Masse pro Volumeneinheit, sondern die Anzahl der Menschen, die in einem bestimmten Gebiet leben, an. New York City ist einer der am dichtesten besiedelten Orte der USA, dort leben rund 8 400 000 Einwohner in einem Gebiet von 784 km^2. Um die Bevölkerungsdichte zu berechnen, dividieren wir die Einwohnerzahl durch die Fläche. In unserem Beispiel erhalten wir eine Einwohnerzahl von 10 714 Einwohnern pro km^2.

Übungsaufgaben
Rechnen mit zusammengesetzten Maßen

Siehe auch

70–71 Zusammengesetzte Maße
109 Formeln
110 Formeln umstellen

Die Formeln für Geschwindigkeit, Dichte und Druck wendet man an, indem man die bekannten Werte in die entsprechenden Formeln einsetzt. Wir rechnen hier zunächst ohne Einheiten und setzen diese erst in den Lösungen ein.

Geschwindigkeit berechnen

Aufgabe
Die Entfernung von London nach New York beträgt etwa 5600 km. Ein Flug dauert 7 Stunden. Wie ist die durchschnittliche Geschwindigkeit in km/h?

Lösung
1. Für die Lösung verwenden wir die Geschwindigkeitsformel.

$$\text{Geschwindigkeit} = \frac{\text{Weg}}{\text{Zeit}}$$

2. Setze die bekannten Werte in die Formel ein und berechne die Lösung.

$$\text{Geschwindigkeit} = \frac{5600}{7} = 800\,\text{km/h}$$

Volumen berechnen

Aufgabe
Ein Goldring wiegt 5 g und die Dichte von Gold ist 20 g/cm³. Welches Volumen hat der Ring in cm³?

Lösung
1. Für diese Berechnung nutzen wir die Dichteformel.

$$\text{Dichte} = \frac{\text{Masse}}{\text{Volumen}}$$

2. Um das Volumen zu berechnen, muss man hier die Masse durch die Dichte dividieren. Das Umstellen geht mit dem Formeldreieck ganz einfach.

Die Linie sagt: Um das Volumen zu berechnen, muss man Masse durch Dichte dividieren.

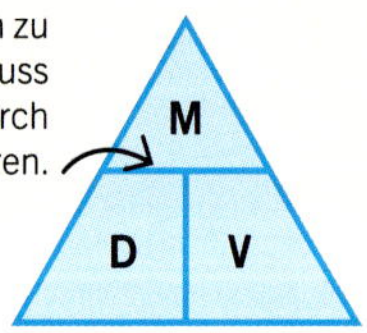

3. Setze die bekannten Werte in die Formel ein und berechne das Volumen.

$$\text{Volumen} = \frac{\text{Masse}}{\text{Dichte}} = \frac{5}{20} = 0{,}25\,\text{cm}^3$$

Kraft berechnen

Aufgabe
Ein Bücherregal mit einer Grundfläche von 0,1 m² übt einen Druck von 8500 N/m² auf den Boden aus. Welcher Kraft in Newton entspricht das?

Lösung
1. Für die Berechnung des Drucks verwenden wir diese Formel.

$$\text{Druck} = \frac{\text{Kraft}}{\text{Fläche}}$$

2. Mithilfe des Formeldreiecks können wir die Formel wieder ganz einfach umstellen.

Diese Linie steht für Multiplikation. Um die Kraft zu berechnen, muss man den Druck mit dem Flächeninhalt multiplizieren.

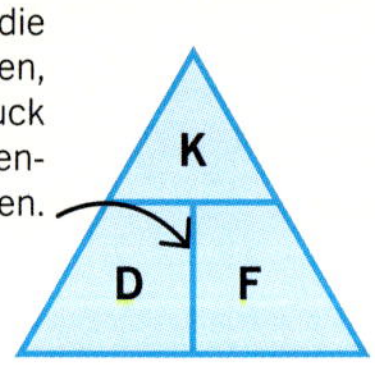

3. Setze die Maße in die Formel ein und berechne die gesuchte Größe.

$$\begin{aligned}\text{Kraft} &= \text{Druck} \cdot \text{Fläche}\\ &= 8500 \cdot 0{,}1\\ &= 850\,\text{N}\end{aligned}$$

Umfang und Fläche

Jede ebene Figur hat einen Umfang, dessen Länge aus den Längen der einzelnen Begrenzungslinien berechnet werden kann. Der Flächeninhalt ist die Größe der von den Begrenzungslinien umschlossenen Fläche.

Auf einen Blick

- ✓ **Der Umfang einer Figur ist die Summe aller Seitenlängen.**
- ✓ **Der Flächeninhalt ist die Größe der vom Umfang umschlossenen Fläche einer Figur.**
- ✓ **Die Fläche wird in Quadrateinheiten gemessen.**

Umfang
Der Umfang einer Fläche wird aus der Summe aller Seitenlängen berechnet.

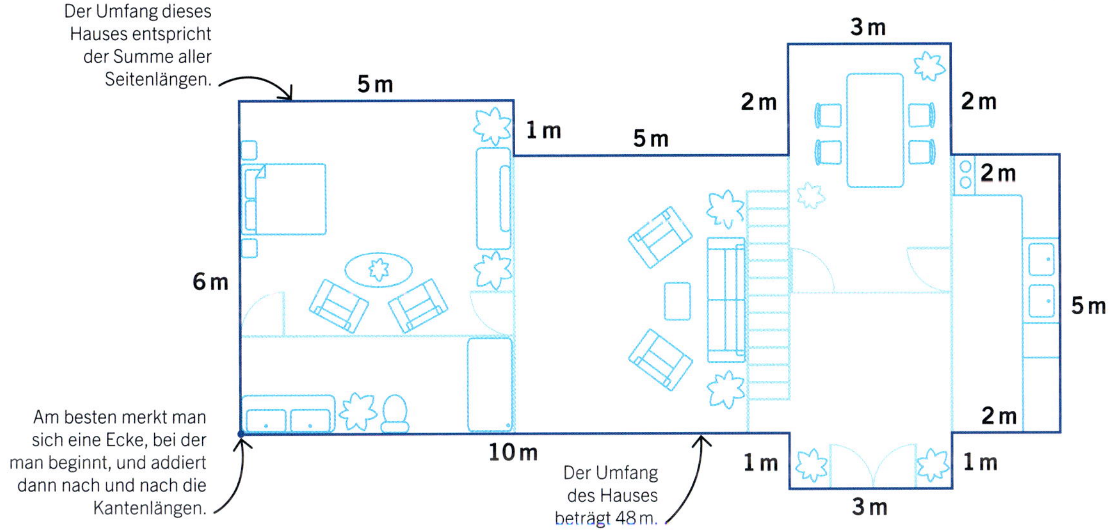

Flächeninhalt
Die Größe der gesamten umschlossenen ebenen Figur ist ihr Flächeninhalt. Dieser wird in einer Flächeneinheit (Quadratmeter m^2, Quadratdezimeter dm^2, Quadratzentimeter cm^2, Quadratmillimeter mm^2 usw.) gemessen. Den Flächeninhalt dieses Rechtecks kann man durch Zählen der bedeckenden Quadrate ermitteln. Schneller geht es jedoch mit der Formel.

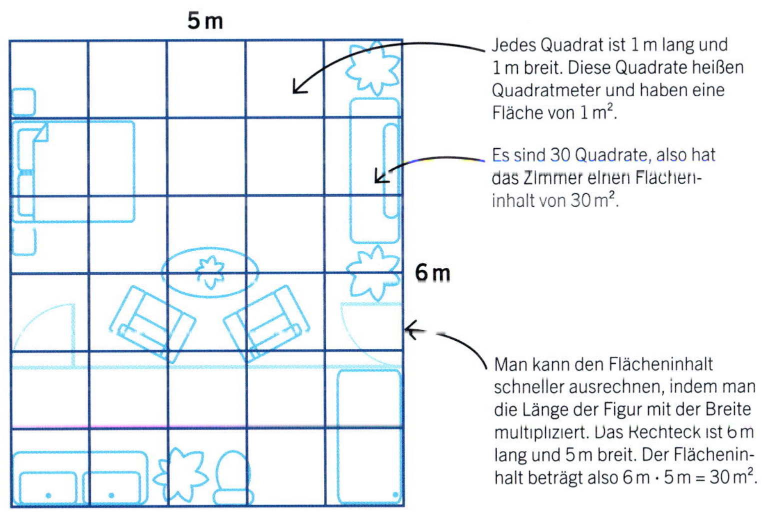

Flächeninhalte

Es würde viel Zeit kosten, den Flächeninhalt durch das Zählen von Einheitsquadraten zu bestimmen. Wesentlich effektiver ist es, ihn jeweils mithilfe einer passenden Formel zu berechnen, in die man alle bekannten Größen einsetzen kann.

Auf einen Blick

- ✓ **Für einfache Polygone (Vielecke) gibt es Standardformeln zur Berechnung des Flächeninhalts.**
- ✓ **Man setzt die jeweils bekannten Werte in die entsprechende Formel ein und berechnet den gesuchten Flächeninhalt.**

Flächeninhalt Rechteck

Um den Flächeninhalt eines Rechtecks zu bestimmen, multipliziert man seine Seitenlängen: $a \cdot b$.

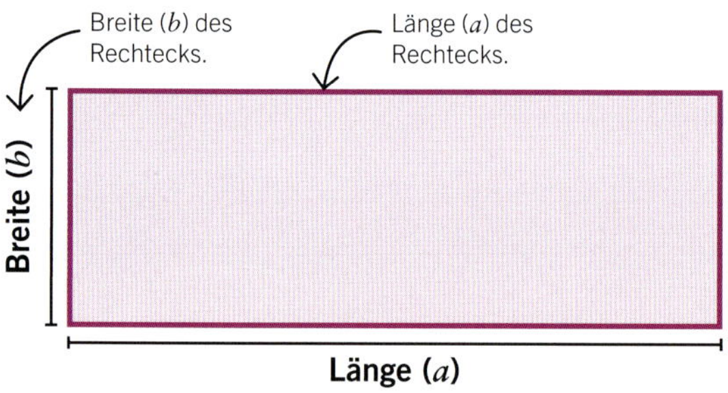

$$\text{Flächeninhalt Rechteck} = a \cdot b$$

Flächeninhalt Parallelogramm

Der Flächeninhalt von Parallelogrammen wird mittels der Formel Grundseite (g) mal Höhe (h) berechnet.

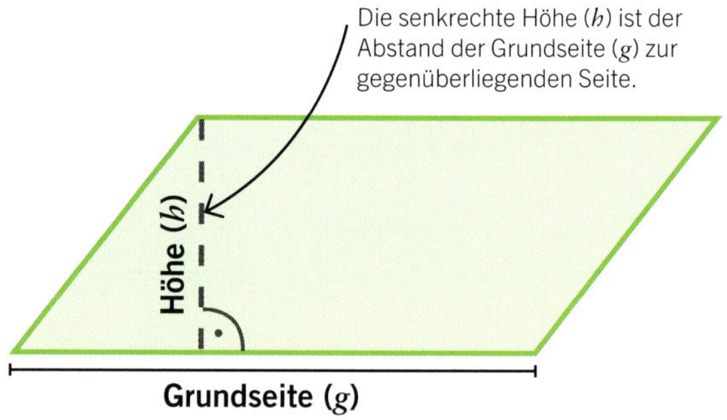

$$\text{Flächeninhalt Parallelogramm} = g \cdot h$$

Flächeninhalt Dreieck

Der Flächeninhalt eines Dreiecks wird berechnet, indem man die Grundseite (g) mit der zugehörigen Höhe (h) multipliziert und das Ergebnis halbiert. Dabei kann jede Seite als Grundseite verwendet werden.

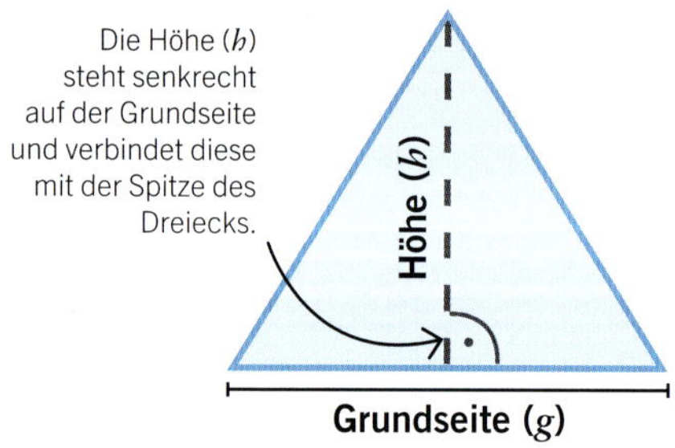

$$\text{Flächeninhalt Dreieck} = \frac{1}{2}\, g \cdot h$$

Flächeninhalt Trapez

Der Flächeninhalt eines Trapezes wird berechnet, indem man die Längen der parallelen Seiten addiert, das Ergebnis mit der Höhe (h) multipliziert und alles halbiert.

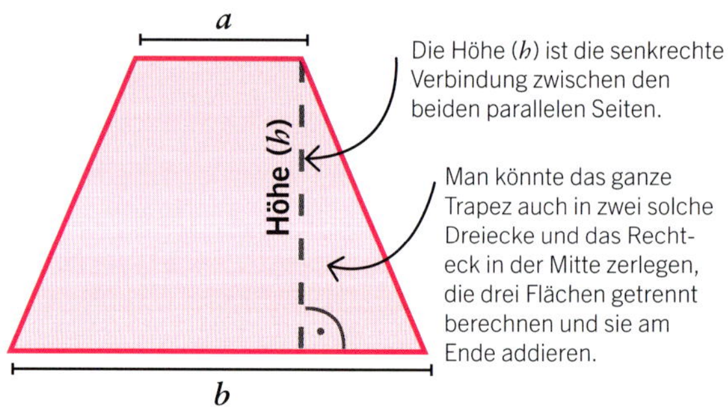

$$\text{Flächeninhalt Trapez} = \frac{1}{2}\,(a + b) \cdot h$$

Wie die Formeln funktionieren

Wenn man Flächen neu zusammensetzt, kann man ganz deutlich erkennen, warum bestimmte Formeln funktionieren.

Auf einen Blick

- ✓ **Ein Dreieck ist die Hälfte eines Rechtecks oder Parallelogramms. Der Flächeninhalt ist also die Hälfte des Flächeninhalts eines Rechtecks oder Parallelogramms.**
- ✓ **Ein Parallelogramm kann neu zu einem Rechteck angeordnet werden, daher gilt für beide dieselbe Formel.**

Dreiecke
Zwei identische Dreiecke lassen sich immer so zusammenlegen, dass ein Rechteck oder ein Parallelogramm entsteht. Der Flächeninhalt des Dreiecks ist also die Hälfte des Flächeninhalts eines Rechtecks oder Parallelogramms. Formel: $\frac{1}{2}\, g \cdot h$.

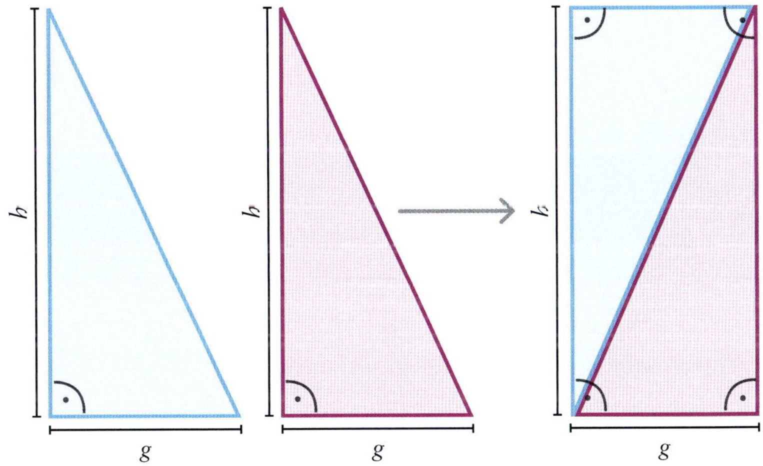

Parallelogramme
Ein Parallelogramm lässt sich in zwei Dreiecke und ein Rechteck zerlegen. Legt man eines der Dreiecke auf der anderen Seite der Figur wieder an, entsteht ein Rechteck, dessen Grundseite genau so lang ist wie die des Parallelogramms. Die Länge der anderen Seite entspricht der Höhe des Parallelogramms. Die Formel für den Flächeninhalt des Parallelogramms entspricht also der Formel für den Flächeninhalt des entsprechenden Rechtecks $(g \cdot h)$.

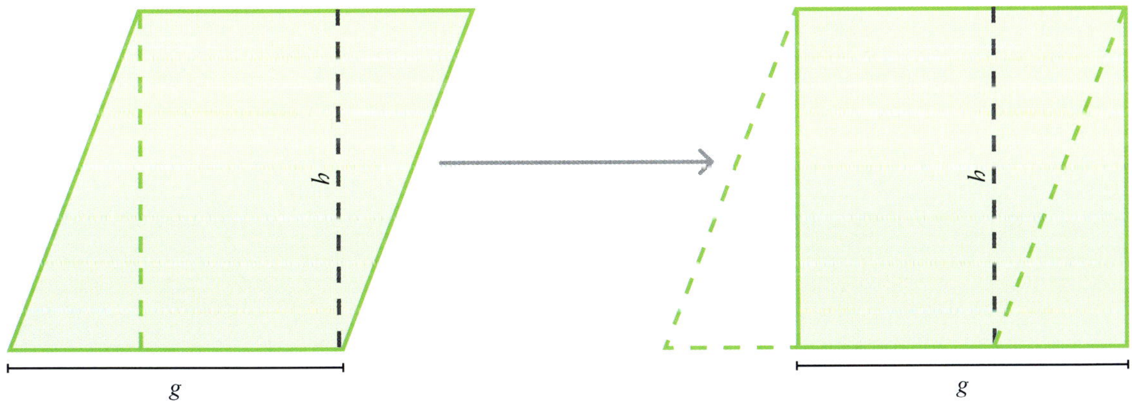

Kreisumfang und Kreisfläche

Der Umfang eines Kreises ist die Linie aus den Punkten, die vom Kreismittelpunkt alle denselben Abstand haben. Die Länge des Kreisumfangs wird mithilfe besonderer Formeln berechnet, in denen die sogenannte „Kreiszahl“ π oder Pi vorkommt.

Auf einen Blick

- ✓ π **oder Pi ist ungefähr 3,14.**
- ✓ **Den Kreisumfang berechnet man mit:**
  Umfang $(U) = \pi d$
  oder mit:
  Umfang $(U) = 2\pi r$
- ✓ **Den Flächeninhalt eines Kreises berechnet man mit:**
  Flächeninhalt $(A) = \pi r^2$

Die Zahl Pi
In allen Kreisen ist das Verhältnis zwischen Umfang und Durchmesser gleich: Der Umfang eines Kreises ist immer rund 3,14-mal so lang wie sein Durchmesser. Diese Zahl, die tatsächlich unendlich viele Nachkommastellen hat, ist die Kreiszahl Pi oder π. Sie kommt in vielen Berechnungen zum Kreis vor.

$$\pi \approx 3{,}14$$

π ist zwar eine irrationale Zahl, also eine Dezimalzahl mit unendlich vielen Stellen nach dem Komma, die sich nicht wiederholen, aber meist rechnet man mit diesem Näherungswert.

Den Umfang berechnen
Den Kreisumfang kann man mithilfe der Zahl π und dem Radius – oder alternativ dem Durchmesser – berechnen. Er wird in Längeneinheiten angegeben.

Diese Formel verwendet den Durchmesser.

$$\text{Umfang } (U) = \pi d$$
$$\text{Umfang } (U) = 2\pi r$$

Diese Formel verwendet den Radius.

Da der Radius halb so lang ist wie der Durchmesser, benötigen wir hier den Faktor 2.

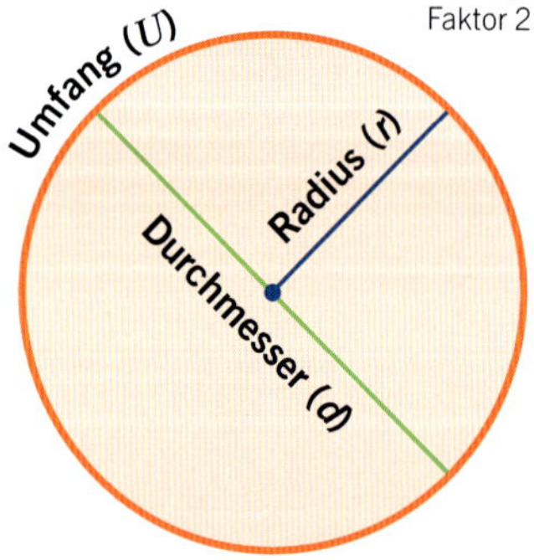

Flächeninhalt berechnen
Der Flächeninhalt wird immer in Flächeneinheiten angegeben. Zum Berechnen des Flächeninhalts eines Kreises benötigt man den Radius und die Kreiszahl π.

$$\text{Kreisfläche } (A) = \pi r^2$$

Zur Berechnung des Flächeninhalts benötigen wir den Radius.

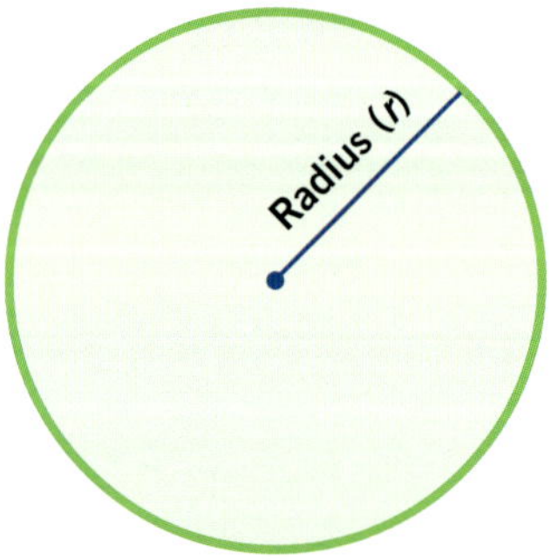

Kreisbogen und Kreissektor

Ein Kreisbogen ist ein Ausschnitt des Kreisumfangs, ein Kreissektor ist ein Teil der Kreisfläche, der von einem Kreisbogen und zwei Radien begrenzt wird. Wir rechnen hier zunächst ohne Einheiten und setzen diese erst im Ergebnis ein.

Auf einen Blick

✓ **Die Länge eines Kreisbogens bestimmt man so:**

$$\text{Länge des Kreisbogens} = \frac{\alpha}{360°} \cdot \text{Kreisumfang}$$

✓ **Den Flächeninhalt eines Sektors bestimmt man so:**

$$\text{Flächeninhalt des Sektors} = \frac{\alpha}{360°} \cdot \text{Gesamte Kreisfläche}$$

Die Länge eines Kreisbogens bestimmen
Die Länge eines Kreisbogens wird berechnet, indem man den zugehörigen Mittelpunktswinkel α durch 360° (Vollwinkel) dividiert und mit dem gesamten Kreisumfang multipliziert.

$$\text{Länge des Kreisbogens} = \frac{\alpha}{360°} \cdot \text{Kreisumfang}$$

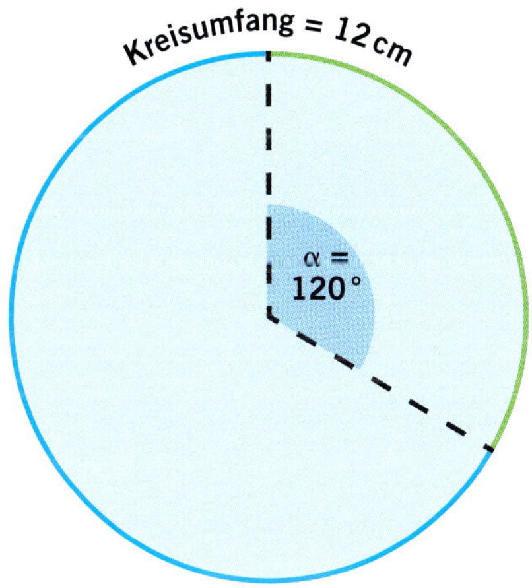

Wenn wir die Winkelgröße zwischen den beiden Radien in die Formel einsetzen, können wir die Länge des Kreisbogens berechnen:

$$\frac{120°}{360°} \cdot 12 = 4\,\text{cm}$$

Den Flächeninhalt eines Kreissektors bestimmen
Ein Kreissektor wird durch einen Kreisbogen und zwei Radien begrenzt. Zur Berechnung des Flächeninhalts dividiert man den Mittelpunktswinkel α durch 360° und multipliziert dies mit der Fläche des gesamten Kreises.

$$\text{Flächeninhalt des Kreissektors} = \frac{\alpha}{360°} \cdot \text{Flächeninhalt des Kreises}$$

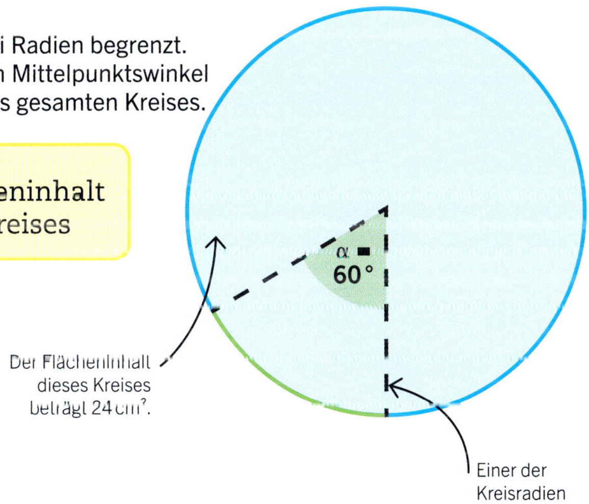

Wenn wir die bekannten Werte in die Formel einsetzen, erhalten wir den Flächeninhalt des Kreissektors:

$$\frac{60°}{360°} \cdot 24 = 4\,\text{cm}^2$$

Übungsaufgabe Zusammengesetzte Figuren

Siehe auch

74 Flächeninhalte
76 Kreisumfang und Kreisfläche

Um den Flächeninhalt einer aus Dreiecken, Vierecken und Kreisen zusammengesetzten Figur zu bestimmen, musst du den Inhalt jeder einzelnen Teilfigur berechnen.

Aufgabe

Bestimme den Flächeninhalt der hier abgebildeten Figur in cm^2 auf zwei Nachkommastellen gerundet.

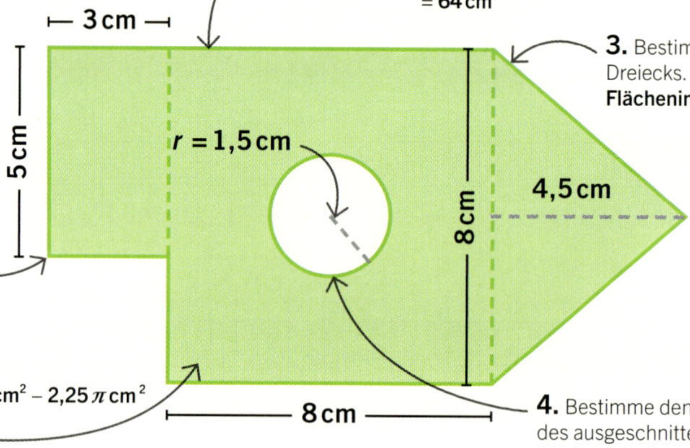

Lösung

1. Diese Teilfigur ist ein Rechteck. Bestimme den Flächeninhalt mit der Flächenformel für Rechtecke.
Flächeninhalt = **Länge · Breite**
= **5 cm · 3 cm**
= **15 cm²**

2. Bestimme den Flächeninhalt des Quadrats.
Flächeninhalt = **Seitenlänge²**
= **8 cm · 8 cm**
= **64 cm²**

3. Bestimme den Flächeninhalt des Dreiecks.
Flächeninhalt = **½ Grundfläche · Höhe**
= **½ · 8 cm · 4,5 cm**
= **18 cm²**

4. Bestimme den Flächeninhalt des ausgeschnittenen Kreises.
Flächeninhalt = πr^2
= $\pi \cdot 1{,}5^2\,cm^2$
= $2{,}25\,\pi\,cm^2$

5. Addiere die Flächeninhalte von Rechteck, Quadrat und Dreieck und ziehe die Fläche des Kreises ab.
Gesamtfläche = $15\,cm^2 + 64\,cm^2 + 18\,cm^2 - 2{,}25\,\pi\,cm^2$
$\approx 89{,}93\,cm^2$

Aufgabe

Zur Berechnung des Flächeninhalts dieses Kreisrings brauchst du den inneren und den äußeren Radius. Bestimme den Flächeninhalt des Kreisrings in cm^2 auf zwei Dezimalstellen genau.

Lösung

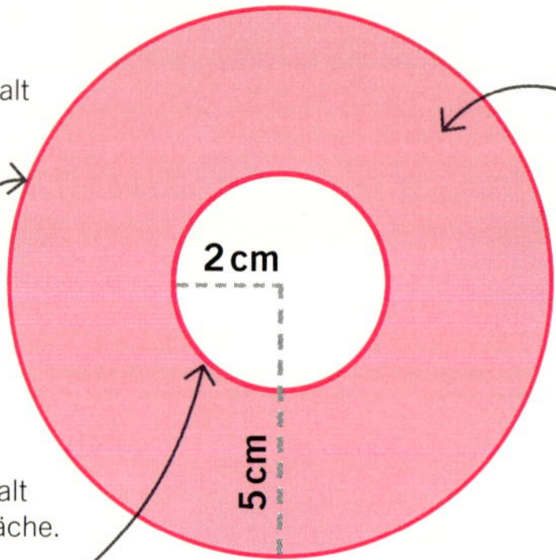

1. Berechne den Flächeninhalt der gesamten Kreisfläche.
Flächeninhalt = πr^2
= $\pi \cdot 5^2\,cm^2$
$\approx 25\,\pi\,cm^2$

2. Berechne den Flächeninhalt der ausgeschnittenen Kreisfläche.
Flächeninhalt = πr^2
= $\pi \cdot 2^2\,cm^2$
$\approx 4\,\pi\,cm^2$

3. Subtrahiere den Flächeninhalt der ausgeschnittenen Kreisfläche.
Fläche = $25\,\pi\,cm^2 - 4\,\pi\,cm^2$
= $21\,\pi\,cm^2$
$\approx 65{,}97\,cm^2$

Körper

Ein Körper hat eine Länge, eine Breite und eine Höhe und ist somit dreidimensional. Ein geschlossener Körper, dessen Oberfläche ausschließlich aus ebenen Flächen und Kanten besteht, heißt Polyeder (Vielflach, Vielflächner).

Auf einen Blick

- ✓ **Ein Körper ist eine dreidimensionale Figur mit Länge, Breite und Höhe.**
- ✓ **Ein gerades Prisma hat kongruente (deckungsgleiche) Grund- und Deckflächen. Alle Querschnittflächen sind ebenfalls kongruent.**
- ✓ **Ein geschlossener Körper, der aus ebenen Flächen und geraden Kanten besteht, heißt Polyeder.**
- ✓ **Körper mit gebogenen Flächen sind keine Polyeder (z. B. ist der Kegel kein Polyeder).**

Verschiedene Körper

Natürlich gibt es unendlich viele Körper. Sie unterscheiden sich in Anzahl und Form der Begrenzungsflächen. Die Kanten eines Körpers sind die Linien, an denen zwei Flächen aneinanderstoßen. An einer Ecke treffen mehrere Kanten aufeinander.

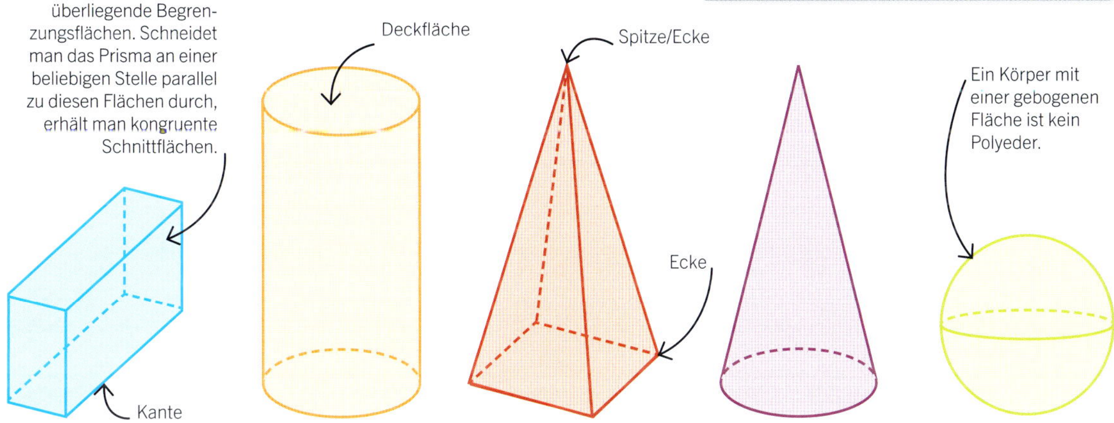

Quader
Ein sechsseitiges Prisma mit rechteckigen Oberflächen. Ein Würfel ist ein Quader mit lauter gleich langen Kanten.

Zylinder
Ein Prisma mit kreisförmiger Grund- und Deckfläche und einer einzigen, kreisrund gebogenen Seitenfläche.

Pyramide
Ein Polyeder, dessen Seitenflächen Dreiecke sind, die sich in einer gemeinsamen Ecke (der Spitze) treffen. Die Grundfläche kann ein beliebiges Polygon sein.

Kegel
Ein Kegel hat eine kreisförmige Grundfläche und eine Spitze. Die gebogene Mantelfläche ist (abgerollt in der Ebene) ein Kreisausschnitt.

Kugel
Ein runder Körper, bei dem jeder Punkt der Oberfläche denselben Abstand zum Mittelpunkt hat.

Platonische Körper

Ein Körper, dessen Oberfläche ausschließlich aus identischen, regelmäßigen Polygonen besteht, heißt – nach dem griechischen Philosophen Platon benannt – platonischer Körper. Platon war der Überzeugung, dass das Universum aus diesen Körpern zusammengesetzt ist.

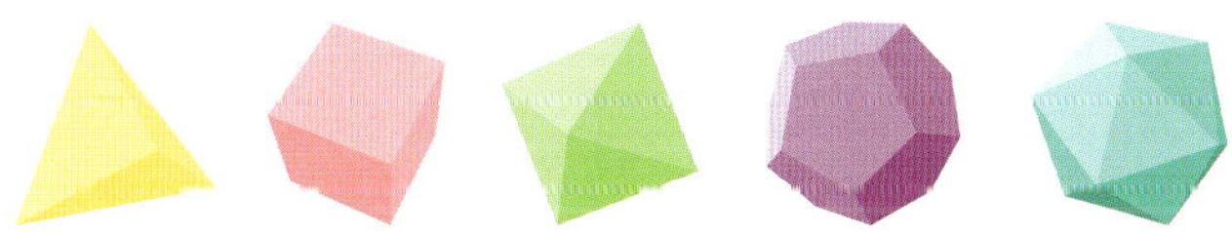

Tetraeder (4 Flächen) | **Würfel** (6 Flächen) | **Oktaeder** (8 Flächen) | **Dodekaeder** (12 Flächen) | **Ikosaeder** (20 Flächen)

Körperschnitte

Ein Schnitt ist eine ebene Figur, die entsteht, wenn man einen Körper durchschneidet. Die Form des Schnitts hängt unter anderem von dem Winkel ab, in dem man schneidet.

Auf einen Blick

- ✓ **Schneidet man gerade durch einen Körper, entsteht eine zweidimensionale Schnittfläche.**
- ✓ **Die Form der Schnittfläche hängt von Neigung und Position des Schnittes ab.**

Quader

Ein Quader ist ein Prisma mit rechteckiger Grund- und Deckfläche. Schneidet man einen Quader parallel zu Grund- und Deckfläche, erhält man ein Rechteck als Schnittfläche. Schneidet man schräg, so kann ein Parallelogramm, ein Dreieck, ein Trapez, ein Fünfeck (Pentagon) oder ein Sechseck (Hexagon) entstehen, je nachdem, durch wie viel Flächen man dabei schneidet.

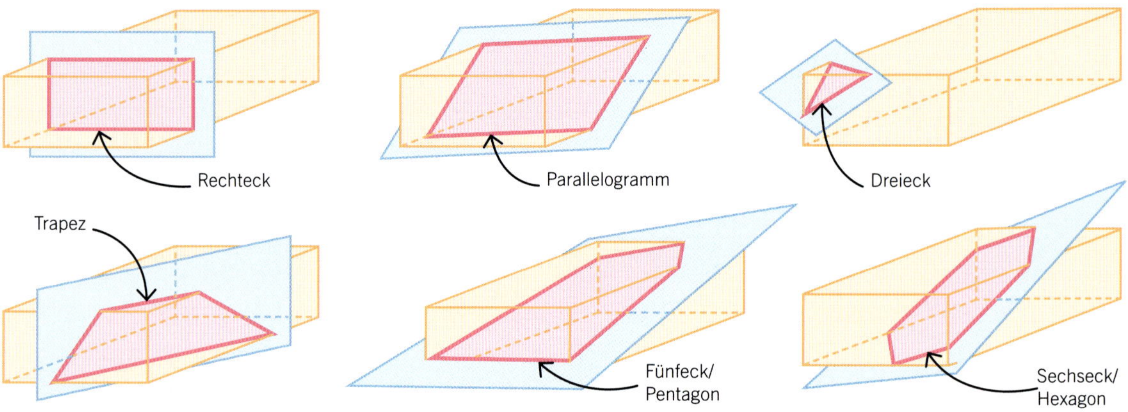

Rechteckige Pyramide

Schneidet man durch eine rechteckige Pyramide, entstehen je nach Position und Schnittwinkel unterschiedliche Figuren. Ein horizontaler Schnitt ergibt ein kleineres Rechteck, ein senkrechter oder schräger Schnitt durch die Spitze ergibt ein Dreieck. Ein senkrechter oder schräger Schnitt, der nicht durch die Spitze geht, ergibt hingegen ein Trapez.

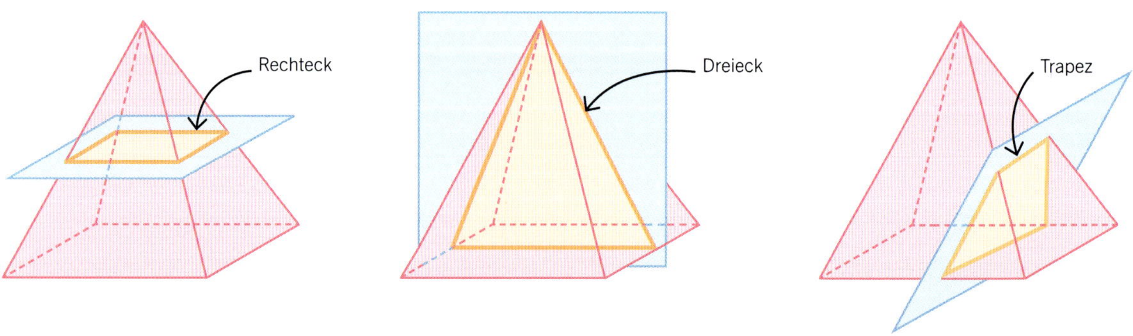

Baupläne und Würfelgebäude

Manchmal braucht man eine exakte Darstellung der Draufsicht oder Seitenansicht eines Gebäudes oder eines Körpers.

Auf einen Blick

- ✓ Baupläne sind eine zweidimensionale Darstellung dreidimensionaler Formen.
- ✓ Die Draufsicht zeigt die Ansicht von oben.
- ✓ Schrägbilder zeigen Ansichten von vorne und von der Seite.

Ebene Darstellung
Körper können auf speziellem Zeichenpapier, dem sogenannten isometrischen Papier, sehr gut so dargestellt werden, dass man einen relativ genauen Eindruck von der eigentlichen Körperform bekommt. Trotzdem können Winkel und Längen hier nur verzerrt wiedergegeben werden. Deshalb benötigen wir eine Draufsicht und Schrägbilder.

Auf isometrischem Papier lassen sich Würfelgebäude perfekt in einer dreidimensional erscheinenden Form darstellen.

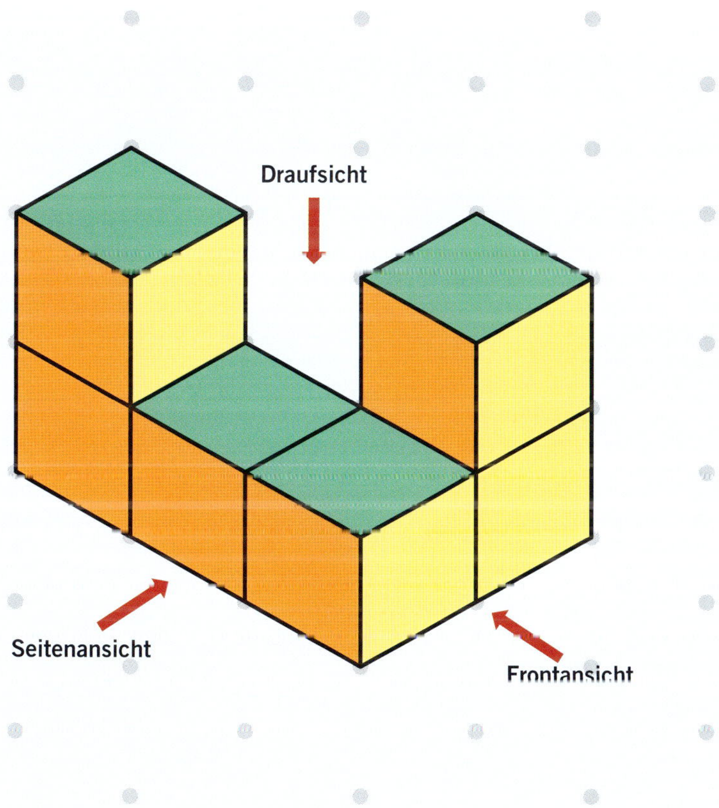

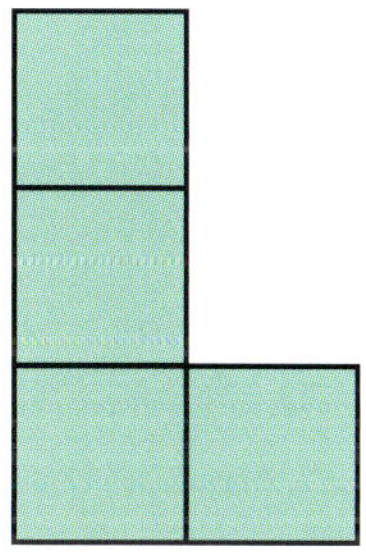

Die Draufsicht zeigt die Ansicht von oben.

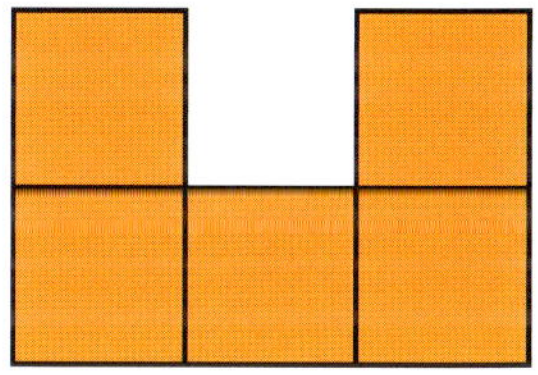

Die Seitenansicht zeigt die Ansicht von der Seite. Die Ansicht von der anderen Seite ist hierzu spiegelbildlich.

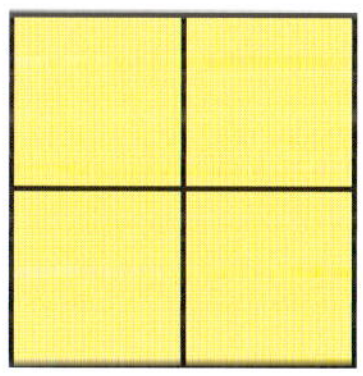

Die Frontansicht zeigt die Ansicht von vorne. Die Ansicht von hinten ist hierzu spiegelbildlich.

Volumen eines Quaders

Das Volumen eines Körpers ist die Größe des Raums, den er einnimmt. Man bezeichnet es auch als Rauminhalt.

Quader
Das Volumen eines Quaders wird in Kubikeinheiten gemessen. Man könnte das Volumen durch Abzählen der Kubikzentimeter, die in den Quader passen, bestimmen. Es geht jedoch viel schneller, wenn man die Formel „Länge mal Breite mal Höhe“ anwendet.

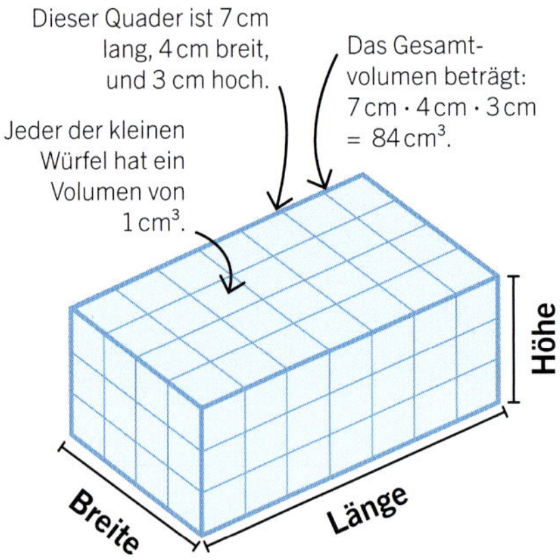

Volumen des Quaders = Länge · Breite · Höhe

Würfel
Ein Würfel ist ein Quader, dessen Oberfläche aus 6 identischen Quadraten besteht und dessen Kanten somit alle gleich lang sind. Um das Volumen zu berechnen, muss man die Seitenlänge 2-mal mit sich selbst multiplizieren.

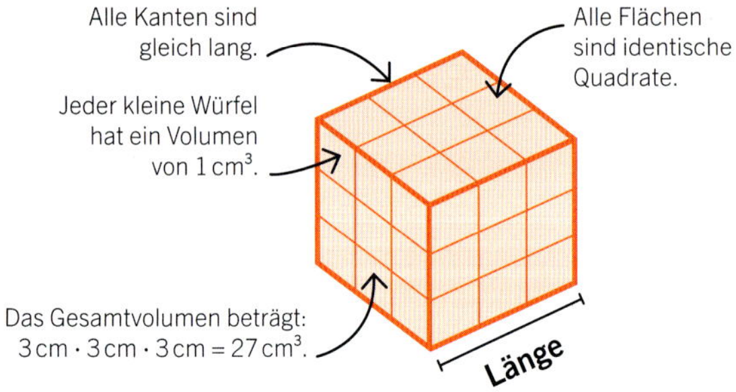

Würfelvolumen = Länge · Länge · Länge

= Länge³

Auf einen Blick

- ✓ Das Volumen eines Quaders ist sein Rauminhalt.
- ✓ Die Volumenformel für den Quader lautet:
  Volumen = Länge · Breite · Höhe
- ✓ Die Volumenformel für den Würfel lautet:
  Volumen = Länge³

Wie viel passt hinein?

Aufgabe
Der Laderaum eines Lkw ist 6 m lang, 3 m breit und 4 m hoch. Wie viel gleiche, würfelförmige Schachteln mit der Seitenlänge 50 cm passen hinein?

Lösung
1. Zuerst berechnen wir das Volumen des Laderaums.

$$6\,\text{m} \cdot 3\,\text{m} \cdot 4\,\text{m} = 72\,\text{m}^3$$

2. Dann berechnen wir das Volumen einer Schachtel. Da wir die gleiche Einheit benutzen müssen wie beim Laderaum, rechnen wir die cm in m um:

$$50\,\text{cm} = 0{,}5\,\text{m}$$

$$0{,}5\,\text{m} \cdot 0{,}5\,\text{m} \cdot 0{,}5\,\text{m} = 0{,}125\,\text{m}^3$$

3. Nun dividieren wir das Volumen des Laderaums durch das einer Schachtel.

$$72\,\text{m}^3 : 0{,}125\,\text{m}^3 = 576$$

576 Schachteln passen in den Laderaum.

Oberflächeninhalt eines Quaders

Der Oberflächeninhalt eines Körpers besteht aus der Summe der Flächeninhalte seiner Außenflächen. Für Würfel und Quader gibt es einfache Formeln.

Auf einen Blick

- ✓ **Der Oberflächeninhalt eines Quaders oder Würfels ist die Summe aller sechs Außenflächeninhalte.**
- ✓ **Formel für den Oberflächeninhalt des Quaders:**
  Oberfläche Quader = $2(ab + bc + ac)$
- ✓ **Formel für den Oberflächeninhalt des Würfels:**
  Oberfläche Würfel = $6a^2$

Quader
In einem Quader sind immer zwei gegenüberliegende Flächen deckungsgleich. Das ergibt drei Paare deckungsgleicher Flächen. Die Flächeninhalte betragen Länge · Breite (ab), Breite · Höhe (bc) und Länge · Höhe (ac).

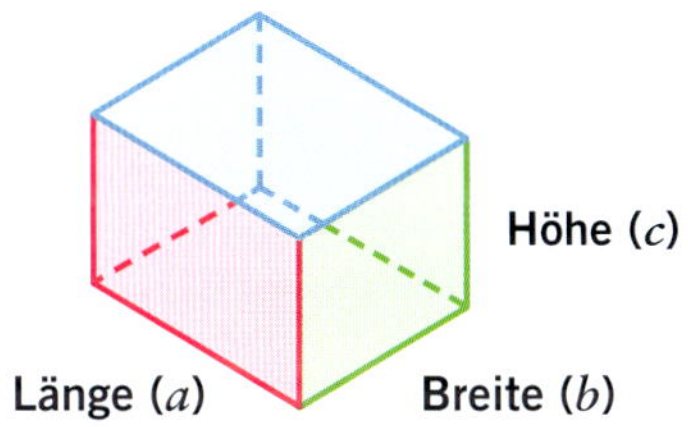

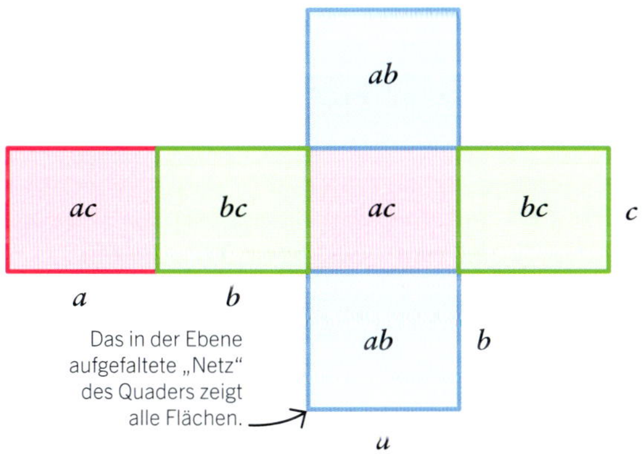

Oberflächeninhalt Quader = $2(ab + bc + ac)$

Würfel
Ein Würfel hat sechs identische Begrenzungsflächen, die alle denselben Flächeninhalt haben. Der Oberflächeninhalt eines Würfels besteht also aus dem 6-Fachen des Flächeninhalts einer Seitenfläche.

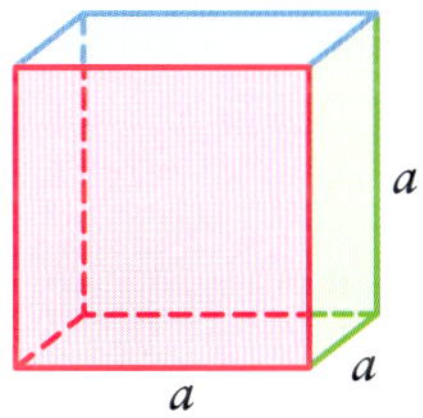

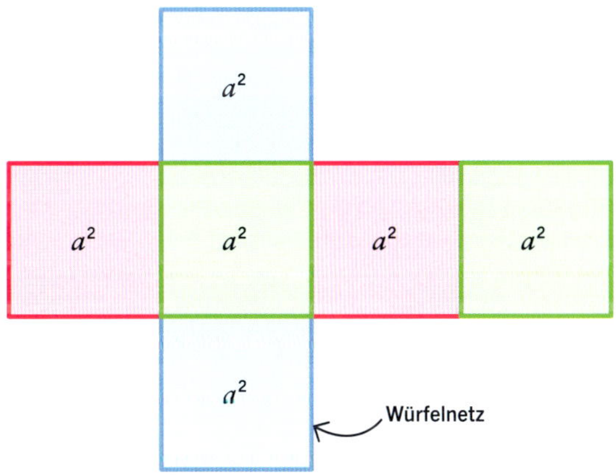

Oberflächeninhalt Würfel = $6a^2$

Volumen und Oberfläche des Prismas

Ein gerades Prisma wird von zwei identischen parallelen Grundflächen und mindestens einer Rechteckfläche begrenzt. Um das Volumen zu berechnen, muss man den Flächeninhalt der Grundfläche berechnen und diesen mit der Gesamtlänge des Körpers multiplizieren. Für den Oberflächeninhalt muss man die Inhalte aller Außenflächen addieren.

Auf einen Blick

- ✓ **Für das Volumen eines Prismas verwenden wir die Formel:**

  Volumen = $\dfrac{\text{Flächeninhalt}}{\text{der Grundfläche}}$ · Länge

- ✓ **Um den Oberflächeninhalt eines Prismas zu berechnen, addiert man die Flächeninhalte aller Außenflächen.**

Volumenberechnung
Das Volumen eines Prismas wird berechnet, indem man den Flächeninhalt der Grundfläche mit der Gesamtlänge des Körpers multipliziert. Hier müssen wir daher die Fläche des Dreiecks berechnen und sie mit der Länge multiplizieren.

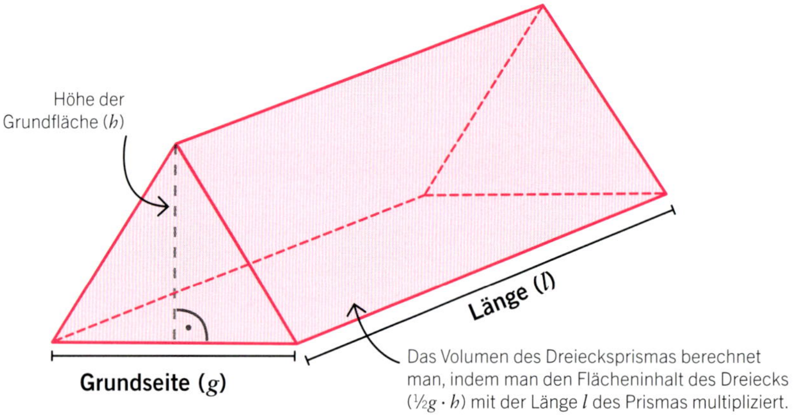

Volumen Prisma = Flächeninhalt der Grundfläche · Länge

Oberflächeninhalt berechnen
Den Oberflächeninhalt eines Prismas berechnet man durch Addition der einzelnen Flächeninhalte. Zuerst bestimmt man die Flächeninhalte der beiden Grundflächen, dann addiert man diese zu den restlichen Oberflächeninhalten. Das Körpernetz kann bei der Berechnung helfen.

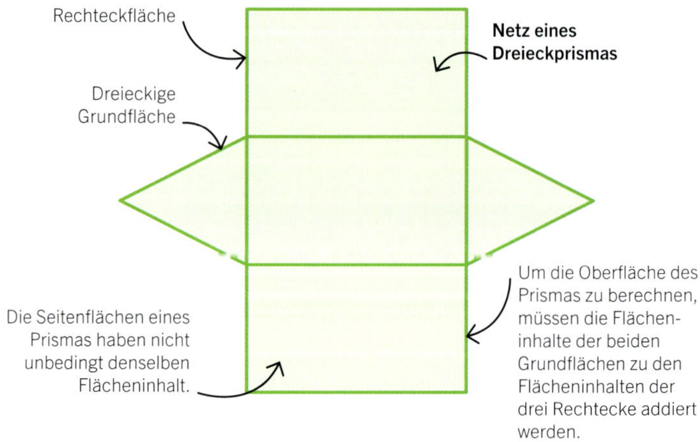

Oberfläche Prisma = 2 · Grundflächeninhalt + Inhalte der n Rechteckflächen

Volumen und Oberfläche des Zylinders

Die Grundflächen des Zylinders sind zwei parallele Kreisflächen, die durch eine Rechteckfläche verbunden sind. Diese Rechteckfläche heißt Mantelfläche. Volumen und Oberflächeninhalt von Zylindern werden ähnlich wie Volumen und Oberfläche von Prismen berechnet.

Auf einen Blick

- ✓ **Ein Prisma, dessen Grundflächen zwei parallele Kreisflächen sind, heißt Zylinder.**
- ✓ **Formel für das Volumen des Zylinders:**
  Volumen = $\pi r^2 h$
- ✓ **Formel für den Oberflächeninhalt des Zylinders:**
  Oberflächeninhalt = $2\pi rh + 2\pi r^2$

Volumen berechnen
Das Volumen eines Zylinders wird berechnet, indem man den Flächeninhalt der Kreisfläche (Grundfläche) mit der Körperhöhe des Zylinders multipliziert. Zur Berechnung des Flächeninhalts der Kreisfläche s. S. 76.

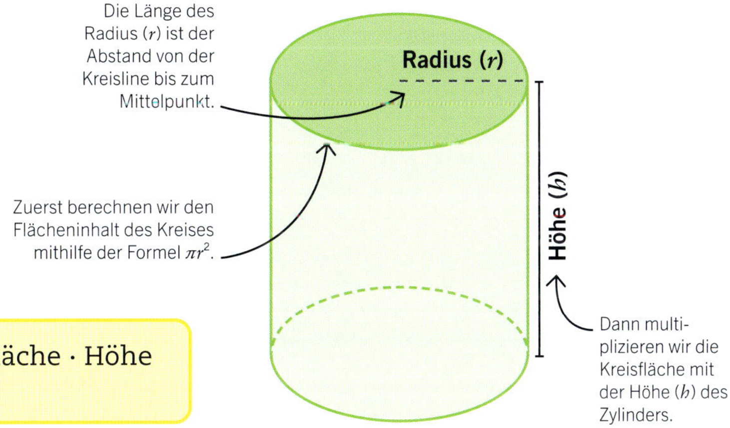

$$\text{Volumen Zylinder} = \text{Grundfläche} \cdot \text{Höhe}$$
$$= \pi r^2 h$$

Oberflächeninhalt berechnen
Die Mantelfläche eines Zylinders, flach in der Ebene ausgerollt, ist ein Rechteck. Zusammen mit den beiden Grundflächen (Kreise) bildet sie das Netz des Zylinders. Den Oberflächeninhalt berechnet man durch Addition des Flächeninhalts der Rechteckfläche zu den beiden Kreisflächeninhalten.

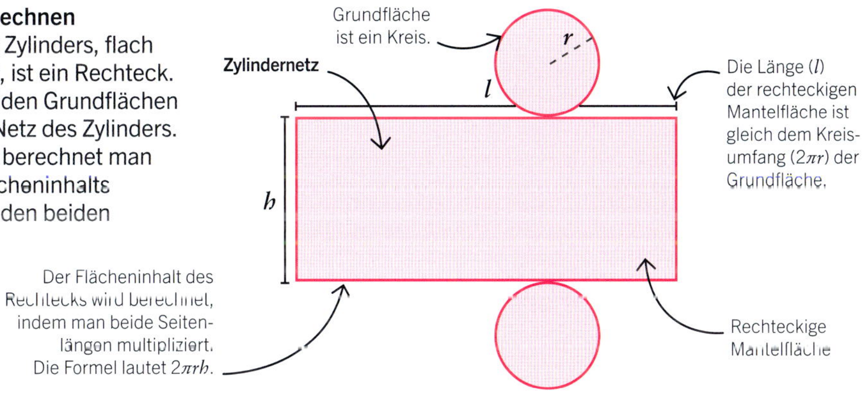

$$\text{Oberfläche Zylinder} = \text{Flächeninhalt der Mantelfläche} + (2 \cdot \text{Flächeninhalt der Grundfläche})$$
$$= 2\pi rh + 2\pi r^2$$

Volumen und Oberfläche der Pyramide

Ein Körper, dessen Grundfläche ein Polygon ist und dessen Mantelfläche aus Dreiecken besteht, die alle in der Spitze zusammenlaufen, heißt Pyramide. Die Anzahl der Dreiecke entspricht der Anzahl der Seiten der Grundfläche. Alle Pyramiden haben, unabhängig von der Anzahl der Dreiecke, dieselbe Formel für den Flächeninhalt und ebenso dieselbe Formel für die Berechnung des Volumens.

Auf einen Blick

- ✓ **Eine Pyramide besteht aus einer Grundfläche und einer Mantelfläche aus mindestens drei Dreiecken, die alle in der Spitze zusammentreffen.**
- ✓ **Volumen der Pyramide: Volumen = ⅓Gh**
- ✓ **Oberfläche der Pyramide:**

Oberflächeninhalt = Flächeninhalt Grundfläche + Flächeninhalt Mantelfläche

Volumen berechnen
Das Volumen einer Pyramide lässt sich berechnen, indem man den Flächeninhalt der Grundfläche mit der Körperhöhe multipliziert und dieses Ergebnis wiederum mit ⅓ multipliziert. Diese Formel gilt für jede Pyramide.

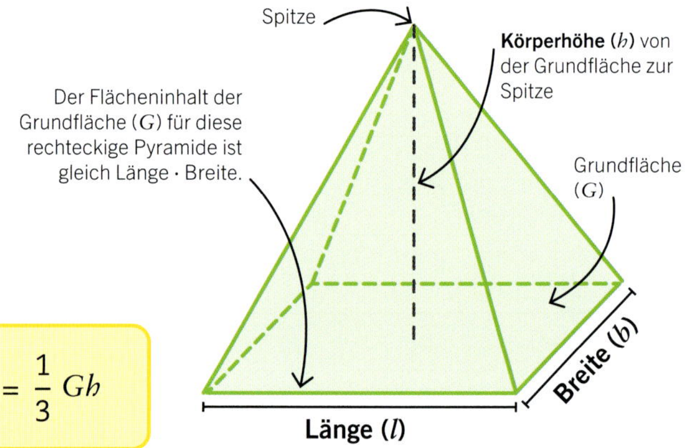

$$\text{Volumen Pyramide} = \frac{1}{3} \cdot \text{Grundflächeninhalt} \cdot \text{Körperhöhe} = \frac{1}{3}Gh$$

Flächeninhalt berechnen
Den Oberflächeninhalt einer Pyramide berechnet man, indem man den Flächeninhalt der Grundfläche und die Flächeninhalte aller Teile der Mantelfläche berechnet (s. S. 74). Anschließend werden alle Teilergebnisse addiert.

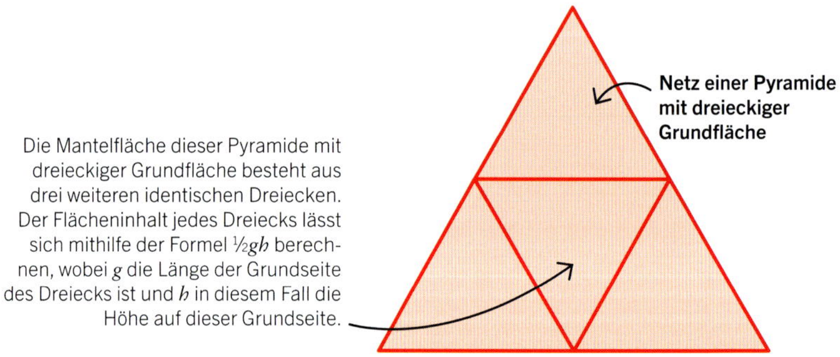

Oberflächeninhalt Pyramide = Flächeninhalt der Grundfläche + Flächeninhalt der Mantelfläche

Volumen und Oberfläche des Kegels

Ein Kegel wird durch eine kreisförmige Grundfläche und eine gekrümmte Mantelfläche begrenzt. Die Mantelfläche ist ein in der Ebene abgerollter Ausschnitt einer Kreisfläche, also ein Kreissektor.

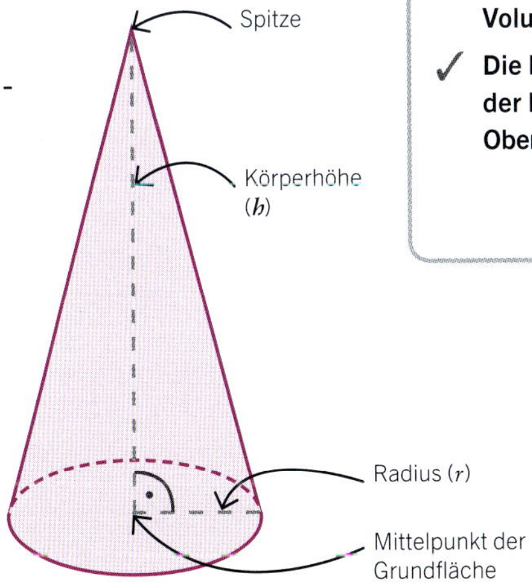

Auf einen Blick

- ✓ Die Formel zur Berechnung des Kegelvolumens lautet: Volumen = $\frac{1}{3} \cdot \pi r^2 h$
- ✓ Die Formel zur Berechnung der Kegeloberfläche lautet: Oberflächeninhalt = $\pi r^2 + \pi rs$

Volumen
Das Volumen eines Kegels wird berechnet, indem man den Flächeninhalt der Grundfläche mit der Körperhöhe multipliziert. Dies ist der Abstand vom Mittelpunkt der Grundfläche zur Körperspitze. Die Grundfläche hat, wie jeder Kreis, den Flächeninhalt πr^2.

$$\text{Kegelvolumen} = \frac{1}{3} \cdot \pi r^2 \cdot \text{Körperhöhe} = \frac{1}{3} \cdot \pi r^2 h$$

Oberflächeninhalt
Das Netz eines Kegels ist zusammengesetzt aus dem Kreis der Grundfläche und dem Ausschnitt einer größeren Kreisfläche. Um den Oberflächeninhalt zu berechnen, müssen wir beide Flächeninhalte addieren.

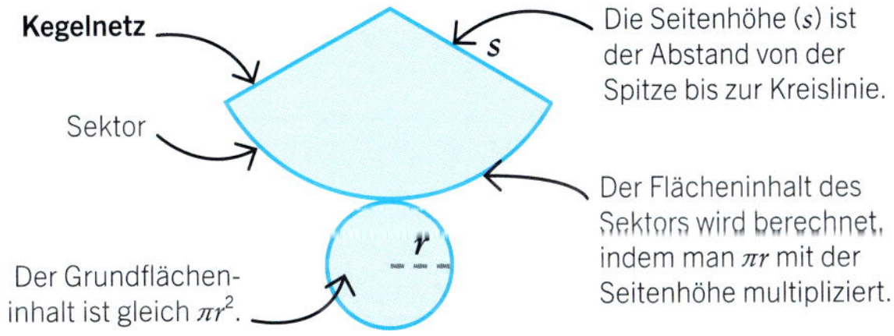

$$\text{Oberflächeninhalt des Kegels} = \text{Grundfläche} + \text{Mantelfläche} = \pi r^2 + \pi rs$$

Kegelstumpf

Ein gerader Kegelstumpf entsteht, wenn man einen Kegel parallel zu seiner Grundfläche durchschneidet. Das Volumen berechnen wir ganz einfach, indem wir das Volumen der abgeschnittenen Kegelspitze vom Volumen des gesamten Kegels subtrahieren.

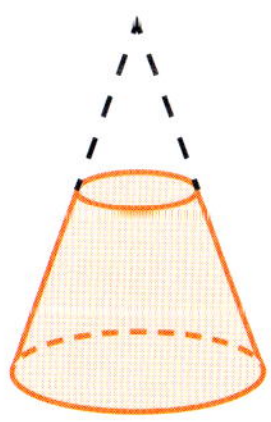

Volumen des Kegelstumpfes berechnen

1. Berechne das Volumen des ganzen Kegels mit Spitze.
2. Berechne das Volumen der abgeschnittenen Spitze.
3. Subtrahiere das Volumen der Kegelspitze vom Volumen des gesamten Kegels.

Volumen und Oberfläche der Kugel

Eine Kugel hat eine einzige gebogene Außenfläche. Jeder Punkt der Kugeloberfläche hat denselben Abstand zum Mittelpunkt der Kugel.

Auf einen Blick

- ✓ **Eine Kugel ist ein Körper mit einer gekrümmten Oberfläche.**
- ✓ **Jeder Punkt der Oberfläche hat denselben Abstand zum Kugelmittelpunkt.**
- ✓ **Formel zur Berechnung des Kugelvolumens:**
  Volumen $= \frac{4}{3}\pi r^3$
- ✓ **Formel zur Berechnung der Kugeloberfläche:**
  Oberflächeninhalt $= 4\pi r^2$

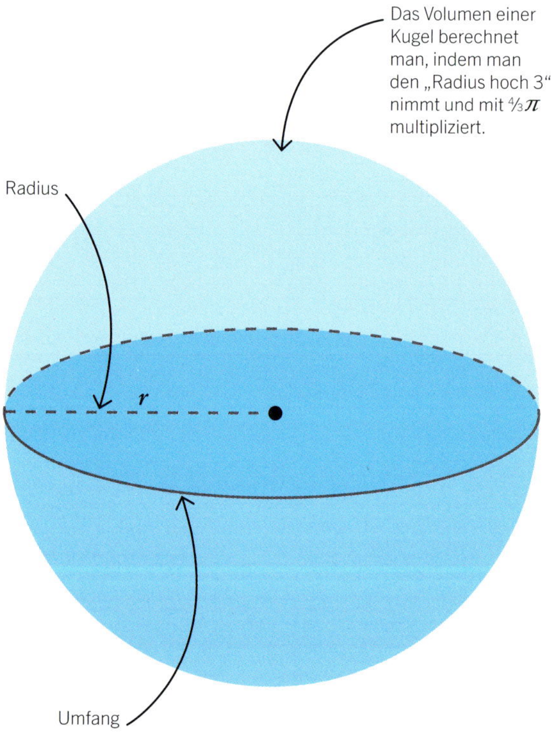

Volumen berechnen

Das Volumen einer Kugel ist der Rauminhalt innerhalb der einzigen Begrenzungsfläche. Zur Berechnung brauchen wir die Kreiszahl π. π ist der Quotient aus Umfang und Kugelradius. Man muss also zur Bestimmung des Volumens einer Kugel nur den Radius oder den Durchmesser kennen. Der Rest ist gegeben.

$$\text{Kugelvolumen} = \frac{4}{3}\pi r^3$$

Oberflächeninhalt berechnen

Da eine Kugel, im Gegensatz zu anderen Körpern, nicht in der Ebene zu einem Netz ausgelegt werden kann, müssen wir eine Formel verwenden. Der Flächeninhalt einer Kugeloberfläche beträgt das Vierfache des Flächeninhalts eines Kreises mit demselben Radius.

$$\text{Kugeloberfläche} = 4\pi r^2$$

Oberflächeninhalt eines Globus

Aufgabe

Ein Globus hat den Radius 3,5 cm und und ist eine perfekte Kugel. Wie groß ist der Oberflächeninhalt in cm^2 auf eine Dezimalstelle genau?

Lösung

Berechne den Oberflächeninhalt mithilfe der obigen Formel.

$$\textbf{Oberfläche einer Kugel} = 4\pi r^2$$
$$= 4 \cdot \pi \cdot (3{,}5\,\text{cm})^2$$
$$= 153{,}9\,\text{cm}^2$$

Übungsaufgabe Zusammengesetzte Körper

Viele Körper sind aus zwei oder mehreren Körpern zusammengesetzt. Um hier Volumen oder Oberfläche zu bestimmen, muss man jeden Teilkörper für sich betrachten und am Ende alles zusammenrechnen.

Siehe auch

82 Volumen eines Quaders
85 Volumen und Oberfläche des Zylinders
86 Volumen und Oberfläche der Pyramide
88 Volumen und Oberfläche der Kugel

Aufgabe

Dieser zusammengesetzte Körper besteht aus einer Halbkugel und einem Zylinder. Wie groß ist seine Oberfläche in cm²? Runde das Ergebnis auf zwei Nachkommastellen.

Lösung

1. Zuerst müssen wir die Oberfläche der Halbkugel bestimmen. Dazu dividieren wir die Oberfläche der entsprechenden Kugel durch 2.

$$\textbf{Oberfläche der Halbkugel} = \frac{4\pi r^2}{2} = \frac{4 \cdot \pi \cdot 10^2}{2}\,\text{cm}^2 = \frac{400\pi}{2}\,\text{cm}^2 = 200\pi\,\text{cm}^2$$

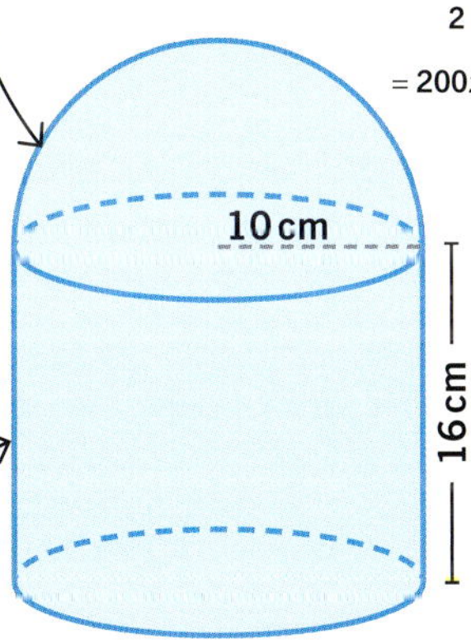

2. Die Oberfläche dieses Zylinders besteht aus seiner Grundfläche (hier nur einmal) sowie der rechteckigen Mantelfläche.

$$\textbf{Oberfläche Zylinder} = 2\pi rh + \pi r^2 = (2 \cdot \pi \cdot 10 \cdot 16)\,\text{cm}^2 + (\pi \cdot 10^2)\,\text{cm}^2 = 320\pi\,\text{cm}^2 + 100\pi\,\text{cm}^2 = 420\pi\,\text{cm}^2$$

3. Nun addieren wir beide Ergebnisse und runden auf zwei Nachkommastellen.

$$\textbf{Gesamtfläche} = 200\pi\,\text{cm}^2 + 420\pi\,\text{cm}^2 \approx 1947{,}79\,\text{cm}^2$$

Aufgabe

Dieser zusammengesetzte Körper besteht aus einem Quader und einer Pyramide. Wie groß ist sein Volumen in m³? Runde das Ergebnis auf zwei Nachkommastellen.

Lösung

1. Wir berechnen zuerst das Volumen des oberen Teilkörpers, der Pyramide, mit der passenden Formel.

$$\textbf{Volumen Pyramide} = \tfrac{1}{3} \cdot \textbf{Grundfläche} \cdot \textbf{Körperhöhe} = \tfrac{1}{3} \cdot (6{,}7\,\text{m} \cdot 2{,}9\,\text{m}) \cdot 2{,}8\,\text{m} = \tfrac{1}{3} \cdot 19{,}43\,\text{m}^2 \cdot 2{,}8\,\text{m} = 18{,}135\,\text{m}^3$$

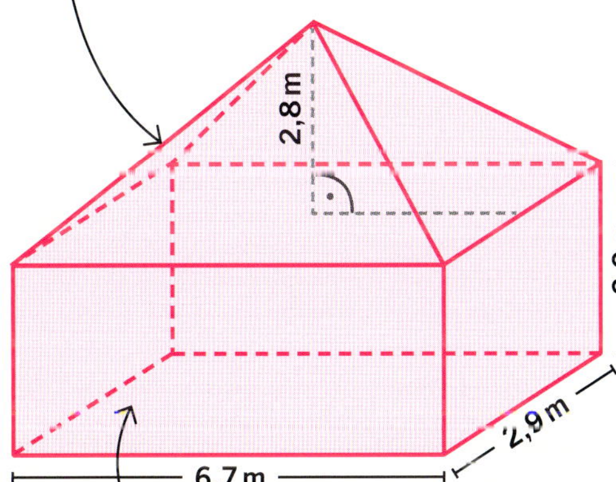

2. Nun berechnen wir mit der Volumenformel für Quader das Volumen des unteren Teilkörpers.

$$\textbf{Volumen Quader} = \textbf{Länge} \cdot \textbf{Breite} \cdot \textbf{Höhe} = 6{,}7\,\text{m} \cdot 2{,}9\,\text{m} \cdot 2{,}9\,\text{m} = 56{,}347\,\text{m}^3$$

3. Nun addieren wir beide Ergebnisse und erhalten das Volumen des zusammengesetzten Körpers.

$$\textbf{Gesamtvolumen} = 18{,}135\,\text{m}^3 + 56{,}347\,\text{m}^3 \approx 74{,}48\,\text{m}^3$$

Runden und überschlagen

In praktischen Berechnungen, beispielsweise mit Maßen und Gewichten, genügt uns meist ein Näherungswert. Eine exakte Lösung ist nicht immer erforderlich und oft auch nicht sinnvoll. Wir können das Ergebnis auf eine bestimmte Genauigkeit runden, die wir vorher festgelegt haben.

Auf einen Blick

- ✓ **Steht eine Zahl genau in der Mitte oder links der Mitte des betreffenden Zahlenintervalls, so rundet man ab, rechts davon wird aufgerundet.**
- ✓ **Dezimalzahlen kann man auf eine vorgegebene Stelle auf- oder abrunden.**
- ✓ **Die erste signifikante Stelle einer Zahl ist die erste Stelle, deren Wert nicht Null ist.**
- ✓ **Beim Schätzen rundet man die Zahlen in einer Rechnung und überschlägt dann, wie hoch das Ergebnis ungefähr sein wird.**

Runden

Oft ist es sinnvoll, einen Wert, wie beispielsweise eine Längenangabe, auf eine bestimmte Genauigkeit zu runden.

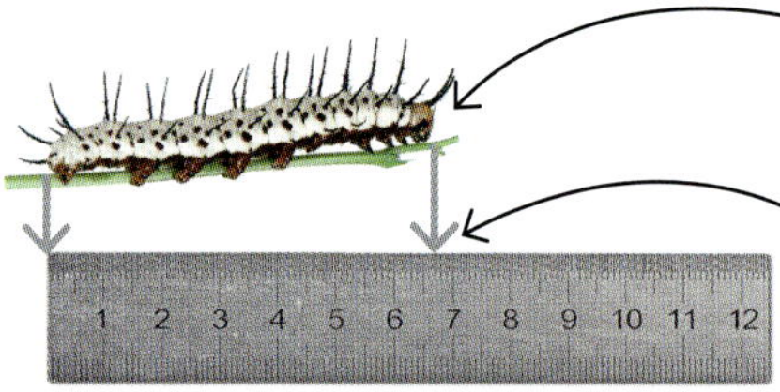

1. Diese Raupe ist 6,7 cm lang. Wie lang ist sie auf den nächsten ganzen Zentimeter gerundet?

2. Du siehst auf dem Lineal, dass 6,7 näher an 7 ist als an 6. Daher runden wir auf und sagen, sie ist „ungefähr 7 cm“ lang.

6,7 cm ≈ 7 cm

Dieses Symbol bedeutet „ist ungefähr gleich“.

Auf- oder abrunden?

Ob auf- oder abgerundet wird, hängt davon ab, welche Ziffer auf die festgelegte Rundungsstelle folgt. Ist die nachfolgende Ziffer 5; 6; 7; 8 oder 9, wird aufgerundet. Ist die nachfolgende Ziffer 0; 1; 2; 3 oder 4, wird abgerundet. An der Zahlengeraden ist dargestellt, wie Zahlen aus dem Intervall zwischen 30 und 40 auf den nächsten Zehner gerundet werden: Ab der Mitte des Intervalls wird aufgerundet, links von der Mitte wird abgerundet.

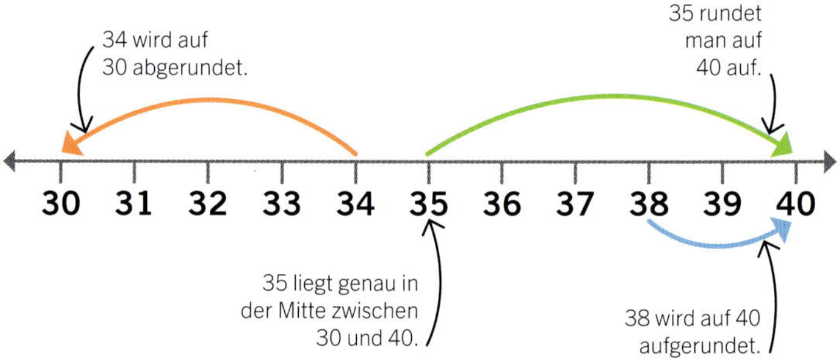

Dezimalstellen

Dezimalzahlen können auf eine beliebige Anzahl von Dezimalen (kurz für Dezimalstellen) gerundet werden. Wenn auf die Rundungsstelle eine der Ziffern 0; 1; 2; 3 oder 4 folgt, dann rundet man ab, wenn aber eine der Ziffern 5; 6; 7; 8 oder 9 folgt, rundet man auf.

1. Ein Jahr auf der Erde dauert genau 365,2421875 Tage. Diese Zahl kann man runden: Je nachdem, wie genau der Wert sein soll, legt man eine bestimmte Rundungsstelle fest.

365,2421875

2. Um auf vier Dezimalen zu runden, betrachte die Ziffer nach der vierten Dezimalstelle. Diese ist 8, daher runden wir die vierte Dezimalstelle auf 2 auf.

365,2422

3. Um auf zwei Dezimalen zu runden, betrachte die Ziffer nach der zweiten Dezimalstelle. Diese ist 2, also runden wir die zweite Dezimalstelle auf 4 ab.

365,24

Signifikante Stellen

In Dezimalzahlen ist die erste von Null verschiedene Zahl die erste „signifikante Stelle“. Ziffern rechts davon sind signifikant, auch wenn sie Nullen sind. Häufig rundet man auf signifikante Stellen und nicht auf Dezimalstellen.

1. Diese Zahl hat 6 signifikante Stellen.

320 014

2. Gerundet auf 5 signifikante Stellen:

320 010

An diesen Stellen sind die beiden Nullen signifikante Ziffern.

Schreibe eine Null an die Stelle der ursprünglichen 4.

3. Gerundet auf 2 signifikante Stellen:

320 000

3 und 2 sind signifikante Ziffern, anstelle der anderen Ziffern schreiben wir Nullen.

1. Diese Zahl hat 4 signifikante Stellen.

0,004712

Diese 3 Nullen sind keine signifikanten Stellen.

Die erste signifikante Stelle ist 4.

2. Auf 3 signifikante Stellen gerundet:

0,00471

3. Auf eine signifikante Stelle gerundet:

0,005

4 wurde auf 5 aufgerundet.

Überschlagen

Manchmal muss man schnell einen ungefähren Wert (man sagt Überschlag) im Kopf ausrechnen. Dieser Wert ist natürlich davon abhängig, wie man zuvor die Zahlen in der Rechnung gerundet hat, um den Überschlag zu berechnen. Überschlagsrechnungen sind beispielsweise oft sinnvoll, wenn man prüfen will, ob das Ergebnis vom Taschenrechner stimmen kann, oder ob man sich vielleicht an einer Stelle vertippt hat.

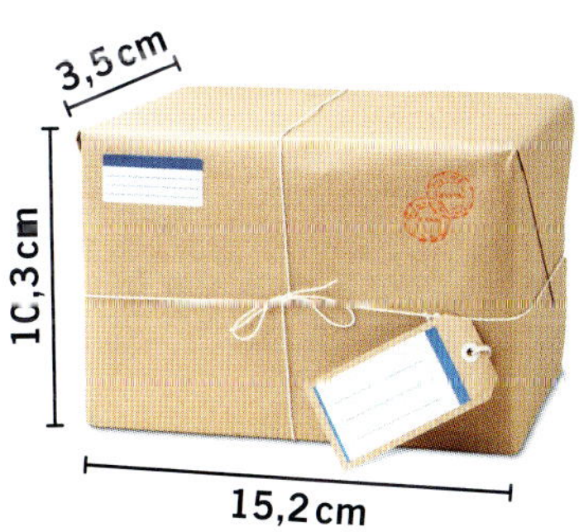

1. Am einfachsten kannst du das Volumen des Pakets mit dem Taschenrechner berechnen (547,96 cm^3), aber vielleicht willst du im Kopf prüfen, ob dein Ergebnis richtig sein kann. Wenn du dich aus Versehen vertippst, erhältst du einen viel zu großen oder zu kleinen Wert.

2. Runde zuerst alle Werte in der Rechnung auf oder ab, damit die Rechnung einfacher wird.

$$3{,}5\,\text{cm} \approx 4\,\text{cm}$$
$$10{,}3\,\text{cm} \approx 10\,\text{cm}$$
$$15{,}2\,\text{cm} \approx 15\,\text{cm}$$

3. Dann rechne:

$$4\,\text{cm} \cdot 10\,\text{cm} \cdot 15\,\text{cm} = 600\,\text{cm}^3$$

4. Die 600 cm^3 entsprechen ungefähr dem Wert, den dein Taschenrechner anzeigt. Daher ist der Wert 547,96 cm^3 wahrscheinlich richtig.

Genauigkeit

Eine Messung ist immer nur so genau wie das benutzte Instrument. Manchmal ist es wichtig, den Genauigkeitsbereich einer Skala zu kennen. Die Skala einer Waage könnte beispielsweise in Intervalle von 0,1 kg unterteilt sein. Der kleinste Wert des Genauigkeitsbereichs heißt untere Schranke, der größte heißt obere Schranke.

Auf einen Blick

- ✓ Manchmal muss man die Schranken kennen, innerhalb derer sich die Genauigkeit eines (Mess-)Werts bewegen kann.
- ✓ Die untere Schranke ist der kleinste mögliche Wert, den eine gerundete Größe annehmen kann.
- ✓ Die obere Schranke ist der größte mögliche Wert, den eine gerundete Größe annehmen kann.

Obere und untere Wertschranke
Diese Katze wiegt 4,3 kg, wenn man den Wert auf 0,1 kg genau rundet. Da Messungen nie ganz exakt sind, aber auf einer definierten Genauigkeit beruhen, können die tatsächlichen Werte größer oder kleiner sein. Die kleinste Zahl, von der aufgerundet worden sein könnte, heißt untere Schranke, der größte Wert, von dem aus abgerundet worden sein könnte, heißt obere Schranke.

1. Wenn die Katze 4,24 kg wiegt, wird auf 4,2 kg abgerundet.

2. 4,25 kg ist der kleinste Wert, der auf 4,3 kg aufgerundet wird, also ist dies die untere Schranke.

3. 4,35 kg ist der kleinste Wert, der schon auf 4,4 kg gerundet wird. Er ist die obere Schranke.

4. Ist das Gewicht der Katze auf 0,1 kg genau angegeben, so ist die obere Schranke 0,05 kg größer und die untere um 0,05 kg kleiner.

Fehlerintervall
Das Intervall, in dem die möglichen Werte liegen, können wir mithilfe von Ungleichheitszeichen aufschreiben (s. S. 154).

$$4{,}25\,\text{kg} \leq \text{Gewicht} < 4{,}35\,\text{kg}$$

Bedeutet, dass das Gewicht größer oder gleich 4,25 kg ist.

Bedeutet, dass das Gewicht kleiner als 4,35 kg ist.

Rechnen mit Grenzen

Beim Rechnen mit gerundeten Werten kommt es zu ungenauen Ergebnissen. Kennt man die Genauigkeitsgrenzen der einzelnen Rechnungsschritte, kann man die Genauigkeit eines Rechenergebnisses ermitteln.

Operation	Obergrenze für die Lösung	Untergrenze für die Lösung
Addition A + B	Größter Wert für A + Größter Wert für B	Kleinster Wert für A + Kleinster Wert für B
Subtraktion A – B	Größter Wert für A – Kleinster Wert für B	Kleinster Wert für A – Größter Wert für B
Multiplikation A · B	Größter Wert für A · Größter Wert für B	Kleinster Wert für A · Kleinster Wert für B
Division A : B	Größter Wert für A : Kleinster Wert für B	Kleinster Wert für A : Größter Wert für B

Wenn du den größtmöglichen Wert für B vom kleinstmöglichen Wert für A subtrahierst, erhältst du die kleinstmögliche Lösung.

Wenn du den größtmöglichen Wert für A durch den kleinstmöglichen Wert für B dividierst, erhältst du die größtmögliche Lösung.

Grenzen einer Division

Aufgabe

Die beiden Werte in dieser Rechnung sind auf 10 kg genau angegeben. Bestimme die Ober- und Untergrenze der möglichen Lösung auf zwei Dezimalen genau.

5400 kg : 300 kg = ?

Lösung

1. Bestimme jeweils Ober- und Untergrenze für das tatsächliche Gewicht.

5395 kg ≤ Gewicht 1 < 5405 kg
295 kg ≤ Gewicht 2 < 305 kg

2. Dividiere die Obergrenze von Gewicht 1 durch die Untergrenze von Gewicht 2. Das Ergebnis ist die Obergrenze des Intervalls, in dem das tatsächliche Ergebnis liegt.

5405 kg : 295 kg = 18,32

3. Dividiere die Untergrenze von Gewicht 1 durch die Obergrenze von Gewicht 2. Das Ergebnis ist die Untergrenze des Intervalls, in dem das tatsächliche Ergebnis liegt.

5395 kg : 305 kg = 17,69

4. Nun kannst du das Intervall für das tatsächliche Ergebnis angeben.

17,69 ≤ Ergebnis < 18,32

Einführung in die Algebra

Algebraische Terme

Wenn wir etwas berechnen wollen, kennen wir manchmal nicht alle Werte, die wir dafür brauchen. In der Algebra werden Buchstaben als Symbole für unbekannte oder veränderliche Zahlen (Variablen) verwendet. Wir rechnen mit Buchstaben wie mit Zahlen und stellen so die Beziehungen der Variablen untereinander dar. Eine algebraische Gleichung besteht aus Termen und einem Gleichheitszeichen.

Auf einen Blick

- ✓ **Ein Term besteht aus einer sinnvollen Kombination von Zahlen und Buchstaben.**
- ✓ **Gleichungen bestehen aus Termen, Rechenzeichen (Operatoren) und Gleichheitszeichen.**
- ✓ **Die bekannten Rechenregeln für Zahlen gelten ebenfalls für Terme.**
- ✓ **Buchstaben repräsentieren Variablen oder konstante Werte (Konstanten).**

Bausteine algebraischer Ausdrücke
Algebraische Ausdrücke und Gleichungen (s. S. 96 und 130) bestehen aus Termen. Ein Term kann eine Zahl, ein Buchstabe, der für eine Zahl steht (Variable), oder eine Kombination aus Buchstaben und Zahlen sein.

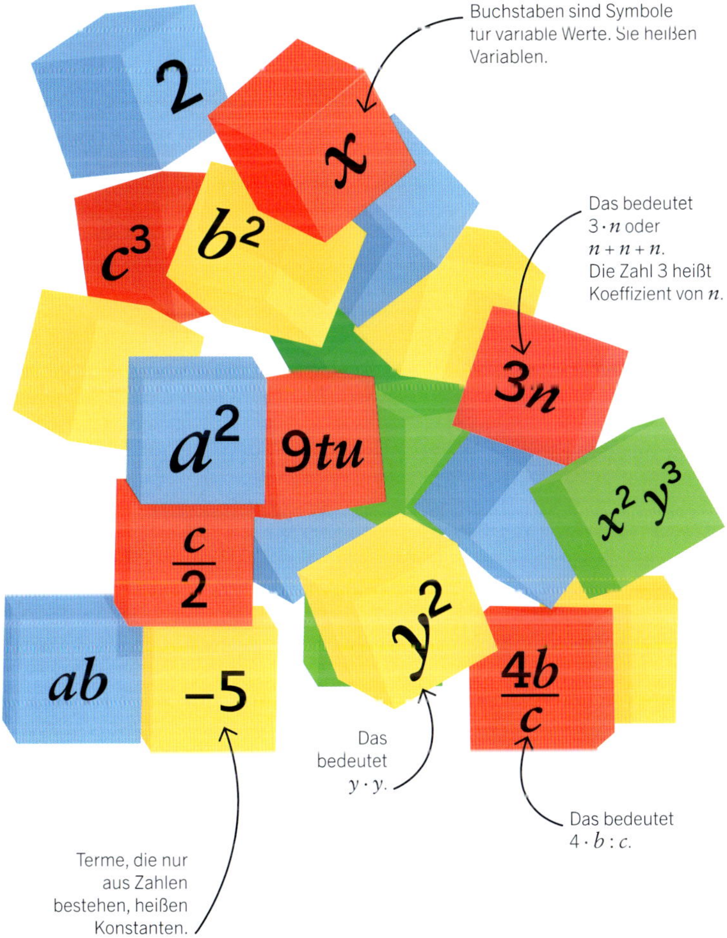

Schreibweisen für Terme

Mathematiker haben Schreibweisen für Terme und Gleichungen festgelegt, damit jeder einen aufgeschriebenen Term verstehen kann. Es gelten dieselben Rechenregeln wie für Zahlen.

Term	Bedeutung
x	Als Variablen verwendet man Kleinbuchstaben, oft aus dem hinteren Teil des Alphabets.
$-b$	Ein Term kann positiv oder negativ sein. Steht kein + oder – davor, ist er positiv.
ab	Der Multiplikationspunkt wird meist nicht geschrieben: „a mal b“ schreibt man als „ab“. Buchstaben stehen in alphabetischer Reihenfolge.
$3b$	Wird eine Zahl mit einem Buchstaben multipliziert, so steht die Zahl vorne.
$\frac{a}{2}$	Dividiert man einen Wert durch einen anderen, so schreibt man dies meist als Bruch.
y^2	Wie Zahlen können auch Terme quadriert werden.

Ausdrücke

Algebraische Ausdrücke stellen die Beziehungen zwischen verschiedenen Werten dar. Sie bestehen aus Zahlen, Termen und Symbolen. Damit kompliziertere Ausdrücke besser lesbar sind, fasst man „ähnliche" Terme immer zusammen.

Auf einen Blick

- ✓ **Algebraische Ausdrücke bestehen aus Termen.**
- ✓ **Ein Ausdruck wird vereinfacht, indem man ähnliche Terme zusammenfasst.**
- ✓ **Ähnliche Terme beinhalten exakt dieselben Variablen.**

Ausdrücke aus Termen zusammensetzen
Ausdrücke bestehen aus mindestens zwei Termen, die durch einen Operator wie + oder – verknüpft sind. Ausdrücke beinhalten kein Gleichheitszeichen und können im Gegensatz zu einer Gleichung nicht gelöst werden (s. S. 130).

Dieser Ausdruck besteht aus fünf einzelnen Termen.

Die Terme werden durch die „Operatoren" + oder – getrennt.

Verschiedene Ausdrücke
Ein Ausdruck kann aus allen möglichen Arten von Termen zusammengesetzt werden: Buchstaben, Zahlen oder Kombinationen aus beidem.

$3n + 2x$

Beide Terme dieses Ausdrucks beinhalten Buchstaben.

$4 + 3 - 1$

Dieser Ausdruck besteht nur aus Zahlen und Rechenzeichen.

$7ab - y + 12$

In diesem Ausdruck kommen Kombinationen aus Zahlen und Buchstaben vor.

Ähnliche Terme zusammenfassen
Terme sind „ähnlich", wenn sie exakt dieselben oder keine Buchstaben enthalten. Ähnliche Terme kann man zusammenfassen.

$$3x + 7 - x + 2ab - 2 + y - 5ab$$

$$2x + 5 - 3ab + y$$

Das Zeichen wird immer mitgelesen. Dieser Term lautet $-5ab$.

Fasse alle Terme mit x zusammen: $3x - x$ ergibt $2x$.

Dies ist der einzige Term mit y, also bleibt er allein und unverändert stehen.

Da $2ab$ und $-5ab$ dieselben Buchstaben beinhalten, können wir sie zusammenfassen zu $-3ab$.

Zahlen einsetzen

Die Buchstaben in einem Ausdruck können in der Regel beliebige Werte annehmen. Wenn wir den Wert eines Buchstaben erhalten, können wir ihn durch diese Zahl ersetzen und den Wert des Ausdrucks für genau diese Zahl bestimmen.

Auf einen Blick

- ✓ **Man kann Zahlen anstelle der Variablen (und Konstanten) einsetzen.**
- ✓ **Kennt man die Werte aller Variablen (und Konstanten), kann man diese einsetzen und den Wert des Terms für diese Zahlen berechnen.**

Eine Zahl für eine Variable einsetzen
Kennen wir den Wert einer Variablen in einem Term, so können wir ihn an jeder Stelle, an der die Variable im Term vorkommt, statt der Variablen einsetzen und den Wert des Ausdrucks berechnen. Meist sind für die Variablen nur bestimmte Werte erlaubt, z. B. nur reelle Zahlen oder nur rationale Zahlen.

Für x kann jeder (erlaubte) Wert eingesetzt werden.

Wissen wir, dass x gleich 8 ist, können wir 8 anstelle von x in den Term einsetzen.

$$3x = 3 \cdot 8 = 24$$

Das Ergebnis ist 24.

Zahlen einsetzen und den Wert berechnen

Aufgabe
Bestimme den Wert des Ausdrucks
$x - 3y + 5$
für
$x = 7$ und $y = 2$.

Lösung
1. Setze die bekannten (gegebenen) Zahlen für die Variablen ein.

$$x - 3y + 5$$

$$7 - 3 \cdot 2 + 5$$

2. Führe, entsprechend der Rechengesetze (s. S. 28), die Multiplikation vor der Subtraktion und der Addition aus.

$$7 - 3 \cdot 2 + 5$$
$$= 7 - 6 + 5$$
$$= 6$$

Für $x = 7$ und $y = 2$ ist der Wert des Ausdrucks gleich 6.

Exponenten

Ein Exponent (Hochzahl) gibt an, in der wievielten Potenz ein Term oder ein Ausdruck steht. Jeder algebraische Term kann einen Exponenten haben. Jede beliebige Zahl kann als Exponent dienen.

Auf einen Blick

- Der Exponent gibt an, dass ein Term ein- oder mehrfach mit sich selbst multipliziert werden soll.
- z^2, „z-quadrat“ und $z \cdot z$ bedeuten dasselbe.
- Potenzen sind das „Po“ in KlaPoDMAS (s. S. 28).

y „hoch“ 4 – Potenzieren
Ein Exponent gibt für Terme und Ausdrücke an, in der wievielten Potenz der Ausdruck steht – das ist ebenso wie bei den Zahlen (s. S. 22). Das mehrfache Multiplizeren eines Terms oder Ausdrucks mit sich selbst heißt Potenzieren.

Der Exponent gibt an, dass y in der vierten Potenz steht.

$$y^4 = y \cdot y \cdot y \cdot y$$

Klammern und Exponenten

Die Reihenfolge der Rechenoperationen ist wichtig (s. S. 28). Das Innere von Klammern wird zuerst berechnet, danach erst wird potenziert.

Zuerst quadrieren wir b, dann multiplizieren wir mit a.

$$ab^2 = a \cdot b \cdot b$$

$$(ab)^2 = a \cdot b \cdot a \cdot b$$

Die Klammern bedeuten, dass wir a mal b mit a mal b multiplizieren müssen.

Quadratische Terme

Ein Term, dessen höchste Potenz 2 ist, heißt quadratischer Term (s. S. 100). Ein quadratischer Ausdruck enthält meist eine Variable, z. B. x, die quadriert wird, eine Zahl, die mit dieser Variablen multipliziert wird und eine Konstante (Zahl, die nicht mit der Variablen multipliziert wird).

a kann jede beliebige Zahl sein, auch 1.

b steht für eine Zahl, die mit x multipliziert wird.

$$ax^2 + bx + c$$

Der quadratische Term gehört nach vorn.

c steht für eine Konstante und wird zuletzt genannt.

Klammern auflösen

In algebraischen Ausdrücken können Variablen auch in Klammern stehen. Ausmultiplizieren bedeutet, dass jeder Wert in der Klammer mit dem Faktor außerhalb der Klammer multipliziert wird. Dann können die Klammern weggelassen werden. Das ist zum Beispiel sinnvoll, wenn man ähnliche Terme zusammenfassen will.

Auf einen Blick

- ✓ Manchmal ist es sinnvoll, Klammern aufzulösen, um einen Rechenausdruck zu vereinfachen.
- ✓ Um eine Klammer aufzulösen, muss man jeden Term in der Klammer mit dem Faktor multiplizieren.

So löst man Klammern auf
Klammern werden aufgelöst, indem man jeden Wert und jede Variable in der Klammer mit dem Faktor außerhalb multipliziert.

$$2(x + y) = 2x + 2y$$

Die Klammer wurde aufgelöst.

Anschauliche Darstellung
Wenn wir die Ausdrücke als Seiten eines Rechtecks darstellen, erkennst du, wie das Auflösen von Klammern funktioniert.

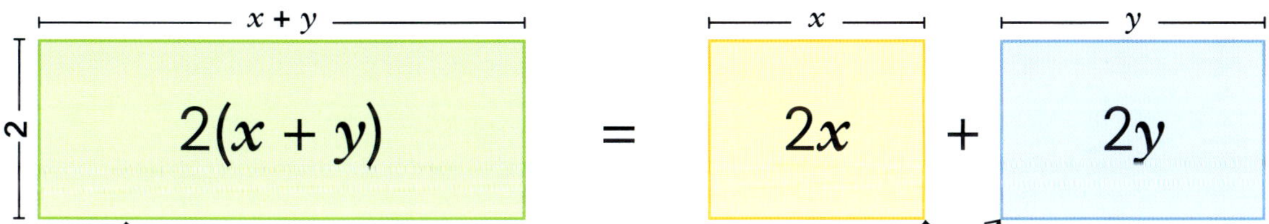

Der Term $2(x + y)$ kann für die Seitenlängen eines Rechtecks mit der Breite 2 und der Länge $(x + y)$ stehen.

Hier ist das gleiche Rechteck, aber in zwei Rechtecke zerlegt. Du siehst, dass $2(x + y)$ gleich $2x + 2y$ ist.

Multiplikation mit negativen Termen

Es gelten dieselben Regeln wie für das Rechnen mit negativen Zahlen (s. S. 14): Multipliziert man einen negativen Term mit einem positiven, so ist das Ergebnis ein negativer Term. Multipliziert man zwei negative Terme miteinander, so entsteht ein positiver Term.

Beispiel 1

$$-a(b + 2) = -ab - 2a$$

Negativer Term mal positiver Term: Das ergibt einen negativen Term.

Beispiel 2

$$-a(b - 2) = -ab + 2a$$

Zwei negative Terme werden multipliziert: Das ergibt einen positiven Term.

Beispiel 3

$$a - (b + 2) = a - b - 2$$

Dies bedeutet dasselbe wie $a - 1(b + 2)$, also wird $(b + 2)$ mit -1 multipliziert.

Quadratische Ausdrücke ausmultiplizieren

Manchmal müssen mehrere Klammern ausmultipliziert werden. Wenn dieselbe Variable in zwei Klammern vorkommt, die miteinander multipliziert werden müssen, ergibt sich oft ein quadratischer Term wie x^2. Ein Ausdruck, in dem die Variable in der höchsten Potenz 2 vorkommt, heißt quadratischer Ausdruck.

Klammern ausmultiplizieren
Wenn zwei Klammern ausmultipliziert werden sollen, wird jeder Term der ersten Klammer mit jedem Term der zweiten Klammer multipliziert.

Auf einen Blick

- ✓ Um zwei Klammern auszumultiplizieren, muss jeder Term der ersten Klammer mit jedem Term der zweiten Klammer multipliziert werden.
- ✓ Kommt dieselbe Variable in beiden Klammern vor, so entsteht ein quadratischer Term wie x^2.
- ✓ In einem quadratischen Ausdruck kommt die Variable in der höchsten Potenz 2 vor.

$$(x + 2)(x + 1) = x^2 + x + 2x + 2$$
$$= x^2 + 3x + 2$$

Ein quadratischer Ausdruck in Standardform.

Anschauliche Darstellung
Das Ausmultiplizieren kann man sich gut erklären, wenn man sich die beiden Klammerterme als Seitenlängen eines Rechtecks vorstellt.

Wir können das Rechteck nun so in vier Teile zerlegen, dass du sehen kannst, wie die Klammern ausmultipliziert werden.

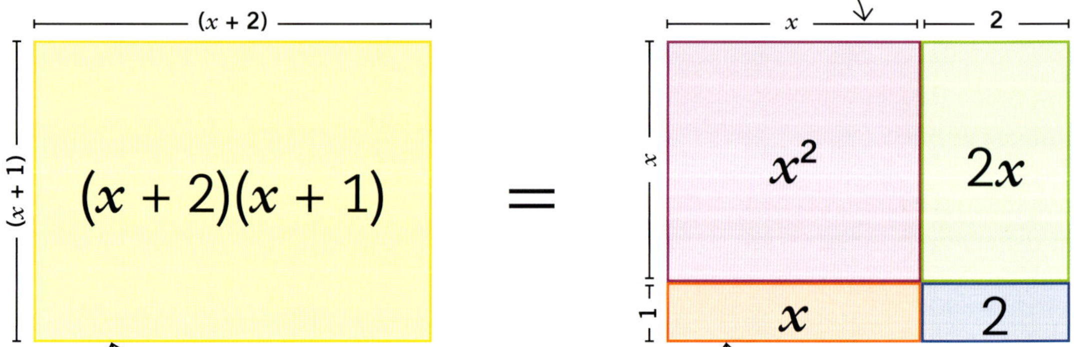

Stell dir den Ausdruck $(x + 2)(x + 1)$ als Rechteck mit den Seitenlängen $x + 2$ und $x + 1$ vor.

Mithilfe der kleineren Rechtecke erkennt man, dass $(x + 2)(x + 1)$ gleich $x^2 + x + 2x + 2$ ist.

Ausklammern

Manchmal ist es sinnvoll, Klammern aufzulösen, manchmal kann es aber auch besser sein, Klammern zu bilden, je nachdem, was das Ziel ist. Beim Ausklammern dividiert man jeden Term durch denselben gemeinsamen Faktor und setzt diesen dann vor die Klammer. Statt „ausklammern“ sagt man auch „faktorisieren“.

Auf einen Blick

- ✓ Ausklammern ist das Gegenteil von Ausmultiplizieren.
- ✓ Ausklammern bedeutet, einen gemeinsamen Faktor der Terme vor eine Klammer zu setzen.
- ✓ Man kann die Probe machen, indem man die Klammern wieder ausmultipliziert.

Einfache Ausdrücke faktorisieren

Haben die Terme in einem linearen Ausdruck (einem Ausdruck, in dem jede Variable in der höchsten Potenz 1 vorkommt) einen gemeinsamen Faktor, kann man beide Terme durch den Faktor dividieren und ihn vor eine neu gebildete Klammer setzen.

Beispiel 1:

$$2x + 2y \xrightarrow{\text{Ausklammern}} 2(x + y)$$

$$2(x + y) \xrightarrow{\text{Ausmultiplizieren}} 2x + 2y$$

Nach dem Ausklammern steht der Faktor 2 vor der Klammer.

Diese Terme haben den gemeinsamen Faktor 2.

Das Ergebnis der Division von $2x + 2y$ durch 2 ist gleich $x + y$, daher steht dieser Term in der Klammer.

Beispiel 2:

$$-6 - 8a \xrightarrow{\text{Ausklammern}} -2(3 + 4a)$$

$$-2(3 + 4a) \xrightarrow{\text{Ausmultiplizieren}} -6 - 8a$$

Der gemeinsame Faktor der Terme ist hier –2.

Wenn du wissen willst, ob du richtig ausgeklammert hast, kannst du ganz einfach wieder ausmultiplizieren.

Äquivalente Ausdrücke

Viele Ausdrücke kann man auf verschiedene Weise faktorisieren. Ausdrücke, die bei jeder Belegung der Variablen denselben Wert haben, heißen äquivalent (gleichwertig). Äquivalente Ausdrücke können unterschiedlich aussehen.

$$3ab + 6b \rightarrow 3(ab + 2b)$$
oder
$$3ab + 6b \rightarrow b(3a + 6)$$
oder
$$3ab + 6b \rightarrow 3b(a + 2)$$

Alle drei Ausdrücke sind äquivalent.

Wenn alle gemeinsamen Faktoren ausgeklammert sind, sagt man, der Ausdruck wurde „vollständig ausgeklammert“ oder „vollständig faktorisiert“.

Quadratische Ausdrücke faktorisieren

Beim Lösen quadratischer Gleichungen hilft es, zu wissen, wie man quadratische Ausdrücke faktorisiert. Oft ergibt sich das Produkt zweier Klammern, die die Lösung auf einen Blick verraten (s. S. 137).

Auf einen Blick

- ✓ **Das Faktorisieren quadratischer Ausdrücke ist das Gegenteil des Ausmultiplizierens.**
- ✓ **Beim Faktorisieren eines quadratischen Ausdrucks erhält man oft zwei lineare Ausdrücke in Klammern.**

Faktorisieren mithilfe von Rechtecken

Das Faktorisieren quadratischer Ausdrücke ist das Gegenteil des Ausmultiplizierens (s. S. 100). Man sagt auch oft „Ausklammern“. Anhand eines Rechtecks kann man sich das gut vorstellen.

1. Wir stellen uns zunächst jeden Term des Ausdrucks $x^2 + 3x + 2$ als Rechteckfläche vor.

2. Der Term x^2 kann als Quadrat mit der Seitenlänge x dargestellt werden. Der Term $3x$ lässt sich in 3 Rechtecke zerlegen und der Term 2 in zwei Quadrate mit der Seitenlänge 1.

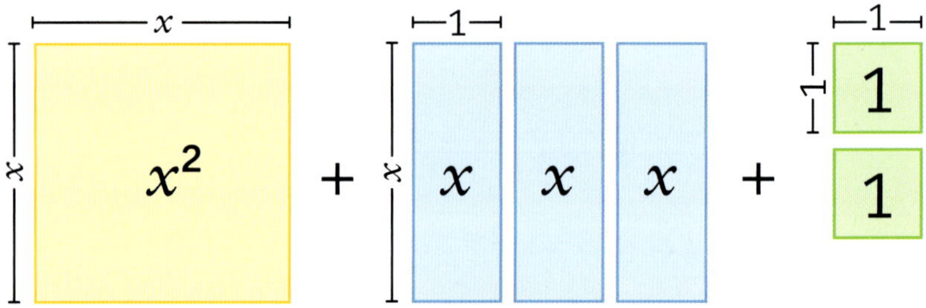

3. Diese Formen können wir zu einem Rechteck neu anordnen.

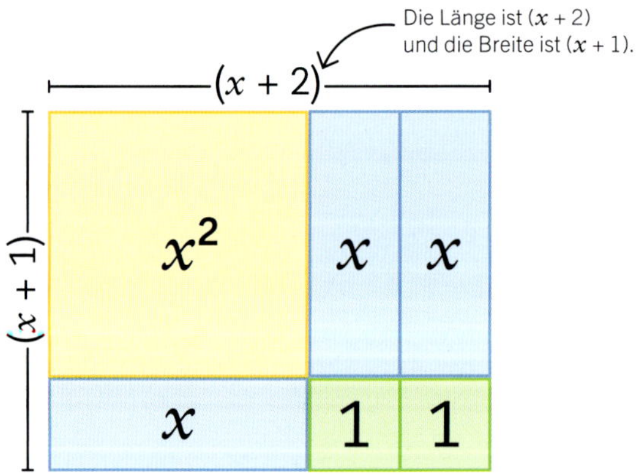

4. Länge und Breite des Rechtecks entsprechen den Klammertermen. Der faktorisierte quadratische Ausdruck lautet $(x + 1)(x + 2)$.

$$(x + 1)(x + 2)$$

Der Flächeninhalt eines Rechtecks ist das Produkt seiner Seitenlängen. Multipliziert man diesen Ausdruck aus, so erhält man wieder den ursprünglichen Ausdruck.

Probe durchführen
Wenn du prüfen willst, ob du richtig gerechnet hast, multipliziere die Klammern aus. Ausmultiplizieren ist das Gegenteil von Faktorisieren (Ausklammern).

$$(x + 1)(x + 2) = x^2 + 2x + 1x + 2$$
$$= x^2 + 3x + 2$$

So lautete der quadratische Ausdruck. Also war die Faktorisierung korrekt.

Faktorisieren ohne Rechtecke
Quadratische Ausdrücke werden üblicherweise in der Form $ax^2 + bx + c$ geschrieben. Um einen einfachen Ausdruck, in dem der Wert von a gleich 1 ist, zu faktorisieren, muss man lediglich zwei Zahlen finden, deren Summe gleich b und deren Produkt gleich c ist. Diese beiden Zahlen müssen in die Klammern geschrieben werden.

1. Um diesen Ausdruck zu faktorisieren, müssen wir zwei Zahlen finden, deren Summe 3 und deren Produkt −10 ist.

$$x^2 + 3x - 10$$

In diesem Ausdruck ist die Konstante c gleich −10.

Das ist dasselbe wie $1x^2$, also ist hier a, der Koeffizient von x^2, gleich 1.

Der Wert von b, dem Koeffizienten von x, ist 3.

2. Eine der gesuchten Zahlen muss negativ sein, die andere positiv, denn wir brauchen ein negatives c und ein positives b.

Zahlen, deren Produkt −10 ergibt	Summe
1; 10	9 ✗
−5; 2	−3 ✗
−2; 5	3 ✓

Das Produkt der Zahlen −2 und 5 ergibt −10 und ihre Summe ergibt 3, also sind dies die gesuchten Zahlen.

3. Wir fügen diese beiden Zahlen in die Klammern mit den „x-Termen“ ein und erhalten $(x - 2)(x + 5)$.

$$(x - 2)(x + 5)$$

Dies ist der faktorisierte Ausdruck.

4. Wir machen die Probe, indem wir die beiden Klammern ausmultiplizieren und das Ergebnis mit dem ursprünglichen Ausdruck vergleichen.

$$= x^2 + 5x - 2x - 10$$
$$= x^2 + 3x - 10$$

Multipliziere die Klammern aus und prüfe deine Lösung.

Komplexere quadratische Ausdrücke faktorisieren

Häufig sind quadratische Ausdrücke in der Form $ax^2 + bx + c$ gegeben, wobei a von 1 verschieden ist. Nicht alle diese Ausdrücke lassen sich so einfach faktorisieren, aber mit ein paar cleveren Versuchen wirst du oft eine mögliche Lösung finden.

Auf einen Blick

- ✓ **Um einen quadratischen Ausdruck zu faktorisieren, bei dem $a \neq 1$ gilt, bestimmt man zuerst die x-Terme und probiert dann verschiedene (Zahlen-)Paare für die anderen Terme aus.**
- ✓ **Die Lösung prüft man durch Ausmultiplizieren der Klammern.**

Faktorisieren von Ausdrücken mit a ungleich 1
Will man einen quadratischen Term faktorisieren, in dem a nicht gleich 1 ist, muss man zunächst zwei Terme finden, deren Produkt ax^2 ergibt. Diese setzt man in die beiden Klammern. Dann probiert man verschiedene Faktorpaare aus, bis man eine Zerlegung erhält, die zum ursprünglichen Ausdruck passt.

1. In diesem quadratischen Ausdruck ist a gleich 3.

a gleich 3. b gleich 11.

$$3x^2 + 11x + 6$$

c ist 6.

2. Um den Ausdruck zu faktorisieren, musst du zwei Terme finden, die miteinander multipliziert $3x^2$ ergeben. Da 3 eine Primzahl ist, gibt es nur die Faktoren $3x$ und x.

$$(3x + ?)(x + ?)$$

3. Um die anderen Zahlen für die Faktorisierung zu finden, suchen wir die Zahlen, deren Produkt c ergibt. In unserem Beispiel ist c gleich 6, also notieren wir die Faktorpaare von 6.

Faktorpaare von 6	
1	6
2	3
–1	–6
–2	–3

Da a und b positiv sind, sind auch die gesuchten Zahlen positiv. Daher können wir die negativen Zahlenpaare weglassen.

4. Um nun das richtige Faktorpaar herauszufinden, setzen wir jedes Faktorpaar in die Klammern und multiplizieren aus. So prüfen wir, ob der richtige quadratische Ausdruck entsteht.

Faktorpaare	Ausmultipliziert	
$(3x + 1)(x + 6)$	$3x^2 + 19x + 6$	✗
$(3x + 6)(x + 1)$	$3x^2 + 9x + 6$	✗
$(3x + 3)(x + 2)$	$3x^2 + 9x + 6$	✗
$(3x + 2)(x + 3)$	$3x^2 + 11x + 6$	✓

Da dies die Original-Gleichung ergibt, handelt es sich um die richtige Faktorisierung.

5. Die richtige Faktorisierung lautet $(3x + 2)(x + 3)$.

$$3x^2 + 11x + 6 = (3x + 2)(x + 3)$$

Differenz von Quadraten (3. binomische Formel)

Ein Ausdruck, in dem das x nur im Quadrat (also nur als x^2) vorkommt und der sonst nur noch Zahlen enthält, ist ein rein quadratischer Ausdruck. In einigen besonderen Fällen kann man einen solchen Ausdruck durch zwei Quadrate darstellen, von denen das eine aus dem anderen herausgeschnitten wird.

Rein quadratischer Ausdruck als Differenz zweier Quadrate
Ein quadratischer Ausdruck, der die Differenz zwischen zwei Quadraten darstellt (Beispiel: $x^2 - 16$ oder allgemein $p^2 - q^2$), lässt sich immer mit der folgenden Formel (3. binomische Formel) faktorisieren:
$p^2 - q^2 = (p + q)(p - q)$.

Auf einen Blick

- ✓ Die Faktorisierung einiger quadratischer Gleichungen kann man sich als Differenz zweier Quadrate vorstellen.
- ✓ Die Differenz zweier Quadrate entspricht einem quadratischen Ausdruck der Form:
  $$p^2 - q^2$$
- ✓ Die Faktorisierung hat immer die Form:
  $$(p + q)(p - q)$$
  (3. binomische Formel)

1. Der Ausdruck $9x^2 - 4$ enthält zwei Quadratzahlen. Daher können wir ihn faktorisieren, indem wir uns zwei Quadrate vorstellen, die wir voneinander abziehen.

$$9x^2 - 4$$

Dies ist ein quadratischer Ausdruck in der Form $p^2 - q^2$.

2. Wir veranschaulichen den Ausdruck so: Da 9 gleich $3 \cdot 3$ ist, können wir uns $9x^2$ als Quadrat mit der Seitenlänge $3x$ vorstellen. Da 4 gleich $2 \cdot 2$ ist, stellen wir uns 4 als Quadrat mit der Seitenlänge 2 vor. Da wir insgesamt $9x^2 - 4$ faktorisieren wollen, stellen wir uns vor, dass das kleinere Quadrat aus dem größeren herausgeschnitten wird.

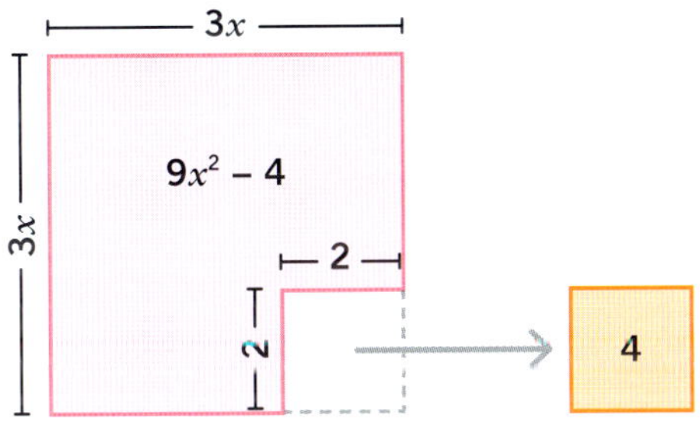

3. Diese Form kann nun geteilt und als Rechteck angeordnet werden. Die Seitenlängen des neuen Rechtecks sind gleichzeitig die Faktoren des Ausdrucks $9x^2 - 4$.

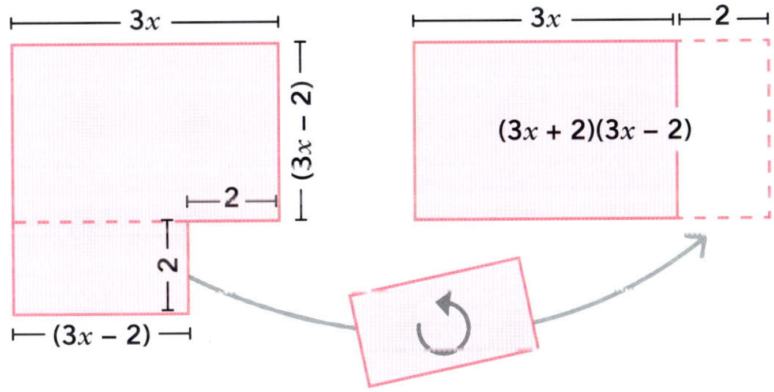

4. Das Rechteck hat die Seitenlängen $(3x + 2)$ und $(3x - 2)$, also lautet der faktorisierte Ausdruck $(3x + 2)(3x - 2)$.

Der faktorisierte Ausdruck hat die Form $(p + q)(p - q)$.

$$9x^2 - 4 = (3x + 2)(3x - 2)$$

Bruchterme – Variablen im Nenner

In einigen algebraischen Ausdrücken kommen Variablen im Nenner vor. Für diese Brüche gelten dieselben Regeln wie für normale Brüche. Meist müssen die Brüche noch gekürzt werden, damit man besser mit ihnen rechnen kann.

Auf einen Blick

- ✓ Bruchterme können genauso gekürzt werden wie normale Brüche.
- ✓ Gemeinsame Faktoren/Teiler müssen herausgekürzt werden.
- ✓ Um einen Bruchterm zu kürzen, muss man Zähler und Nenner meist faktorisieren.

Bruchterme kürzen
Haben Zähler und Nenner einen gemeinsamen Teiler, so kann dieser – wie bei normalen Zahlen – herausgekürzt werden.

Ein gemeinsamer Faktor/Teiler in Zähler und Nenner kann „gekürzt" werden.

$$\frac{6x^4y}{4x^2} = \frac{\cancel{2} \cdot 3 \cdot \cancel{x} \cdot \cancel{x} \cdot x \cdot x \cdot y}{\cancel{2} \cdot 2 \cdot \cancel{x} \cdot \cancel{x}} = \frac{3x^2y}{2}$$

Der gemeinsame Faktor/Teiler ist hier $2x^2$.

Im vollständig gekürzten (vereinfachten) Bruch kommen keine gemeinsamen Teiler mehr vor.

Erst faktorisieren, dann kürzen

Manchmal muss man die Ausdrücke in Zähler und Nenner zuerst faktorisieren, damit man die gemeinsamen Faktoren/Teiler finden und dann kürzen kann.

1. Im Zähler und im Nenner kommen + und – vor und ein gemeinsamer Faktor ist auf den ersten Blick nicht zu erkennen.

$$\frac{x^2 + 4x - 12}{x^2 - 4}$$

Differenz zweier Quadrate (3. binomische Formel)

Quadratischer Ausdruck

2. Wir faktorisieren Zähler und Nenner (s. S. 102–103 und 105).

$$\frac{(x - 2)(x + 6)}{(x - 2)(x + 2)}$$

Jetzt erkennen wir den gemeinsamen Teiler $(x - 2)$.

3. Der gemeinsame Teiler $(x - 2)$ wird aus Zähler und Nenner gestrichen. Der vollständig gekürzte Bruch liegt nun vor.

$$\frac{x + 6}{x + 2}$$

Es gibt keine weiteren gemeinsamen Teiler, in Zähler und Nenner stehen nur noch Summen.

Bruchterme addieren und subtrahieren

Bruchterme lassen sich addieren und subtrahieren, aber manchmal müssen sie vorher noch umgeformt werden. Für Bruchterme gelten dieselben Regeln wie für reine Zahlenbrüche (s. S. 49).

Auf einen Blick

- ✓ Für Bruchterme gelten dieselben Regeln wie für Brüche mit Zahlen.
- ✓ Um Bruchterme zu addieren oder zu subtrahieren, müssen sie zunächst auf einen gemeinsamen Nenner gebracht werden.
- ✓ Um zwei Brüche auf denselben Nenner zu bringen, kann man z. B. jeden der beiden Bruchterme mit dem jeweils anderen Nenner erweitern.

Bruchterme mit verschiedenen Nennern
Brüche, die denselben Nenner haben, können ganz einfach addiert oder subtrahiert werden, indem man die Zähler addiert bzw. den einen Zähler vom anderen subtrahiert. Haben die Brüche unterschiedliche Nenner, so müssen wir zuerst einen gemeinsamen Nenner finden.

Methode 1
Die Brüche haben keinen gemeinsamen Nenner, also müssen wir mindestens einen der beiden Nenner ändern, um diese Brüche zu addieren.

1. Da x ein Teiler von $3x$ ist, kann man ganz einfach einen gemeinsamen Nenner bestimmen.

$$\frac{1}{x} + \frac{2}{3x}$$

2. Erweitere (multipliziere) Zähler und Nenner des ersten Bruchs mit 3.

$$= \frac{3 \cdot 1}{3 \cdot x} + \frac{2}{3x}$$

3. Jetzt haben die Brüche denselben Nenner und du kannst sie ganz einfach addieren.

$$= \frac{3}{3x} + \frac{2}{3x}$$

4. Addiere beide Zähler und behalte den Nenner bei.

$$= \frac{3 + 2}{3x}$$

5. Das Ergebnis ist die Summe der beiden Bruchterme.

$$= \frac{5}{3x}$$

Methode 2
Hat man nicht sofort eine Idee für einen gemeinsamen Nenner, kann man ganz einfach jeden Bruch mit dem Nenner des anderen Bruchs erweitern. Diese Methode kann man immer anwenden.

1. Die Subtraktion funktioniert ähnlich wie die Addition. In diesem Beispiel gibt es keinen offensichtlichen gemeinsamen Nenner.

$$\frac{3}{x + 2} - \frac{2}{x}$$

2. Multipliziere den Zähler und den Nenner jedes der beiden Brüche mit dem Nenner des jeweils anderen Bruchs. So erhalten beide Brüche denselben Nenner.

$$= \frac{3x}{x(x + 2)} - \frac{2(x + 2)}{x(x + 2)}$$

3. Da die Nenner nun gleich sind, kannst du den einen Bruch vom anderen subtrahieren, indem du den Zähler des zweiten Bruchs vom Zähler des ersten Bruchs subtrahierst.

$$= \frac{3x - 2(x + 2)}{x(x + 2)}$$

4. Dann multiplizierst du die Ausdrücke im Zähler aus und fasst ähnliche Terme zusammen.

$$= \frac{3x - 2x - 4}{x(x + 2)}$$

5. Das Ergebnis ist die Differenz der beiden ursprünglichen Brüche.

$$= \frac{x - 4}{x(x + 2)}$$

Bruchterme multiplizieren und dividieren

Bruchterme mit Variablen lassen sich ebenso miteinander multiplizieren oder durcheinander dividieren wie reine Zahlenbrüche.

Auf einen Blick

- Um zwei Bruchterme zu multiplizieren, rechnet man Zähler mal Zähler und Nenner mal Nenner.
- Um einen Bruch durch einen anderen zu dividieren, muss man den Kehrwert des zweiten Bruchs mit dem ersten Bruch multiplizieren.

Multiplikation

Die Multiplikation von Bruchtermen mit Variablen funktioniert genauso wie die Multiplikation von reinen Zahlenbrüchen (s. S. 51).

1. Wenn wir diese beiden Brüche multiplizieren, gehen wir vor wie bei gewöhnlichen Brüchen mit Zahlen.

$$\frac{2a}{3} \cdot \frac{a}{3b}$$

2. Multipliziere die Zähler miteinander und multipliziere die Nenner miteinander.

$$= \frac{2a \cdot a}{3 \cdot 3b}$$

3. Dies ist das Ergebnis der Multiplikation.

$$= \frac{2a^2}{9b}$$

Division

Um einen Bruchterm durch einen anderen zu dividieren, bildet man den Kehrwert (man vertauscht Zähler und Nenner, s. S. 52–53) des Divisors und multipliziert ihn mit dem Dividenden.

1. Diese beiden Brüche werden genauso dividiert wie Brüche, die nur aus Zahlen bestehen.

$$\frac{2a}{3} : \frac{a}{3b}$$

2. Bilde den Kehrwert des zweiten Bruchs und multipliziere ihn mit dem ersten.

$$= \frac{2a}{3} \cdot \frac{3b}{a}$$

3. Multipliziere die Zähler miteinander und ebenso die Nenner.

$$= \frac{2a \cdot 3b}{3 \cdot a}$$

4. Da Zähler und Nenner dieses Bruchs den gemeinsamen Teiler $3a$ haben, kürzen wir den Bruch durch $3a$.

$$= \frac{6ab}{3a}$$

5. Jede Zahl dividiert durch 1 ergibt wieder die Zahl selbst, also ist das Ergebnis $2b$.

$$= \frac{2b}{1} = 2b$$

Zuerst zerlegen (faktorisieren)

Bei komplexeren Ausdrücken ist es oft sinnvoll, zuerst so weit wie möglich zu faktorisieren und zu kürzen, bevor man dividiert oder multipliziert. Das Faktorisieren von Zähler und Nenner funktioniert wie bei allen anderen algebraischen Ausdrücken (s. S. 101–104).

$$\frac{x^2 + 2x - 8}{3x + 12} = \frac{(x + 4)(x - 2)}{3(x + 4)} = \frac{(x - 2)}{3}$$

Formeln

Eine Formel gibt den bekannten mathematischen Zusammenhang zweier oder mehrerer Werte an. Kennt man alle anderen Werte, kann man eine unbekannte Größe mithilfe der Formel ganz einfach bestimmen. Formeln gibt es für alle möglichen Berechnungen wie Längen in geometrischen Figuren oder Geschwindigkeiten von Objekten.

Auf einen Blick

- ✓ **Formeln beschreiben den allgemeinen Zusammenhang zwischen zwei oder mehr Größen.**
- ✓ **Mithilfe einer Formel kann man einen Wert berechnen, wenn man alle anderen Werte kennt.**
- ✓ **Man setzt alle bekannten Werte in die Formel ein und berechnet den gesuchten Wert.**

Kreisumfang eines Riesenrads
Mithilfe der allgemeinen Formel für den Kreisumfang (s. S. 76) kann man den Umfang eines Kreises berechnen, wenn man seinen Radius kennt.

Dies ist die Formel zur Berechnung des Kreisumfangs (U).

Wenn wir $2 \cdot \pi \cdot$ Radius ausrechnen, erhalten wir den Kreisumfang.

$$U = 2\pi r$$

Mithilfe dieser Formel kann man die Länge des Kreisumfangs berechnen. Man muss nur den Radius kennen.

Der Radius (r) des Riesenrads ist der Abstand vom Mittelpunkt zur Kreislinie.

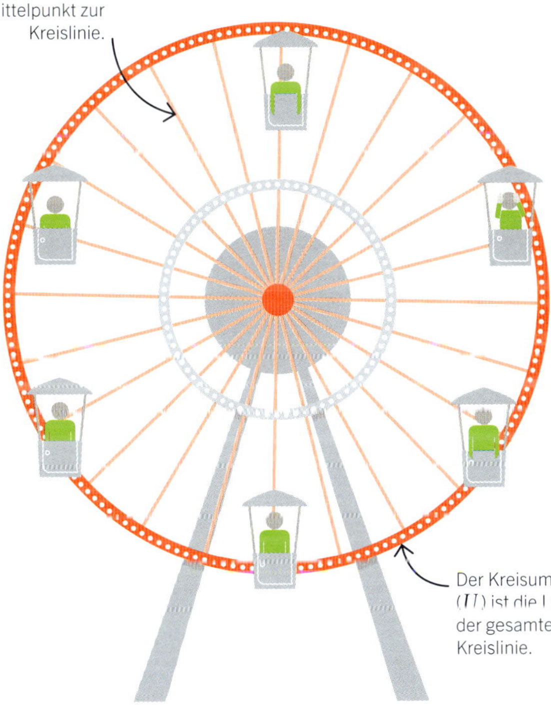

Der Kreisumfang (U) ist die Länge der gesamten Kreislinie.

Formeln anwenden

Wenn man eine Formel anwenden will, setzt man alle bekannten Werte ein und berechnet den noch unbekannten Wert.

Aufgabe
Die Formel für den Flächeninhalt (A) eines Trapezes ist:

$$A = \frac{1}{2}(a + b) \cdot h$$

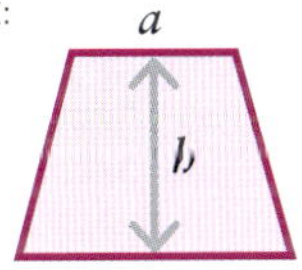

Wie groß ist sein Flächeninhalt, wenn $a = 30\,\text{cm}$, $b = 50\,\text{cm}$ und $h = 40\,\text{cm}$?

Lösung

1. Setze die Werte in die allgemeine Formel für den Flächeninhalt des Trapezes ein.

$$A = \frac{1}{2}(30\,\text{cm} + 50\,\text{cm}) \cdot 40\,\text{cm}$$

2. Rechne den Ausdruck aus und befolge dabei die richtige Rechenreihenfolge.

$$A = \frac{1}{2} \cdot 80\,\text{cm} \cdot 40\,\text{cm}$$

$$= 1600\,\text{cm}^2$$

Formeln umstellen

Eine Formel beschreibt den generellen Zusammenhang zwischen Variablen. Sind eine oder mehrere Variablen bekannt, so kann man die Formel umstellen, um die noch unbekannte Variable zu berechnen.

Auf einen Blick

- Man kann jede Formel so umstellen oder „auflösen“, dass man den Wert jeder Variablen berechnen kann, wenn die anderen Werte bekannt sind.
- Die gesuchte Größe wird mithilfe von Rechenoperationen auf einer Seite isoliert.
- Alle Rechenoperationen müssen beidseits des Gleichheitszeichens durchgeführt werden.

Eine Formel auflösen oder umstellen

Soll eine andere als die isolierte Variable berechnet werden, so muss sie zunächst isoliert werden. Dazu führt man auf beiden Seiten der Gleichung dieselben Operationen aus, bis die gewünschte Variable allein auf einer Seite des Gleichheitszeichens steht.

1. Wenn wir wissen, dass die Temperatur derzeit 86 °F beträgt, so können wir diese ganz einfach in Grad Celsius umrechnen, indem wir die Umrechnungsformel für beide Einheiten anwenden.

2. Mit dieser Formel lassen sich Temperaturangaben von Grad Celsius (C) in Grad Fahrenheit (F) umrechnen. Wollen wir umgekehrt von Fahrenheit in Celsius umrechnen, müssen wir die Formel umstellen und nach Celsius auflösen.

$$F = 1{,}8C + 32$$

3. Im ersten Schritt ziehen wir auf beiden Seiten 32 ab.

$$F - 32 = 1{,}8C + 32 - 32$$

$$F - 32 = 1{,}8C$$

Diese beiden Terme heben sich auf.

4. Da wir C isolieren wollen, müssen wir noch durch 1,8 dividieren. Also dividieren wir auf beiden Seiten des Gleichheitszeichens durch 1,8.

$$\frac{(F - 32)}{1{,}8} = \frac{1{,}8C}{1{,}8}$$

$$\frac{(F - 32)}{1{,}8} = C$$

Die Division durch 1,8 hebt die Multiplikation mit 1,8 auf.

5. Wir können die Formel so umstellen, dass C links steht, denn dann sieht man klar, dass C die gesuchte Größe ist: Wir haben nach C aufgelöst.

$$C = \frac{(F - 32)}{1{,}8}$$

6. Zum Schluss setzen wir den gemessenen Wert für F in die Formel ein und berechnen C. 86 °F entspricht 30 °C.

$$C = \frac{(86 - 32)}{1{,}8} = 30$$

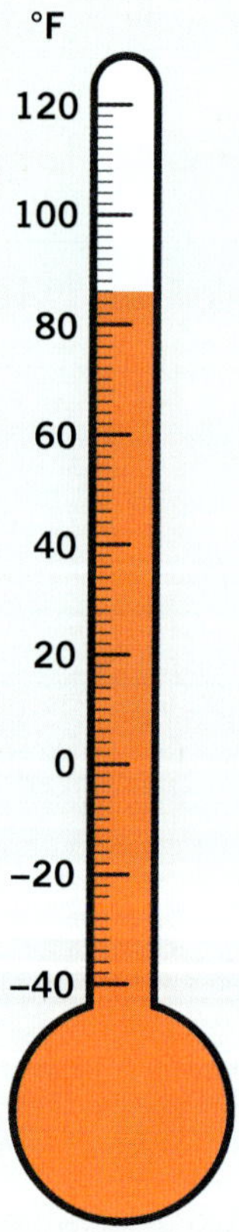

Funktionen

Eine Funktion ist ein mathematischer Ausdruck, der auf einen eingegebenen Wert (Input = Argument) entsprechend einer Vorschrift operiert und einen Funktionswert (Output) liefert. Dieser Output bzw. Funktionswert wird meist mit $f(x)$ bezeichnet.

Auf einen Blick

- ✓ Mithilfe einer Funktion berechnet man aus einem eingegebenen Wert (dem sogenannten Argument) den Funktionswert (die Ausgabe).
- ✓ Man schreibt $f(x)$, wobei f der Funktionsname ist und x die Variable (oder das Argument).
- ✓ Die Variable x steht für alle Werte, die in die Funktion eingesetzt werden dürfen.

Funktionsmaschinen
Funktionen arbeiten wie kleine Maschinen. Man gibt einen Wert ein und erhält – nachdem die Funktion die Operationen ausgeführt hat – den Funktionswert als Ausgabe wieder zurück.

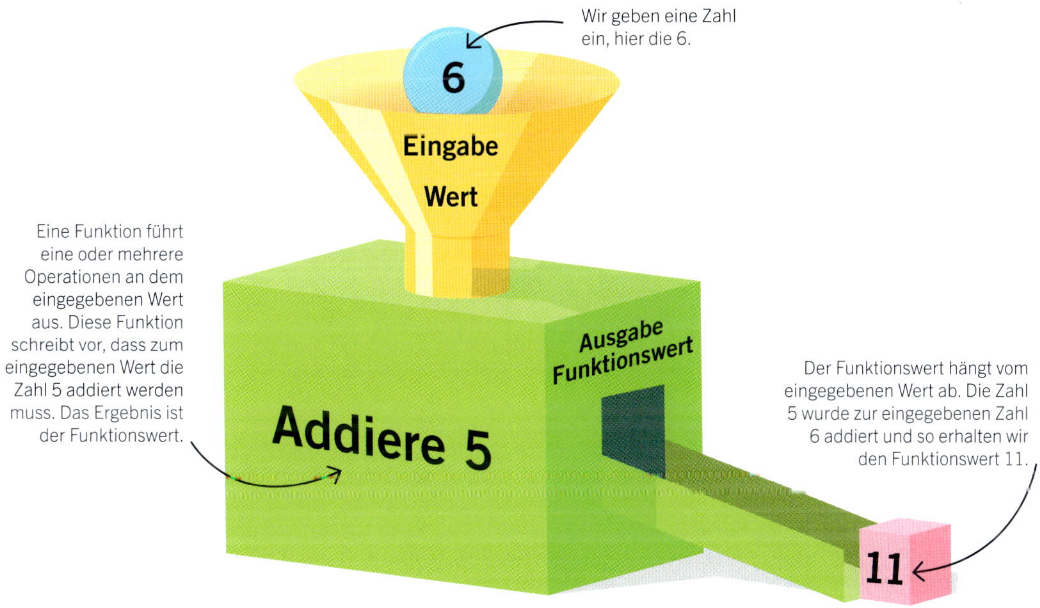

Funktionsschreibweise

Anstelle einer wörtlichen Beschreibung kann man eine algebraische Schreibweise für Funktionen verwenden. Diese ist ganz ähnlich wie die Schreibweise für andere algebraische Ausdrücke.

Dieser Ausdruck teilt mit, was die Funktion mit dem eingegebenen Wert macht.

$$f(x) = \frac{x + 2}{4}$$

f ist der Name der Funktion.

x ist der Wert, der in der Funktion verarbeitet wird.

1. Dieser Ausdruck bedeutet, dass zu jedem eingegebenen Wert 2 addiert und das Ergebnis durch 4 dividiert wird.

Die Zahl 6 ist der Eingabewert.

$$f(6) = \frac{6 + 2}{4} = 2$$

Der Funktionswert ist 2.

Der Wert 6 wird für jedes x eingesetzt.

2. Wir sehen: Ist der eingegebene Wert für x gleich 6, so wird der Funktionswert 2 berechnet.

Umkehrfunktionen

Man gibt einen Wert (das Argument) x in eine Funktion ein und erhält eine Ausgabe (den Funktionswert) $y = f(x)$. Wenn wir aber den Funktionswert einer Funktion kennen und das Argument bestimmen wollen, müssen wir umgekehrt rechnen. Dazu benötigen wir die Umkehrfunktion.

Einmal rückwärts bitte

Wendet man die Umkehrfunktion auf einen Wert an, so durchläuft er den gegenüber der ursprünglichen Funktion umgekehrten Rechenweg. Die Umkehrfunktion einer Funktion f heißt f^{-1}.

Auf einen Blick

- ✓ **Die Umkehrfunktion f^{-1} bewirkt das Gegenteil der Funktion f.**
- ✓ **Die Umkehrfunktion f^{-1} liefert wieder das Argument (den x-Wert) der ursprünglichen Funktion, wenn man seinen Funktionswert $y = f(x)$ in die Umkehrfunktion einsetzt.**
- ✓ **Um die Umkehrfunktion zu bestimmen, vertauscht man die Namen der Variablen und löst anschließend nach y auf.**

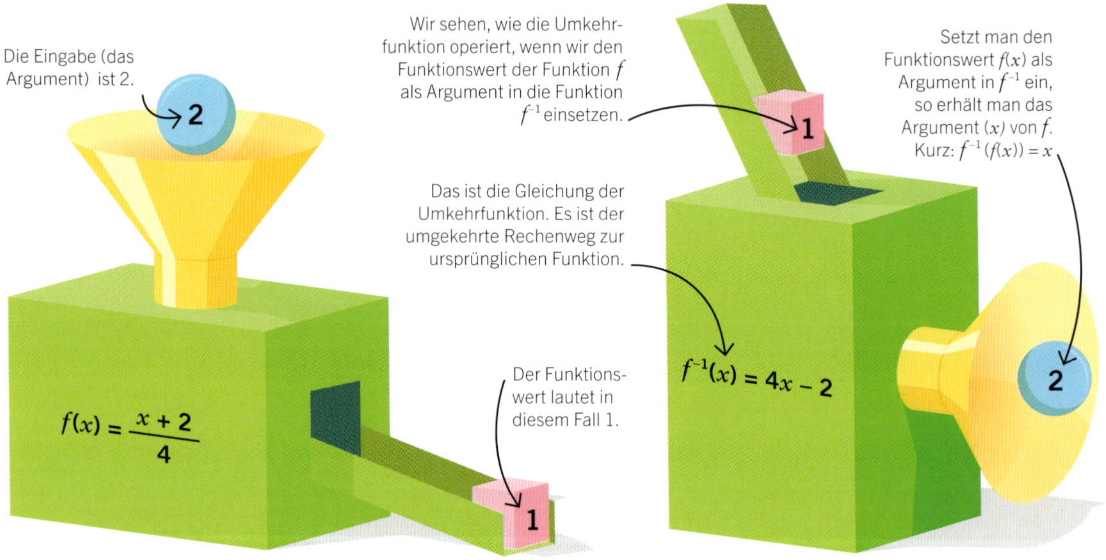

Funktion | **Umkehrfunktion (inverse Funktion)**

Die Umkehrfunktion bestimmen

Die Funktionsgleichung der Umkehrfunktion finden wir, indem wir die Variablen der Ausgangsfunktion miteinander vertauschen und anschließend nach y auflösen.

1. Dies ist die Originalfunktion f.

$$f(x) = \frac{x+2}{4}$$

2. $y = f(x)$ ist der Funktionswert von f.

$$\frac{x+2}{4} = y$$

3. Zur Bestimmung der Umkehrfunktion vertauschen wir x und y miteinander.

$$\frac{y+2}{4} = x$$

4. Wir lösen die Gleichung nach y auf (s. S. 110).

$$y + 2 = 4x$$
$$y = 4x - 2$$

5. Wir erhalten die inverse Funktion f^{-1}.

$$f^{-1}(x) = 4x - 2$$

Umkehrung der Funktion f

Zusammengesetzte Funktionen

Dient der Funktionswert einer Funktion als Argument für eine zweite Funktion, so handelt sich um eine zusammengesetzte Funktion.

Zusammengesetzte Funktion
Eine Funktion, bei der zwei Funktionen g und f hintereinander ausgeführt werden, nennt man zusammengesetzte Funktion $f(g(x))$. Zuerst wird Funktion g ausgeführt, dann Funktion f.

Auf einen Blick

- ✓ Zusammengesetzte Funktionen bestehen aus zwei oder mehr hintereinander ausgeführten Funktionen.
- ✓ Der Funktionswert der einen Funktion ist das Argument der anderen Funktion.
- ✓ In der zusammengesetzten Funktion $f(g(x))$ wird zuerst g, dann f ausgeführt.

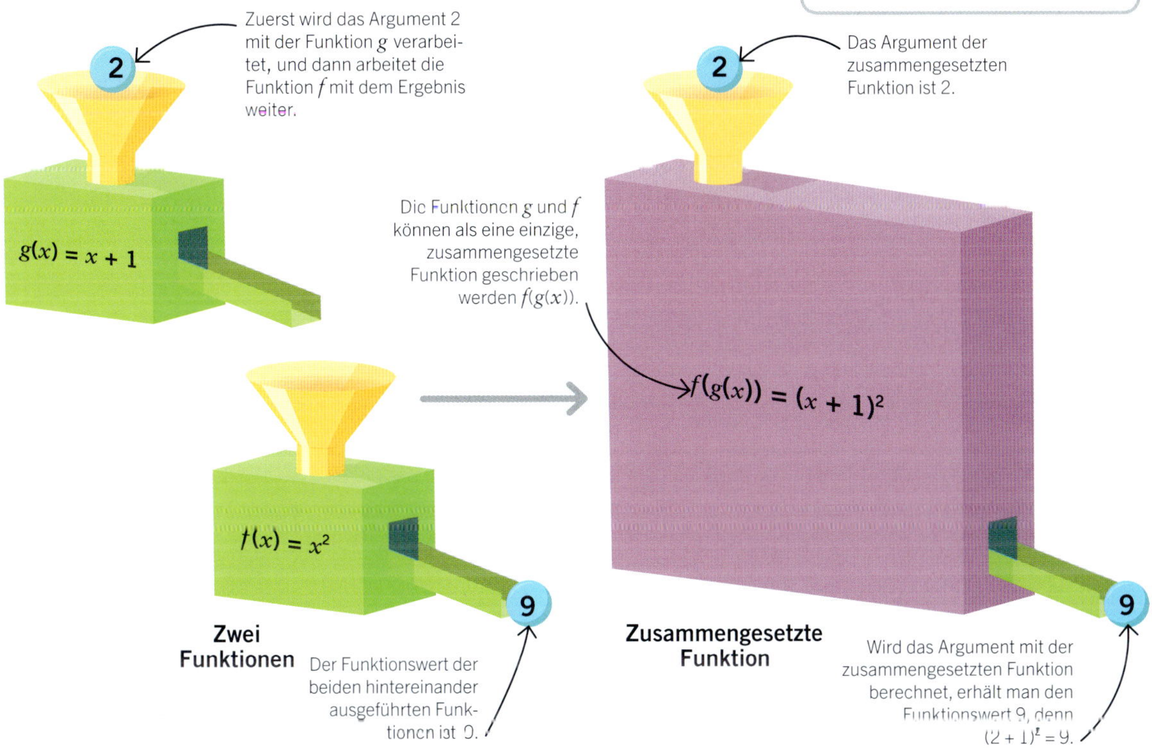

Reihenfolge der Funktionen

Anhand der Schreibweise erkennt man, welche Funktion zuerst ausgeführt werden muss. Deshalb ist die Reihenfolge der Buchstaben sehr wichtig. Wenn $f(x) = x^2$ und $g(x) = x + 1$; ist $f(g(x))$ dann gleich der Funktion $g(f(x))$?

1. Zuerst schreiben wir $f(g(x))$ auf:
$$f(g(x)) = f(x + 1) = (x + 1)^2 = x^2 + 2x + 1$$
2. Dann schreiben wir $g(f(x))$ auf:
$$g(f(x)) = g(x^2) = (x^2) + 1 = x^2 + 1$$
3. $f(g(x))$ ist also nicht gleich $g(f(x))$.

Rechnen mit Potenzen

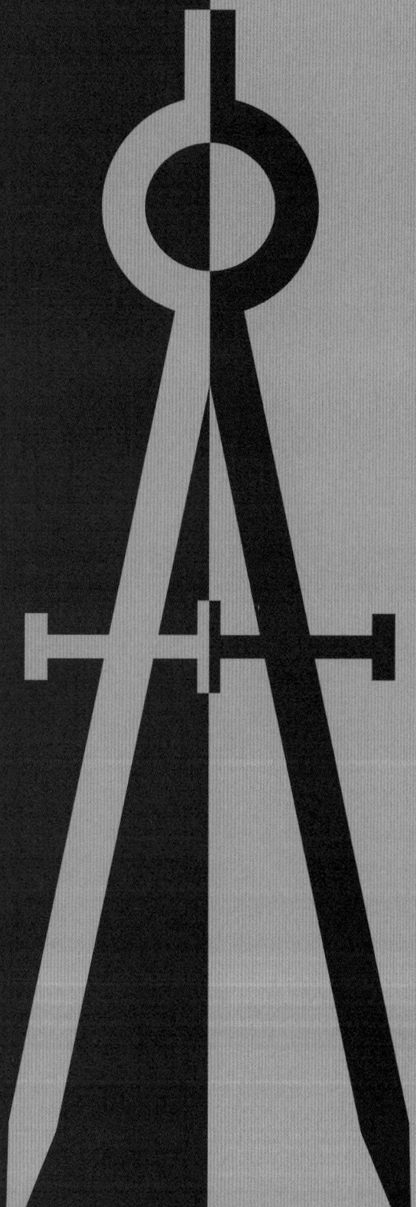

Höhere Potenzen und Überschlagsrechnung

Man sagt, dass eine Zahl potenziert (s. S. 22) wurde, wenn sie mit sich selbst multipliziert wurde. Die kleine Hochzahl nennt man auch Exponent. Bisher haben wir Quadratzahlen (Exponent 2) und Kubikzahlen (Exponent 3) kennengelernt. Aber man kann auch jede andere Zahl als Hochzahl verwenden. Ist der Exponent größer als 3, so spricht man von höheren Potenzen.

Auf einen Blick

- ✓ **Hochzahlen werden Exponenten genannt.**
- ✓ **Jede Zahl kann Exponent sein.**
- ✓ **Potenzen von Dezimalzahlen kann man mithilfe eines Zahlenstrahls überschlagen bzw. abschätzen.**

Zehnerpotenzen
Da es unendlich viele Zahlen gibt, gibt es natürlich auch unendlich viele Potenzen. Die ersten zwölf Zehnerpotenzen sind hier aufgeführt.

Zehn	10^1	**10**	10
Hundert	10^2	**100**	10 · 10
Tausend	10^3	**1000**	10 · 10 · 10
Zehntausend	10^4	**10 000**	10 · 10 · 10 · 10
Hunderttausend	10^5	**100 000**	10 · 10 · 10 · 10 · 10
Million	10^6	**1 000 000**	10 · 10 · 10 · 10 · 10 · 10
Milliarde	10^9	**1 000 000 000**	10 · 10 · 10 · 10 · 10 · 10 · 10 · 10 · 10
Billion	10^{12}	**1 000 000 000 000**	10 · 10 · 10 · 10 · 10 · 10 · 10 · 10 · 10 · 10 · 10 · 10

Der Exponent gibt die Anzahl der Nullen an.

Potenzen überschlagen
Das Potenzieren von Dezimalzahlen ist ohne Taschenrechner oft schwierig. Mithilfe einer Zahlengeraden kann man aber Potenzen ganz gut abschätzen. Im Beispiel überschlagen wir den Wert $2{,}8^2$.

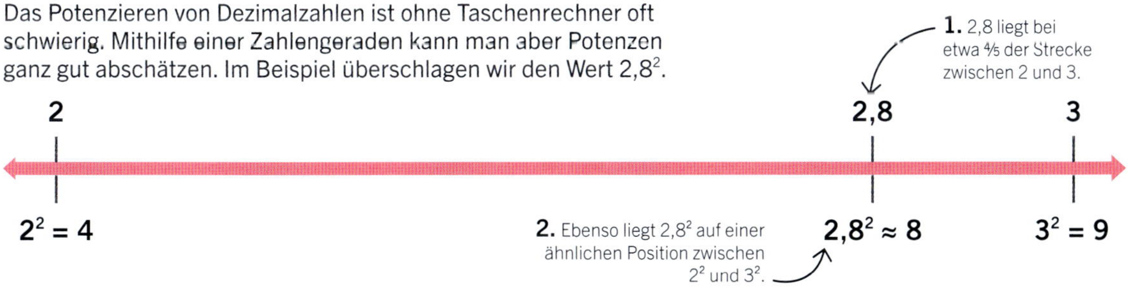

Wurzeln

Die umgekehrte Operation zum Quadrieren bzw. allgemein zum Potenzieren ist das Wurzelziehen. Das Zeichen für eine Quadratwurzel ist $\sqrt{\ }$. Bei höheren Wurzeln als 2 wird dem Zeichen eine kleine Zahl vorangestellt, ähnlich wie der Exponent beim Potenzieren.

Auf einen Blick

- ✓ **Die Quadratwurzel einer Zahl ist die Zahl, die mit sich selbst multipliziert die Originalzahl ergibt.**
- ✓ **Die Kubikwurzel einer Zahl ist die Zahl, die 2-mal mit sich selbst multipliziert die Originalzahl ergibt.**

Quadratwurzeln

Die Quadratwurzel einer Zahl ist diejenige Zahl, die mit sich selbst multipliziert wieder die ursprüngliche Zahl ergibt. Die Quadratwurzel aus 9 ist beispielsweise 3, denn $3 \cdot 3 = 9$.

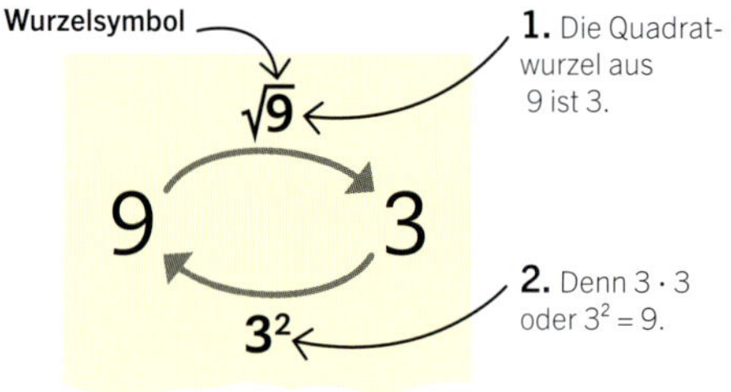

Kubikwurzeln

Die Kubikwurzel einer Zahl ist diejenige Zahl, die 2-mal mit sich selbst multipliziert die ursprüngliche Zahl ergibt. Die Kubikwurzel aus 27 ist beispielsweise 3, denn $3 \cdot 3 \cdot 3 = 27$.

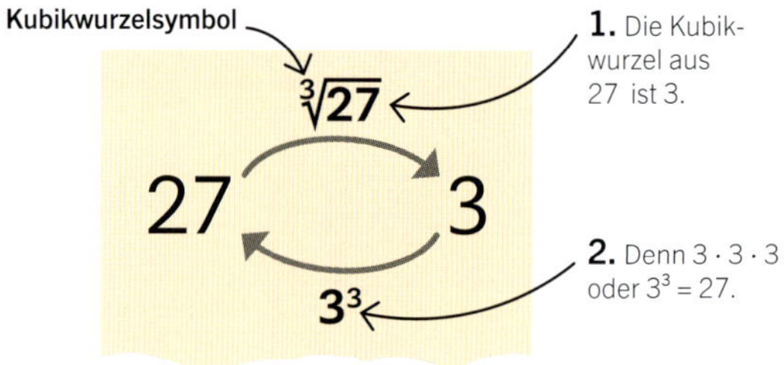

Wurzeln schätzen

Die meisten Wurzeln sind komplizierte Dezimalzahlen und ohne Taschenrechner kaum zu berechnen. Man kann eine Wurzel abschätzen, indem man zuerst zwei Zahlen mit ganzzahligen Wurzeln ober- und unterhalb der gesuchten Wurzel wählt und diese quadriert. Dann verfeinert man diese groben Schätzwerte mithilfe von Dezimalzahlen immer weiter.

1. $\sqrt{21}$ liegt zwischen $\sqrt{16} = 4$ und $\sqrt{25} = 5$.

2. Quadriere zuerst die Zahl in der Mitte zwischen 4 und 5, also $4{,}5^2$. Verfeinere dann Schritt für Schritt.

3. Diese Zahl kann man auf 21 runden.

$$\sqrt{21} = ?$$

$$4{,}5^2 = 20{,}25 \text{ (zu klein)}$$

$$4{,}6^2 = 21{,}16 \text{ (zu groß)}$$

$$4{,}55^2 = 20{,}7025 \text{ (zu klein)}$$

$$4{,}58^2 = 20{,}9764$$

Mit dem Taschenrechner

Wissenschaftliche Taschenrechner haben spezielle Tasten, mit denen man die Quadrat- und Kubikwurzel sowie höhere Wurzeln ganz einfach bestimmen kann.

Quadrat- und Kubikwurzeln
Gib die Zahl ein, deren Quadrat- oder Kubikwurzel du bestimmen willst, und drücke dann die entsprechende Taste.

$\sqrt{16} =$ [16] [$\sqrt[2]{x}$] $= 4$

$\sqrt[3]{216} =$ [216] [$\sqrt[3]{x}$] $= 6$

Höhere Wurzeln
Für höhere Potenzen gibt es diese Wurzeltaste. Gib die Zahl ein, deren Wurzel du bestimmen möchtest, drücke die Wurzeltaste und gib dann den Grad ein.

$\sqrt[4]{81} =$ [81] [$\sqrt[y]{x}$] [4] $= 3$

Negative Exponenten

Ist eine Hochzahl (ein Exponent) negativ, so bedeutet dies, dass mehrfach durch dieselbe Zahl dividiert wird. Man kann das entweder durch die negative Hochzahl oder durch die Bruchschreibweise ausdrücken:

$$5^{-3} = \frac{1}{5^3}$$

Auf einen Blick

- ✓ **Ein negativer Exponent bedeutet, dass wiederholt durch dieselbe Zahl dividiert wurde.**
- ✓ **Eine beliebige Zahl (außer 0) „hoch 0“ ergibt immer 1.**

Kehrwert
Ein negativer Exponent ist eine andere Schreibweise für 1 durch dieselbe Zahl mit positivem Exponenten.

$\cdot\ 5$ — Wiederholte Multiplikation mit 5, z. B. von 5^2 zu 5^3 usw.

$$5^4 = 5 \cdot 5 \cdot 5 \cdot 5 = 625$$

$$5^3 = 5 \cdot 5 \cdot 5 = 125$$

$$5^2 = 5 \cdot 5 = 25$$

$$5^1 = 5$$

1. 5^1 ist dasselbe wie 5.

$$5^0 = \frac{5}{5} = 1$$

$:\ 5$ — Wiederholte Division durch 5

$$5^{-1} = \frac{1}{5^1} = \frac{1}{5}$$

2. 5^{-1} bedeutet dasselbe wie 1 : 5 oder ⅕. Jetzt ist der Exponent positiv, steht aber im Nenner.

$$5^{-2} = \frac{1}{5^2} = \frac{1}{5 \cdot 5} = \frac{1}{25}$$

3. 5^{-2} ist dasselbe wie 1 : (5 · 5) oder 1⁄25 usw.

$$5^{-3} = \frac{1}{5^3} = \frac{1}{5 \cdot 5 \cdot 5} = \frac{1}{125}$$

$$5^{-4} = \frac{1}{5^4} = \frac{1}{5 \cdot 5 \cdot 5 \cdot 5} = \frac{1}{625}$$

Null im Exponenten

Oben sieht man, dass $5^0 = 5 : 5 = 1$. Dividiert man zwei Potenzen mit gleicher Basis und gleichem Exponenten, so ergibt sich der Exponent 0. Also ist jede Zahl (außer 0) „hoch 0“ gleich 1. Dies lässt sich auch beweisen:

$$a^2 = a \cdot a$$

$$a^1 = \frac{a \cdot a}{a} = a$$

a^2 durch a ergibt a

$$a^0 = \frac{a}{a} = 1$$

a durch a ergibt 1.

Potenzen dividieren und multiplizieren

Mithilfe der Potenzgesetze kann man das Rechnen mit Potenzen stark vereinfachen. Insbesondere dienen sie der verkürzten Schreibweise von Rechnungen, die sonst wesentlich umfangreicher wären.

Auf einen Blick

- ✓ **Mithilfe der Potenzgesetze kann man Rechnungen vereinfachen.**
- ✓ **Potenzen mit gleicher Basis werden multipliziert, indem man die Exponenten addiert.**
- ✓ **Potenzen mit gleicher Basis werden dividiert, indem man die Hochzahl des Divisors von der Hochzahl des Dividenden subtrahiert.**

Potenzen multiplizieren

Multipliziert man Potenzen, die alle dieselbe Basis haben, so werden die Exponenten addiert. Diese Regel kann man mithilfe einer allgemeinen Formel ausdrücken.

Das ergibt $4 \cdot 8 = 32$.

$2^5 = 32$

$$2^2 \cdot 2^3 = (2 \cdot 2) \cdot (2 \cdot 2 \cdot 2) = 2^5$$

$$2^2 \cdot 2^3 = 2^{2+3} = 2^5$$

Addiere die beiden Exponenten.

$$a^n \cdot a^m = a^{n+m}$$

Potenzen dividieren

Werden Potenzen mit gleicher Basis dividiert, so gilt genau die umgekehrte Regel: Potenzen mit gleicher Basis werden dividiert, indem man den Exponenten des Divisors vom Exponenten des Dividenden abzieht.

Das ergibt $81 : 9 = 9$.

$3^2 = 9$

$$3^4 : 3^2 = \frac{3 \cdot 3 \cdot \cancel{3} \cdot \cancel{3}}{\cancel{3} \cdot \cancel{3}} = 3 \cdot 3 = 3^2$$

Der Bruch kann gekürzt werden.

$$3^4 : 3^2 = 3^{4-2} = 3^2$$

Subtrahiere den Exponenten des Divisors von dem des Dividenden.

$$a^n : a^m = a^{n-m}$$

Potenzen potenzieren

Ein weiteres Potenzgesetz betrifft das Potenzieren von Potenzen. Wird eine Potenz ein- oder mehrfach mit sich selbst multipliziert, so schreibt man zum Beispiel $(3^3)^2$. Dies bedeutet 3^3 mal 3^3. Solche Rechnungen lassen sich mithilfe des folgenden Gesetzes vereinfachen.

Auf einen Blick

- ✓ Auch für das Potenzieren von Potenzen gibt es ein Potenzgesetz, das die Rechnung verkürzt.
- ✓ Potenzen werden potenziert, indem man die Exponenten multipliziert.

Eine Potenz noch einmal potenzieren

Wird eine Potenz noch einmal potenziert, so muss man die beiden Exponenten multiplizieren, egal ob sie positiv oder negativ sind. Dabei gelten die allgemeinen Regeln für das Rechnen mit Vorzeichen. Dieses Potenzgesetz funktioniert auch für mehrfach potenzierte Potenzen.

Das ergibt $27 \cdot 27 = 729$.

$3^6 = 729$

$$(3^3)^2 = 3^3 \cdot 3^3 = (3 \cdot 3 \cdot 3) \cdot (3 \cdot 3 \cdot 3) = 3^6$$

$$(3^3)^2 = 3^{3 \cdot 2} = 3^6$$

Die Multiplikation beider Potenzen ergibt die neue Potenz.

$$(a^n)^m = a^{nm}$$

Potenzgesetze anwenden

Aufgabe

Bestimme die Lösung mithilfe der Potenzgesetze: $(2 \cdot 2^4 \cdot 2^{-3})^2 : 2^2$

Lösung

1. Addiere zuerst die Potenzen innerhalb der Klammer $(2 \cdot 2^4 \cdot 2^{-3})$:

$$(2 \cdot 2^4 \cdot 2^{-3}) = 2^{1+4-3} = 2^2$$

2. Berechne dann $(2^2)^2$, indem du die Exponenten multiplizierst:

$$(2^2)^2 = 2^{2 \cdot 2} = 2^4$$

3. Berechne zum Schluss noch $2^4 : 2^2$. Subtrahiere dazu die beiden Exponenten voneinander:

$$2^4 : 2^2 = 2^{4-2} = 2^2 = 4$$

Gebrochene Exponenten

Exponenten können auch Brüche sein, wie beispielsweise in $a^{1/2}$.

Auf einen Blick

- ✓ Potenzieren einer Zahl mit einem Bruch ist dasselbe wie Wurzelziehen.
- ✓ Ist der Zähler eines gebrochenen Exponenten ungleich 1, so muss man die Wurzel ziehen und potenzieren.

Potenzen und Wurzeln

Potenziert man eine Zahl mit einer Bruchzahl, deren Zähler gleich 1 ist, wie in $4^{1/2}$ oder $4^{1/3}$, so ist das gleichbedeutend mit dem Ziehen der Quadrat- oder Kubikwurzel bzw. einer höheren Wurzel: $\sqrt{4}$ oder $\sqrt[3]{4}$. Das beweisen wir mit dem allgemeinen Potenzgesetz für die Multiplikation zweier Potenzen mit gleicher Basis: $a^n \cdot a^m = a^{n+m}$ (s. S. 118).

	Quadratwurzeln	Kubikwurzeln
1. Um zwei oder mehr Potenzen mit gleicher Basis und gebrochenen Exponenten zu multiplizieren, addiere die Exponenten.	$4^{1/2} \cdot 4^{1/2} = 4^{1/2 + 1/2} = 4^1 = 4$	$8^{1/3} \cdot 8^{1/3} \cdot 8^{1/3} = 8^{1/3 + 1/3 + 1/3} = 8^1 = 8$
2. In der Wurzelschreibweise ergibt sich dasselbe.	$\sqrt{4} \cdot \sqrt{4} = 4$	$\sqrt[3]{8} \cdot \sqrt[3]{8} \cdot \sqrt[3]{8} = 8$
3. Das Potenzieren mit einem Bruch mit Zähler 1 ist also dasselbe wie das Berechnen der Wurzel.	$4^{1/2} = \sqrt{4} = 2$	$8^{1/3} = \sqrt[3]{8} = 2$

4. Das allgemeine Potenzgesetz für gebrochene Exponenten mit dem Zähler 1 lautet:

$$a^{1/n} = \sqrt[n]{a}$$

Allgemeine gebrochene Exponenten

Wird eine Zahl mit einem Exponenten potenziert, dessen Zähler größer 1 ist (z. B. $^{2/3}$), so ist das gleichbedeutend mit dem Ziehen der Kubikwurzel und anschließendem Quadrieren ($^{1/3 \cdot 2}$) oder umgekehrt. Um $1000^{2/3}$ zu berechnen berechnet man $(1000)^{1/3 \cdot 2}$.

1. Zuerst die Wurzel.

$$1000^{1/3} = \sqrt[3]{1000} = 10$$

2. Dann die Potenz (quadrieren).

$$(\sqrt[3]{1000})^2 = 10^2 = 100$$

$$1000^{2/3} = 100$$

Negative Brüche im Exponenten

Ist ein gebrochener Exponent negativ (s. S. 117), müssen wir einfach den Kehrwert der potenzierten Zahl bilden. Berechnen wir beispielsweise $1000^{-2/3}$, bilden wir zuerst den Kehrwert von 1000 und ziehen dann die Wurzel und quadrieren im Nenner.

$$1000^{-2/3} = \frac{1}{(1000)^{1/3 \cdot 2}}$$

$$= \frac{1}{10^2} = \frac{1}{100} = 0{,}01$$

Übungsaufgaben
Rechnen mit Potenzen

Mithilfe der Potenzgesetze sind Aufgaben mit Potenzen ganz leicht zu lösen. Versuche es selbst mit den folgenden Aufgaben.

Siehe auch

49 Brüche addieren und subtrahieren
117 Negative Exponenten
118 Potenzen dividieren und multiplizieren
119 Potenzen potenzieren
120 Gebrochene Exponenten

Aufgabe
Berechne $(13^2)^4)^0$.

Lösung
1. Wird eine Potenz noch weiter potenziert, musst du die Exponenten multiplizieren.

$$(13^2)^4)^0 = 13^{(2 \cdot 4 \cdot 0)} = 13^0$$

2. Jede bliebige Zahl (außer 0) hoch 0 ist gleich 1.

$$(13^2)^4)^0 = 1$$

Aufgabe
Berechne $(1\tfrac{1}{2})^3 + 5(8^2 \cdot 8^{-3}) - (16^{1/4})$.

Lösung
1. Erster Term: Wende den Exponenten zunächst auf Zähler und Nenner der zusammengesetzten Zahl an.

$$\left(1\frac{1}{2}\right)^3 = \left(\frac{3}{2}\right)^3 = \frac{27}{8}$$

2. Zweiter Term: Multipliziere die Potenzen, indem du die Exponenten addierst. Multipliziere dann das Ganze mit 5.

$$5(8^2 \cdot 8^{-3}) = 5 \cdot 8^{2+(-3)} = 5 \cdot 8^{-1}$$

3. Da der Ergebnisexponent negativ ist, bilde den Kehrwert und reche mit dem positiven Exponenten (1) im Nenner weiter.

$$5 \cdot 8^{-1} = 5 \cdot \frac{1}{8} = \frac{5}{8}$$

4. Dritter Term: $16^{1/4}$ ist dasselbe wie die vierte Wurzel aus 16, oder $\sqrt[4]{16}$.

$$\sqrt[4]{16} = 2$$

5. Addiere die Ergebnisse aus den Schritten 1 und 3.

$$\frac{27}{8} + \frac{5}{8} = \frac{32}{8} = 4$$

6. Subtrahiere nun noch das Ergebnis aus Schritt 4 von dem Ergebnis aus Schritt 5.

$$\left(1\frac{1}{2}\right)^3 + 5(8^2 \cdot 8^{-3}) - (16^{1/4}) = 4 - 2 = 2$$

Aufgabe

Berechne $64^{-1/3} : \left(\frac{1}{128}\right)^{3/7}$.

Lösung
1. Erster Term: Da der Exponent negativ ist, bilde den Kehrwert und rechne mit dem positiven Exponenten weiter.

$$64^{-1/3} = \left(\frac{1}{64}\right)^{1/3}$$

2. Hoch $^{1/3}$ bedeutet, dass du die Kubikwurzel ziehen musst.

$$\left(\frac{1}{64}\right)^{1/3} = \left(\frac{1}{\sqrt[3]{64}}\right) = \frac{1}{4}$$

3. Zweiter Term: Da der Zähler des Exponenten ungleich 1 ist, musst du die Wurzel ziehen und potenzieren.

$$\left(\frac{1}{128}\right)^{3/7} = \left(\frac{1}{128}\right)^{1/7 \cdot 3}$$

4. Ziehe die siebte Wurzel und potenziere dann mit 3.

$$\left(\frac{1}{128}\right)^{1/7} = \left(\frac{1}{\sqrt[7]{128}}\right) = \frac{1}{2}$$

$$\left(\frac{1}{\sqrt[7]{128}}\right)^3 = \frac{1}{8}$$

5. Führe nun die Division aus.

$$64^{-1/3} : \left(\frac{1}{128}\right)^{3/7} = \frac{1}{4} : \frac{1}{8} = 2$$

Wurzeln und irrationale Zahlen

Nur wenige natürliche Zahlen haben eine ganzzahlige Wurzel. Diese natürlichen Zahlen nennt man Quadratzahlen (s. S. 22). Die Wurzeln aller anderen natürlichen Zahlen sind irrational. Das heißt, dass sie weder als Bruch, noch als Dezimalzahl mit einer endlichen Anzahl von Stellen geschrieben werden können.

Auf einen Blick

- ✓ **Eine irrationale Zahl kann nicht als Bruch zweier ganzer Zahlen geschrieben werden. Als Dezimalzahl besitzt sie eine nicht periodische, nicht abbrechende Folge von Nachkommastellen.**
- ✓ **Die einzige exakte Möglichkeit, eine irrationale Wurzel darzustellen, ist die Wurzelschreibweise $\sqrt{a}$.**

Was ist eine irrationale Wurzel?
Irrationale Wurzeln bleiben in der Form $\sqrt{a}$ stehen, denn diese Angabe ist die einzig mögliche exakte Angabe ihres Werts. Die Dezimalschreibweise wäre in jedem Fall weniger exakt, denn diese Zahlen haben unendlich viele Dezimalstellen und können nicht ausgeschrieben werden.

$\sqrt{4}$ ist keine irrationale Wurzel, sondern eine natürliche Zahl.

$$\sqrt{4} = 2$$

$$\sqrt{5} = 2{,}2360679774997896964091736\ \ldots$$

$\sqrt{5}$ ist eine nicht endende, nicht periodische Dezimalzahl und somit eine irrationale Wurzel.

Irrationale Wurzeln in Rechnungen
Es ist zwar nicht möglich, irrationale Wurzeln als Dezimalzahl auszuschreiben, aber trotzdem kann man ganz normal mit ihnen rechnen. Dieses Quadrat hat z. B. einen Flächeninhalt von $3\,m^2$ und die Seitenlänge wird als Wurzel dargestellt.

1. Der Flächeninhalt eines Quadrats wird durch Quadrieren der Seitenlänge berechnet.

$$\text{Seitenlänge}^2 = \text{Flächeninhalt}$$

$$\text{Seitenlänge} = \sqrt{\text{Flächeninhalt}}$$

2. Um die Seitenlänge zu berechnen, muss man die Quadratwurzel aus dem Flächeninhalt ziehen.

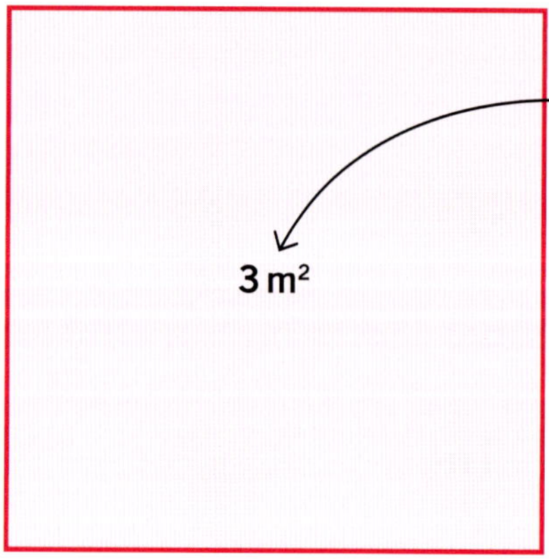

$\sqrt{3}\,m$

3. Der Flächeninhalt des Quadrats beträgt $3\,m^2$.

4. Jede Seitenlänge beträgt $\sqrt{3}\,m$. Das ist die exakteste Möglichkeit, den Wert anzugeben.

Wurzelausdrücke vereinfachen

Mithilfe der Potenzgesetze können wir Wurzelausdrücke vereinfachen. Die irrationalen Wurzeln bleiben dann zwar im Ausdruck stehen, aber der Ausdruck ist so weit wie möglich oder nötig vereinfacht.

Auf einen Blick

- ✓ **Die Quadratwurzel aus dem Produkt zweier Zahlen ist gleich dem Produkt aus den Quadratwurzeln der beiden Zahlen.**
- ✓ **Quadriert man eine (irrationale) Quadratwurzel, so erhält man als Ergebnis die Zahl unter dem Wurzelzeichen.**
- ✓ **Die Quadratwurzel aus einem Bruch ist gleich Wurzel des Zählers durch Wurzel des Nenners.**

Quadratwurzeln multiplizieren

Die Wurzel aus dem Produkt zweier Zahlen ist gleich dem Produkt der Wurzeln beider Zahlen. Mithilfe von Faktorpaaren kann man daher häufig teilweise die Wurzel ziehen und dann ausklammern, sodass nur noch der irrationale Teil der Wurzel übrig bleibt.

$$\sqrt{ab} = \sqrt{a} \cdot \sqrt{b}$$

↓

$$\sqrt{45} = \sqrt{9 \cdot 5} = \sqrt{9} \cdot \sqrt{5} = 3\sqrt{5}$$

1. Zerlege 45 in die Faktoren 9 und 5.

2. $\sqrt{9} = 3$, also vereinfache weiter zu $3 \cdot \sqrt{5}$.

3. $\sqrt{5}$ bleibt stehen, denn diese Zahl ist irrational.

Quadratwurzeln quadrieren

Wird eine Quadratwurzel quadriert oder mit sich selbst multipliziert, so erhält man als Ergebnis die Zahl unter dem Wurzelzeichen. Das ergibt sich ganz einfach aus den Potenzgesetzen (s. S. 119).

$$\sqrt{a} \cdot \sqrt{a} = a$$

↓

$$\sqrt{7} \cdot \sqrt{7} = 7$$

Quadratwurzeln dividieren

Die Wurzel aus einem Bruch ist gleich der Wurzel des Zählers dividiert durch die Wurzel des Nenners.

$$\sqrt{\frac{a}{b}} = \frac{\sqrt{a}}{\sqrt{b}}$$

↓

$$\sqrt{\frac{8}{25}} = \frac{\sqrt{8}}{\sqrt{25}} = \frac{\sqrt{8}}{5}$$

$$= \left(\frac{\sqrt{4} \cdot \sqrt{2}}{5}\right) = \frac{2\sqrt{2}}{5}$$

1. Vereinfache $\sqrt{\frac{8}{25}}$.

2. $\sqrt{25} = 5$.

3. $\sqrt{8}$ kann als $\sqrt{4} \cdot \sqrt{2}$ geschrieben und weiter vereinfacht werden.

Ausdrücke der Form $a\sqrt{b}$

Aufgabe

Vereinfache $\sqrt{48}$ in der Form $a\sqrt{b}$ wobei a und b natürliche Zahlen sind und b eine Primzahl ist.

Lösung

1. Suche nach Faktorpaaren mit Quadratzahlen. 16 ist Quadratzahl und 16 und 3 sind ein Faktorpaar von 48.

$$\sqrt{48} = \sqrt{16 \cdot 3} = \sqrt{16} \cdot \sqrt{3}$$

2. Da 3 Primzahl ist, bleibt $\sqrt{3}$ als irrationale Wurzel stehen, aber $\sqrt{16}$ kann vereinfacht werden zu 4.

$$\sqrt{48} = 4\sqrt{3}$$

Wurzelbrüche

Enthält ein Bruch eine Wurzel, müssen bestimmte Potenzregeln befolgt werden. Stehen irrationale Wurzeln im Nenner, so muss man diesen zunächst rational machen.

Auf einen Blick

- Stehen im Nenner eines Bruchs eine oder mehrere irrationale Wurzeln, so muss man diese in den Zähler bringen, man sagt „den Nenner rational machen".
- Man kann den Nenner rational machen, indem man den gesamten Bruch mit dem Nenner erweitert.
- Hat der Ausdruck im Nenner die Form $a \pm \sqrt{b}$, muss man das Plus- oder Minuszeichen vor der Wurzel zuerst umkehren und dann den gesamten Bruch mit diesem neuen Ausdruck erweitern.

Den Nenner rational machen
Ein Bruch, der eine irrationale Wurzel im Nenner enthält, lässt sich einfach durch geschicktes Erweitern des Bruchs (s. S. 46) mit dem Nenner rational machen.

$$\frac{a}{\sqrt{b}} = \frac{a \cdot \sqrt{b}}{\sqrt{b} \cdot \sqrt{b}} = \frac{a\sqrt{b}}{b}$$

$$\frac{1}{\sqrt{5}} = \frac{1 \cdot \sqrt{5}}{\sqrt{5} \cdot \sqrt{5}} = \frac{\sqrt{5}}{5}$$

1. Der Nenner ist eine irrationale Wurzel.

2. Multipliziere Zähler und Nenner mit der irrationalen Wurzel.

3. Jetzt steht die irrationale Wurzel im Zähler.

4. Multipliziert man eine Wurzel mit sich selbst, so ist das Ergebnis die Zahl unter dem Wurzelzeichen.

Komplexere Nenner rational machen
Ist der Ausdruck im Nenner die Summe (oder Differenz) einer rationalen Zahl und einer Wurzel, so muss man zunachst das Vorzeichen vor der Wurzel umkehren und den gesamten Bruch mit diesem neuen Ausdruck erweitern. Im Nenner erhält man dann die 3. binomische Formel (s. S. 105).

$$\frac{5}{3-\sqrt{2}}$$

$$= \frac{5 \cdot (3+\sqrt{2})}{(3-\sqrt{2}) \cdot (3+\sqrt{2})}$$

$$= \frac{15 + 5\sqrt{2}}{3^2 - 3\sqrt{2} + 3\sqrt{2} - (\sqrt{2})^2}$$

$$= \frac{15 + 5\sqrt{2}}{9-2}$$

$$= \frac{15 + 5\sqrt{2}}{7}$$

3 ist eine rationale Zahl.

$\sqrt{2}$ ist irrational.

1. Multipliziere Zähler und Nenner mit $(3+\sqrt{2})$. Achte auf das Vorzeichen.

2. Beim Ausmultiplizieren muss jeder Term der ersten Klammer mit jedem Term der zweiten Klammer multipliziert werden (s. S. 100).

3. $-3\sqrt{2} + 3\sqrt{2}$ ergibt 0.

4. Quadriert man eine Wurzel, so ist das Ergebnis die Zahl unter dem Wurzelzeichen.

Rechnen mit Wurzeln

Aufgabe
Berechne und vereinfache das Ergebnis.

$$\frac{1}{\sqrt{2}} \cdot \frac{2}{\sqrt{6}} = ?$$

Lösung

1. Multipliziere die Brüche.

$$\frac{1}{\sqrt{2}} \cdot \frac{2}{\sqrt{6}} = \frac{2}{\sqrt{12}}$$

2. Vereinfache das Ergebnis soweit wie möglich.

$$\frac{2}{\sqrt{12}} = \frac{2}{\sqrt{3} \cdot \sqrt{4}} = \frac{2}{2\sqrt{3}} = \frac{1}{\sqrt{3}}$$

3. Mache den Nenner rational.

$$\frac{1}{\sqrt{3}} = \frac{1 \cdot \sqrt{3}}{\sqrt{3} \cdot \sqrt{3}} = \frac{\sqrt{3}}{3}$$

Genaue Berechnungen

Bei Berechnungen von Flächeninhalten oder Längen kommen im Ergebnis oft irrationale Zahlen vor. Diese kann man nur mithilfe der Wurzelschreibweise exakt darstellen.

Auf einen Blick

- ✓ Längen- oder Flächenberechnungen führen oft zu irrationalen Quadratwurzeln im Ergebnis.
- ✓ Exakte Ergebnisse kann man daher in diesen Fällen oft nur mithilfe irrationaler Wurzeln darstellen.

Ein Mischung aus π und Wurzeln
Wie groß ist der Kreisradius (r), wenn der Flächeninhalt des Kreises genau $2\,m^2$ beträgt? Für das Ergebnis brauchen wir die Quadratwurzel aus 2. Wie schreibt man die exakte Lösung auf?

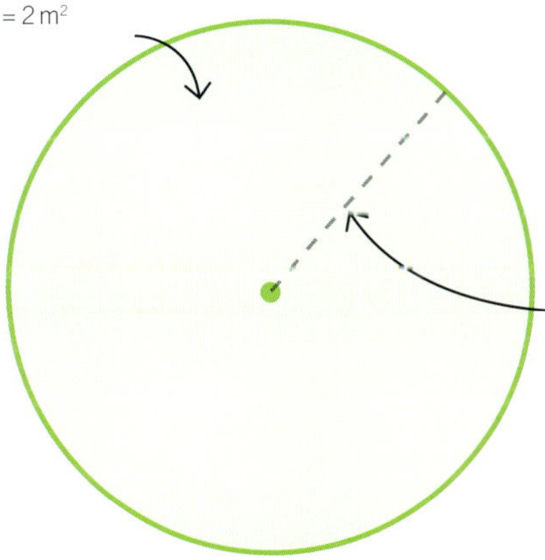

$$\text{Kreisfläche } (A) = \pi r^2$$
$$\text{Kreisradius } (r) = \sqrt{\frac{A}{\pi}}$$

$$\pi \cdot r^2 = 2$$

$$r^2 = \frac{2}{\pi}$$

π ist ebenfalls irrational und kann nicht ausgeschrieben werden.

$$r = \sqrt{\frac{2}{\pi}}\ \text{m}$$

Der exakte Wert für den Kreisradius.

Den genauen Wert bestimmen

Aufgabe
Der Flächeninhalt (A) der Grundfläche eines geraden Zylinders beträgt $3\,cm^2$ und seine Höhe (h) ist das Zehnfache des Kreisradius. Gib das exakte Volumen des Zylinders in cm^3 an.

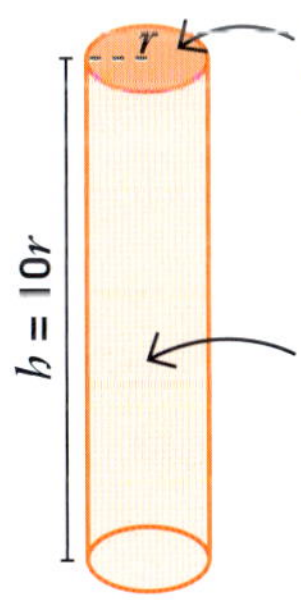

Lösung

Zylindervolumen (V) = Grundfläche · Höhe
$= \pi r^2 h$

Flächeninhalt (A) $= \pi r^2$

Radius (r) $= \sqrt{\frac{A}{\pi}}$

1. Zylindervolumen:
$V = 3h$ denn $\pi r^2 = 3\,cm^2$
$= 3 \cdot 10r$ denn $h = 10r$
$= 30r$

2. Nun folgt noch die genaue Berechnung:
$r = \sqrt{\frac{3}{\pi}}$ also $V = 30\sqrt{\frac{3}{\pi}}\ cm^3$

Standardschreibweise

Das Schreiben sehr großer und sehr kleiner Zahlen ist unpraktisch und kostet viel Zeit. Die sogenannte Standardschreibweise ist eine ausgesprochen praktische und einfache Form, solche Zahlen zu notieren.

Auf einen Blick

- ✓ In der Standardschreibweise werden sehr große und sehr kleine Zahlen mithilfe von Zehnerpotenzen dargestellt.
- ✓ Meist schreibt man $a \times 10^n$. (Man kann auch den Malpunkt verwenden.)
- ✓ a muss ein Wert zwischen 1 und 10 sein ($1 \leq a < 10$).
- ✓ Der Exponent ist für Zahlen größer 1 positiv und für Zahlen kleiner 1 negativ.

Zahlen in Standardschreibweise
Wenn du eine Zahl in Standardschreibweise darstellen willst, musst du zuerst eine Zahl zwischen 1 und 10 bestimmen und dann die passende Zehnerpotenz finden (s. S. 115).

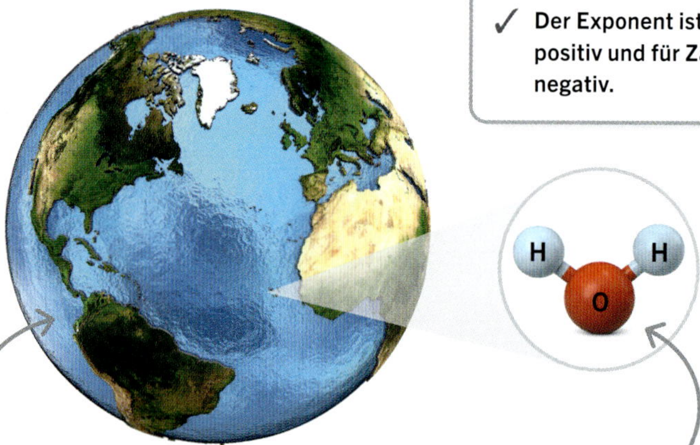

1 µm³ (Kubikmikrometer) ist ein Trillionstel von 1 cm³.

Wasservolumen der Erde (km³)	Volumen eines Wassermoleküls (µm³)
1 386 000 000	0,000 000 000 00282

1. Füge ein Dezimalkomma ein (falls nicht vorhanden) und zähle ab, um wie viele Stellen du es verschieben musst, damit eine Zahl zwischen 1 und 10 entsteht.

9 8 7 6 5 4 3 2 1
1 3 8 6 0 0 0 0 0 0 ,

Das Dezimalkomma wird hier um 9 Stellen nach links verschoben.

1 2 3 4 5 6 7 8 9 10 11 12
0 , 0 0 0 0 0 0 0 0 0 0 0 2 8 2

Das Dezimalkomma wird um 12 Stellen nach rechts verschoben.

2. Multipliziere die neue Zahl mit der Zehnerpotenz, deren Exponent gleich der Anzahl der Stellen ist, um die das Komma verschoben wurde.

$1{,}386 \times 10^9$

Für Zahlen größer 1 ist der Exponent positiv.

$2{,}82 \times 10^{-12}$

Für Zahlen kleiner 1 ist der Exponent negativ.

Form der Standardschreibweise

Zahlen in Standardschreibweise sehen immer gleich aus. Meist schreibt man mit ×, aber man kann auch den Punkt verwenden.

$$a \times 10^n$$

a muss größer oder gleich 1 und kleiner als 10 sein. Das drückt man so aus: $1 \leq a < 10$

n kann jede positive oder negative ganze Zahl sein.

Multiplizieren und dividieren mit der Standardschreibweise

Die Standardschreibweise macht das Rechnen mit sehr großen oder sehr kleinen Zahlen wesentlich einfacher. Anstatt nämlich mit langen und unübersichtlichen Zahlen zu hantieren, kann man mithilfe der Standardschreibweise relativ einfache Rechnungen durchführen. Für das Ergebnis kann man dann die am besten geeignete Schreibweise wählen.

Auf einen Blick

- ✓ Die Standardschreibweise kann Rechnungen vereinfachen.
- ✓ Zuerst rechnet man mit den Zahlen ohne die Zehnerpotenzen.
- ✓ Anschließend multipliziert man dann mit den Zehnerpotenzen und wendet die Potenzgesetze an.

Potenzgesetze und die Standardschreibweise
Beim Multiplizieren und Dividieren in der Standardschreibweise berechnet man die Zahlen vor der Zehnerpotenz jeweils separat von den Zehnerpotenzen. Bei der Rechnung mit den Zehnerpotenzen gelten die Potenzgesetze (s. S. 118). Die Lösung kann man dann wieder in Standardschreibweise angeben, aber manchmal muss man sie vorher noch entsprechend anpassen. Im Beispiel rechnen wir 3 000 000 · 420 000.

$$3\,000\,000 \cdot 420\,000 = ?$$

1. Wandle zuerst jede Zahl in die Standardschreibweise um (siehe linke Seite).

$$= (3 \cdot 10^6) \cdot (4{,}2 \cdot 10^5)$$

2. Stelle um und berechne das Produkt aus den ersten beiden Zahlen und das Produkt aus den Zehnerpotenzen separat. Dann multipliziere die beiden Ergebnisse miteinander.

$$= (3 \cdot 4{,}2) \cdot (10^6 \cdot 10^5)$$
$$= 12{,}6 \cdot 10^{6+5}$$
$$= 12{,}6 \cdot 10^{11}$$

3. Da die erste Zahl nicht zwischen 1 und 10 liegt, musst du das Ergebnis anpassen. Dividiere die erste Zahl durch 10, und multipliziere die Zehnerpotenz mit 10, sodass sich der Exponent um 1 erhöht.

$$12{,}6 \cdot 10^{11}$$
$$:10 \downarrow \quad \downarrow \cdot 10$$
$$= 1{,}26 \cdot 10^{12}$$

So lautet die Lösung in Standardschreibweise.

Rechnen in Standardschreibweise

Aufgabe
Wie viel Exemplare des Mars bräuchte man, um die Erde aufzuwiegen? Da beide Massen riesengroß sind, stellt man die Werte am besten in Standardschreibweise dar. Wir haben die Massen auf vier Dezimalen gerundet:

Erdmasse (M_E) = $5{,}9742 \cdot 10^{24}$ kg
Marsmasse (M_M) = $6{,}4191 \cdot 10^{23}$ kg

Lösung
1. Dividiere die Erdmasse durch die Marsmasse.

$$m_E : m_M$$
$$5{,}9742 \cdot 10^{24} : 6{,}4191 \cdot 10^{23}$$

2. Dividiere zuerst die Zahlen vor den Potenzen.

$$5{,}9742 : 6{,}4191 = 0{,}9307$$

3. Dividiere die Potenzen und denke dabei an die Potenzgesetze. Du musst den einen Exponenten vom anderen abziehen.

$$0{,}9307 \cdot 10^{24-23}$$
$$= 0{,}9307 \cdot 10^1$$
$$= 9{,}307$$

Es wären etwa 9,307 Exemplare des Mars nötig, um die Erde aufzuwiegen.

In Standardschreibweise addieren und subtrahieren

Sollen sehr große Zahlen in Standardschreibweise addiert oder subtrahiert werden, rechnet man zuerst die Zehnerpotenzen so um, dass beide denselben Exponenten haben, damit man sie ausklammern kann.

Auf einen Blick

- ✓ **Um Zahlen in Standardschreibweise zu addieren oder zu subtrahieren, müssen beide Zehnerpotenzen mit demselben Exponenten geschrieben werden.**
- ✓ **Nach dem Umrechnen in dieselbe Potenz klammert man die Zehnerpotenz aus und rechnet mit den vorderen Zahlen.**

Exponenten umrechnen
Bevor man Zahlen in Standardschreibweise addieren oder subtrahieren kann, muss man die Zehnerpotenzen so umwandeln, dass sie denselben Exponenten haben. Dann rechnet man separat.

Berechne
$(2{,}4 \cdot 10^7) - 170\,000$.

$$(2{,}4 \cdot 10^7) - 170\,000 = ?$$

$$(2{,}4 \cdot 10^7) - (1{,}7 \cdot 10^5)$$

: 100 ↓ ↓ · 100

$$(2{,}4 \cdot 10^7) - (0{,}017 \cdot 10^7)$$

$$= (2{,}4 - 0{,}017) \cdot 10^7$$

$$= 2{,}383 \cdot 10^7$$

1. Bringe 170 000 in die Standardschreibweise.

2. Passe die Exponenten an: Da du 10^5 mit 10^2 multiplizieren musst (· 100), musst du die vordere Zahl durch 10^2 dividieren (: 100).

3. Beide Zehnerpotenzen haben jetzt denselben Exponenten. Rechne nun mit den vorderen Zahlen.

Länge von DNA-Abschnitten

Aufgabe
Eine Ermittlerin hat am Tatort DNA gefunden. Für einen genetischen Fingerabdruck benötigt man mindestens 1 mm ($1 \cdot 10^{-3}$ m) DNA. Die Bruchstücke sind $2 \cdot 10^{-4}$ m, $9{,}6 \cdot 10^{-5}$ m, $5{,}2 \cdot 10^{-4}$ m und $8{,}4 \cdot 10^{-5}$ m lang. Wie lang ist die gefundene DNA insgesamt?

Lösung
1. Das Ergebnis ist eine Zahl im Millimeter-Bereich (10^{-3} m). Rechne daher alle Längen so um, dass die Zehnerpotenz 10^{-3} verwendet wird.

$2 \cdot 10^{-4}\,\text{m} \longrightarrow 0{,}2 \cdot 10^{-3}\,\text{m}$
$9{,}6 \cdot 10^{-5}\,\text{m} \longrightarrow 0{,}096 \cdot 10^{-3}\,\text{m}$
$5{,}2 \cdot 10^{-4}\,\text{m} \longrightarrow 0{,}52 \cdot 10^{-3}\,\text{m}$
$8{,}4 \cdot 10^{-5}\,\text{m} \longrightarrow 0{,}084 \cdot 10^{-3}\,\text{m}$

2. Addiere die vorderen Zahlen (Rechnung ohne Einheiten):

$$(0{,}2 + 0{,}096 + 0{,}52 + 0{,}084) \cdot 10^{-3} = 0{,}9 \cdot 10^{-3}$$

Das reicht nicht für einen genetischen Fingerabdruck.

Mit dem Taschenrechner

Einige wissenschaftliche Taschenrechner haben bereits eine Taste für die Standardschreibweise, bei den anderen musst du die Taste für Potenzen verwenden. Wenn eine Lösung zu lang für den Bildschirm ist, wird sie automatisch in Standardschreibweise ausgegeben.
Wir tippen nun 4×10^8.

Taste für Standardschreibweise
Auf der Taste steht „mal 10 hoch x" bzw. „$\times 10^x$".

[4] [$\times 10^x$] [8] [=]

Taste für Exponentialschreibweise
Da diese Taste für alle Potenzen benutzt werden kann, funktioniert sie auch für Potenzen mit der Basis 10.

[4] [×] [1] [0] [X^y] [8] [=]

Gleichungen und Graphen

Gleichungen

Eine Gleichung verbindet zwei mathematische Ausdrücke durch ein Gleichheitszeichen. In einer Gleichung kommen oft Variablen vor. Damit die Gleichung erfüllt (man sagt auch „richtig“ oder „wahr“) ist, müssen die Variablen so ersetzt werden, dass auf beiden Seiten derselbe Wert entsteht.

Auf einen Blick

- ✓ **Beide Seiten einer wahren Gleichung sind gleichwertig.**
- ✓ **Eine Gleichung zu lösen bedeutet, die Werte für die Variablen zu finden, für die die Gleichung wahr ist.**
- ✓ **Beide Seiten einer Identitätsgleichung sind immer gleichwertig, egal welche Zahl(en) man für die Variablen einsetzt.**

Gleichungen lösen
Das Lösen einer Gleichung bedeutet, Werte zu finden, die für die Variable eingesetzt werden können, sodass die Gleichung wahr ist.

Hier musst du diejenige Zahl finden, die du für x einsetzen kannst, sodass die Gleichung wahr ist. Du kannst für x in diesem Fall 2 einsetzen, denn dann ist die Gleichung „ausbalanciert“. Die Lösung der Gleichung lautet daher 2.

Beide Seiten der Gleichung haben denselben Wert: $x + 4$ ist gleich 6.

$$x + 4 = 6$$

Beide Seiten der Waage sind im Gleichgewicht.

Identitätsgleichung

Eine Identitätsgleichung ist eine mathematische Aussage über die Gleichheit zweier mathematischer Ausdrücke. Eine Identitätsgleichung enthält Variablen. Egal, welche Werte (aus dem Definitionsbereich) man für diese Variablen einsetzt, beide Seiten der Identitätsgleichung sind immer gleichwertig.

Dieses Symbol bedeutet „ist identisch“.

Die Klammer wurde ausmultipliziert.

$$2(x + 1) \equiv 2x + 2$$

Welchen Wert x auch annimmt, die Identität ist gegeben.

Funktionen und Formeln

Gleichungen sind ein wesentlicher Baustein der Mathematik, aber auch Funktionen und Formeln bestehen aus Termen und mathematischen Ausdrücken.

Funktion
Dies ist eine Funktion (s. S. 111). Das Gleichheitszeichen bedeutet hier, dass wir jeweils den Funktionswert $f(x)$ für den für x eingesetzten Wert ausrechnen sollen.

$$f(x) = 2x - 9$$

Formel
Eine Formel (s. S. 109) ist eine besondere Art von Gleichung, die den speziellen Zusammenhang zwischen einigen Variablen beschreibt.

$$a^2 + b^2 = c^2$$

Einfache Gleichungen lösen

Will man eine Gleichung lösen, also den Wert der Variablen (Unbekannten) bestimmen, so formt man die Gleichung so lange um, bis die Lösung entsteht.

Auf einen Blick

- ✓ Man formt eine Gleichung immer so lange um, bis die Variable isoliert ist.
- ✓ Steht die Variable isoliert auf einer Seite, steht auf der anderen Seite eine Lösung.
- ✓ Die Gleichung bleibt im Gleichgewicht, solange man auf beiden Seiten immer dieselben Operationen ausführt.

Die Variable isolieren
Um eine Gleichung zu lösen, formen wir sie nach bestimmten Regeln so lange um, bis die Variable x isoliert auf einer Seite steht. Umformungen sind erlaubt, wenn wir auf beiden Seiten der Gleichung dasselbe tun, sodass sie immer „ausbalanciert" bleibt. Wenn wir auf der einen Seite der Gleichung etwas wegnehmen, müssen wir es auf der anderen ebenfalls tun usw.

Beidseitige Subtraktion
Um die Variable x in in dieser Gleichung zu isolieren, muss auf der linken Seite die Zahl 7 subtrahiert werden. Daher subtrahieren wir auf beiden Seiten 7, damit das Gleichgewicht erhalten bleibt. Die Lösung lautet 3.

$$x + 7 = 10$$
$$x + 7 - 7 = 10 - 7$$
$$x = 3$$

Beidseitige Division
Um x zu isolieren, müssen wir auf der linken Seite durch 2 dividieren. Also dividieren wir auf beiden Seiten durch 2, damit das Gleichgewicht erhalten bleibt. Als Lösung ergibt sich 2.

$$2x = 4$$
$$\frac{2x}{2} = \frac{4}{2}$$
$$x = 2$$

Beidseitige Addition
Um x zu isolieren, müssen wir auf der linken Seite die Zahl 6 addieren. Also addieren wir 6 auf der linken und auf der rechten Seite, damit das Gleichgewicht erhalten bleibt. Die Lösung ist somit 9.

$$x - 6 = 3$$
$$x - 6 + 6 = 3 + 6$$
$$x = 9$$

Beidseitige Multiplikation
Hier müssen wir die linke Seite mit 3 multiplizieren. Also multiplizieren wir beide Seiten mit 3, um das Gleichgewicht zu erhalten. Die Lösung ist 6.

$$\frac{x}{3} = 2$$
$$\frac{x}{3} \cdot 3 = 2 \cdot 3$$
$$x = 6$$

Das Gleichgewicht erhalten

Wird eine Operation nur auf einer Seite einer Gleichung ausgeführt, ist die Gleichung nicht mehr im Gleichgewicht. Daher müssen Operationen immer auf beiden Seiten einer Gleichung durchgeführt werden.

$x + 7 = 12$

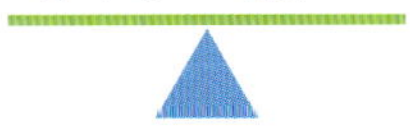

Die Gleichung ist im Gleichgewicht.

$x < 12$

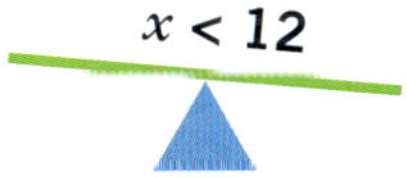

Subtrahiert man 7 auf einer Seite, bleibt das Gleichgewicht nicht erhalten.

$x = 5$

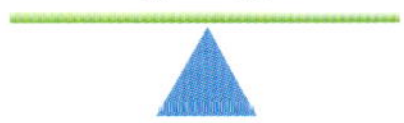

Subtrahiert man 7 auch auf der rechten Seite, ist das Gleichgewicht wiederhergestellt.

Schwierigere Gleichungen lösen

Manchmal braucht es mehr als einen Umformungsschritt, bis eine Gleichung gelöst ist. Die Variable steht dann erst nach zwei oder mehr Schritten isoliert auf der einen Seite.

Auf einen Blick

- ✓ Um eine Gleichung zu lösen, isoliert man die Variable.
- ✓ Steht die Variable auf beiden Seiten der Gleichung, muss sie auf der einen Seite eliminiert werden.

Die Variable steht auf beiden Seiten
Manchmal steht die Variable, in diesem Beispiel x, auf beiden Seiten der Gleichung. Trotzdem müssen wir die Variable auf einer Seite isolieren. Dies gelingt uns wieder, indem wir auf beiden Seiten immer dieselben Operationen ausführen. Wie immer müssen wir dabei die Rechenregeln berücksichtigen und die richtige Reihenfolge beachten.

1. Die Variable x steht auf beiden Seiten der Gleichung.

$$4x - 1 = x + 5$$

2. Zuerst subtrahieren wir x auf beiden Seiten, sodass x nur noch auf einer Seite stehen bleibt.

$$3x - 1 = 5$$

3. Dann addieren wir auf beiden Seiten 1.

$$3x = 6$$

4. Schließlich dividieren wir beide Seiten durch 3, sodass x isoliert wird. Damit ist die Gleichung gelöst.

$$x = 2$$

Die Lösung für x ist 2.

Gleichungen im echten Leben

Alltägliche Probleme können in Gleichungen übersetzt und dann gelöst werden.

Aufgabe
Eine Pflanze ist 6 cm hoch. Sie wächst jede Woche um 2 cm. Nach wie viel Wochen ist die Pflanze 20 cm hoch?

Lösung
1. Wir können die Aufgabe als algebraische Gleichung schreiben, mit deren Hilfe wir die Lösung leicht finden. Die endgültige Höhe der Pflanze beträgt 6 cm plus 2-mal die Anzahl der Wochen, die sie weiter wächst.

$$6 + 2x = 20$$

x steht für die Anzahl der Wochen.

Endgültige Höhe der Pflanze in cm.

2. Isoliere x, um die Gleichung zu lösen. Subtrahiere zuerst 6 auf beiden Seiten und dividiere dann beide Seiten durch 2.

$$2x = 14$$
$$x = 7$$

Nach 7 Wochen ist die Pflanze 20 cm hoch.

Gleichungen mit Klammertermen

Mit Klammern lassen sich die einzelnen Terme gut gruppieren und zusammenfassen. Steht die Variable innerhalb von Klammern, kann es helfen, die Klammern zu entfernen, bevor man die Gleichung löst.

Auf einen Blick

- ✓ **Wenn eine Variable in Klammern steht, löst man meist zuerst die Klammern auf, bevor man die Gleichung löst.**
- ✓ **Es gibt zwei Methoden, die Klammern zu entfernen – entweder durch Ausmultiplizieren oder durch das Ausklammern gemeinsamer Fakoren.**

Klammern auflösen

Wenn eine Gleichung eine oder mehrere Klammern beinhaltet, kann es sinnvoll sein, die Klammern aufzulösen (s. S. 99), bevor man die Gleichung löst.

1. Hier musst du zuerst die Klammern auflösen, indem du sie ausmultiplizierst.

$$3\left(\frac{2x}{3} + 3\right) - 2(1 - x) = 2x + 11$$

2. Multipliziere jeden Term innerhalb der Klammer mit der Zahl davor. Fasse ähnliche Terme zusammen.

Die Multiplikation mit 3 führt dazu, dass der Nenner verschwindet.

Die Multiplikation mit einer negativen Zahl führt dazu, dass sich die Vorzeichen in der Klammer umkehren.

$$3\left(\frac{2x}{3} + 3\right) - 2(1 - x) = 2x + 11$$

$$2x + 9 - 2 + 2x = 2x + 11$$

$$4x + 7 = 2x + 11$$

3. Isoliere x: Subtrahiere auf jeder Seite zuerst $2x$ und dann 7. Dividiere zum Schluss beide Seiten durch 2.

$$4x + 7 = 2x + 11$$

$$2x + 7 = 11$$

$$2x = 4$$

$$x = 2$$

Gemeinsame Faktoren ausklammern

Ebenso kann es aber auch oft sinnvoll sein, auf beiden Seiten einen gemeinsamen Teiler/Faktor (s. S. 101) auszuklammern.

1. Die Seitenlängen eines Parallelogramms sind $x + 2$ und $x - 3$. Wenn du weißt, dass sein Umfang 14 Längeneinheiten beträgt, kannst du damit x ausrechnen.

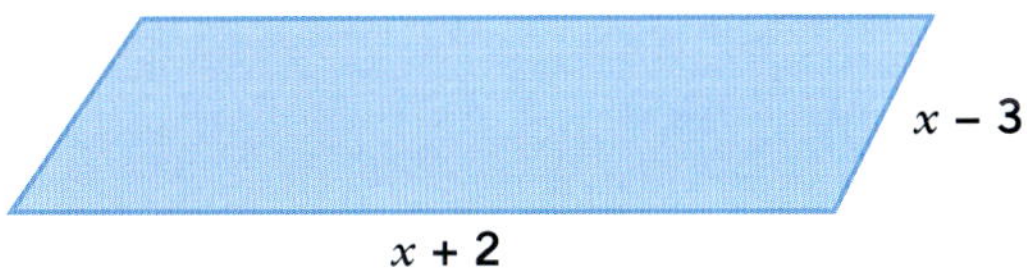

2. Fasse alle bekannten Informationen in einer Gleichung zusammen: Du kennst den Umfang (die Summe der Seitenlängen) und weißt, dass dieser beim Parallelogramm gleich 2-mal Seitenlänge 1 plus 2-mal Seitenlänge 2 ist.

$$2(x + 2) + 2(x - 3) = 14$$

3. Da in beiden Seiten der Faktor 2 steckt, kannst du beide Seiten durch 2 dividieren. Damit entfernst du die Klammern, ohne sie auszumultiplizieren.

$$x + 2 + x - 3 = 7$$

4. Wenn du die ähnlichen Terme zusammenfasst, erhältst du:

$$2x - 1 = 7$$

$$2x = 8$$

$$x = 4$$

Zwei Gleichungen mit zwei Unbekannten

Eine Gleichung mit einer Unbekannten (Variablen) enthält alle Informationen, die wir benötigen, um die Lösung zu finden. Bei zwei Unbekannten wird es schon schwieriger. Dazu benötigen wir ein sogenanntes Gleichungssystem aus zwei Gleichungen mit denselben Unbekannten.

Auf einen Blick

- ✓ **Gleichungssysteme enthalten dieselben Unbekannten und können in Abhängigkeit voneinander gelöst werden.**
- ✓ **Man kann dazu entweder die eine Gleichung in die andere einsetzen oder eine Variable eliminieren.**

Gleichungssystem mit zwei Unbekannten
Mithilfe eines Gleichungssystems aus zwei Gleichungen und zwei Unbekannten können wir beide Unbekannten bestimmen. Dazu gibt es mehrere Verfahren. Wir betrachten hier das Einsetzungsverfahren und das Eliminationsverfahren.

$$3x - 5y = 4$$
$$4x + 5y = 17$$

Zwei Gleichungen eines Gleichungssystems.

Beide Gleichungen enthalten dieselbe Unbekannte x.

Beide Gleichungen enthalten dieselbe Unbekannte y.

Einsetzungsverfahren
Wenn in einer der beiden Gleichungen der Koeffizient von x (oder y) gleich 1 ist, kann man diese nach (im Beispiel) x auflösen und das Ergebnis dann anstelle von x in die zweite Gleichung einsetzen. Damit lässt sich das gesamte Gleichungssystem lösen.

1. Hier können wir das Einsetzungsverfahren verwenden, da in der ersten Gleichung der Koeffizient von x gleich 1 ist.

Der Koeffizient von x ist 1.

$$① \quad x + 2y = 10$$
$$② \quad 2x + 6y = 26$$

In einem Gleichungssystem werden die Gleichungen nummeriert.

2. Wir isolieren x in der ersten Gleichung.

$$① \quad x = 10 - 2y$$

3. Gleichung ① hat ergeben, dass x gleich $10 - 2y$ ist. Diesen Ausdruck setzen wir nun für x in Gleichung ② ein. Dann formen wir sie um, um den Wert von y zu berechnen.

Der Ausdruck für x aus Gleichung ① wird anstelle von x in Gleichung ② eingesetzt.

$$② \quad 2(10 - 2y) + 6y = 26$$
$$20 - 4y + 6y = 26$$
$$2y = 6$$
$$y = 3$$

4. Nun berechnen wir noch x. Dazu setzen wir den Wert von y in eine der Originalgleichungen ein und formen sie um.

Der Wert von y wird in Gleichung ① eingesetzt.

$$① \quad x + 2(3) = 10$$
$$x + 6 = 10$$
$$x = 4$$

5. Wir haben die Werte für x und y ermittelt. Dies ist die Lösung des Gleichungssystems.

$$x = 4$$
$$y = 3$$

Eliminationsverfahren

Für andere Gleichungssysteme ist beispielsweise das Eliminationsverfahren sinnvoll. Hier wird eine ganze Gleichung (oder beide Gleichungen) jeweils so mit einer Zahl multipliziert, dass die Koeffizienten einer Variablen Gegenzahlen zueinander sind.

1. Das Eliminationsverfahren bietet sich an. Wir müssen die Koeffizienten von x oder von y so umformen, dass sie sich bei einer Addition der Gleichungen aufheben, sodass nur die andere Unbekannte übrig bleibt.

① $3x + 2y = 19$

② $5x - 4y = 17$

2. Wir multiplizieren die Gleichung ① mit 2. Die y-Koeffizienten in den Gleichungen ① und ② sind nun –4 und 4. Gib der neuen Gleichung die Nummer ③.

① $3x + 2y = 19$

↓ ·2

③ $6x + 4y = 38$

3. Wenn wir die neue Gleichung ③ zu Gleichung ② addieren, dann eliminieren wir die Unbekannte y.

③ $6x + 4y = 38$

+② $5x - 4y = 17$

↓

$11x + 0y = 55$

Durch Addition der beiden Gleichungen wird y eliminiert.

4. Wenn wir nun noch durch 11 dividieren, erhalten wir das Ergebnis für x.

$11x = 55$

$x = 5$

5. Wir können den Wert für x nun in eine der Originalgleichungen einsetzen. Durch Umformen erhalten wir schließlich y.

① $3(5) + 2y = 19$

$15 + 2y = 19$

$2y = 4$

$y = 2$

Der Wert von x wird in Gleichung ① eingesetzt.

6. Wir kennen die Lösungen für x und y. Zusammen bilden sie die Lösung des Gleichungssystems.

$x = 5$

$y = 2$

Beide Gleichungen multiplizieren

Manchmal muss man beide Gleichungen multiplizieren, bevor man die Eliminationsmethode anwenden kann.

1. In diesem Gleichungssystem passen die Koeffizienten keiner Unbekannten zusammen. Daher müssen wir beide Gleichungen mit unterschiedlichen Zahlen multiplizieren.

① $2x + 5y = 26$

② $3x + 2y = 17$

2. Multipliziere beide Gleichungen so, dass die Koeffizienten von y 10 ergeben. Gib den neuen Gleichungen die Nummern ③ und ④.

① $2x + 5y = 26$

↓ ·2

③ $4x + 10y = 52$

② $3x + 2y = 17$

↓ ·5

④ $15x + 10y = 85$

3. Subtrahiere Gleichung ③ von Gleichung ④ und dividiere durch 11, dann erhältst du x.

④ $15x + 10y = 85$

– ③ $4x + 10y = 52$

↓

$11x = 33$

$x = 3$

4. Ersetze den Wert für x in Gleichung ① und berechne den Wert von y.

$2(3) + 5y = 26$

$5y = 20$

$y = 4$

5. Die Lösungen für x und y sind:

$x = 3$

$y = 4$

Übungsaufgabe Gleichungssysteme aus dem echten Leben

Siehe auch

97 Zahlen einsetzen

132 Schwierigere Gleichungen lösen

134–135 Zwei Gleichungen mit zwei Unbekannten

In vielen alltäglichen Situationen steht man mehr als einer Unbekannten gegenüber. In solchen Fällen kann man das Problem oft in einem linearen Gleichungssystem darstellen und die voneinander abhängigen Größen bestimmen.

Aufgabe

Im Café bestellt ein Gast 2 Törtchen und 3 Smoothies für insgesamt 15 €. Ein zweiter Gast bestellt 4 Törtchen und 5 Smoothies für insgesamt 26 €. Wie teuer ist jeweils ein Törtchen und ein Smoothie?

Lösung

1. Zur Lösung des Problems stellen wir jede Bestellung mithilfe einer Gleichung dar. In diesen Gleichungen steht x für den Preis eines Törtchens und y für den Preis eines Smoothies in €.

$$① \quad 2x + 3y = 15 \quad \text{(Bestellung Kunde 1)}$$

$$② \quad 4x + 5y = 26 \quad \text{(Bestellung Kunde 2)}$$

2. Da bei beiden Unbekannten die Koeffizienten nicht 1 sind, nutzen wir das Eliminationsverfahren. Multipliziere Gleichung ① mit 2, damit die Koeffizienten von x in beiden Gleichungen übereinstimmen. Gib der neuen Gleichung die Nummer ③.

$$① \quad 2x + 3y = 15$$

$$\downarrow \cdot 2$$

$$③ \quad 4x + 6y = 30$$

3. Subtrahiere Gleichung ② von Gleichung ③ und eliminiere x.

$$③ \quad 4x + 6y = 30$$

$$- ② \quad 4x + 5y = 26$$

$$\downarrow$$

$$0x + y = 4$$

$$y = 4$$

4. Ersetze den Wert für y in Gleichung ① und berechne x.

$$① \quad 2x + 3y = 15$$

$$2x + 3(4) = 15$$

$$2x + 12 = 15$$

$$2x = 3$$

$$x = 1{,}5$$

5. Mache die Probe und setze die Werte für x und y in die andere Ausgangsgleichung ein. x und y sind nur dann Lösungen, wenn sie beide Gleichungen erfüllen.

$$② \quad 4x + 5y = 26$$

$$4(1{,}5) + 5(4) = 26$$

$$6 + 20 = 26$$

Da x gleich 1,5 und y gleich 4, kostet ein Törtchen 1,50 € und ein Smoothie 4 €.

Einfache quadratische Gleichungen lösen

Eine quadratische Gleichung ist eine Gleichung, in der ein quadratischer Ausdruck vorkommt (s. S. 100). Im Normalfall hat sie zwei Lösungen (oder eine doppelte).

Auf einen Blick

- ✓ Eine quadratische Gleichung hat zwei (oder eine doppelte) Lösung(en).
- ✓ Die Faktorisierung (Linearfaktorzerlegung) ist ein Weg zur Lösung einfacher quadratischer Gleichungen.

Allgemeine Form der quadratischen Gleichung
Quadratische Gleichungen müssen immer zuerst in ihre allgemeine Form überführt werden. Der quadratische Term (x^2-Term) steht vorn, gefolgt vom x-Term. Am Ende folgt das Absolutglied (auch Konstante genannt).

$$ax^2 + bx + c = 0$$

Der Koeffizient von x^2 wird durch den Buchstaben a repräsentiert.

x repräsentiert die Unbekannte/Variable.

b ist der Koeffizient von x.

c ist eine Zahl (Konstante).

Zerlegung in Linearfaktoren

1. Um diese quadratische Gleichung zu lösen, zerlegen wir sie in Linearfaktoren.

$$x^2 + 3x + 2 = 0$$

2. Durch die Faktorisierung entstehen zwei Klammern (s. S. 102–103).

$$(x + 1)(x + 2) = 0$$

3. Ist das Produkt zweier Zahlen 0, muss mindestens einer der beiden Faktoren 0 sein. Unsere Gleichung ist gleich 0, also muss entweder $(x + 1)$ oder $(x + 2)$ gleich 0 sein. Beide Möglichkeiten führen uns zu einer Lösung.

Lösung 1

$$(x + 1) = 0$$
$$x = -1$$

Lösung 2

$$(x + 2) = 0$$
$$x = -2$$

4. Führe eine Probe durch und setze die beiden Werte in die ursprüngliche Gleichung ein.

Probe für Lösung 1

$$x^2 + 3x + 2 = 0$$
$$(-1)^2 + 3(-1) + 2 = 0$$
$$1 - 3 + 2 = 0$$
$$0 = 0$$

Probe für Lösung 2

$$x^2 + 3x + 2 = 0$$
$$(-2)^2 + 3(-2) + 2 = 0$$
$$4 - 6 + 2 = 0$$
$$0 = 0$$

Falls b gleich 0

In einer quadratischen Gleichung können b und c gleich 0 sein (a nicht). Ist b gleich 0, lässt sich die Gleichung lösen, indem man x durch Umformung isoliert.

1. Hier ist b gleich 0, also gibt es keinen x-Term. x^2 wird zuerst isoliert.

$$x^2 - 16 = 0$$

2. Dazu addiert man 16 auf beiden Seiten.

$$x^2 = 16$$

3. Die Lösung findet man durch Wurzelziehen.

$$x = \pm\sqrt{16}$$

Dies bedeutet „positiv oder negativ".

4. Es gibt zwei Lösungen, da die Wurzel aus 16 gleich 4 oder –4 ist:

$$x = \pm 4$$

Quadratische Gleichungen

Falls der Koeffizient a von x^2nicht gleich 1 ist, können wir die Methoden anwenden, die im Folgenden beschrieben werden.

Zerlegung in Linearfaktoren, wenn $a \neq 1$
Ist die Zerlegung in Linearfaktoren möglich – was nicht immer der Fall ist –, können wir die Faktoren mithilfe einer Tabelle finden.

1. Diese Gleichung ist in der Form $ax^2 + bx + c = 0$. Um sie in Linearfaktoren zu zerlegen, brauchen wir die Koeffizienten a und c. Sie geben uns Hinweise auf die möglichen Linearfaktoren, die später in den Klammern stehen.

$$2x^2 + 7x + 6 = 0$$

$a = 2$. Das einzige Faktorpaar von 2 besteht aus den Zahlen 1 und 2.

b ist 7.

c ist 6. Die Faktorpaare von 6 sind 6; 1 und 3; 2.

2. Mithilfe einer Tabelle können wir die Faktorpaare ausprobieren und durch Ausmultiplizieren überprüfen, ob sie zur Originalgleichung passen.

Mögl. Linearfaktorzerlegung	Ausmultiplizierter Ausdruck	
$(x + 6)(2x + 1)$	$2x^2 + 13x + 6$	✗
$(2x + 6)(x + 1)$	$2x^2 + 8x + 6$	✗
$(x + 3)(2x + 2)$	$2x^2 + 8x + 6$	✗
$(2x + 3)(x + 2)$	$2x^2 + 7x + 6$	✓

Je nachdem, wo die Werte innerhalb der Klammern stehen, ändert sich der Ausdruck.

Das ist der ursprüngliche Ausdruck.

3. Aufgrund der Tabelle wissen wir, dass $(2x + 3)(x + 2)$ die richtige Linearfaktorzerlegung ist. Wenn man mithilfe der Tabelle keine Lösung findet, muss man eine andere Methode anwenden.

Die Linearfaktorzerlegung → $(2x + 3)(x + 2) = 0$

4. Ist eine der beiden Klammern gleich 0, dann ist der gesamte Ausdruck gleich 0. Daraus ergeben sich die beiden Lösungen.

$$(2x + 3) = 0 \qquad (x + 2) = 0$$
$$x = \frac{-3}{2} \qquad x = -2$$

Lösung 1 **Lösung 2**

Auf einen Blick

- ✓ Findet man eine Linearfaktorzerlegung, ist die Lösung einer quadratischen Gleichung leicht zu bestimmen.
- ✓ Die Faktoren kann man mithilfe einer Tabelle suchen.
- ✓ Die Differenz zweier Quadrate $p^2 - q^2$ lässt sich zerlegen in $(p + q)(p - q)$.

Differenz zweier Quadrate
Ein quadratischer Ausdruck, der eine Differenz aus zwei Quadraten darstellt (s. S. 105), hat die Form $p^2 - q^2$ und die Linearfaktorzerlegung lautet immer $(p + q)(p - q)$.

1. 9 und 25 sind beides Quadratzahlen. Daher ist dieser quadratische Ausdruck die Differenz aus zwei Quadraten und hat die Form $p^2 - q^2$.

$$9x^2 - 25 = 0$$

2. Die Differenz zweier Quadrate lässt sich immer in der Form $(p + q)(p - q)$ schreiben, wobei p und q die Quadratwurzeln der ursprünglichen Werte p^2 und q^2 sind.

$$(3x + 5)(3x - 5) = 0$$

5 ist die Quadratwurzel aus 25.

$3x$ ist die Quadratwurzel aus $9x^2$.

3. Nun lösen wir ganz einfach durch Umformen. Der gesamte Ausdruck ist gleich 0, wenn einer der beiden Faktoren gleich 0 ist:

$$(3x + 5) = 0 \qquad (3x - 5) = 0$$
$$x = \frac{-5}{3} \qquad x = \frac{5}{3}$$

Lösung 1 **Lösung 2**

Quadratische Ergänzung

Lässt sich eine quadratische Gleichung nicht in Linearfaktoren zerlegen, so gibt es eine alternative Methode: die quadratische Ergänzung. Dabei entsteht eine Version der Gleichung, die durch Umformen gelöst werden kann.

Auf einen Blick

- ✓ **Quadratische Gleichungen, die nicht in Linearfaktoren zerlegt werden können, lassen sich mithilfe der quadratischen Ergänzung lösen.**
- ✓ **Der neue Ausdruck steht für ein Quadrat, von dem ein kleiner Teil abgezogen wird.**

Eine Quadratfläche vervollständigen

Die quadratische Gleichung $x^2 + 6x + 3 = 0$ kann nicht in Linearfaktoren zerlegt werden, da es keine zwei Zahlen gibt, deren Produkt 3 und deren Summe 6 ist. Stattdessen müssen wir hier, bildlich gesprochen, eine Quadratfläche ergänzen und dann wieder abziehen, um die Gleichung zu lösen. Dazu müssen wir herausfinden, welcher Wert ergänzt (und dann wieder abgezogen) werden muss, um das Quadrat zu vervollständigen.

1. Wir stellen uns vor, dass jeder Teilterm den Flächeninhalt eines Rechtecks darstellt: x^2 ist ein Quadrat (x Einheiten breit und x Einheiten lang). $6x$ bildet 6 Rechtecke (1 Einheit breit und x Einheiten lang). Die Zahl 3 bildet 3 Quadrate mit den Seitenlängen 1.

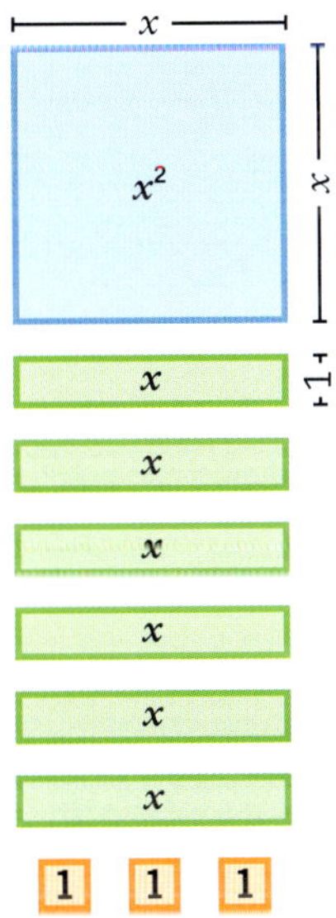

2. Wir können diese Flächen so anordnen, dass wir eine neue Fläche erhalten, die fast einem Quadrat entspricht. Das gesamte Quadrat hätte dann die Fläche $(x + 3)^2$, denn beide Seiten wären $x + 3$ Einheiten lang. Allerdings fehlt ein kleines Stückchen.

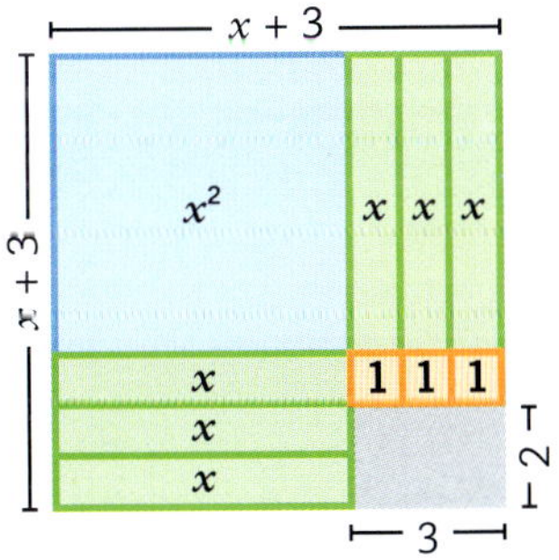

3. Die ursprüngliche Gleichung entspricht dem gesamten Quadrat minus des kleinen fehlenden Teils.

$$x^2 + 6x + 3 = (x + 3)^2 - ?$$

4. Der fehlende Teil hat den Flächeninhalt 6 Einheiten, da er 3 Einheiten breit und 2 Einheiten lang ist. Wenn wir diesen kleinen Teil nun von dem Ausdruck abziehen, der für das gesamte Quadrat steht, so sind die beiden Ausdrücke äquivalent.

$$x^2 + 6x + 3 = (x + 3)^2 - 6$$

Der Flächeninhalt des kleinen Rechtecks, nämlich 6, wird vom gesamten Quadrat $(x + 3)^2$ abgezogen.

5. Jetzt können wir die Gleichung umformen und wie gewohnt lösen, indem wir den neuen Ausdruck anstelle des ursprünglichen Ausdrucks einsetzen.

$$(x + 3)^2 - 6 = 0$$
$$(x + 3)^2 = 6$$
$$x + 3 = \pm\sqrt{6}$$
$$x = -3 \pm \sqrt{6}$$

Die Quadratwurzel ist immer positiv, aber die Lösung kann positiv oder negativ sein.

Die Lösungen der Gleichung $x^2 + 6x + 3 = 0$ lauten somit $x = -3 + \sqrt{6}$ und $x = -3 - \sqrt{6}$.

Quadratische Ergänzung berechnen

In der Praxis kann man nicht jedes Mal Rechtecke zeichnen, wenn man eine quadratische Gleichung lösen will. Mit den folgenden Schritten lässt sich die quadratische Ergänzung einfach berechnen.

In sechs Schritten zur quadratischen Ergänzung
Auch bei der Berechnung der quadratischen Ergänzung geht es darum, einen quadratischen Klammerterm zu finden, der möglichst nah am ursprünglichen Ausdruck ist. Dann muss man berechnen, was von diesem quadratischen Klammerterm subtrahiert oder zu ihm addiert werden muss, damit der gesamte Ausdruck gleich dem ursprünglichen Ausdruck ist. Am einfachsten geht dies, wenn a gleich 1 und b eine gerade Zahl ist.

Auf einen Blick

- ✓ **Am einfachsten funktioniert die Methode, wenn a gleich 1 und b gerade ist.**
- ✓ **Ist a gleich 1, lautet der Klammerterm: $(x + b/2)^2$.**
- ✓ **Ist a gleich 1, muss die Differenz zwischen c und $(b/2)^2$ vom Klammerterm abgezogen bzw. zu ihm hinzuaddiert werden.**

1. In diesem Ausdruck ist a ungleich 1. Daher dividieren wir die gesamte Gleichung zunächst durch 3, damit der Koeffizient von x^2 gleich 1 ist. Falls $a = 1$, ist dieser Schritt nicht erforderlich.

a ist 3. b ist 12. Die Konstante c ist gleich –5.

$$3x^2 + 12x - 5 = 0$$

$$x^2 + 4x - \frac{5}{3} = 0$$

Der neue Koeffizient a' von x^2 ist gleich 1. Der neue Koeffizient b' von x ist gleich 4. Die neue Konstante c' ist gleich $-5/3$.

2. Für die Konstruktion des gesamten Quadrats müssen wir b' durch 2 dividieren, zu x addieren und in die quadrierte Klammer setzen. Der Klammerterm lautet immer $(x + b'/2)^2$.

$$(x + 2)^2$$

b' ist gleich 4. 4 dividiert durch 2 ergibt 2. Dieser Wert kommt in die Klammer.

3. Wenn wir nun wieder ausmultiplizieren, erhalten wir als Konstante die Zahl 4, während c' gleich $-5/3$ war.

Im ausmultiplizierten Ausdruck ist die Konstante gleich 4 (statt $-5/3$).

$$(x + 2)^2 = x^2 + 4x + 4$$

4. Jetzt suchen wir den Wert, den wir von der quadrierten Klammer abziehen müssen, um die ursprüngliche Gleichung zu erhalten. Wir suchen also die Differenz zwischen c' und $(b'/2)^2$.

c' ist $-5/3$. $(b'/2)^2$ ist 4.

$$-\frac{5}{3} - 4 = -\frac{17}{3}$$

Dies ist die Differenz zwischen der ursprünglichen Gleichung und dem quadrierten Klammerterm.

5. Zum Schluss subtrahieren wir diesen Wert vom Klammerterm. So entsteht eine quadratische Gleichung, die gleichwertig zur ursprünglichen Gleichung ist.

$$(x + 2)^2 - \frac{17}{3} = 0$$

6. Wir formen die Gleichung um.

$$(x + 2)^2 = \frac{17}{3}$$

$$x + 2 = \pm\sqrt{\frac{17}{3}}$$

$$x = -2 \pm\sqrt{\frac{17}{3}}$$

Die Lösungen lauten:

$$x = -2 + \sqrt{\frac{17}{3}} \quad \text{und} \quad x = -2 - \sqrt{\frac{17}{3}}$$

Die *a*-*b*-*c*-Formel (Mitternachtsformel)

Oft lassen sich quadratische Gleichungen am einfachsten mithilfe der *a*-*b*-*c*-Formel lösen. Das gilt vor allem, wenn nicht sofort erkennbar ist, wie die quadratische Ergänzung oder die Linearfaktorzerlegung aussehen könnte.

Die *a*-*b*-*c*-Formel anwenden

Die allgemeine Form der quadratischen Gleichung $ax^2 + bx + c = 0$, wobei a, b, c beliebige Zahlen sind, löst man mit der *a*-*b*-*c*-Formel. Diese ist oft praktischer als andere Methoden und leicht erlernbar. Wenn man sie einmal verstanden hat, setzt man nur noch die Koeffizienten aus der Gleichung ein und erhält die Lösungen.

Auf einen Blick

- ✓ Sind quadratische Ergänzung und Linearfaktorzerlegung zu schwierig, wendet man die *a*-*b*-*c*-Formel an. Diese funktioniert immer.
- ✓ Die Werte für a, b und c werden in die Ergebnisformel eingesetzt und dann erhält man die Lösung.
- ✓ Als Erstes ermittelt man immer die Diskriminante (den Term unter der Wurzel).

Allgemeine Form der quadratischen Gleichung

Um die *a*-*b*-*c*-Formel anwenden zu können, muss die quadratische Gleichung zunächst in der allgemeinen Form angegeben sein. Zuerst steht der x^2-Term, dann folgt der x-Term und am Ende steht die Konstante. Die Buchstaben a, b und c repräsentieren Zahlen.

$$ax^2 + bx + c = 0$$

Die *a*-*b*-*c*-Formel

Für die Anwendung der *a*-*b*-*c*-Formel müssen wir lediglich die Werte von a, b und c aus der quadratischen Gleichung in die Formel einsetzen und den Wert ausrechnen.

Es gibt immer zwei Lösungen zu einer quadratischen Gleichung.

$$x = \frac{-b \pm \sqrt{b^2 - 4ac}}{2a}$$

Eine Formel in Aktion

Mit der *a*-*b*-*c*-Formel muss man eigentlich nur die Werte für a, b und c einsetzen und rechnen. Man kann das Vorgehen aber auch in drei Schritte unterteilen.

Aufgabe

Löse die Gleichung und bestimme x.

$$3x^2 - 5x + 2 = 0$$

Lösung

1. Schreibe zuerst die Werte für a, b und c auf.

$$a = 3$$
$$b = -5$$
$$c = 2$$

2. Rechne dann den Wert unter der Wurzel (die Diskriminante) aus: Setze a, b und c ein und berechne die Diskriminante.

$$\begin{aligned} & b^2 - 4ac \\ &= (-5)^2 - 4 \cdot 3 \cdot 2 \\ &= 25 - 24 \\ &= 1 \end{aligned}$$

3. Setze die restlichen Werte in die Formel ein und rechne aus.

$$x = \frac{(-b \pm \sqrt{1})}{2a}$$

$$x = \frac{(5 \pm 1)}{6}$$

$$x = \frac{6}{6} = 1 \quad \text{oder} \quad x = \frac{4}{6} = \frac{2}{3}$$

Also gilt: $x = 1$ oder $x = 2/3$.

Übungsaufgabe Methode für quadratische Gleichung wählen

Wir haben einige der wichtigsten Methoden für die Lösung quadratischer Gleichungen kennengelernt: *a*-*b*-*c*-Formel, Linearfaktorzerlegung und quadratische Ergänzung. Wenn wir nun eine bestimmte quadratische Gleichung lösen wollen, müssen wir genau überlegen, welche Methode hier sinnvoll ist.

Siehe auch

Aufgabe

Eine Seite des rechteckigen Rasenstücks ist 4 m länger als die andere. Der Flächeninhalt beträgt insgesamt 11 m². Wie breit ist das Rasenstück in m? Rechne auf zwei Dezimalen genau.

Lösung

1. Der Flächeninhalt eines Rechtecks ist gleich Länge mal Breite. Drücke die Aufgabe mithilfe einer Gleichung aus, in der du alle bekannten Angaben verwendest. x soll die Länge in Meter sein.

Flächeninhalt = Länge · Breite

$$11 = (x + 4) \cdot x$$

2. Die Gleichung für die Rasenfläche ist quadratisch. Führe sie zunächst in die allgemeine Form ($ax^2 + bx + c = 0$) über und überlege dir, welche Lösungsmethode du anwendest.

$$(x + 4) \cdot x = 11$$
$$x^2 + 4x = 11$$
$$x^2 + 4x - 11 = 0$$

3. Es gibt kein Faktorpaar für die Linearfaktorzerlegung, aber a ist gleich 1 und b ist gerade, also funktioniert die quadratische Ergänzung ganz einfach (s. S. 139).

$$x^2 + 4x - 11 = 0$$

$a = 1$; b ist gerade.

4. Setze x und $b/2$ (= 2) in eine Klammer. Die Differenz aus c und $(b/2)^2$ ist gleich −15, daher musst du diesen Wert abziehen. Jetzt hast du die gewünschte Form:

$$(x + 2)^2 - 15 = 0$$

$c - (b/2)^2 = -11 - 4 = -15$

5. Forme nun so um, dass x isoliert wird.

$$(x + 2)^2 = 15$$
$$x + 2 = \pm\sqrt{15}$$
$$x = -2 \pm \sqrt{15}$$
$$x = -2 + \sqrt{15} \text{ oder } x = -2 - \sqrt{15}$$

6. Da du eine Länge suchst, brauchst du nur den positiven Wert.

$$x = -2 + \sqrt{15}$$
$$\approx 1{,}87$$

Das Rasenstück ist etwa 1,87 m breit.

Intervallschachtelung

Mithilfe der Intervallschachtelung kann man sich beispielsweise einer irrationalen Zahl beliebig dicht nähern. Man rechnet schrittweise immer kleinere Intervalle aus, bis der Wert genau genug ist.

Auf einen Blick

- ✓ Mithilfe der Intervallschachtelung nähert man sich einem gesuchten Wert schrittweise.
- ✓ Man überprüft Schritt für Schritt, welcher Wert zu hoch und welcher zu niedrig ist.
- ✓ Dies ist ein iterativer Prozess, der wiederholt wird, bis die gewünschte Genauigkeit erreicht ist.

Näherungsweise Lösung
Irrationale Zahlen wie beispielsweise $\sqrt{160}$ kann man näherungsweise mithilfe der Intervallschachtelung bestimmen. Im Beispiel berechnen wir den Wert von $\sqrt{160}$ auf eine Dezimale genau.

Die Lösung liegt zwischen diesen beiden Zahlen.

1. Wir wissen, dass 12^2 gleich 144 und 13^2 gleich 169 ist, daher liegt $\sqrt{160}$ zwischen 12 und 13.

Du kannst $12{,}5^2$ ganz einfach schriftlich multiplizieren (s. S. 16–17).

2. Wir beginnen mit einer Zahl zwischen 12 und 13, z. B. 12,5. Da das Ergebnis zu klein ist, liegt $\sqrt{160}$ zwischen 12,5 und 13.

$$12{,}5^2 = 156{,}25$$

3. Jetzt wählen wir einen Wert zwischen 12,5 und 13, z. B. 12,7. Dieses Ergebnis ist zu groß, also liegt $\sqrt{160}$ zwischen 12,5 und 12,7.

$$12{,}7^2 = 161{,}29$$

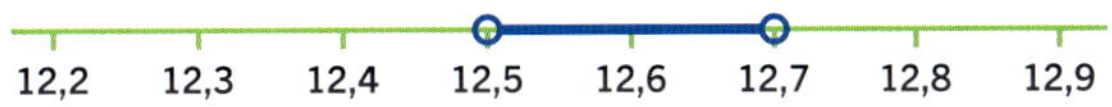

4. Jetzt probieren wir 12,6. Da das Ergebnis zu klein ist, muss $\sqrt{160}$ zwischen 12,6 und 12,7 liegen.

$$12.6^2 = 158{,}76$$

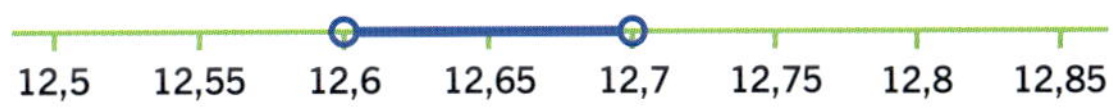

5. Jetzt probieren wir 12,65. Das Ergebnis ist zu groß, also liegt $\sqrt{160}$ zwischen 12,6 und 12,65. Das bedeutet, $\sqrt{160}$ ist rund 12,6.

$$12{,}65^2 = 160{,}0225$$

Kubische Gleichungen lösen

Eine kubische Gleichung kann höchstens drei Lösungen haben.
Eine Lösung der Gleichung $x^3 - 2x^2 - x + 1 = 0$ liegt zwischen 0 und 1. Mithilfe einer Intervallschachtelung bestimmen wir den Wert für x auf eine Dezimale genau.

Da die Lösung zwischen 0,55 und 0,6 liegt, lautet sie auf eine Dezimale gerundet 0,6.

x	$x^3 - 2x^2 - x + 1$	Genauigkeit
0	1	zu groß
1	–1	zu klein
0,5	0,125	zu groß
0,7	–0,337	zu klein
0,6	–0,104	zu klein
0,55	0,011375	zu groß

Durch Einsetzen probieren wir für x verschiedene Möglichkeiten zwischen 0 und 1 aus.

Für $x = 1$ ist das Ergebnis zu groß, also muss x eine andere Zahl sein.

Den nächsten einzusetzenden Wert wählt man aufgrund der Abweichung des vorigen Ergebnisses.

Koordinatensystem

Im Koordinatensystem kann man beispielsweise Funktionen darstellen. Dabei werden die x-Werte und ihre zugehörigen Funktionswerte (y-Werte) jeweils als Punkte eingezeichnet. Am Funktionsgraphen lassen sich viele Eigenschaften der Funktion ablesen.

Auf einen Blick

- ✓ **Ein Koordinatensystem besteht aus einer x-Achse (Rechtsachse), und einer y-Achse (Hochachse), die sich im Ursprung kreuzen.**
- ✓ **Punkte im Koordinatensystem werden in der Form $(x \mid y)$ angegeben.**

Teile des Koordinatensystems
Das Koordinatensystem besteht aus zwei senkrecht aufeinanderstehenden Zahlengeraden, der x-Achse und der y-Achse. Der Punkt, in dem die beiden Geraden sich kreuzen, heißt Ursprung. Ein Koordinatensystem hat insgesamt vier Quadranten. Punkte werden durch Koordinaten benannt, die den Abstand vom Ursprung entlang der x-Achse und entlang der y-Achse angeben.

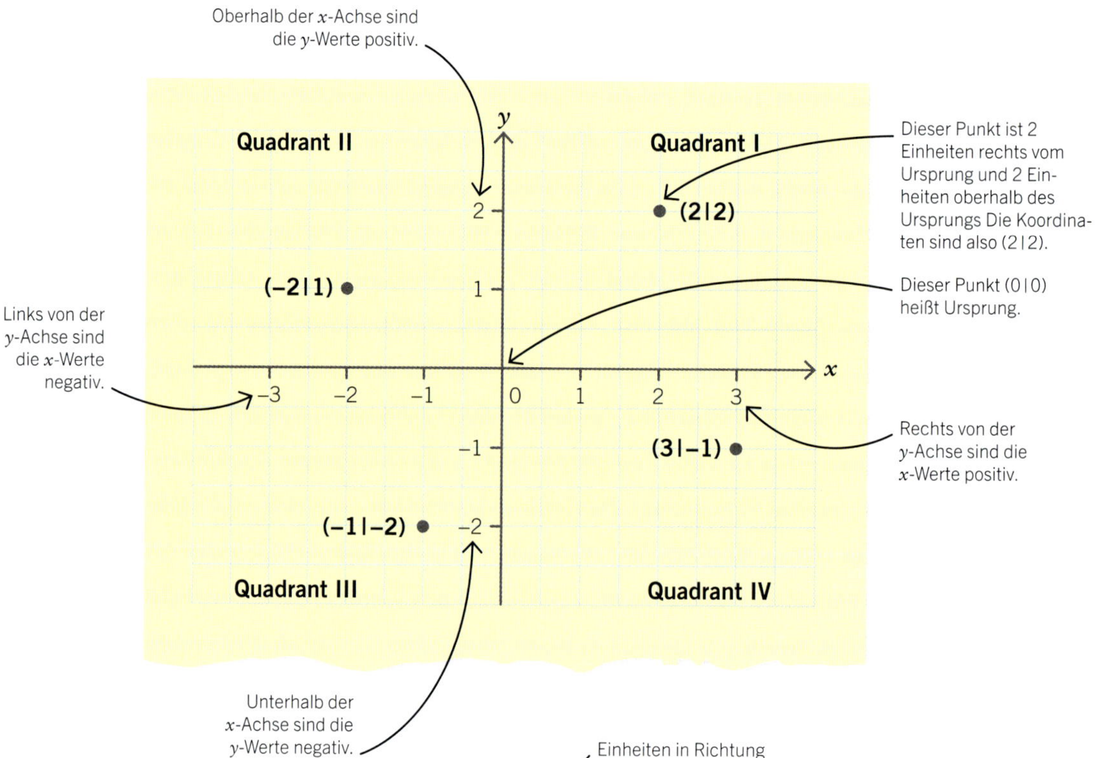

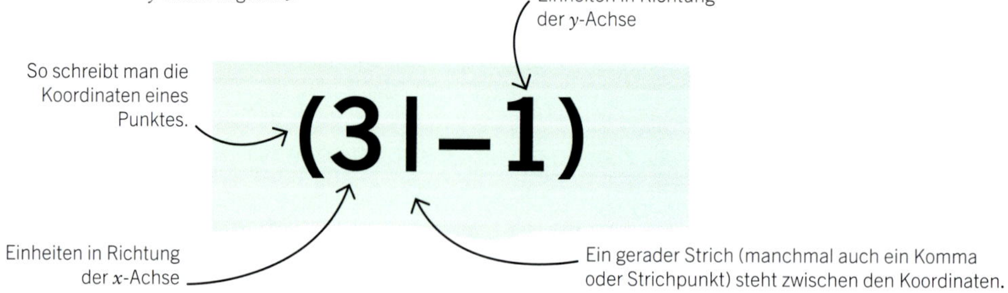

Lineare Funktionen

Die zeichnerische Darstellung einer Funktion (s. S. 111) in einem Koordinatensystem heißt Graph der Funktion. Die x-Koordinaten stehen für die Werte, die in die Funktion eingesetzt werden, die y-Koordinaten entsprechen den Funktionswerten.

Eine lineare Funktion darstellen
In einer linearen Funktion kommen die Variablen nur in der 1. Potenz vor. Der Graph einer linearen Funktion ist eine gerade Linie. Wir verwenden zum Zeichnen eine sogenannte Wertetabelle, in der einige Koordinaten aufgeführt werden.

Auf einen Blick

- ✓ **Ein Funktionsgraph kann in einem Koordinatensystem dargestellt werden.**
- ✓ **Eine Wertetabelle enthält die x-Werte und die zugehörigen y-Werte.**
- ✓ **Meist ist es sinnvoll, die Punkte miteinander zu verbinden.**
- ✓ **Handelt es sich um eine lineare Funktion, so ist der Graph eine Gerade.**

1. Eine Funktionsvorschrift legt fest, welche Rechenoperationen mit den x-Werten durchzuführen sind. Diese Funktion multipliziert x mit 2 und addiert dann noch 1 hinzu.

$$f(x) = 2x + 1$$

2. Anstelle von $f(x)$ schreibt man oft y.

$$y = 2x + 1$$

3. In eine Wertetabelle trägt man einige Koordinatenpaare ein, mit deren Hilfe sich der Graph ganz einfach zeichnen lässt. Werte für x (aus der Definitionsmenge) werden in die Formel eingesetzt, die Werte für y (Wertemenge) werden berechnet.

Die $f(x)$- bzw. y-Werte werden entsprechend der Funktionsvorschrift aus den x-Werten berechnet.

x	$y = f(x)$	**Koordinaten**
–1	$2(-1) + 1 = -1$	(–1|–1)
0	1	(0|1)
1	3	(1|3)
2	5	(2|5)

Oft ist es sinnvoll, für x vier oder fünf Werte zu wählen, die nahe bei 0 liegen.

4. Zeichne nun die einzelnen Punkte genau ein und verbinde sie mit Lineal und Bleistift. Es entsteht eine gerade Linie.

Graph der Funktion $y = f(x) = 2x + 1$.

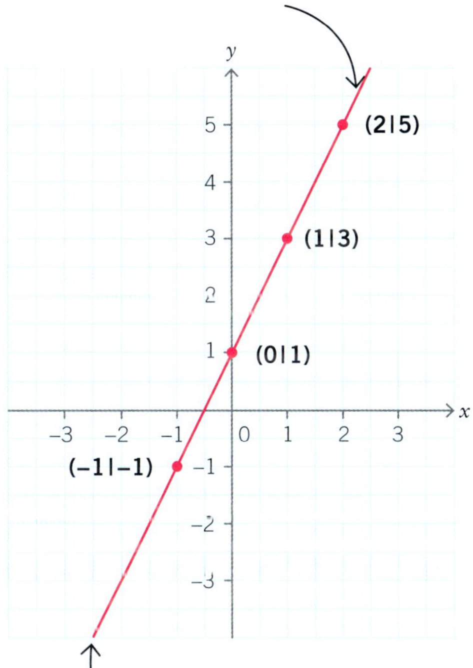

Die Gerade ist unendlich lang (sie erstreckt sich unendlich weit in beide Richtungen), weil man jeden Wert für x einsetzen und den entsprechenden y-Wert berechnen kann.

Normalform der linearen Funktion

Der Graph einer linearen Funktion ist vollständig festgelegt durch seine Steigung und durch den Schnittpunkt mit der y-Achse.

Auf einen Blick

- ✓ **Die Normalform einer linearen Funktionsgleichung lautet: $y = mx + c$.**
- ✓ **In der Gleichung gibt m die Steigung des Funktionsgraphen an und c ist die y-Koordinate des Schnittpunkts $(0|c)$ mit der y-Achse.**
- ✓ **Ist m positiv, verläuft der Graph von links nach rechts steigend. Ist m negativ, so ist er fallend.**

Funktionsgleichung bestimmen
Die Normalform einer linearen Funktionsgleichung lautet $y = mx + c$. Hat man die Werte für Steigung (m) und y-Schnittstelle (c) bestimmt, so kann man diese ganz einfach in die Funktionsgleichung einsetzen.

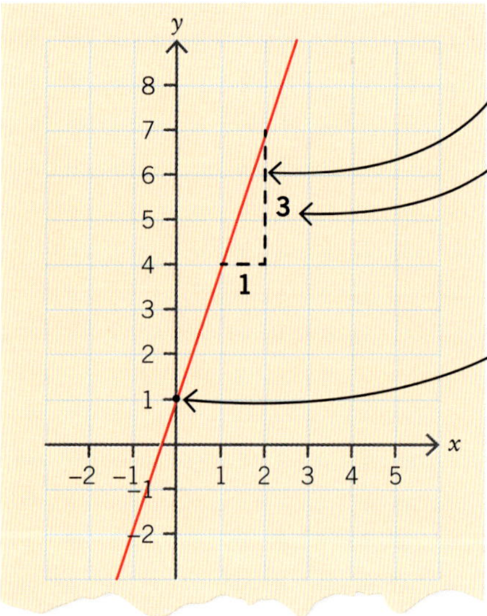

1. Zeichne für zwei beliebige Punkte des Graphen ein solches rechtwinkliges Dreieck (das Teilstück des Graphen ist die Hypotenuse, denn es liegt dem rechten Winkel gegenüber).

2. Die Steigung des Graphen ergibt sich aus dem Quotienten aus Höhenunterschied durch Horizontalunterschied. Die Steigung (m) dieses Graphen beträgt $3/1 = 3$. Ein Graph, der von links nach rechts ansteigend ist, hat eine positive Steigung, ein Graph, der von links nach rechts fallend ist, hat eine negative Steigung.

3. Die y-Koordinate (c) des y-Achsenabschnitts ist hier gleich 1.

4. Setze die Steigung 3 und die y-Koordinate des y-Achsenabschnitts in $y = mx + c$ ein. So erhältst du die gesamte Funktionsgleichung.

$$y = 3x + 1$$

5. Du kannst die Gleichung mithilfe beliebiger Punkte (z. B. $(0|1)$) überprüfen, indem du jeweils die x- und y-Koordinate einsetzt.

$$1 = 3 \cdot 0 + 1$$
$$1 = 1$$

Steigung aus zwei Punkten berechnen

Die Steigung eines Graphen ermittelt man ganz einfach, indem man die Koordinaten zweier beliebiger Punkte in die Formel für die Steigung einsetzt.

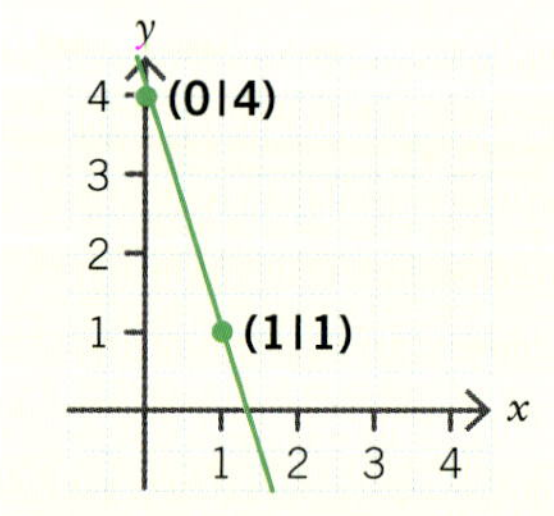

$$\textbf{Steigung} = \frac{\textbf{Höhendifferenz } (y\text{-Achse})}{\textbf{Horizontaldifferenz } (x\text{-Achse})} = \frac{(y_2 - y_1)}{(x_2 - x_1)}$$

Subrahiere die Koordinaten des ersten Punktes von den Koordinaten des zweiten Punktes.

$$\textbf{Steigung} = \frac{(4-1)}{(0-1)} = \frac{3}{-1} = -3$$

Da die Kurve von links nach rechts fällt, ist die Steigung negativ.

Parallele und senkrechte Geraden

Die Steigung einer Geraden in einem Koordinatensystem lässt sich bestimmen, wenn die Steigung einer zu ihr parallelen Geraden (kurz: Parallelen) oder einer zu ihr senkrechten Geraden (kurz: Senkrechten) bekannt ist.

Auf einen Blick

- ✓ **Zueinander parallele Geraden haben dieselbe Steigung.**
- ✓ **Das Produkt aus den Steigungen zweier senkrechter Geraden ist immer gleich –1.**

Parallele Geraden

Parallele Geraden haben dieselbe Steigung. Mit diesem Wissen können wir die Steigung einer beliebigen Geraden bestimmen, wenn wir die Steigung einer Parallelen kennen.

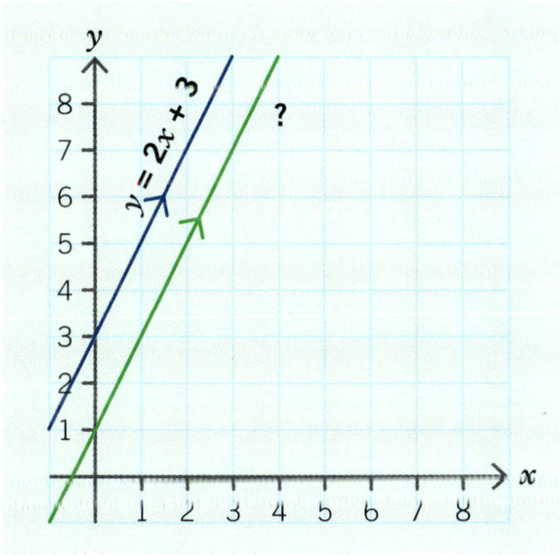

1. Die Gleichung einer linearen Funktion lautet $y = mx + c$, m ist die Steigung, c die y-Koordinate des y-Achsenabschnitts.

2. Die Gleichung der blauen Geraden ist $y = 2x + 3$. Die Steigung beträgt somit 2. Der Schnittpunkt mit der y-Achse ist im Punkt (0|3).

3. Da die Geraden parallel sind (der Pfeil kennzeichnet das hier), haben beide dieselbe Steigung.

4. Die grüne Gerade hat also ebenfalls die Steigung 2 ($m = 2$).

5. Die grüne Gerade schneidet die y-Achse im y-Achsenabschnitt 1, also ist (0|1) der Schnittpunkt der Geraden mit der y-Achse und es gilt $c = 1$.

6. Setzen wir diese Werte für m und c in die Gleichung ein, erhalten wir für die grüne Gerade die Gleichung:

$$y = 2x + 1$$

Senkrechte Geraden

Geraden, die sich in einem rechten Winkel schneiden, stehen senkrecht aufeinander. Das Produkt der Steigungen zweier senkrechter Geraden ist gleich –1. Mithilfe dieser Tatsache kann man prüfen, ob zwei Geraden senkrecht zueinander stehen.

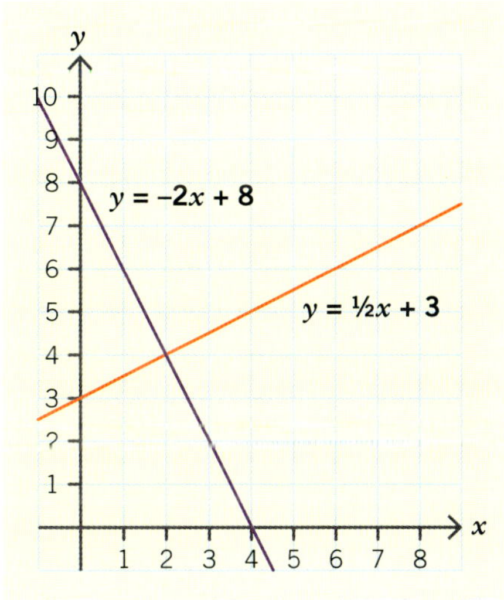

1. Die Gleichung der lilafarbenen Geraden lautet $y = -2x + 8$.

2. Die Gleichung der orangefarbenen Geraden lautet $y = \frac{1}{2}x + 3$.

3. Die beiden Geraden sind senkrecht zueinander, wenn das Produkt aus beiden Steigungen gleich –1 ist.

4. Die Steigung der lilafarbenen Geraden beträgt –2 und die Steigung der orangfarbenen Geraden beträgt ½.

$$-2 \cdot \frac{1}{2} = -1$$

5. Das Produkt beider Steigungen ist gleich –1, also sind die beiden Geraden senkrecht zueinander.

Länge und Mittelpunkt einer Strecke

Nicht alle geraden Linien sind unendlich lang. Gerade Linien, die zwei Endpunkte haben, heißen Strecken. Wenn man beide Endpunkte kennt, kann man sowohl die Länge als auch den Mittelpunkt einer Strecke bestimmen.

Auf einen Blick

- ✓ Die Länge einer Strecke kann man mithilfe des Satzes von Pythagoras berechnen.
- ✓ Die Koordinaten des Mittelpunkts einer Strecke liegen in der Mitte zwischen den Koordinaten der Endpunkte.

Länge einer Strecke

Man kann sich eine Strecke immer als Hypotenuse eines rechtwinkligen Dreiecks vorstellen. Mithilfe des Satzes von Pythagoras (s. S. 196) kann man ihre Länge bestimmen. Mittels der Endpunkte berechnet man zunächst die Längen der beiden anderen Dreiecksseiten (Katheten).

Mithilfe des Satzes von Pythagoras erhalten wir für die Länge: $c = \sqrt{(a^2 + b^2)}$.

Die Länge dieser Kathete ist gleich der Differenz der beiden y-Koordinaten der Endpunkte: $y_2 - y_1$.

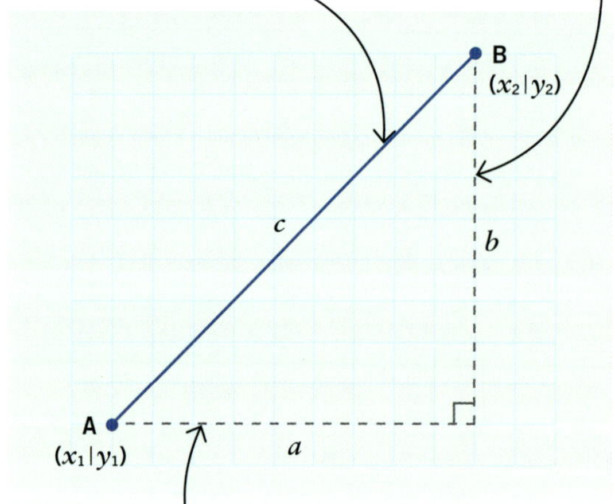

Die Länge dieser Kathete ist gleich der Differenz der x-Koordinaten der beiden Endpunkte: $x_2 - x_1$.

Mit dieser Formel berechnet man die Länge einer Strecke zwischen den Punkten (x_1, y_1) und (x_2, y_2).

$$\text{Länge einer Strecke} = \sqrt{(x_2 - x_1)^2 + (y_2 - y_1)^2}$$

Mitte einer Strecke

Die Koordinaten des Mittelpunkts einer Strecke kann man berechnen, indem man die Koordinaten beider Endpunkte jeweils addiert und durch 2 dividiert, um ihre Mittelwerte (s. S. 231) zu berechnen.

Die x-Koordinate von M ist der Mittelwert der beiden x-Koordinaten der Punkte A und B. Die y-Koordinate von M ist der Mittelwert der y-**Koordinaten** der Punkte A und B.

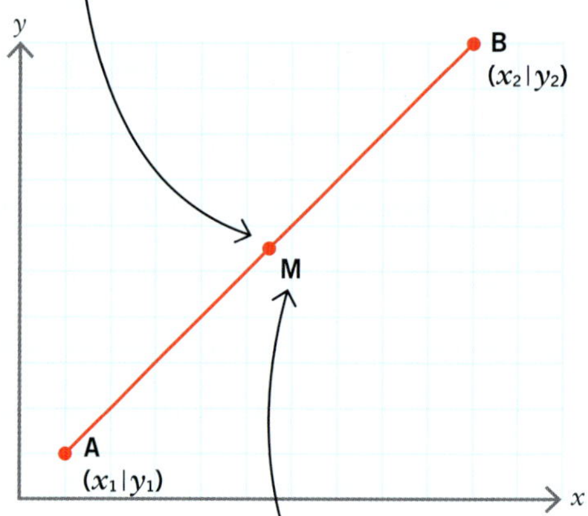

M ist der Mittelpunkt der Strecke.

Mithilfe dieser Formel berechnet man den Mittelpunkt einer Strecke zwischen $(x_1 | y_1)$ und $(x_2 | y_2)$.

$$\text{Mittelpunkt einer Strecke} = \left(\frac{x_1 + x_2}{2} \,\middle|\, \frac{y_1 + y_2}{2}\right)$$

Quadratische Funktionen

Der Graph einer quadratischen Funktion $f(x) = ax^2 + bx + c$ ist keine Gerade, sondern eine Kurve: Ihre Form heißt Parabel.

Auf einen Blick

- ✓ **Der Graph einer quadratischen Funktion ist keine gerade Linie, sondern eine gebogene Kurve in der Form einer Parabel.**
- ✓ **Ein Punkt, in dem die Parabel die x-Achse schneidet, heißt Nullstelle oder Wurzel der Funktion.**

Graph einer quadratischen Funktion
Um eine quadratische Funktion zeichnerisch darzustellen, setzen wir einige Werte in die Funktionsgleichung ein und berechnen die Koordinaten einzelner Punkte.

1. Um die Funktion $f(x) = x^2 + 2x - 3$ zeichnerisch darzustellen, schreiben wir zunächst.

$$y = f(x) = x^2 + 2x - 3$$

2. Mithilfe einer Wertetabelle bestimmen wir einzelne Punktkoordinaten. Wir wählen einige x-Werte, die in der Nähe von 0 liegen, und berechnen die zugehörigen y-Werte durch Einsetzen in die Funktion. Für den Graphen einer quadratischen Funktion brauchen wir die Koordinaten von mindestens 5 Punkten.

Wenn du –3 in die Funktion einsetzt, erhältst du den $f(x)$- bzw. y-Wert 0.

x	$y = f(x)$	**Koordinaten des Punkts**
–3	$(-3)^2 + 2 \cdot (-3) - 3 = 0$	(–3|0)
–2	–3	(–2|–3)
–1	–4	(–1|–4)
0	–3	(0|–3)
1	0	(1|0)
2	5	(2|5)
3	12	(3|12)

3. Zeichne die Punkte anhand der berechneten Koordinaten in ein Koordinatensystem und verbinde sie zu einer gebogenen Kurve. Der Graph einer quadratischen Funktion heißt Parabel.

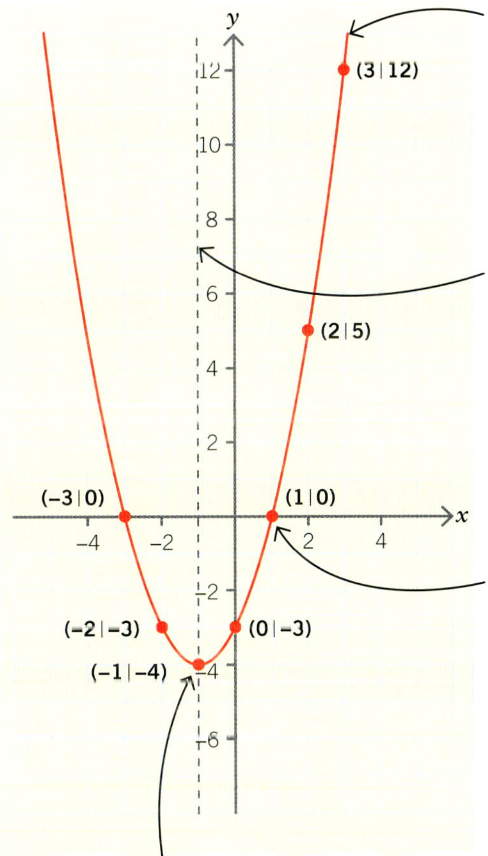

Dies ist einer der beiden Parabeläste. Beide Äste sind unendlich lang.

Die Parabel einer quadratischen Funktion hat immer eine Spiegelachse. Hier ist es die Gerade $x = -1$.

Die x-Werte für $y = 0$ heißen Wurzeln oder Nullstellen. Die Nullstellen dieser Funktion sind 1 und –3. Es sind die bei den Lösungen der Gleichung $x^2 + 2x - 3 = 0$.

Dies ist der Scheitelpunkt der Parabel. Ist der Koeffizient von x^2 positiv, hat die Parabel an dieser Stelle ein Minimum und ist nach oben geöffnet. Ist er negativ, so hat die Parabel an dieser Stelle ein Maximum und ist nach unten geöffnet.

Parabeln im Alltag

Mithilfe quadratischer Funktionen kann man viele alltägliche Probleme lösen. Das gilt vor allem für physikalische Fragestellungen im Zusammenhang mit der Schwerkraft.

Auf einen Blick

- ✓ **Viele alltägliche Situationen lassen sich mithilfe quadratischer Gleichungen ausdrücken.**
- ✓ **Zuerst bestimmt man die Nullstellen.**
- ✓ **Mithilfe der Nullstellen kann man anschließend eine grobe Skizze erstellen und interpretieren.**

Ballwurf
Wirft man einen Ball aus einer Höhe von 2 m senkrecht nach oben, so kann man seine Bewegung mithilfe einer quadratischen Gleichung ausdrücken. Wissen wir, dass der Ball mit einer Geschwindigkeit von 9 m/s startet, so können wir berechnen, wie hoch der Ball höchstens fliegt und wann er am Boden aufkommt.

Bewegungsgleichung für den Ball

1. Das ist die quadratische Gleichung für die Bewegung des Balls. Lösen wir die Gleichung und skizzieren den Graphen. (Die Erdbeschleunigung wurde hier von 9,81 m/s² auf 10 gerundet, um die Rechnung zu vereinfachen.)

$$y = -5t^2 + 9t + 2$$

y steht für die Höhe des Balls.

t steht für die Zeit, die vergangen ist, seit der Ball geworfen wurde.

2. Um den Graphen zu zeichnen, brauchen wir die Schnittpunkte mit der Horizontalachse (t-Achse), das sind die Nullstellen oder Wurzeln der zugehörigen quadratischen Funktion. Wir lösen die Gleichung für t, wenn y gleich 0 ist.

$$-5t^2 + 9t + 2 = 0$$

Wenn die Höhe gleich 0 ist, ist der Ball am Boden.

3. Wir faktorisieren (s. S. 104).

$$(5t + 1)(-t + 2) = 0$$

4. Das Produkt zweier Zahlen ist 0, wenn einer der beiden Faktoren 0 ist. Mit diesem Wissen bestimmen wir für beide Klammern einen Wert t, für den die jeweilige Klammer 0 ist. Dies sind die Nullstellen oder Wurzeln der Funktion.

$$(5t + 1) = 0 \qquad (-t + 2) = 0$$

$$5t = -1 \qquad 2 = t$$

$$t = -0{,}2 \qquad t = 2$$

Der Graph schneidet die horizontale Achse für $t = -0{,}2$ und für $t = 2$.

Eine Skizze anfertigen

1. Mithilfe der Nullstellen können wir den Verlauf des Graphen grob vorskizzieren. Mithilfe der Gleichung finden wir dann die maximale Höhe und den Zeitpunkt, zu dem der Ball wieder auf dem Boden gelandet ist.

2. Wir haben gesagt, dass der Ball aus einer Höhe von 2 m nach oben geworfen wurde. Zum Zeitpunkt $t = 0$ (t-Achse bzw. Horizontalachse) war die Höhe des Balls also 2 m (y-Achse oder Hochachse). Somit lauten die Koordinaten des y-Achsenabschnitts (0 | 2).

3. Da wir die Gleichung gelöst haben, kennen wir die beiden Zeitpunkte, zu denen die Höhe $y = 0$ wäre, und daraus ergeben sich die Koordinaten: (–0,2 | 0) und (2 | 0).

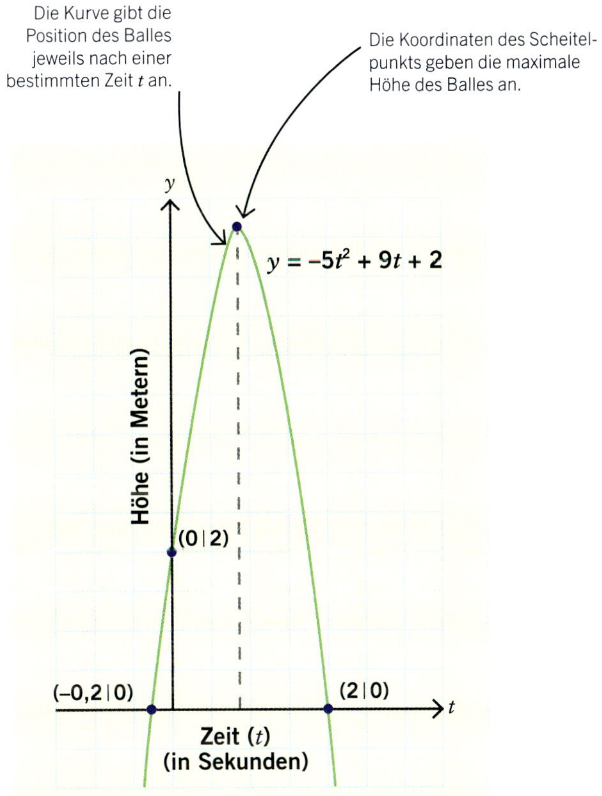

Einen Graphen interpretieren

1. Wir lesen aus dem Graphen ab, wie lang der Ball brauchte, bis er den Boden wieder berührte. Laut Gleichung beträgt seine Höhe sowohl zum Zeitpunkt $t = -0{,}2$ als auch zum Zeitpunkt $t = 2$ genau 0 m. Da wir den Versuch erst zum Zeitpunkt $t = 0$ begonnen haben, ist für uns natürlich der Zeitpunkt $t = 2$ wichtig. Der Ball berührte also den Boden nach 2 Sekunden wieder.

2. Als Nächstes bestimmen wir den Scheitelpunkt der Parabel (Hochpunkt des Graphen), denn dessen y-Koordinate gibt die maximale Höhe an, die der Ball erreichte. Zuerst berechnen wir die t-Koordinate des Scheitelpunkts.

3. Die Graphen quadratischer Funktionen haben eine Symmetrieachse, die durch den Scheitelpunkt verläuft. Also liegt die t-Koordinate des Scheitels genau in der Mitte zwischen den beiden Nullstellen des Graphen.
Daher können wir die t-Koordinate mithilfe der Formel für den Mittelpunkt einer Strecke berechnen (s. S. 148).

$$\text{Mittelpunkt} = \left(\frac{t_1 + t_2}{2} \;\middle|\; \frac{y_1 + y_2}{2}\right)$$

$$= \left(\frac{-0{,}2 + 2}{2} \;\middle|\; \frac{0 + 0}{2}\right)$$

Die Koordinaten der Nullstellen werden in die Gleichung eingesetzt

$$= (0{,}9 \mid 0)$$

0,9 ist die t-Koordinate des Scheitelpunkts.

4. Wenn wir die t-Koordinate in die ursprüngliche Gleichung einsetzen, erhalten wir den zugehörigen y-Wert und damit die maximale Höhe des Balles: Sie beträgt 6,05 m.

$$y = -5t^2 + 9t + 2$$
$$= -5(0{,}9)^2 + 9(0{,}9) + 2$$
$$= -4{,}05 + 8{,}1 + 2$$
$$= 6{,}05$$

Einfache Gleichungen zeichnerisch lösen

Einige Gleichungen kann man grafisch lösen, da die Koordinaten jedes Punktes des Graphen eine Lösung der Gleichung darstellen. Je nachdem, wie die Graphen verlaufen, erhält man auf diesem Weg allerdings nur eine ungefähre Lösung.

Auf einen Blick

- ✓ **Eine lineare Funktionsgleichung ordnet jedem x-Wert genau einen y-Wert zu.**
- ✓ **Ein Graph stellt die möglichen Lösungen grafisch dar.**
- ✓ **Die Lösung eines linearen Gleichungssystems kann man aus den Koordinaten des Schnittpunkts der beiden Geraden ablesen.**

Funktionsgleichung aus dem Graphen ablesen

Die Funktion $f(x)$ ordnet jedem x genau ein y zu. Um eine Funktionsgleichung (man sagt auch Funktionsvorschrift) aus ihrem Schaubild abzuleiten, lesen wir die y-Koordinate zu einem x-Wert ab.

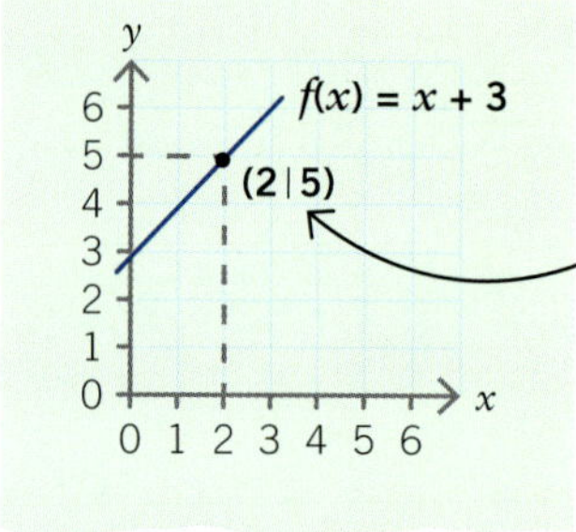

Anhand des Graphen sehen wir, dass der Funktionswert $f(x)$ für $x = 2$ der Wert 5 ist: $f(2) = 5$.

Lineare Gleichungssysteme zeichnerisch lösen

Lineare Gleichungssysteme kann man grafisch lösen, indem man beide Geraden zeichnet und den Schnittpunkt abliest. Er ist der Punkt, der beide Funktionsgleichungen erfüllt. Parallele Geraden schneiden sich nicht, also hat ein entsprechendes Gleichungssystem dann auch keine Lösung.

1. Um dieses Gleichungssystem zeichnerisch zu lösen, lösen wir beide Gleichungen zunächst nach y auf.

Gleichung (1)

$$x + y = 9$$
$$y = -x + 9$$

Gleichung (2)

$$2x - y = 3$$
$$y = 2x - 3$$

2. Durch Einsetzen berechnen wir in einer Tabelle Koordinatenpaare, indem wir x-Werte in die Gleichungen einsetzen und die zugehörigen y-Werte ausrechnen.

Koordinaten für Gleichung (1)

x	y
1	$-1 + 9 = 8$
2	7
3	6

Koordinaten für Gleichung (2)

x	y
1	$2 \times 1 - 3 = -1$
2	1
3	3

3. Zeichne die Punkte anhand der Koordinaten in das Koordinatensystem ein. Die Lösung des linearen Gleichungssystems lautet $x = 4$ und $y = 5$.

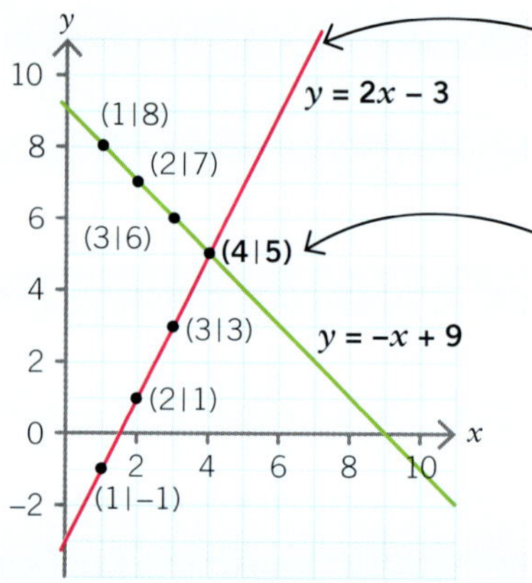

Da es sich um lineare Gleichungen handelt, sind die Graphen zwei Geraden.

Die Koordinaten des Schnittpunkts entsprechen der Lösung des linearen Gleichungssystems.

Schwierigere Gleichungen zeichnerisch lösen

In Gleichungssystemen mit einer quadratischen und einer linearen Gleichung können sich die Graphen zweimal, einmal oder keinmal schneiden. Es gibt also zwei, eine oder null Lösungen.

Auf einen Blick

- ✓ Linear-quadratische Gleichungssysteme können zeichnerisch mithilfe ihrer Graphen gelöst werden.
- ✓ Die Anzahl der Lösungen hängt davon ab, wie oft die Graphen sich schneiden.

Gleichungssysteme mit einer quadratischen Gleichung
Will man ein Gleichungssystem aus einer linearen und einer quadratischen Gleichung zeichnerisch lösen, kann man beide Gleichungen zusammen in ein Koordinatensystem zeichnen. Aus den Koordinaten der Schnittpunkte kann man dann die Lösungen des Gleichungssystems ablesen.

Die Graphen schneiden sich in zwei Punkten: $x = -2$; $y = -4$ und $x = 1$; $y = 2$.

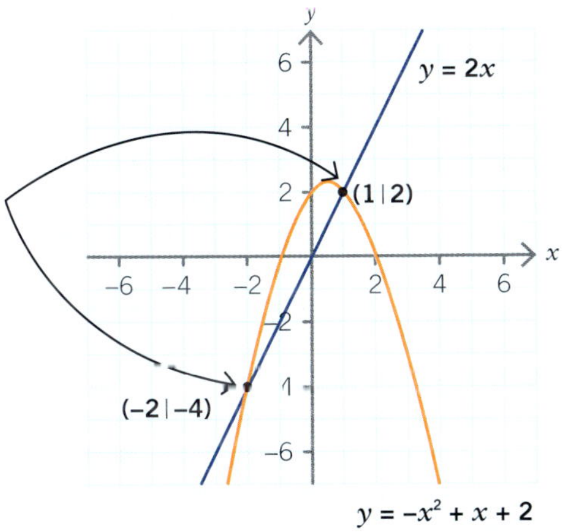

Das Ergebnis prüfen
Die Richtigkeit der abgelesenen Lösungen kann man durch Einsetzen in die Originalgleichungen überprüfen.

1. Prüfe die erste Lösung durch Einsetzen von -2 für x und -4 für y in beide Gleichungen.

Lösung 1

$$y = 2x \qquad y = -x^2 + x + 2$$
$$-4 = 2(-2) \qquad -4 = -(-2)^2 - 2 + 2$$
$$-4 = -4 \qquad -4 = -4$$

2. Prüfe die zweite Lösung durch Einsetzen von 1 für x und 2 für y in beide Gleichungen.

Lösung 2

$$y = 2x \qquad y = -x^2 + x + 2$$
$$2 = 2(1) \qquad 2 = -(1)^2 + 1 + 2$$
$$2 = 2 \qquad 2 = 2$$

Die Nullstellen einer quadratischen Funktion

Die beiden Schnittpunkte des Funktionsgraphen mit der x-Achse verraten die Nullstellen: Sie entsprechen den x-Werten, für die sich der Funktionswert $y = 0$ ergibt. Man kann sich diese Nullstellen auch als Lösungen eines Gleichungssystems vorstellen.

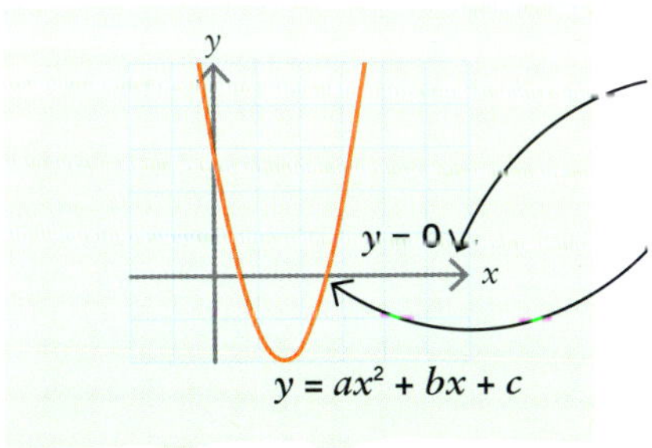

Die x-Achse entspricht der Geraden mit der Gleichung $y = 0$.

Die Nullstellen der quadratischen Funktion entsprechen den Lösungen des Gleichungssystems $y = 0$ und $y = ax^2 + bx + c$.

Ungleichungen

Wie eine Gleichung zeigt auch eine Ungleichung die Beziehung zwischen zwei mathematischen Ausdrücken, es wird lediglich ein anderes Zeichen zwischen den beiden Ausdrücken verwendet. Eine Ungleichung hat viele mögliche Lösungen.

Auf einen Blick

- ✓ Ungleichungen verbinden zwei mathematische Ausdrücke, die nicht gleich sind.
- ✓ Die Lösung einer Ungleichung ist eine Zahlenmenge.
- ✓ Ungleichungen können gut anhand von Zahlenstrahlen dargestellt werden.

Ungleichheitszeichen

Es gibt insgesamt fünf Zeichen, die ein Ungleichheitsverhältnis darstellen können. Sie funktionieren ähnlich wie ein Gleichheitszeichen (=), aber sie drücken im Gegensatz dazu aus, dass die beiden Ausdrücke eben nicht gleich sind.

$$x \neq y$$

Dieses Symbol bedeutet „nicht gleich" oder „ungleich" und meint, dass der Wert von x nicht dem von y entspricht. Beispiel: $2 \neq 3$.

$$x > y$$

Bedeutet „größer als" und sagt aus, dass der Wert von x größer ist als der von y. Beispiel: $7 > 6$.

$$x \geq y$$

Dieses Symbol bedeutet „größer oder gleich" und sagt, dass der Wert von x mindestens so groß ist wie der von y.

$$x < y$$

Dieses Symbol bedeutet „kleiner als" und sagt, dass der Wert von x kleiner ist als der von y. Beispiel: $4 < 8$.

$$x \leq y$$

Dieses Symbol bedeutet „kleiner oder gleich" und sagt aus, dass der Wert von x höchstens so groß ist wie der von y.

Zahlengerade

Mithilfe einer Zahlengeraden kann man alle möglichen Werte einer Ungleichung gut darstellen.

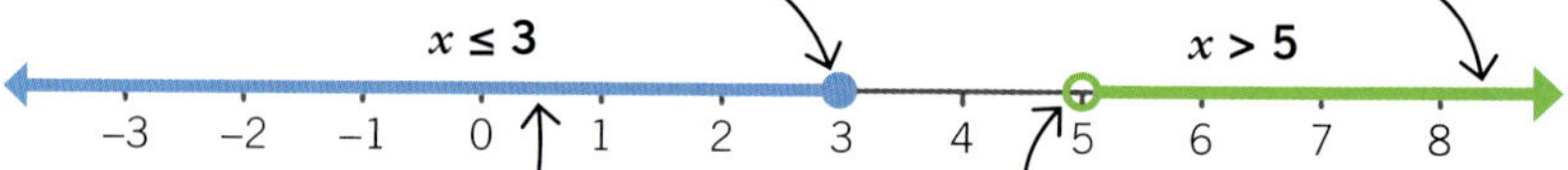

Der Punkt ist ausgefüllt und signalisiert, dass 3 ein möglicher Wert von x ist.

Diese grüne Linie zeigt, dass der Wert von x größer 5 ist.

Diese blaue Linie zeigt, dass x jeder Wert sein kann, der kleiner oder gleich 3 ist.

Der nicht ausgefüllte Punkt bedeutet, dass x größer, aber nicht gleich 5 sein kann.

Mit Ungleichungen rechnen

Ungleichungen werden wie Gleichungen bearbeitet, indem man die Variablen isoliert. Wir führen wieder immer beidseits des Ungleichheitszeichens dieselbe Operation aus, damit die Ungleichung wahr bleibt. Ausnahme: Bei Multiplikation mit einer negativen Zahl muss das Ungleichheitszeichen umgedreht werden.

$$12 - 2x < 4$$

$\downarrow$ -12

$$-2x < -8$$

$\downarrow$ $\cdot(-1)$

$$2x > 8$$

$\downarrow$ $:2$

$$x > 4$$

Weil wir mit –1 multipliziert haben, dreht sich das Ungleichheitszeichen um.

Das Ergebnis ist die Menge aller Zahlen, die größer sind als 4.

Zusammengesetzte Ungleichungen

Mithilfe von zwei Ungleichheitszeichen kann man zeigen, zwischen welchen beiden Werten der Ausdruck oder die Menge liegt. Die zusammengesetzte Ungleichung kann, wie eine einfache Ungleichung, ebenfalls umgeformt werden.

$$5 < x + 1 \leq 10$$

$\downarrow$ -1

$$4 < x \leq 9$$

Auf allen drei Seiten der Ungleichung muss dieselbe Operation ausgeführt werden.

x ist größer als 4 und kleiner oder gleich 9.

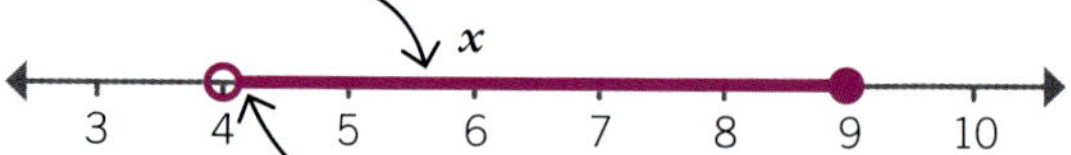

Da x nicht 4 sein darf, ist der Punkt nicht ausgefüllt.

Zeichnen linearer Ungleichungen

Die Lösungsmengen linearer Ungleichungen lassen sich in einem Koordinatensystem zeichnerisch darstellen, sodass man sie sich bildlich vorstellen kann.

Auf einen Blick

- ✓ **Auch Ungleichungen können im Koordinatensystem dargestellt werden.**
- ✓ **Die Region auf der einen Seite des Graphen ist die Lösungsmenge der Ungleichung.**
- ✓ **Die Lösungsmenge eines Ungleichungssystems ist die Schnittmenge beider Lösungsregionen.**

Lösungsbereiche

In Ungleichungen mit zwei Variablen ist die Lösungsmenge keine Gerade, sondern ein ganzer Bereich im Koordinatensystem. Der Bereich liegt auf einer Seite der Geraden, die die Lösungsmenge der entsprechenden Gleichung darstellen würde.

1. Wir fassen die Ungleichung als Gleichung auf und zeichnen die zugehörige Gerade.

$$4 + y > 3x$$

2. Zuerst ersetzen wir das Ungleichheitszeichen durch ein Gleichheitszeichen. So erhalten wir die Gleichung der „Grenze" der Lösungsmenge.

$$4 + y = 3x$$

3. Dann bringen wir die Gleichung in die Form $y = mx + c$ und zeichnen den Graphen wie gewohnt.

$$y = 3x - 4$$

4. Die schattierte Region entspricht der Lösungsmenge der Ungleichung. Die Koordinaten jedes beliebigen Punktes in der schattierten Region, z. B. (2|4), erfüllen die Ungleichung.

Setze zur Probe die Koordinaten (2|4) in die Ungleichung ein.

$$y > 3x - 4$$
$$4 > (3 \times 2) - 4$$
$$4 > 2$$

Die Lösungsmenge der Ungleichung $y > 3x - 4$ ist der gesamte Bereich oberhalb der Linie.

Die Linie ist gestrichelt, weil die Werte auf der Linie selbst nicht zur Lösungsmenge gehören.

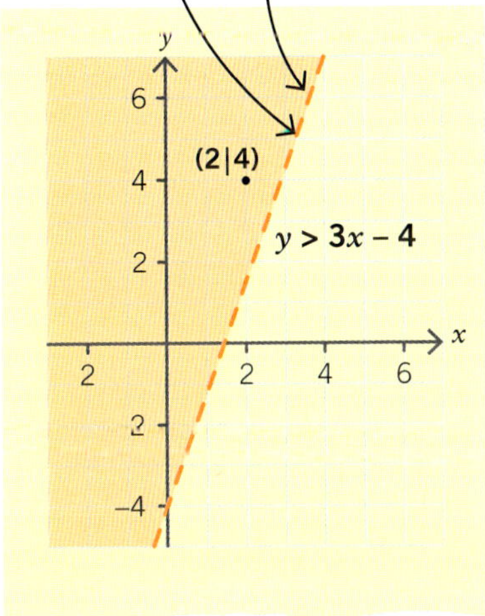

Mehrere Ungleichungen

Das Zeichnen von linearen Ungleichungssystemen funktioniert wie das Zeichnen von linearen Gleichungssystemen. Die Lösungsmenge ist allerdings die Schnittmenge der Regionen und nicht der Schnittpunkt der Geraden.

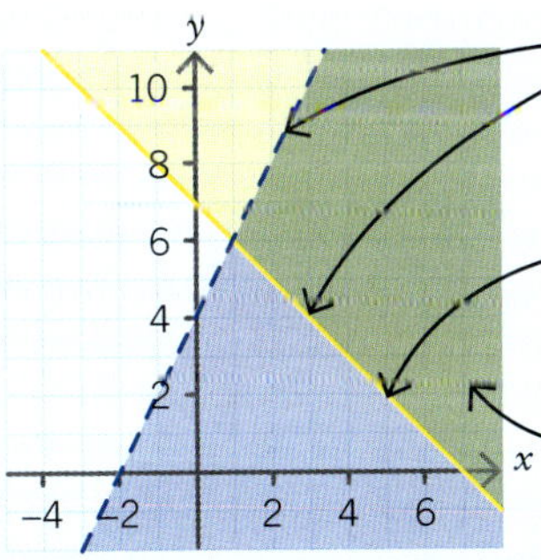

Dieser Graph ist die Begrenzung der Lösungsmenge des Ungleichungssystems $y < 2x + 4$ und $y \geq -x + 7$.

Eine durchgezogene Linie bedeutet, dass ihre Punkte zur Lösung gehören.

Dies ist die Schnittmenge der Lösungen der beiden Ungleichungen.

Zeichnen quadratischer Ungleichungen

Das Lösen von quadratischen Ungleichungen ist nicht ganz so einfach wie das Lösen von linearen Ungleichungen.

Quadratische Ungleichungen zeichnen
Ebenso wie bei einer quadratischen Gleichung das Zeichnen beim Finden der Lösungen hilft, kann man sich auch die Lösungsmenge einer quadratischen Ungleichung mithilfe einer Zeichnung besser vorstellen.

Auf einen Blick

- ✓ **Das Zeichnen einer quadratischen Ungleichung kann bei ihrer Lösung helfen.**
- ✓ **Die Lösung einer quadratischen Ungleichung mit einer Variablen kann man auf einem Zahlenstrahl darstellen.**

1. Diese Ungleichung enthält einen quadratischen Term.

$$-x^2 + 6x - 3 < 2$$

2. Forme die Ungleichung so um, dass auf der einen Seite 0 steht, und ersetze das Ungleichheitszeichen durch ein Gleichheitszeichen.

$$-x^2 + 6x - 5 < 0$$
$$-x^2 + 6x - 5 = 0$$

3. Zerlege die quadratische Gleichung in Linearfaktoren (s. S. 102). Da das Produkt der beiden Klammern gleich 0 ist, muss mindestens eine der beiden Klammern gleich 0 sein: $(-x + 1) = 0$ oder $(x - 5) = 0$. Mit diesem Wissen findest du die möglichen Werte für x.

$$(-x + 1)(x - 5) = 0$$
$$(-x + 1) = 0 \qquad (x - 5) = 0$$
$$x = 1 \qquad x = 5$$

4. Anhand dieser x-Werte kannst du den Verlauf des Graphen von $-x^2 + 6x - 5 < 0$ skizzieren. Wir wissen, dass der Graph den y-Wert 0 hat (also die x-Achse schneidet), wenn $x = 1$ und $x = 5$.

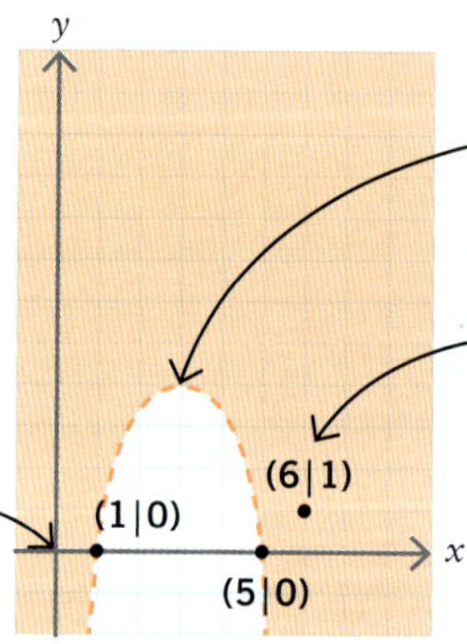

$-x^2 + 6x - 5 < 0$

Der Graph ist nach unten geöffnet, weil der Koeffizient von x^2 negativ ist.

Die betreffende Ungleichung ist für alle x erfüllt, für die gilt: $x < 1$ und $x > 5$.

Prüfe durch Einsetzen, ob ein Punkt innerhalb des schattierten Bereichs die ursprüngliche Gleichung erfüllt:

$$-x^2 + 6x - 3 < 2$$
$$-6^2 + (6 \times 6) - 3 < 2$$
$$-3 < 2$$

5. Jetzt können wir die ursprüngliche Ungleichung auf einer Zahlengeraden darstellen. Die Zahlengerade entspricht der x-Achse in der obigen Zeichnung. Wir sehen, dass $x < 1$ oder $x > 5$ ist.

$$-x^2 + 6x - 3 < 2$$

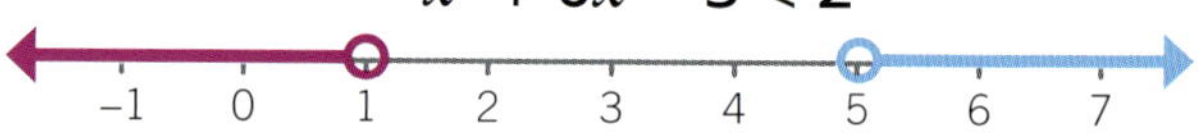

Verhältnis und Proportion

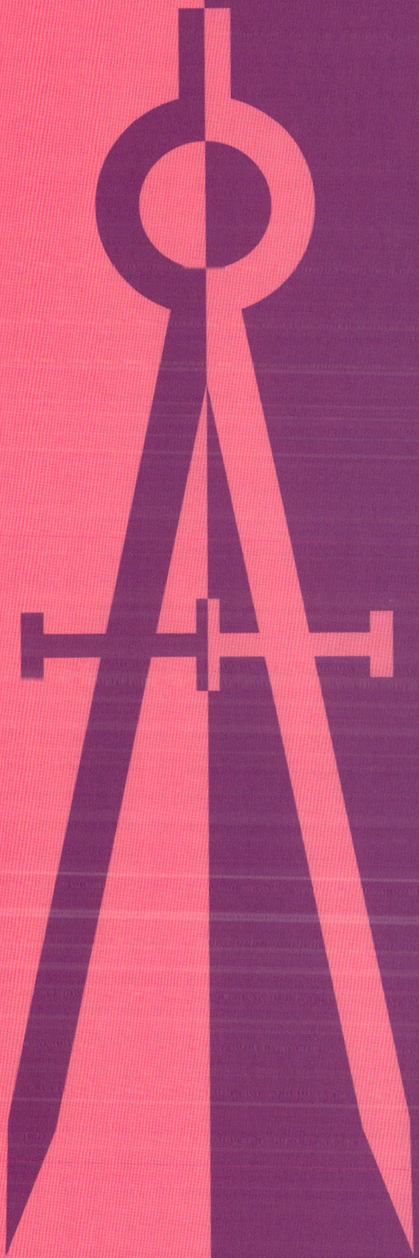

Verhältnisse

Wenn in eine alkoholfreie Fruchtbowle doppelt so viel Äpfel wie Bananen gemixt wurden, so ist das Verhältnis von Äpfeln zu Bananen 2 : 1. Verhältnisangaben eignen sich sehr gut für Vergleiche zwischen zwei oder mehr Größen und sie werden in der Form $a : b$ geschrieben.

Auf einen Blick

- ✓ **Verhältnisse sollten so weit wie möglich gekürzt werden.**
- ✓ **Verhältnisse müssen immer in derselben Einheit angegeben werden.**

Verhältnisse kürzen
Verhältnisse werden in der Regel vollständig gekürzt angegeben. Manchmal muss man eine Verhältnisangabe aber noch kürzen, indem man beide Seiten durch den größten gemeinsamen Teiler (ggT) dividiert. Im Beispiel ist der ggT gleich 6.

12 Äpfel **6 Bananen**

$$12 : 6 \xrightarrow{:6 \quad :6} 2 : 1$$

Wir teilen beide Seiten durch den ggT 6.

Das Verhältnis kann nicht weiter gekürzt werden. Es sind also doppelt so viel Äpfel wie Bananen.

Auf die Einheit kommt es an

Ist das Verhältnis mehrerer Größen in unterschiedlichen Einheiten angegeben, so muss man sie zuerst in dieselbe Einheit umrechnen.

Aufgabe
Drei Rohrleitungsstücke haben unterschiedliche Längen. Gib das Längenverhältnis in vollständig gekürzter Form an.

120 cm $1\frac{2}{5}$ **m** **1,6 m**

Lösung

1. Wandle jede Zahl in eine Dezimalzahl um (s. S. 55).

$$1\frac{2}{5} = 1{,}4$$

2. Rechne alle Längen in dieselbe Einheit um – in diesem Fall in cm (s. S. 68).

$$1{,}4\,\text{m} = 140\,\text{cm}$$
$$1{,}6\,\text{m} = 160\,\text{cm}$$

3. Jetzt sind alle Längen in derselben Einheit angegeben, sodass du nur noch durch den ggT (hier 20) dividieren musst.

$$120 : 140 : 160$$
$$\downarrow :20 \quad \downarrow :20 \quad \downarrow :20$$
$$6 : 7 : 8$$

Ins richtige Verhältnis setzen

Geld, Backzutaten oder Farben können in ein vorgegebenes (Mischungs-)Verhältnis gesetzt werden.

Auf einen Blick

- ✓ Anhand von Verhältnisangaben kann man Mengen in ungleiche Anteile aufteilen.
- ✓ Um eine Menge in einem bestimmten Verhältnis aufzuteilen, muss man den Wert eines Anteils kennen.

Verhältnisdiagramme

Drei Maler haben insgesamt 150 € für das Streichen eines Raumes in Rechnung gestellt. Einer von ihnen hat 3 Stunden gearbeitet, der Zweite 1 Stunde und der Dritte 2 Stunden. Daher haben sie sich das Geld im Verhältnis 3 : 1 : 2 aufgeteilt. Wie viel Geld bekommt jeder von ihnen?

1. Um eine Menge oder einen Betrag in einem bestimmten Verhältnis aufzuteilen, muss man den Wert eines Anteils kennen. In diesem Beispiel haben wir 3 + 1 + 2 = 6 Anteile, also zeichnen wir ein Rechteck mit 6 Abschnitten. Da die 150 € in 6 Teile aufgeteilt werden müssen, entspricht ein Teil genau: 150 € : 6 = 25 €.

2. Jetzt kannst du leicht berechnen, wie viel jeder erhält.

Erster Maler	Zweiter Maler	Dritter Maler
3 · 25 € = 75 €	1 · 25 € = 25 €	2 · 25 € = 50 €

Anteile berechnen

Aufgabe

Wenn du grüne Farbe herstellen kannst, indem du Blau und Gelb im Verhältnis 4 : 3 mischst, wie viel blaue und gelbe Farbe benötigst du dann, um 126 ml grüne Farbe herzustellen?

Lösung

1. Stelle die 7 Anteile der Verhältnisangabe als Teile eines Rechtecks dar.

Sieben Teile = 126 ml
Ein Teil = 126 ml : 7 = 18 ml

2. Berechne die Gesamtmengen für Blau und Gelb.

Blau: 4 · 18 ml = 72 ml
Gelb: 3 · 18 ml = 54 ml

3. Überprüfe deine Lösung.

72 ml + 54 ml = 126 ml

Direkt proportional

Werden verschiedene Größen immer um denselben Faktor vervielfacht oder verringert, bleibt ihr Verhältnis (oder ihr Quotient) immer gleich und man sagt, sie sind direkt proportional.

Immer im selben Verhältnis

Der linke Kuchen reicht nur für vier Personen. Um einen Kuchen für acht Personen zu backen, muss man alle Zutaten verdoppeln. Das Verhältnis der einzelnen Zutaten untereinander ist aber in beiden Kuchen gleich. Ist in einem der Kuchen der Mehlanteil also 3-mal so hoch wie der Karottenanteil, so gilt das auch für den anderen Kuchen. Das Verhältnis Mehl zu Karotten ist 3 : 1, diese beiden Größen sind also direkt proportional zueinander. Man kann auch das Symbol $\propto$ verwenden; es bedeutet „ist proportional zu“. Wenn y für das Mehl steht und x für die Karotten, kann man schreiben $y \propto x$.

Auf einen Blick

- ✓ Zwei Größen x und y sind direkt proportional, wenn ihr Quotient immer gleich ist.
- ✓ Zwei Größen x und y sind direkt proportional, wenn das Vervielfachen der einen Größe das Vervielfachen der anderen Größe um denselben Faktor bedeutet.
- ✓ Man schreibt auch $y \propto x$.

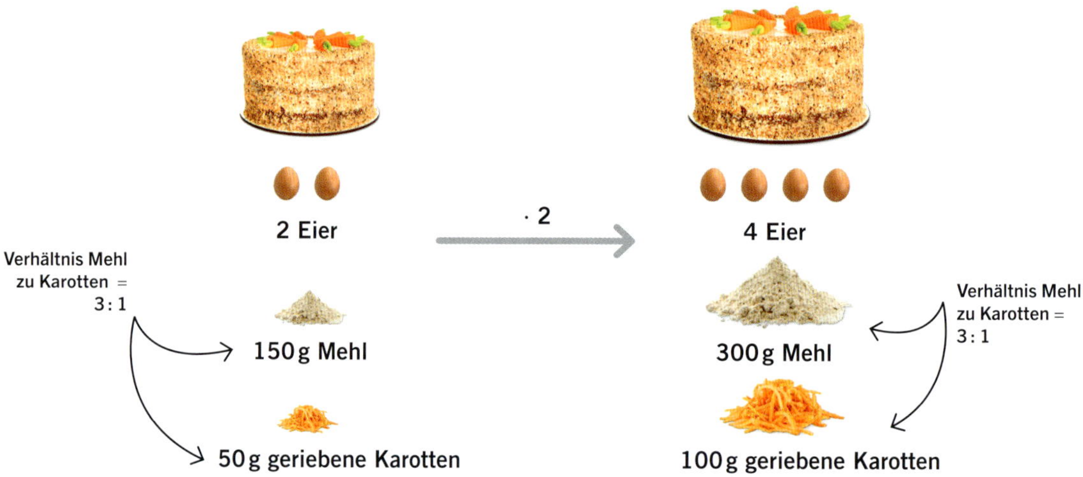

Mit Proportionen arbeiten

Frage

360 g Mehl reichen für 9 Muffins. Wie viel Muffins kann man mit 1 kg Mehl backen?

Lösung

Die Anzahl der Muffins ist proportional zur Menge des Mehls. Oft reicht es, zunächst durch Division den Wert für eine Einheit zu bestimmen.

1. Rechne aus, wie viel Mehl man für einen Muffin braucht.

$$\text{Mehl pro 1 Muffin} = \frac{360}{9} = 40$$

2. Nun rechne aus, wie oft 40 g in 1 kg (1000 g) enthalten ist.

$$\text{Anzahl der Muffins} = \frac{1000}{40} = 25 \text{ Muffins}$$

Umgekehrt proportional

Wie lange braucht man, um einen Schuppen zu bauen? Das hängt von der Anzahl der Personen ab: Je mehr Personen helfen, desto kürzer ist die erforderliche Zeit. Nimmt die eine Größe zu, während die andere im selben Maße abnimmt, so sind die beiden Größen umgekehrt (oder indirekt) proportional zueinander.

Umgekehrte Proportionalität im Alltag

Braucht eine Person 60 Minuten, um den Schuppen zu bauen, dann schaffen es zwei Personen in der halben Zeit (30 min), wenn sie etwa gleich schnell arbeiten. Und vier Personen würden es dann sogar in einem Viertel der Zeit (15 min) schaffen. Die Anzahl der Personen und die Arbeitszeit sind umgekehrt proportional. Sind zwei Größen x und y umgekehrt proportional, so ist ihr Produkt immer dasselbe: $xy = k$, wobei k eine Konstante ist. In diesem Fall ist das Produkt aus der Zahl der Personen und der benötigten Zeit immer gleich 60.

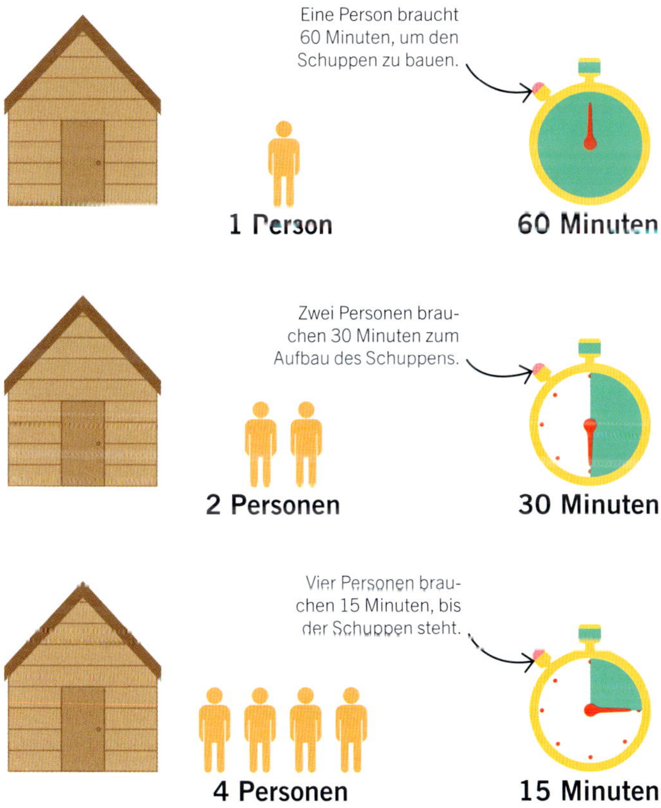

Auf einen Blick

- ✓ Zwei Größen x und y sind umgekehrt proportional, wenn ihr Produkt $(x \cdot y)$ immer gleich ist.
- ✓ Zwei Größen heißen umgekehrt proportional, wenn der Zuwachs der einen Größe um den Faktor k die Abnahme der anderen Größe um den Faktor $1/k$ bedeutet.

Wie viel Pizzas?

Aufgabe

3 Pizzabäcker können in 2 Stunden 60 Pizzas belegen. Wie lang brauchen 6 Pizzabäcker für 30 Pizzas?

Lösung

Vorsicht! Die Anzahl der Pizzabäcker und die benötigte Zeit sind umgekehrt proportional. Lasse dich dadurch nicht verwirren!

1. Berechne, wie viel Zeit 1 Pizzabäcker (anstelle der 3 Pizzabäcker) für 60 Pizzas braucht. Es dauert 3-mal so lang.

60 Pizzas, 1 Bäcker = 3 · 2 Stunden
= 6 Stunden

2. Sechs Pizzabäcker würden für 60 Pizzas ein Sechstel der Zeit benötigen. Dividiere also die Lösung durch 6.

$$\text{60 Pizzas, 6 Bäcker} = \frac{\text{6 Stunden}}{6} = \text{1 Stunde}$$

3. Da sie nur halb so viel Pizzas belegen müssen, brauchen sie nur die halbe Zeit. Dividiere deshalb 60 Minuten durch 2.

$$\frac{\text{60 Minuten}}{2} = \text{30 Minuten}$$

Dreisatz

Sind zwei Größen, wie zum Beispiel Preise und Mengen, direkt proportional, so kann man mithilfe des Dreisatzes ganz einfach Preise für unterschiedliche Mengen und Packungsgrößen vergleichen: Man berechnet den Preis für eine Einheit und multipliziert diesen dann mit der gewünschten Anzahl. Viele Leute wenden den Dreisatz beim Einkaufen automatisch an.

Auf einen Blick

- ✓ **Mit dem Dreisatz bestimmt man zuerst den Preis für eine Einheit.**
- ✓ **Mit dem Dreisatz kann man Preise ganz einfach vergleichen.**

Den Preis für eine Einheit ermitteln
5 m Teppichboden kosten 30 €, aber du willst wissen, wie viel 4 m kosten. Mithilfe des Dreisatzes berechnest du zuerst den Preis für eine Einheit (hier: 1 m).

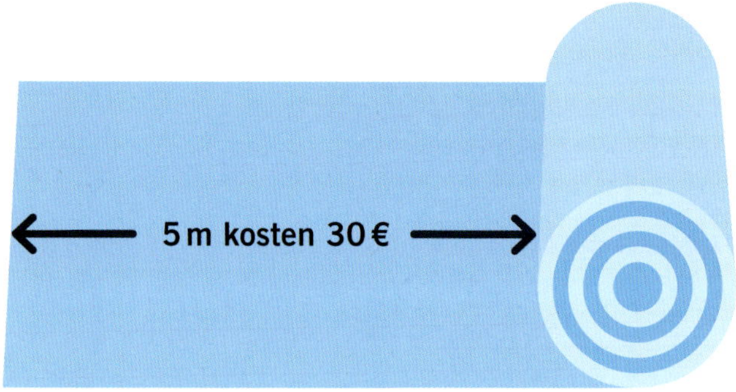

1. Der Preis für 5 m Teppichboden ist 30 €.

2. Der Preis für 1 m Teppichboden ist:

$$30\,€ : 5 = 6\,€$$

3. Der Preis für 4 m beträgt also:

$$6\,€ \cdot 4 = 24\,€$$

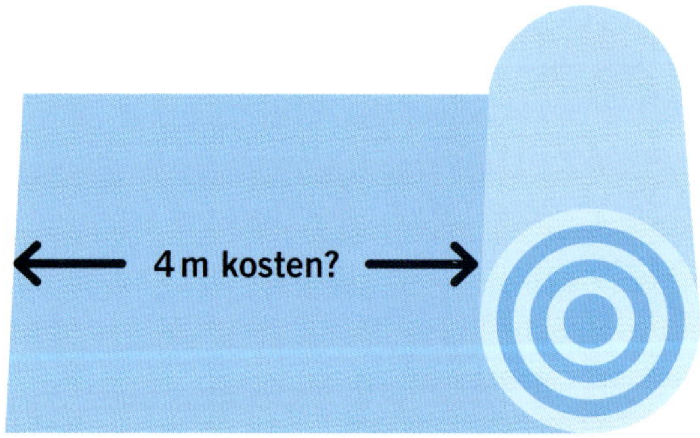

Welches ist das preisgünstigste Glas?

Aufgabe
Die Marmelade wird in drei Größen angeboten. Welches ist das preisgünstigste Glas?

200 g Marmelade kosten 1,70 €

350 g Marmelade kosten 2,80 €

500 g Marmelade kosten 3,95 €

Lösung
Berechne den Preis in Cent pro Gramm (ct/g) für jedes einzelne Glas.

$$170 : 200 = 0{,}85 \text{ ct/g}$$

$$280 : 350 = 0{,}80 \text{ ct/g}$$

$$395 : 500 = 0{,}79 \text{ ct/g}$$

Das 500-g-Glas kostet 0,79 ct/g, also ist es das preisgünstigste Glas.

Verkürzter Dreisatz

Diese Methode ist eine Abkürzung des Dreisatzes. Man kann mit ihr beispielsweise Rezepte auf größere oder kleinere Mengen umrechnen, ohne vorher auf eine einzelne Einheit herunterzurechnen.

Auf einen Blick

- ✓ Mithilfe eines Skalierungsfaktors kann man den Dreisatz abkürzen.
- ✓ Man rechnet auf die andere Menge um, indem man mit einem einzigen Faktor multipliziert.

Den Faktor bestimmen
Das Problem ist das Gleiche wie auf der vorigen Seite: Wenn 5 m Teppichboden 30 € kosten, wie viel kosten dann 4 m? Anstatt nun zuerst den Preis für 1 m zu berechnen, können wir den Preis mithilfe des Faktors berechnen, mit dem wir auch auf die neue Länge herunterrechnen.

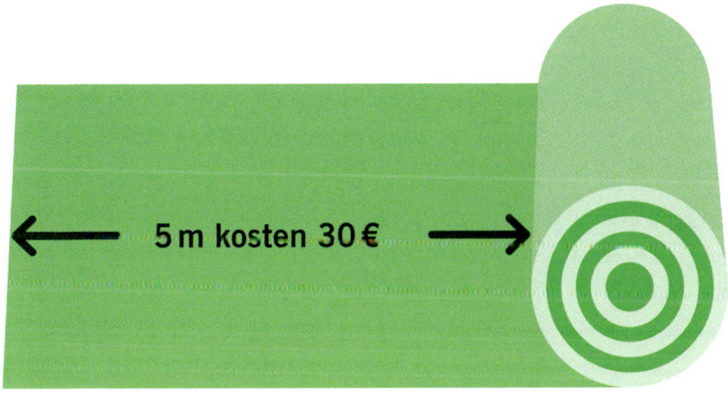

1. Der Preis für 5 m Teppichboden beträgt 30 €.

2. Der Faktor zur Verringerung von 5 m auf 4 m ist:

$$4 : 5 = 0{,}8$$

3. Der Preis für 4 m Teppichboden ist:

$$30\,€ \cdot 0{,}8 = 24\,€$$

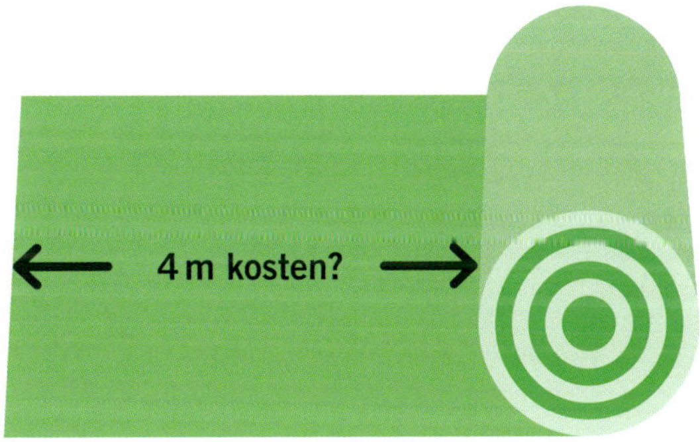

Preis und Gewicht

Aufgabe
Gold wird nach Gewicht verkauft. Wenn ein 1,25 kg schwerer Goldbarren 60 000 € kostet, wie teuer ist dann eine 50 g schwere Goldmünze?

Lösung

1. Um den Skalierungsfaktor zu berechnen, müssen wir zuerst in dieselbe Einheit (Gramm) umrechnen.

$$50 : 1250 = 0{,}04$$

2. Dann multiplizieren wir den Preis mit dem Skalierungsfaktor.

$$60\,000\,€ \cdot 0{,}04 = 2400\,€$$

Anteil & Proportion

Das Verhältnis ist – ebenso wie Brüche, Dezimalzahlen oder Prozentsätze – eine Möglichkeit, die Proportion zweier Mengen oder einer Menge und einer Teilmenge anzugeben.

Auf einen Blick

- ✓ **Proportion ist das Verhältnis eines Teils einer Größe zu einem anderen Teil oder zum Ganzen.**
- ✓ **Proportionen werden z. B. als Brüche, Dezimalzahlen, Prozentsätze, Verhältnisse oder Anteile angegeben.**

Verhältnisse, Brüche, Dezimalzahlen und Prozente
Man kann ganz einfach von einer Dezimalzahl in einen Bruch, eine Verhältnisangabe oder einen Prozentsatz umrechnen. Das Diagramm zeigt, wie unterschiedlich das (immer gleiche) Verhältnis zwischen zwei Mengen oder Teilmengen ausgedrückt werden kann.

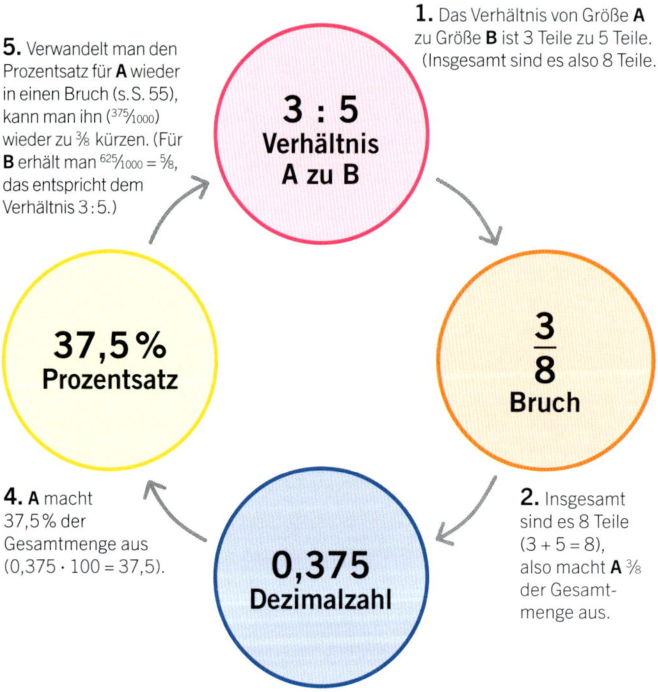

1. Das Verhältnis von Größe **A** zu Größe **B** ist 3 Teile zu 5 Teile. (Insgesamt sind es also 8 Teile.)

2. Insgesamt sind es 8 Teile ($3 + 5 = 8$), also macht **A** $\frac{3}{8}$ der Gesamtmenge aus.

3. **A** macht das 0,375-Fache der Gesamtmenge aus ($3 : 8 = 0{,}375$).

4. **A** macht 37,5 % der Gesamtmenge aus ($0{,}375 \cdot 100 = 37{,}5$).

5. Verwandelt man den Prozentsatz für **A** wieder in einen Bruch (s. S. 55), kann man ihn ($\frac{375}{1000}$) wieder zu $\frac{3}{8}$ kürzen. (Für **B** erhält man $\frac{625}{1000} = \frac{5}{8}$, das entspricht dem Verhältnis 3 : 5.)

Proportionen berechnen

Ein Teich beherbergt zwei Amphibienarten – Frösche und Kröten – im Verhältnis 3 : 7.

Aufgabe 1
Schreibe das Verhältnis der Frösche zur Gesamtzahl als Dezimalzahl.

Lösung 1
1. Addiere beide Anteile.

$$3 + 7 = 10$$

2. Dividiere den Froschanteil durch das Ergebnis.

$$3 : 10 = 0{,}3$$

Frösche machen einen Anteil von 0,3 aus.

Aufgabe 2
Das Verhältnis zwischen männlichen und weiblichen Kröten beträgt 2 : 1. Insgesamt sind es 1800 Amphibien. Wie viel weibliche Kröten sind im Tümpel?

Lösung 2
Frösche machen einen Anteil von 0,3 aus. Daher entspricht der Anteil der Kröten 0,7.

$$1800 \cdot 0{,}7 = 1260 \text{ Kröten}$$

Das Verhältnis der männlichen zu den weiblichen Kröten ist 2 : 1, also sind $\frac{2}{3}$ männlich und $\frac{1}{3}$ weiblich.

$$1260 \cdot \frac{1}{3} = 420$$

Es sind 420 weibliche Kröten im Tümpel.

Anteile vergleichen

Will man Anteile miteinander vergleichen, müssen alle gleich dargestellt sein. Liegen sie in unterschiedlichen Darstellungen vor, muss man sie zunächst umrechnen. Diese Fähigkeit ist in vielen Bereichen des Alltags sehr nützlich und wird ständig gebraucht.

Auf einen Blick

- ✓ Um Anteile miteinander zu vergleichen, muss man sie in dieselbe Darstellung umformen.
- ✓ Prozentsätze sind meistens die einfachste und deutlichste Art des Vergleichs von Anteilen.

Testpunktzahlen vergleichen

Um den Anteil „18 von 20 Punkten" mit dem Anteil „22 von 25 Punkten" zu vergleichen, schreibe sie als Brüche und wandle sie dann in eine Dezimalzahl oder einen Prozentsatz um.

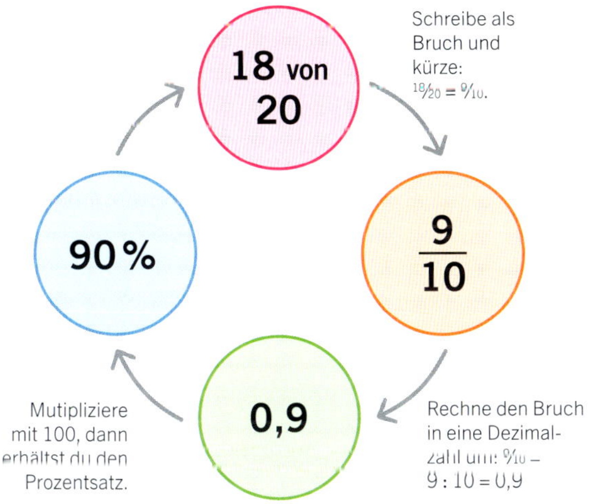

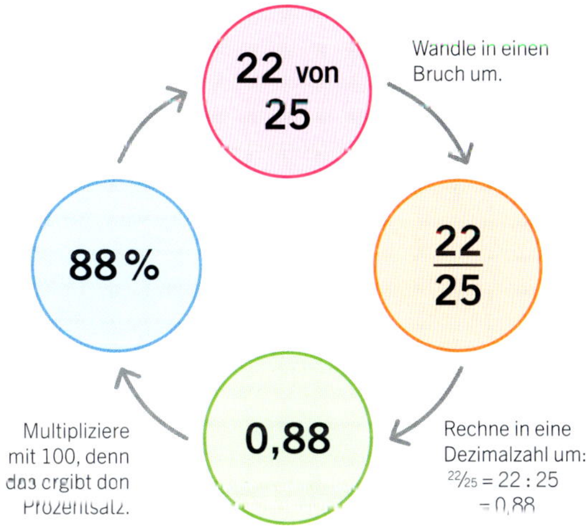

Anteile vergleichen

Aufgabe

Eine Schülerin bekommt ihre Testergebnisse. Jede der Lehrkräfte für Englisch, Chemie und Mathe stellt das Ergebnis in einer anderen Form dar. Die Mathe-Lehrkraft gibt das Verhältnis zwischen richtigen und falschen Lösungen an (17 : 3). Die Englisch-Lehrkraft gibt 87 % an und der Chemie-Lehrer gibt ihr $\frac{35}{40}$. In welchem Fach hat die Schülerin ihr bestes Ergebnis erzielt?

Lösung

Wandle alle Testergebnisse in dieselbe Darstellungsform um. Prozentsätze sind am leichtesten zu vergleichen.

Englisch – 87 %

87 %

Chemie – $\frac{35}{40}$

$$\frac{35}{40} = 35 : 40 \cdot 100 = 87{,}5\,\%$$

Mathe – 17 : 3

Verhältnis 17 : 3 bedeutet, dass $\frac{17}{20}$ richtig sind.

$$\frac{17}{20} = 17 : 20 \cdot 100 = 85\,\%$$

In Chemie hat sie ihr bestes Ergebnis erzielt.

Proportionalitätsgleichungen

Aussagen wie „y ist proportional zu x" kann man in Gleichungen ausdrücken. Das ist unter anderem deshalb sehr praktisch, weil man eine solche Gleichung grafisch darstellen und manchmal auch lösen kann.

Auf einen Blick

- ✓ **Ist das Verhältnis zweier Größen y und x immer gleich, so sind sie direkt proportional. Die Gleichung lautet:**

$$y = kx$$

- ✓ **Ist das Produkt zweier Größen y und x immer gleich, so sind sie umgekehrt (indirekt) proportional. Die Gleichung lautet:**

$$y = \frac{k}{x}$$

Direkt proportional
Wir schreiben $y \propto x$ (oder $y \sim x$), wenn y direkt proportional zu x ist. Als Gleichung schreiben wir einfach $= k$ anstelle von $\propto$ (k ist eine Konstante). Gleichungen der Form $y = kx$ lassen sich als Geraden durch den Ursprung mit der Steigung k darstellen.

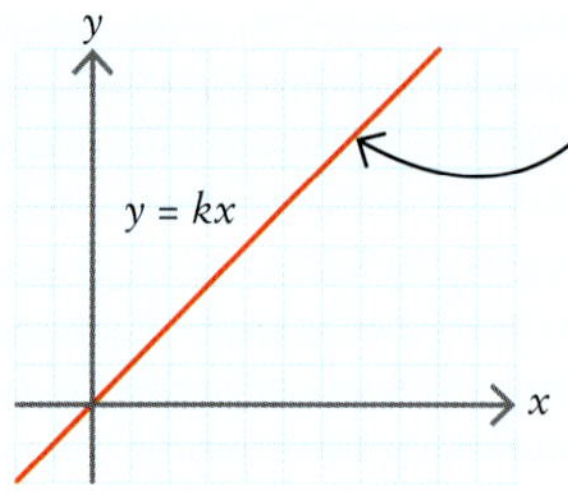

$y \propto x$ ⟶ $y = kx$

Umgekehrt proportional
Wir schreiben $y \propto 1/x$, wenn y umgekehrt proportional zu x ist. Wie bei der direkten Proportionalität ersetzen wir $\propto$ durch $= k$, also wird $y \propto 1/x$ zu $y = k/x$. Umgekehrt proportionale Gleichungen lassen sich mithilfe einer Hyperbel darstellen.

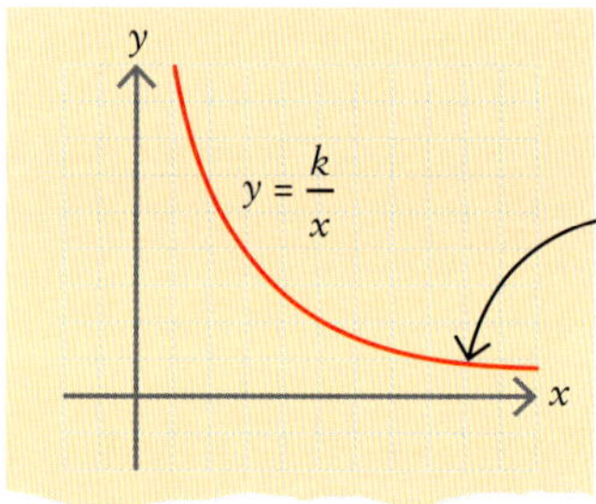

$y \propto \frac{1}{x}$ ⟶ $y = \frac{k}{x}$

Proportionalitätsgleichungen

Aufgabe
Dargestellt sind die Euro-Werte (x-Achse) und Dollar-Werte (y-Achse) zu einem bestimmten Zeitpunkt. Lies anhand des Graphen die Steigung k ab und berechne mithilfe der Gleichung $y = kx$ den Wert von 250 € in Dollar.

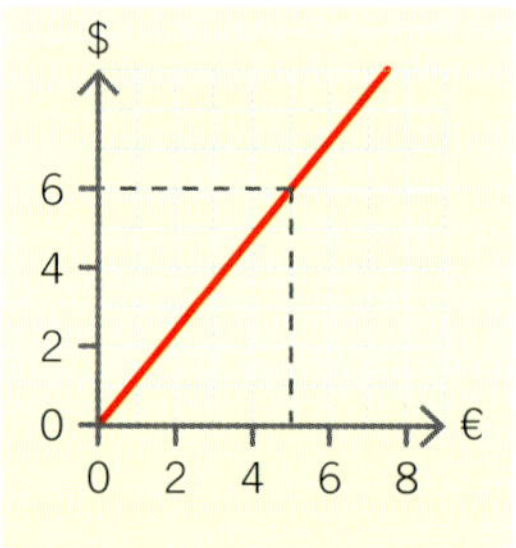

Lösung

1. Wähle einen Punkt des Graphen aus, beispielsweise $x = 5$, $y = 6$.

2. Setze die Werte von x und y in die Gleichung $y = kx$ ein und bestimme k.

$$6 = k \cdot 5$$

$$k = \frac{6}{5} = 1{,}2$$

Es gilt also: $y = 1{,}2x$.

3. Jetzt berechne mithilfe von k den y-Wert für $x = 250$.

$$y = 1{,}2 \cdot 250\,€$$
$$= 300\,\$$$

Übungsaufgaben
Verhältnis & Proportion

Siehe auch

Bei Proportionalitätsaufgaben muss man meist einen vorhandenen Anteil mit einem bestimmten Fakor hinauf- oder hinunterrechnen, um ihn an die neue Situation anzupassen.

Aufgabe
Das Verhältnis zwischen den männlichen und weiblichen Schafen auf einer Weide beträgt 2 : 5. Der Schäfer lässt noch weitere 17 männliche Schafe hinzukommen. Dadurch ändert sich das Verhältnis männlich zu weiblich auf 3 : 5. Wie viel weibliche Schafe sind vorhanden?

Lösung
1. Ein Streifendiagramm kann beim Lösen solcher Verhältnisaufgaben helfen. Zeichne zuerst einen Streifen für das erste Verhältnis, das aus insgesamt 7 Teilen besteht.

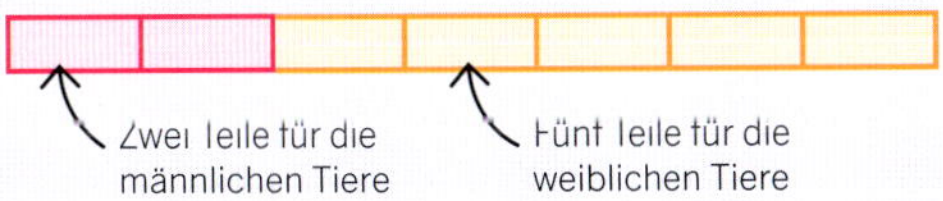

2. Zeichne nun das Diagramm für das zweite Verhältnis mit 8 Teilen.

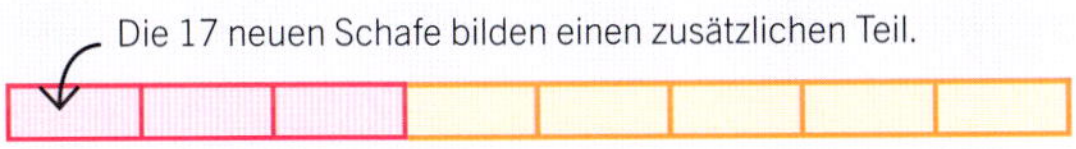

3. Das neue Diagramm verdeutlicht, dass jeder Teil aus 17 Schafen besteht. Die Gesamtzahl weiblicher Schafe beträgt daher:

$$5 \cdot 17 = 85$$

Aufgabe
Das Fahren einer Radstrecke dauert 6 Stunden, wenn man 16 km/h fährt. Wie lang braucht man, wenn man 15 km/h fährt?

Lösung
1. Die Fahrtdauer ist umgekehrt proportional zur Geschwindigkeit. Dies entspricht der Formel $y = k/x$. Berechne k, indem du alle bekannten Werte einsetzt.

$$\text{Fahrtdauer} = \frac{k}{\text{Geschwindigkeit}}$$

$$6 = \frac{k}{16}$$

$$k = 96$$

2. Setze nun k ein, um die Fahrtdauer bei 15 km/h zu berechnen.

$$\text{Fahrtdauer} = \frac{96}{15}$$

$$= 6{,}4 \text{ (6 Stunden 24 Minuten)}$$

Aufgabe
Die drei Stäbe A, B und C sind unterschiedlich lang. A ist 1¼-mal so lang wie B. C ist 2,4-mal so lang wie A. C ist 40 cm länger als B.
Wie lang ist A?

Lösung
1. Fertige eine grobe Skizze der drei Stäbe an. A ist länger als B, C ist länger als A, also ist B der kürzeste.

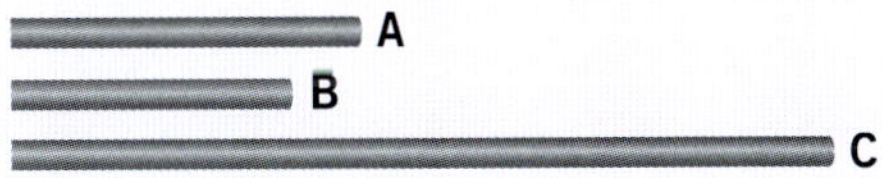

2. Schreibe alles, was du weißt, in Form von Gleichungen auf und stelle sie geschickt zusammen, um die Lösung zu berechnen.

C ist 40 cm länger als B, also:

$$C - B = 40$$

Dies ist Gleichung 1.

A ist 1¼-mal B, also:

$$A = 1{,}25B$$

Dies ist Gleichung 2.

C is 2,4-mal so lang wie A:

$$C = 2{,}4A$$

Das ist Gleichung 3.

3. Setze Gleichung 2 in Gleichung 3 ein:

$$C = 2{,}4 \cdot 1{,}25B$$
$$= 3B$$

4. Setze C = 3B in Gleichung 1 ein:

$$3B - B = 40$$
$$B = 20$$

5. Berechne A:

$$A = 1{,}25 \cdot 20$$
$$= 25$$

A ist also 25 cm lang. Dass A länger ist als B geht aus der Aufgabenstellung hervor (siehe Skizze).

Geometrie

Vektoren

Maße werden in der Regel entweder als Skalare oder als Vektoren angegeben. Skalare haben nur eine Größe (Betrag), Vektoren haben hingegen eine Größe und eine Richtung.

Vektoren und Skalare

Der Weg eines Joggers durch den Park wird durch den lilafarbenen Pfeil dargestellt. Wie weit war seine Strecke? Misst man die Länge der Laufstrecke, ist das Ergebnis ein Skalar ohne Richtungsangabe. Misst man dagegen nur seine Verschiebung zwischen Start- und Endpunkt, so entspricht das einem einem Vektor mit Länge und Richtungsangabe.

Auf einen Blick

- ✓ **Ein Vektor hat eine Größe (Betrag) und eine Richtung.**
- ✓ **Skalare sind Zahlen.**
- ✓ **Vektoren werden in Zeichnungen und Diagrammen durch Pfeile dargestellt.**
- ✓ **Für Vektoren gibt es unterschiedliche Schreibweisen:**

$$\vec{a}, \overrightarrow{AB} \text{ und } \begin{pmatrix} 3 \\ 2 \end{pmatrix}$$

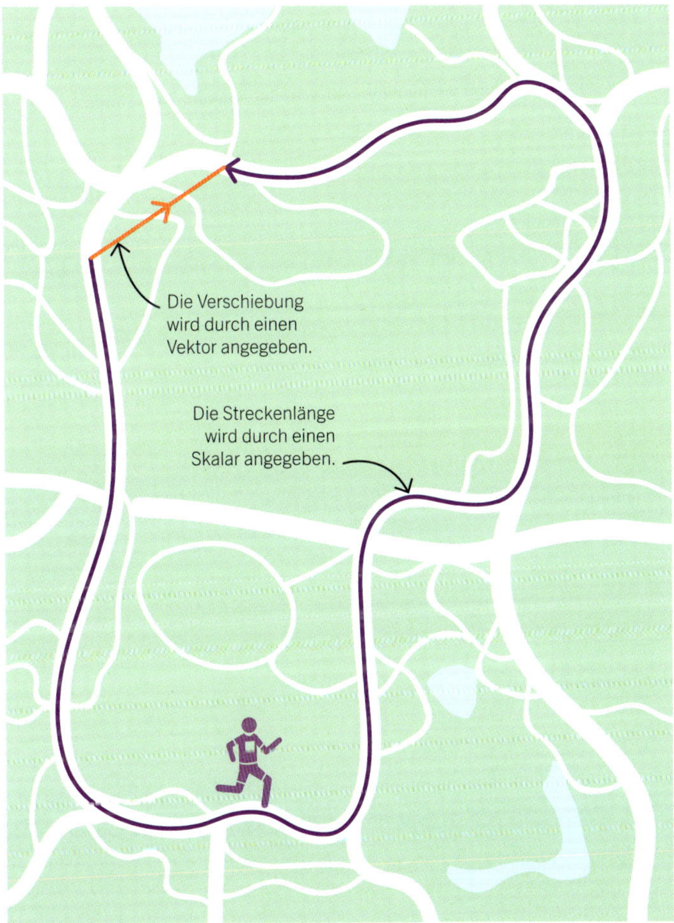

Vektorschreibweisen

In Diagrammen werden Vektoren immer als gerade Pfeile dargestellt. Ein Vektor zwischen den Punkten A und B kann als $\overrightarrow{AB}$ oder als einzelner, kursiver, kleiner Buchstabe mit Pfeil darüber oder als Spaltenvektor geschrieben werden:

$$\begin{pmatrix} 3 \\ 2 \end{pmatrix}$$

Die obere Zahl gibt den Abstand in Richtung der x-Achse und die untere Zahl gibt den Abstand in Richtung der y-Achse an. Negative Zahlen stehen jeweils für die entgegengesetzte Achsenrichtung.

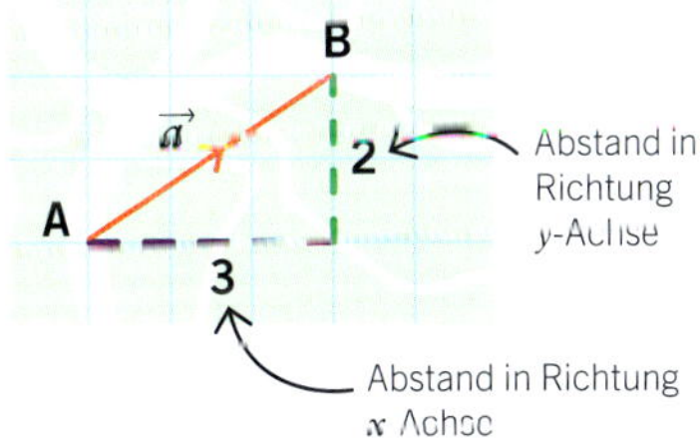

$$\overrightarrow{AB} = \vec{a} = \begin{pmatrix} 3 \\ 2 \end{pmatrix}$$

Komponenten von Vektoren

Vektoren stellt man sich als gerichtete Pfeile im Koordinatensystem vor. Die Zahlen (Komponenten) im Spaltenvektor geben an, in welche Richtung der Vektor relativ zu den Achsen zeigt. Ein Vektor ist durch Länge und Richtung eindeutig bestimmt. Seine Position ist nicht eindeutig, derselbe Vektor kann sich an jeder Stelle des Koordinatensystems befinden.

Auf einen Blick

- ✓ Positive und negative Zahlen im Spaltenvektor geben an, in welche Richtung er relativ zu den Achsen zeigt.
- ✓ Derselbe Vektor kann sich an unterschiedlichen Stellen befinden.
- ✓ Ein Vektor mit umgekehrten Vorzeichen zeigt in die entgegengesetzte Richtung.

Richtung von Vektoren
Je nach Richtung sind die Zahlen im Spaltenvektor positiv oder negativ. Der Vekor $\binom{2}{3}$ bedeutet: Gehe 2 Einheiten in Richtung der x-Achse und 3 Einheiten in Richtung der y -Achse. Der Vektor $\binom{-2}{-3}$ dagegen bedeutet: Gehe 2 Einheiten nach links und 3 Einheiten nach unten. Die Zahlen im Spaltenvektor heißen auch horizontale (in x-Richtung) und vertikale (in y-Richtung) Komponenten des Vektors.

Wird die Richtung des Vektors in zwei Komponenten zerlegt, kann man ein rechtwinkliges Dreieck zeichnen und mithilfe des Satzes von Pythagoras seine Länge (s. S. 196) berechnen.

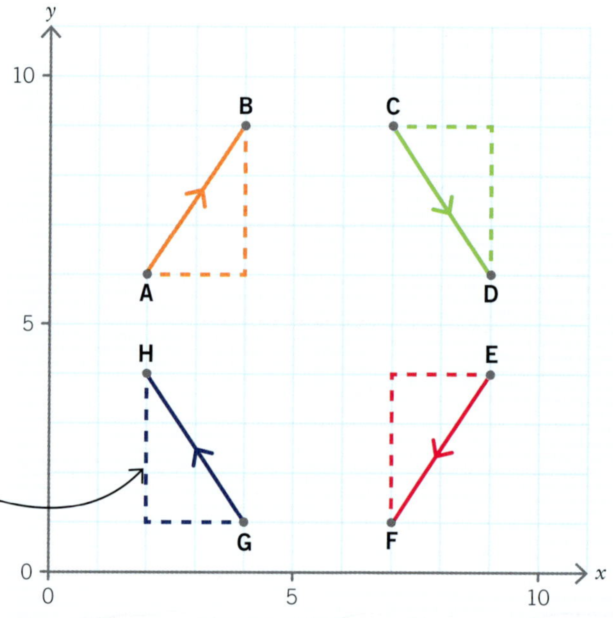

$\overrightarrow{AB} = \begin{pmatrix}2\\3\end{pmatrix}$

$\overrightarrow{CD} = \begin{pmatrix}2\\-3\end{pmatrix}$

$\overrightarrow{EF} = \begin{pmatrix}-2\\-3\end{pmatrix}$

$\overrightarrow{GH} = \begin{pmatrix}-2\\3\end{pmatrix}$

Gleiche und entgegengesetzte Vektoren
Zwei Vektoren sind gleich, wenn sie dieselben Komponenten haben, auch dann, wenn sie sich an unterschiedlichen Stellen im Koordinatensystem befinden. Im Bild rechts haben $\vec{a}$ und $\vec{b}$ beide dieselben Komponenten $\binom{4}{6}$, also gilt $\vec{a} = \vec{b}$. Ein Minuszeichen dreht die Richtung des Vektors um.

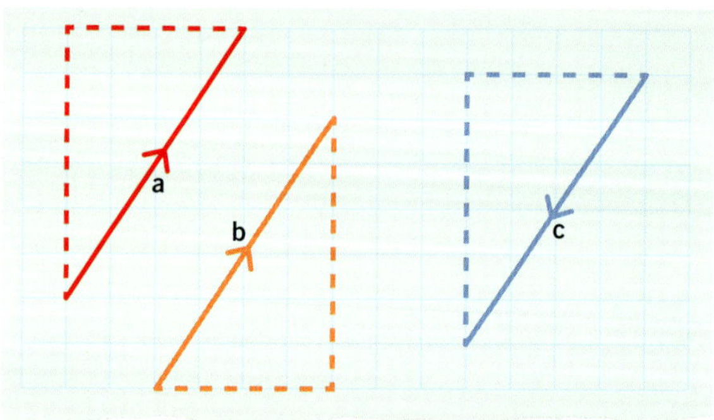

$\vec{a} = \vec{b}$

$\vec{a} = -\vec{c}$

Vektoren addieren und subtrahieren

Vektoren können addiert und subtrahiert werden. Es gibt zwei Möglichkeiten: entweder zeichnerisch im Koordinatensystem oder rechnerisch, indem man die horizontalen Komponenten und die vertikalen Komponenten der Spaltenvektoren addiert.

Auf einen Blick

- ✓ Um zwei Vektoren zeichnerisch zu addieren oder zu subtrahieren, setzt man den zweiten Vektor an das Ende des ersten Vektors.
- ✓ Um zwei Vektoren rechnerisch zu addieren oder zu subtrahieren, addiert oder subtrahiert man getrennt voneinander erst die horizontalen und dann die vertikalen Komponenten.
- ✓ Die Summe/Differenz zweier Vektoren heißt auch Resultierende.

Vektoren addieren

Um zwei Vektoren zu addieren, zeichnen wir den ersten Vektor und hängen an seinen Endpunkt den zweiten Vektor an. Der Gesamtvektor (die Resultierende) geht vom Startpunkt des ersten Vektors zum Endpunkt des zweiten Vektors. Rechnerisch werden die horizontalen Komponenten beider Vektoren addiert und die vertikalen Komponenten ebenfalls. Die Reihenfolge ist egal: $\vec{a} + \vec{b} = \vec{b} + \vec{a}$.

$4 + 1 = 5$

$$\begin{pmatrix}4\\3\end{pmatrix} + \begin{pmatrix}1\\-2\end{pmatrix} = \begin{pmatrix}5\\1\end{pmatrix}$$

$3 + (-2) = 1$

$\vec{a} + \vec{b}$ bedeutet: zuerst $\vec{a}$, dann $\vec{b}$.

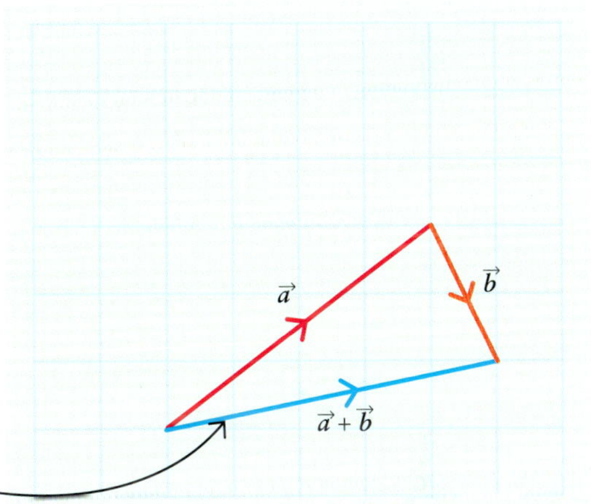

Vektoren subtrahieren

Um einen Vektor von einem anderen zu subtrahieren, zeichne den ersten Vektor und setze den umgekehrten zweiten Vektor an den Endpunkt des ersten. $\vec{a} - \vec{b}$ bedeutet z. B.: zuerst a, dann $-\vec{b}$. Du zeichnest also $-\vec{b}$ an das Ende von $\vec{a}$. Der Gesamtvektor geht wieder vom Startpunkt des ersten Vektors zum Endpunkt des zweiten Vektors. Rechnerisch wird die horizontale Komponente des zweiten Vektors von der horizontalen Komponente des ersten Vektors abgezogen. Analog die vertikalen Komponenten.

$4 - 1 = 3$

$$\begin{pmatrix}4\\3\end{pmatrix} - \begin{pmatrix}1\\-2\end{pmatrix} = \begin{pmatrix}3\\5\end{pmatrix}$$

$3 - (-2) = 5$

$\vec{a} - \vec{b}$ bedeutet: zuerst $\vec{a}$ und dann $-\vec{b}$.

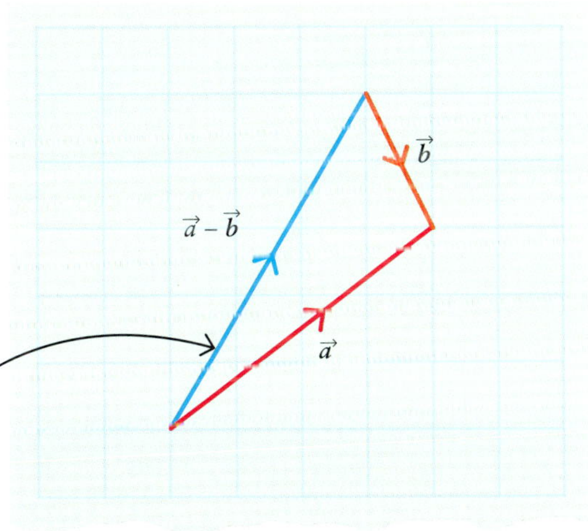

Vektoren multiplizieren

Durch Multiplikation eines Vektors mit einer Zahl entsteht ein längerer oder kürzerer Vektor in derselben oder in umgekehrter Richtung, je nachdem, ob die Zahl ein positives oder negatives Vorzeichen hat.

Auf einen Blick

- ✓ Durch Multiplikation eines Vektors mit einer positiven Zahl entsteht ein längerer (kürzerer) Vektor in derselben Richtung.
- ✓ Durch Multiplikation eines Vektors mit einer negativen Zahl entsteht ein längerer (kürzerer) Vektor in umgekehrter Richtung.

Skalarmultiplikation eines Vektors

Es gibt zwei Möglichkeiten, einen Vektor mit einer Zahl (einem Skalar) zu multiplizieren: zeichnerisch und rechnerisch. Um einen Vektor zeichnerisch zu multiplizieren, müssen wir ihn zunächst zeichnen und dann einen zweiten daneben zeichnen, der parallel und entsprechend dem Faktor länger oder kürzer ist. Wenn wir ihn beispielsweise mit 2 multiplizieren, zeichnen wir ihn doppelt so lang. Der neue Vektor ist das skalare Vielfache des ursprünglichen Vektors.

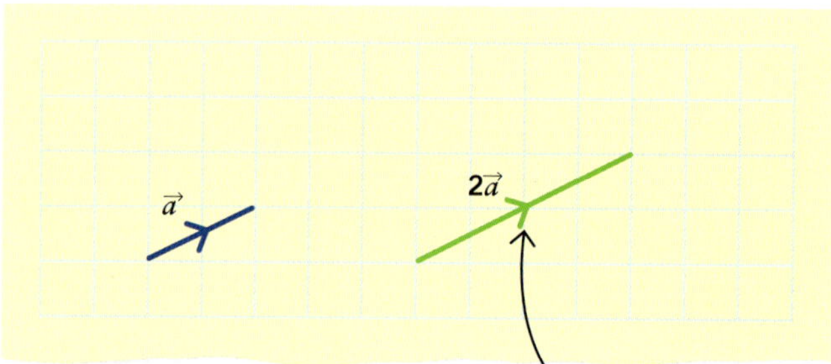

Multipliziert man den Spaltenvektor, wird jede seiner Komponenten mit der Zahl multipliziert.

$$\begin{pmatrix}2\\1\end{pmatrix} \cdot 2 = \begin{pmatrix}4\\2\end{pmatrix}$$

Die Richtung bleibt gleich, wenn man mit einer positiven Zahl multipliziert.

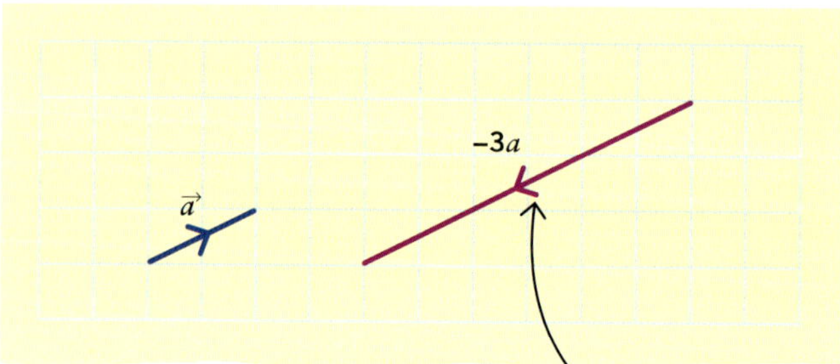

$$\begin{pmatrix}2\\1\end{pmatrix} \cdot (-3) = \begin{pmatrix}-6\\-3\end{pmatrix}$$

Die Richtung wird umgekehrt, wenn man mit einer negativen Zahl multipliziert.

Punkte auf einer Geraden

Zusammenhängende Vektoren, die in dieselbe oder genau entgegengesetzte Richtung zeigen, sind skalare Vielfache voneinander. Anhand dieser Tatsache kann man prüfen, ob zwei Punkte auf einer Geraden liegen (kollinear sind).

Aufgabe

$\overrightarrow{AB}$ ist der Vektor $\binom{3}{2}$ und $\overrightarrow{AC}$ ist der Vektor $\binom{-6}{-4}$. Überprüfe, ob die Punkte A, B und C auf einer Geraden liegen.

Lösung

1. Finde einen Faktor, der, multipliziert mit dem einen Vektor, den anderen Vektor ergibt .

$$\begin{pmatrix}-6\\-4\end{pmatrix} = -2 \cdot \begin{pmatrix}3\\2\end{pmatrix}$$

2. Die beiden Vektoren sind skalare Vielfache voneinander und haben einen Punkt gemeinsam (A). Also liegen A, B und C auf einer Geraden.

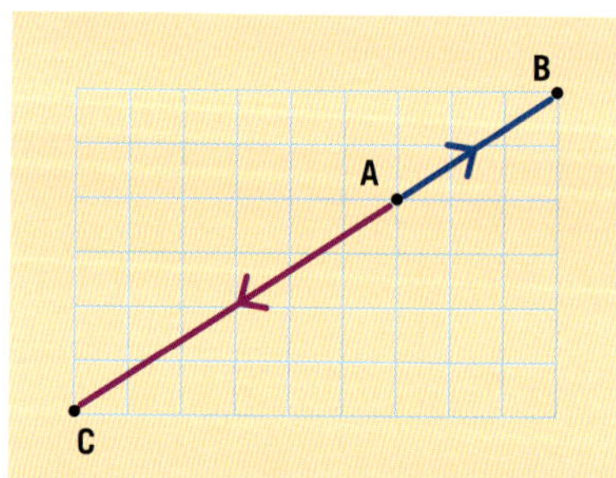

Übungsaufgabe
Vektoren & Geometrie

Geometrische Fragestellungen erfordern manchmal den Einsatz von Vektoren. Stelle dir beim Lösen der folgenden Aufgabe jede Strecke in der Zeichnung als Vektor vor.

Siehe auch

170 Komponenten von Vektoren
171 Vektoren addieren und subtrahieren
172 Vektoren multiplizieren

Aufgabe
Die blaue Strecke $\overrightarrow{ST}$ verbindet die Mittelpunkte der Seiten $\overrightarrow{PQ}$ und $\overrightarrow{PR}$. Nutze dein Wissen über Vektoren, um zu zeigen, dass $\overrightarrow{ST}$ parallel zur grünen Strecke $\overrightarrow{QR}$ und halb so lang wie diese ist.

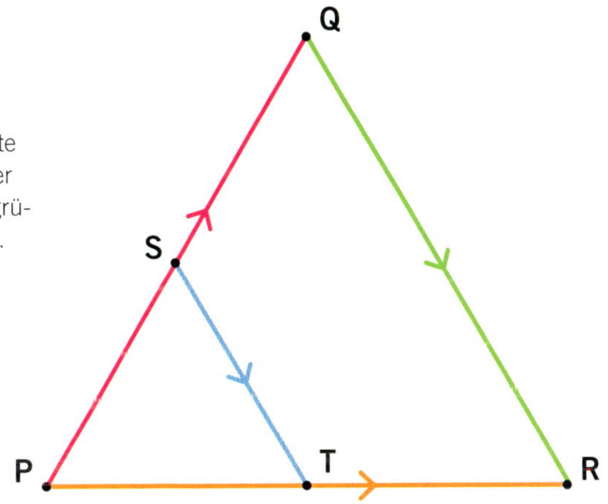

Lösung
1. Nenne die pinkfarbene Seite (PQ) Vektor $\boldsymbol{a}$ und die orangefarbene Seite (PR) Vektor $\boldsymbol{b}$.

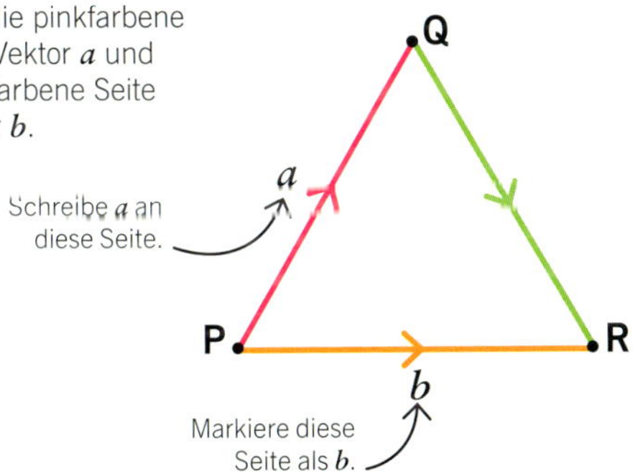

2. Schreibe nun die grüne Seite QR als Vektor, aber benutze die Vektoren $\boldsymbol{a}$ und $\boldsymbol{b}$ dafür. Fahre mit dem Stift von Q nach R, indem du $\boldsymbol{a}$ verkehrt herum und $\boldsymbol{b}$ in die richtige Richtung entlangfährst.

$$\overrightarrow{QR} = -a + b$$

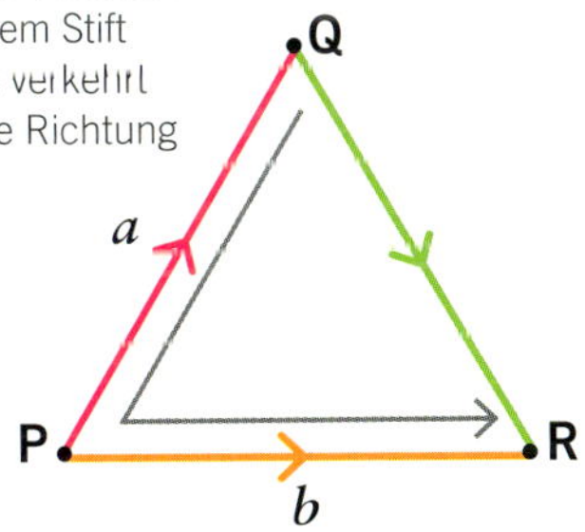

3. Wiederhole diesen Schritt für die Strecke ST.

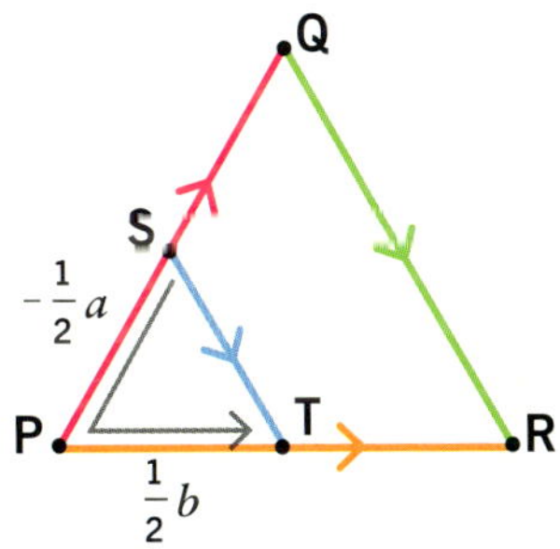

$$\overrightarrow{ST} = -\frac{1}{2}a + \frac{1}{2}b = \frac{1}{2}(-a + b)$$

4. Nun siehst du, dass die Vektoren $\overrightarrow{QR}$ und $\overrightarrow{ST}$ skalare Vielfache voneinander sind, also müssen die Strecken ST und QR parallel sein.

ST ist halb so lang wie QR.

$$\overrightarrow{ST} = \frac{1}{2}(-a + b) = \frac{1}{2}\overrightarrow{QR}$$

Verschiebungen

Verändert man Größe oder Position einer Figur, so nennt man das eine Abbildung. Eine Verschiebung ist eine Abbildung, durch die lediglich die Position der Figur verändert wird, nicht aber ihre Größe, Form oder Orientierung. Die verschobene Figur heißt Bild.

Auf einen Blick

- ✓ Bei einer Verschiebung wird eine Figur in eine bestimmte Richtung verschoben, ohne ihre Größe, Form oder Orientierung zu ändern.
- ✓ Verschiebungen schreibt man als Spaltenvektoren.
- ✓ Das verschobene Objekt heißt Bild.

Schreibweisen für Verschiebungen

Verschiebungen werden in Form von Vektoren aufgeschrieben (s. S. 169). Die erste Verschiebung des Dreiecks bewegt es 9 Einheiten nach rechts und 4 Einheiten nach unten. Die zweite Verschiebung bewegt es 8 Einheiten nach rechts und 1 Einheit nach oben. Dies schreiben wir als Spaltenvektoren $\binom{9}{-4}$ und $\binom{8}{1}$.

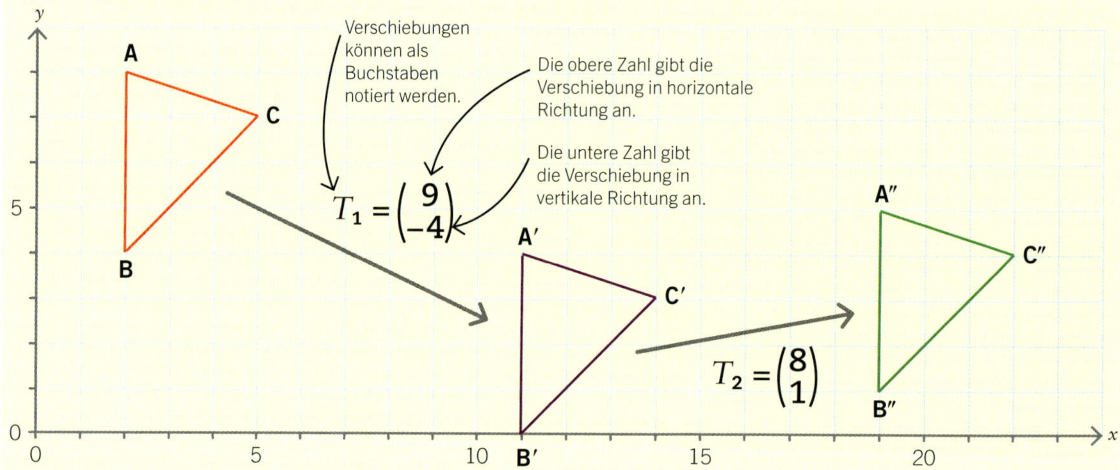

Verschiebungen beschreiben/angeben

Aufgabe

Gib die Verschiebung an, mit der das Rechteck ABCD auf das Rechteck A′B′C′D′ verschoben wird.

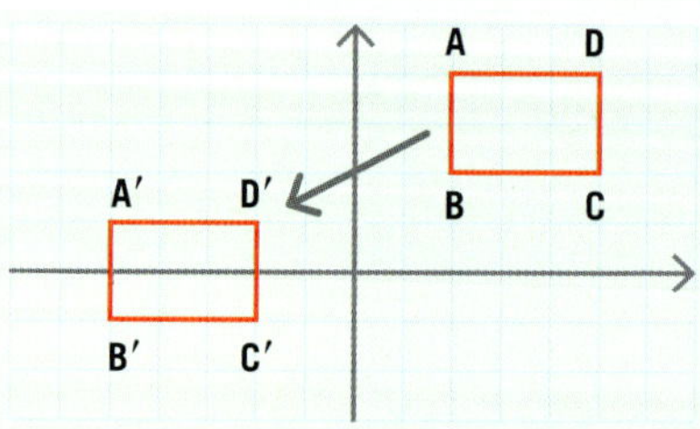

Lösung

Rechteck ABCD wird auf A′B′C′D′ durch diesen Vekor verschoben:

$$\binom{-7}{-3}$$

Spiegelungen

Eine Figur kann an einer Spiegelachse gespiegelt werden. Original- und Bildfigur sind kongruent, haben also dieselbe Form und Größe, auch wenn sie spiegelverkehrt zueinander sind.

Auf einen Blick

- ✓ Man kann eine Figur entlang einer Spiegelachse spiegeln.
- ✓ Original- und Bildfigur sind kongruent.
- ✓ Eine Spiegelung wird anhand der Geradengleichung der Spiegelachse definiert.

Spiegelachse

Um eine Spiegelung im Koordinatensystem eindeutig festzulegen, benötigen wir die Geradengleichung der Spiegelachse. Im Beispiel wird die grüne Figur zweimal gespiegelt: einmal entlang der Spiegelachse $x = 0$ (dies ist die y-Achse), dabei entsteht die blaue Figur. Und einmal entlang der Achse $y = x$, dabei entsteht die orangefarbene Figur.

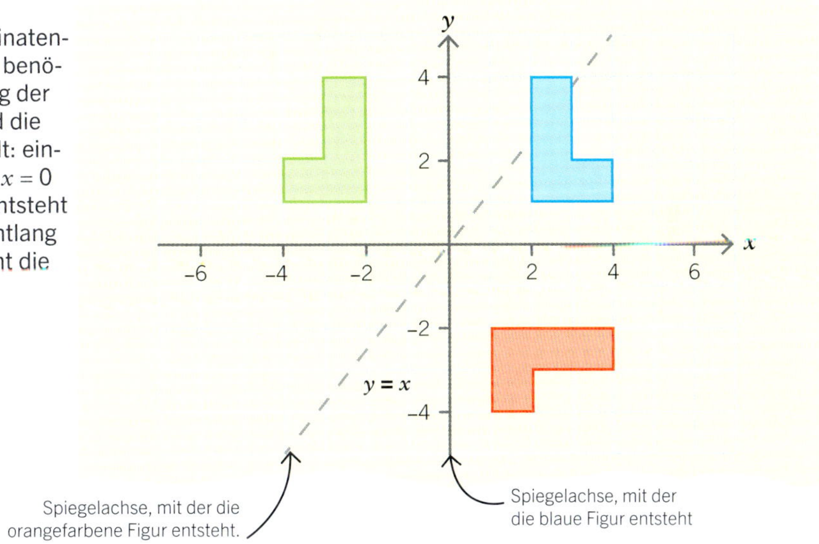

Spiegelungen konstruieren

Ursprünglicher Punkt und Bildpunkt sind immer gleich weit von der Spiegelachse entfernt. Mit diesem Wissen können wir ganz einfach eine Spiegelung konstruieren.

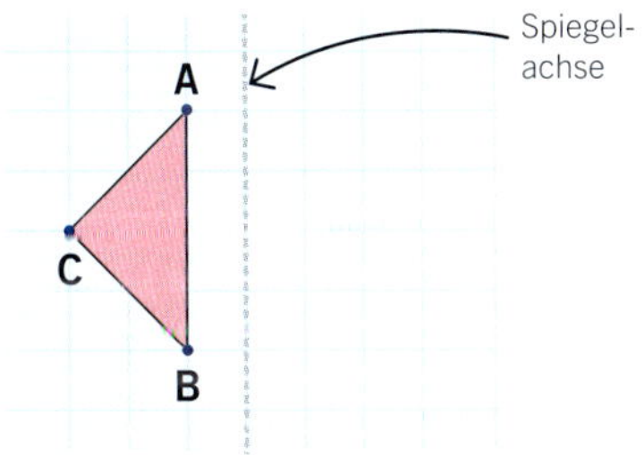

1. Zeichne zuerst die Spiegelachse ein. Markiere die Ecken der zu spiegelnden Figur.

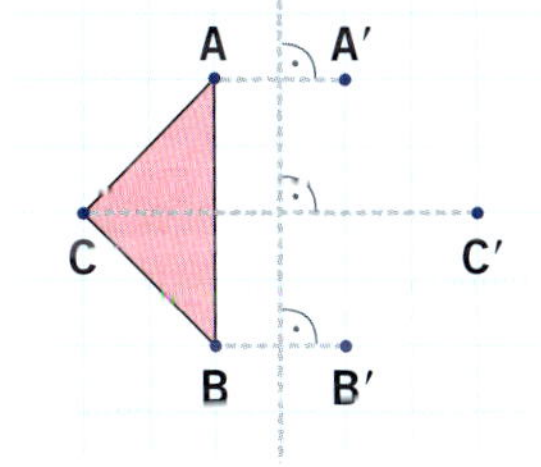

2. Zeichne von jeder Ecke des Originals aus eine senkrechte Linie zur Spiegelachse und darüber hinaus. Miss jeweils den Abstand zwischen Originalpunkt und Spiegelachse und markiere diese Abstände alle entsprechend auf der anderen Seite der Spiegelachse.

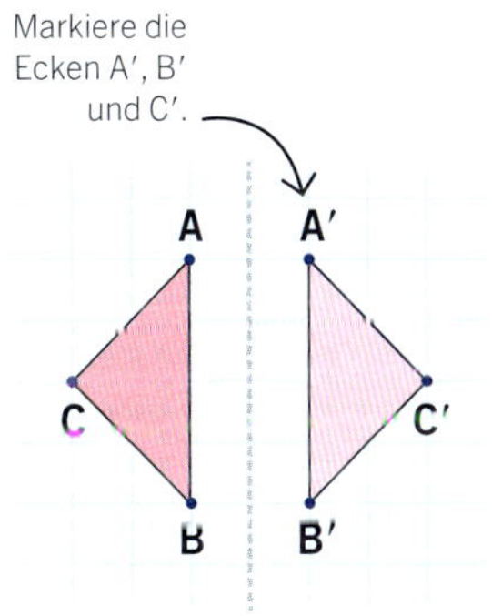

3. Verbinde die Markierungen miteinander: Die Spiegelung ist fertig!

Drehungen

Bei einer Drehung wird ein geometrisches Objekt um einen festen Punkt, das Drehzentrum, gedreht. Nach der Drehung sind Original und Bild deckungsgleich.

Drehungen festlegen

Drehwinkel, Drehrichtung und Lage des Drehzentrums legen eine Drehung exakt fest. Die orangefarbene Figur wurde beispielsweise um 90° im Uhrzeigersinn um den Ursprung (0|0) gedreht. Die pinkfarbene Figur wurde um 180° im Uhrzeigersinn um den Punkt (8|3) gedreht.

Auf einen Blick

- ✓ **Der Punkt, um den ein Objekt gedreht wird, heißt Dreh- oder Rotationszentrum.**
- ✓ **Nach der Drehung sind Original- und Bildfigur kongruent (deckungsgleich).**
- ✓ **Drehwinkel, Drehrichtung und Drehzentrum legen eine Drehung eindeutig fest.**

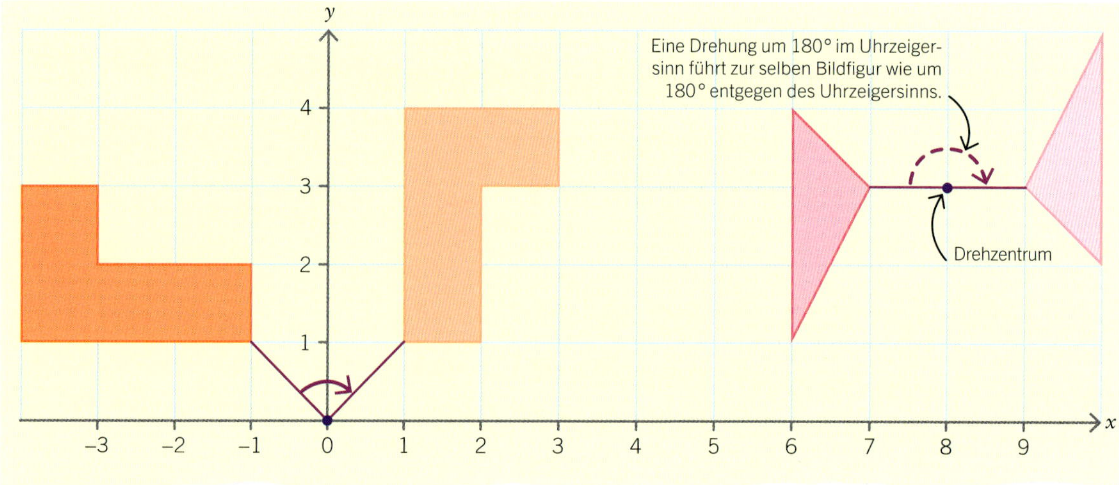

Drehzentrum und Winkel bestimmen

Sind Original und Bild gegeben, kann man mithilfe der folgenden Schritte das Drehzentrum bestimmen.

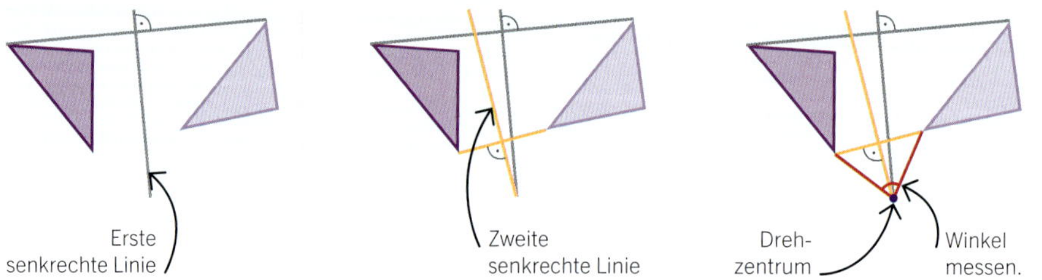

1. Zeichne eine Strecke von einem Punkt des Originals zu seinem Bildpunkt. Zeichne hierzu die Mittelsenkrechte. Diese kannst du mit Zirkel und Lineal konstruieren (s. S. 184).

2. Wiederhole den Schritt für ein weiteres Punktepaar aus Original- und Bildpunkt.

3. Das Drehzentrum ist der Schnittpunkt der beiden Mittelsenkrechten. Verbinde nun das Drehzentrum mit einem Originalpunkt und seinem Bildpunkt. Der Winkel zwischen den beiden Strecken ist der Drehwinkel.

Drehungen konstruieren

Um eine Drehung zu konstruieren, benötigt man das Drehzentrum, den Drehwinkel und natürlich das Original (die Figur, die gedreht werden soll). Das Ergebnis der Drehung (die gedrehte Figur) heißt Bild.

Auf einen Blick

- ✓ **Die Konstruktion einer Drehung ist das Drehen einer Figur mit einem gegebenen Drehwinkel um ein bekanntes Drehzentrum.**
- ✓ **Für die Konstruktion braucht man Zirkel und Lineal.**
- ✓ **Mithilfe von Transparentpapier kann man das Ergebnis einer Drehung schnell überprüfen.**

1. Dieses Dreieck soll um 90° entgegen des Uhrzeigersinns um den Ursprung (0|0) gedreht werden. Stich zuerst mit dem Zirkel in den Ursprung. Zeichne von jeder Ecke des Dreiecks aus einen Bogen entgegen des Uhrzeigersinns.

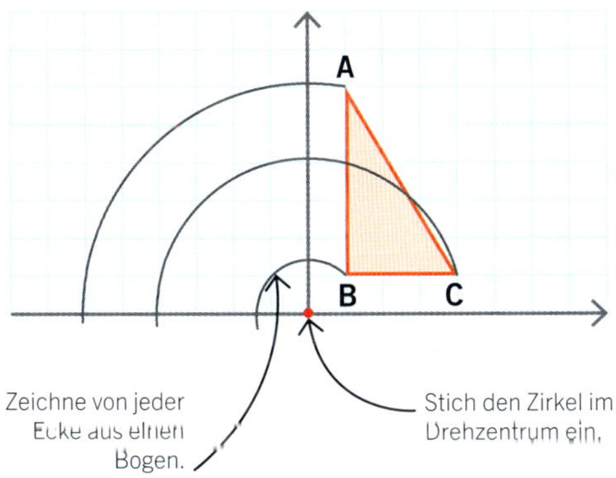

2. Trage nun, ausgehend von jedem Punkt des Originals, mit dem Geodreieck einen 90°-Winkel ab (das Drehzentrum ist der Scheitelpunkt des Winkels) und markiere den Bildpunkt auf dem zugehörigen Kreisbogen.

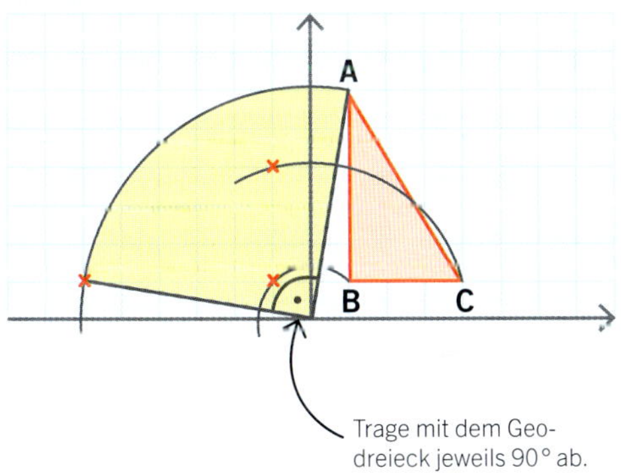

3. Verbinde nun die Bildpunkte zu dem neuen Dreieck.

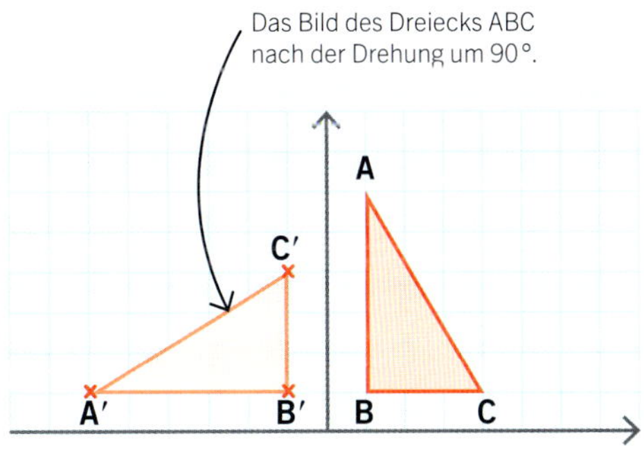

Kontrolle mit Transparentpapier

Um deine Zeichnung zu überprüfen, kannst du ein Blatt Transparentpapier auf das Koordinatensystem legen und das Original durchpausen. Stich dann mit dem Bleistift in das Drehzentrum, um das Papier zu fixieren, und drehe das Blatt mit dem durchgepausten Original.

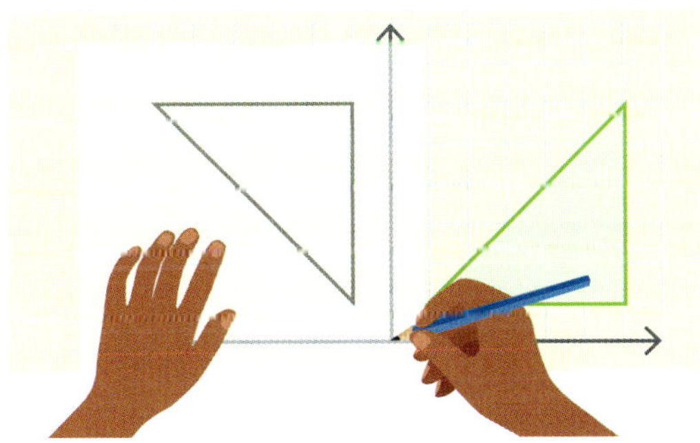

Zentrische Streckung

Eine zentrische Streckung kann Lage und Größe eines Originals verändern, nicht aber die Winkelgrößen und die Seitenverhältnisse. Eine zentrische Streckung wird durch ein Streckzentrum und einen Streckfaktor festgelegt.

Auf einen Blick

- ✓ **Eine zentrische Streckung kann Lage und Größe eines Objekts verändern.**
- ✓ **Streckzentrum und Streckfaktor legen eine zentrische Streckung eindeutig fest.**
- ✓ **Der Streckfaktor ist der Quotient aus der Länge der Bildstrecke und der Länge der Originalstrecke.**

Zentrische Streckung festlegen
Ort des Drehzentrums und Streckfaktor reichen aus, um eine zentrische Streckung vollständig zu bestimmen. Im Beispiel wurde das gelbe Dreieck vom Streckzentrum (1 | 5) aus einmal mit dem Streckfaktor 2 und einmal mit dem Streckfaktor 4 gestreckt. Entstanden sind das grüne und das pinkfarbene Dreieck. Um den Streckfaktor zu berechnen, dividiert man die Seitenlänge einer Seite des Bilddreiecks durch die entsprechende Seitenlänge des Originals. Im Beispiel ist A″B″ genau 12 Einheiten lang und AB ist 3 Einheiten lang. Daher beträgt der Steckfaktor $^{12}/_{3} = 4$.

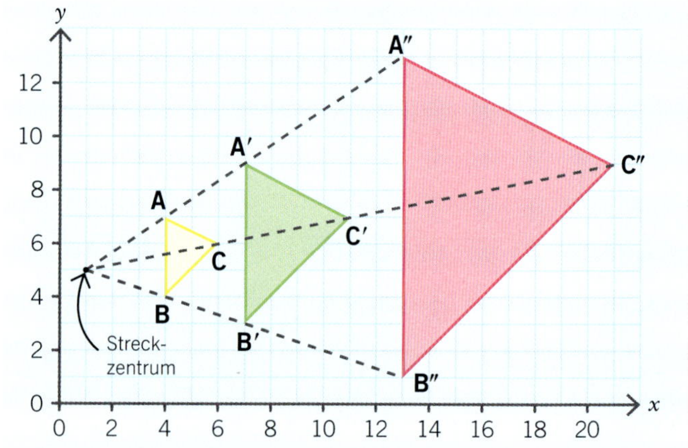

$$\text{Streckfaktor} = \frac{\text{Länge der Bildstrecke}}{\text{Länge der Originalstrecke}}$$

Zentrische Streckungen konstruieren
Ziehe, vom Streckzentrum ausgehend, durch jeden Eckpunkt des Originals eine Gerade. Im Beispiel wird das Viereck von dem Streckzentrum (1 | 4) aus mit einem Streckfaktor 3 gestreckt.

1. Ziehe, vom Streckzentrum ausgehend, jeweils eine Gerade durch die Eckpunkte der Originalfigur.

2. Miss den Abstand vom Streckzentrum zu jedem einzelnen Eckpunkt und multipliziere ihn jeweils mit 3. Das Ergebnis ist jeweils der Abstand vom Streckzentrum zum entsprechenden Bildpunkt.

3. Zeichne die neuen Eckpunkte ein und verbinde sie zu dem vergrößerten Viereck: Dies ist das Ergebnis der Streckung.

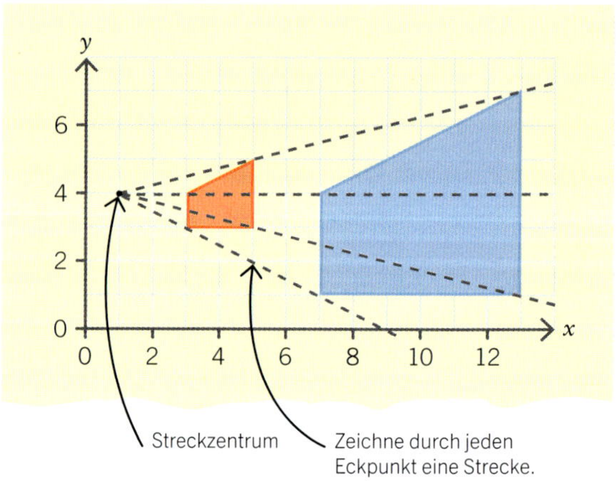

Verkleinerungen und negativer Streckfaktor

Ist der Streckfaktor einer zentrischen Streckung von seinem Betrag her kleiner als 1, entsteht ein verkleinertes Bild der Originalfigur. Bei einem negativen Streckungsfaktor wird das Bild auf die andere Seite des Streckzentrums projiziert.

Auf einen Blick

- ✓ Liegt der Betrag des Streckfaktors zwischen 0 und 1, wird die Figur verkleinert.
- ✓ Ein negativer Streckfaktor projiziert das Bild auf die andere Seite des Streckzentrums.

Verkleinerung
Streckfaktoren, deren Betrag zwischen 0 und 1 liegt, führen zu einer Verkleinerung. Im Beispiel ist der Streckfaktor ⅓ und das Streckzentrum ist der Punkt (20 | 12). Das neue Dreieck ist kleiner, denn jede Seite ist nur ein Drittel so lang wie die entsprechende Seite des Originals. Zum Beispiel ist A′B′ genau 2 Einheiten lang, während AB genau 6 Einheiten lang ist. Bei der Umkehrung der Streckung (von A′B′C′ nach ABC) wäre der Streckfaktor 3, also der Kehrwert von ⅓.

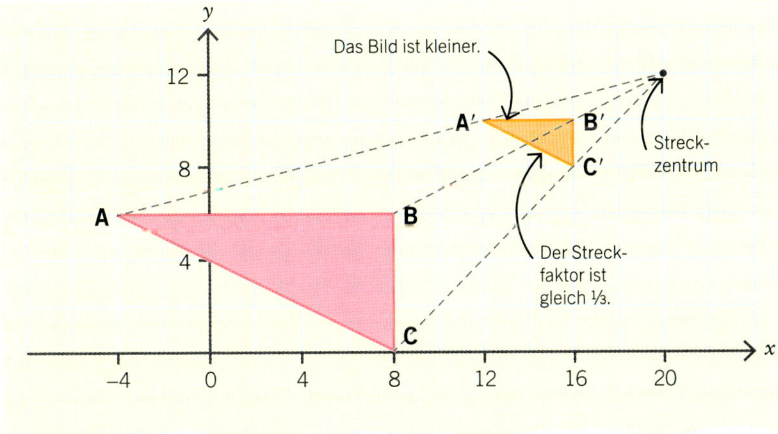

Negative Streckfaktoren
Bei negativem Streckfaktor wird das Bild auf die andere Seite des Streckzentrums projiziert. Die Bildfigur kann größer oder kleiner sein als die Originalfigur. Ist der Streckfaktor jedoch genau –1, entspricht das Bild einer Drehung um 180°. Im Beispiel wird das grüne Viereck mit dem Streckfaktor –2 gestreckt.

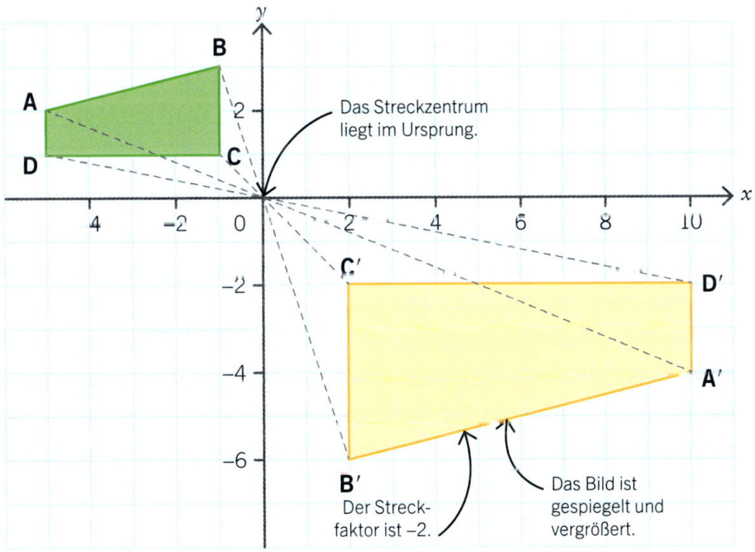

Fläche und Volumen strecken

Vergrößert man eine Fläche mit dem Streckfaktor 2, verdoppeln sich Länge und Breite. Das Gleiche gilt für Körper. Flächeninhalt und Volumen nehmen bei der Streckung also jeweils um eine Potenz des Streckfaktors zu oder ab.

Auf einen Blick

- ✓ Bei Streckung einer Fläche mit dem Streckfaktor x nimmt der Flächeninhalt um den Faktor x^2 zu.
- ✓ Bei Streckung eines Körpers mit dem Streckfaktor x nimmt sein Volumen um den Faktor x^3 zu.

Flächen vergrößern

Das rote Quadrat ist 1 cm breit. Wird es um den Faktor 3 gestreckt, nehmen seine Länge und seine Breite beide um den Faktor 3 zu. Daher nimmt sein Flächeninhalt um den Faktor $3 \cdot 3 = 9$ zu. Wenn Länge und Breite einer Fläche um den Faktor x zunehmen, nimmt ihr Flächeninhalt um den Faktor x^2 zu.

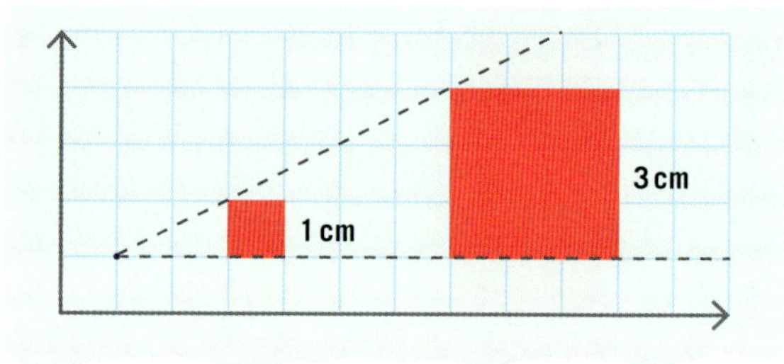

Volumen vergrößern

Der kleine Würfel hat eine Seitenlänge von 1 cm und das Volumen beträgt $1\,cm^3$. Wird er um den Faktor 3 vergrößert, nehmen Länge, Breite und Höhe jeweils um diesen Faktor zu. Daher beträgt das Volumen des vergrößerten Würfels $27\,cm^3$, das ist $3 \cdot 3 \cdot 3$-mal größer. Wenn Länge, Breite und Höhe eines Körpers um den Faktor x zunehmen, nimmt sein Volumen um den Faktor x^3 zu.

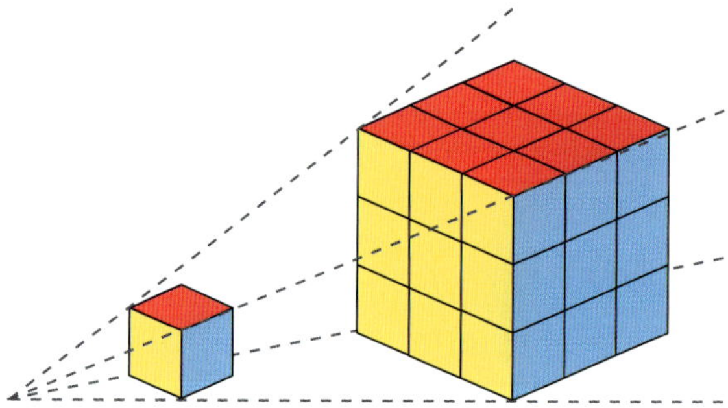

Vergrößerung

Aufgabe

Die linke Pizza hat einen Durchmesser von 15 cm, die rechte Pizza hat einen Durchmesser von 30 cm und kostet das Doppelte. Welche Pizza ist preiswerter und warum?

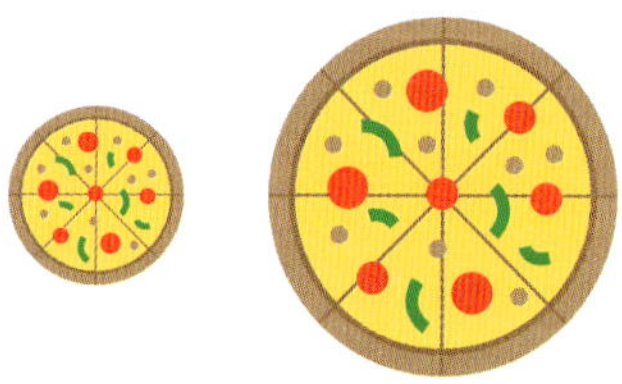

Lösung

1. Berechne den Streckfaktor des Durchmessers:

$$\text{Streckfaktor des Durchmessers} = \frac{\text{Durchmesser der großen Pizza}}{\text{Durchmesser der kleinen Pizza}} = \frac{30}{15} = 2$$

2. Berechne jetzt den Streckfaktor für die Fläche.

$$\text{Streckfaktor der Fläche} = (\text{Streckfaktor des Durchmessers})^2 = 2^2 = 4$$

3. Die große Pizza ist 4-mal so groß wie die kleine, also ist sie viel preiswerter, da sie nur das Doppelte kostet.

Übungsaufgaben
Abbildungen hintereinander ausführen

Siehe auch

175 Spiegelungen
176 Drehungen
177 Drehungen konstruieren

Man kann mehrere unterschiedliche Abbildungen auf vielfältige Weise kombinieren. Finde heraus, mit welcher Abbildung man die hier hintereinander ausgeführten Abbildungen direkt – also in einem Schritt – ausführen könnte.

Aufgabe

Figur A (rechts) wird an der Spiegelachse $x = -1$ gespiegelt. Das Ergebnis ist Figur B. Figur B wird an der Spiegelachse $y = 0$ gespiegelt. Das Ergebnis ist Figur C. Mit welcher Abbildung kann man Figur A direkt in Figur C überführen?

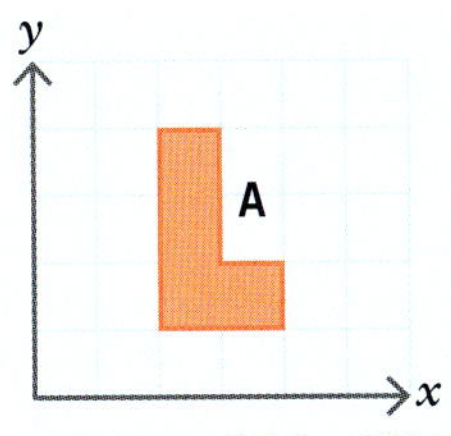

Lösung

1. Zeichne die Spiegelachse $x = -1$ und konstruiere Figur B, indem du jede einzelne Ecke des Originals an der Spiegelachse spiegelst.

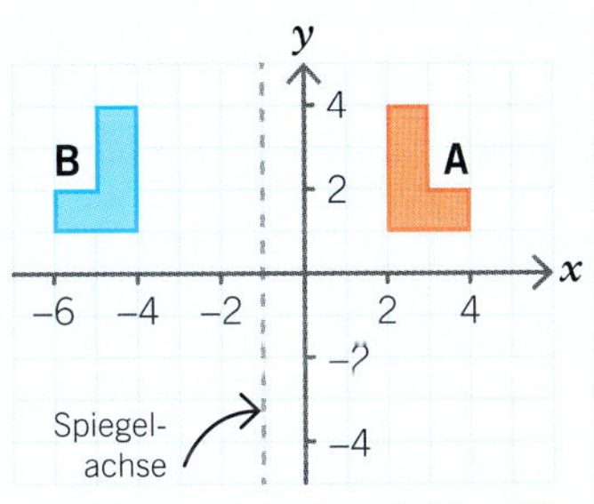

2. Spiegle nun entlang der Spiegelachse $y = 0$ (das ist die x-Achse) und zeichne Figur C.

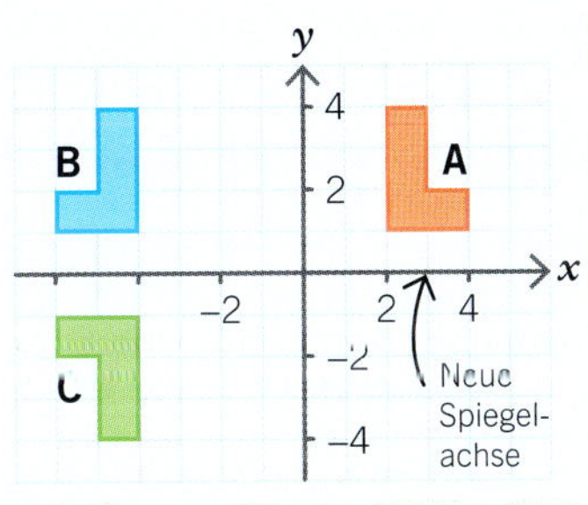

3. Jetzt sieht man, dass C auch entstanden wäre, wenn man um 180° im oder gegen den Uhrzeigersinn um das Drehzentrum (−1 | 0) gedreht hätte.

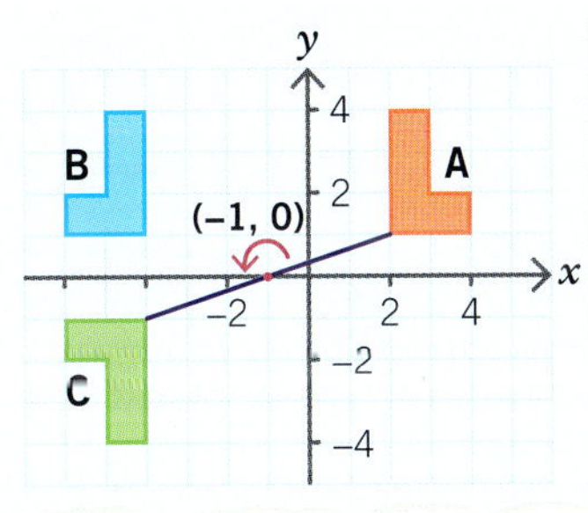

Aufgabe

Figur P (unten) wird um 90° im Uhrzeigersinn um den Ursprung (0 | 0) gedreht, sodass Figur Q entsteht. Figur Q wird an der Spiegelachse $y = x$ gespiegelt, sodass Figur R entsteht. Mit welcher Abbildung kann man Figur P direkt auf Figur R abbilden?

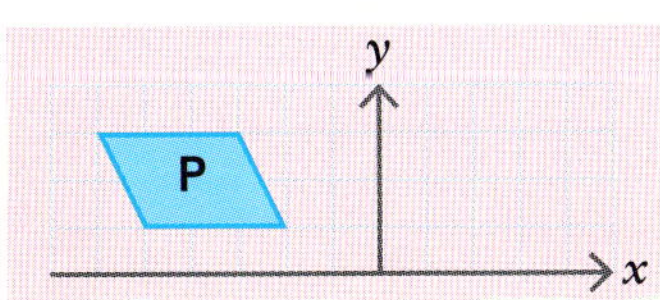

Lösung

1. Pause Figur P auf ein Blatt Papier durch. Fixiere das Blatt mit dem Bleistift im Drehzentrum und drehe es um 90° im Uhrzeigersinn. Zeichne Q.

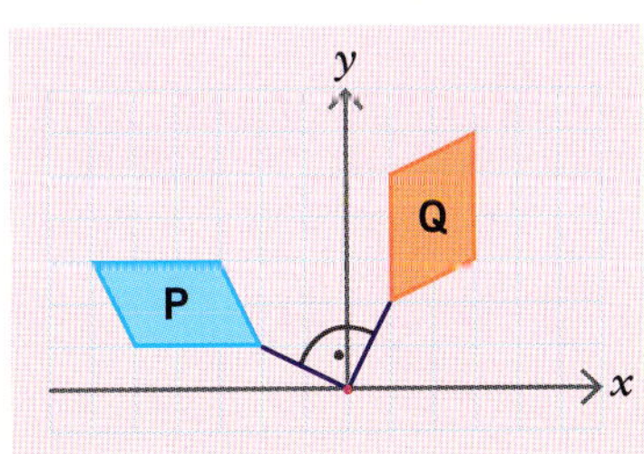

2. Zeichne die Spiegelachse $y = x$. Spiegle Q an der Spiegelachse und zeichne Figur R. P kann direkt auf R abgebildet werden, wenn man P an der y-Achse spiegelt (Spiegelachse $x = 0$).

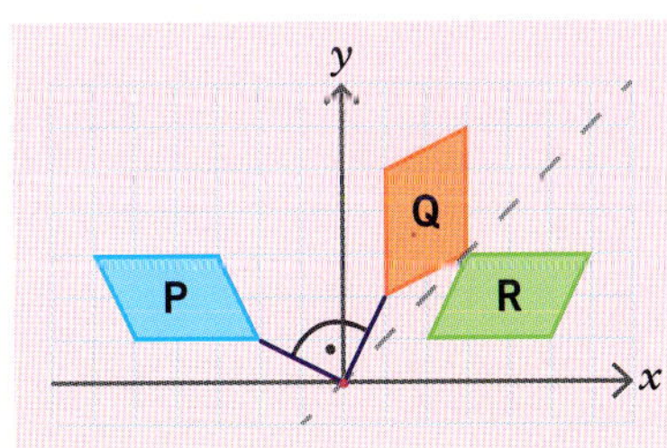

Maßstäblich zeichnen

Eine maßstäbliche Zeichnung stellt ein Objekt nach einem gegebenen Maßstab exakt verkleinert oder vergrößert dar. Der Maßstab wird in der Zeichnung angegeben. Er ermöglicht es, die tatsächlichen Seitenlängen zu berechnen.

Auf einen Blick

- ✓ Eine maßstäbliche Zeichnung stellt ein Objekt exakt verkleinert oder vergrößert dar.
- ✓ Der Maßstab ermöglicht eine exakte Berechnung der Originalstreckenlängen.

Maßstäblich umrechnen
Die Brücke ist in Wirklichkeit 150 m lang, die Zeichnung ist hingegen nur 15 cm lang. Die Brücke ist also 1000-mal länger als in der Zeichnung dargestellt. Der Maßstab ist 1 : 1000. Um die wahren Längen aller Brückenteile zu bestimmen, muss man die Maße aus der Zeichnung mit 1000 multiplizieren. Manchmal sind auch die verwendeten Einheiten angegeben, z. B. 1 cm = 10 m. Dadurch ist es einfacher, die tatsächlichen Längen auszurechnen, weil man die Einheiten nicht zusätzlich umrechnen muss.

Die Seitenlänge eines Quadrats steht für 10 m.

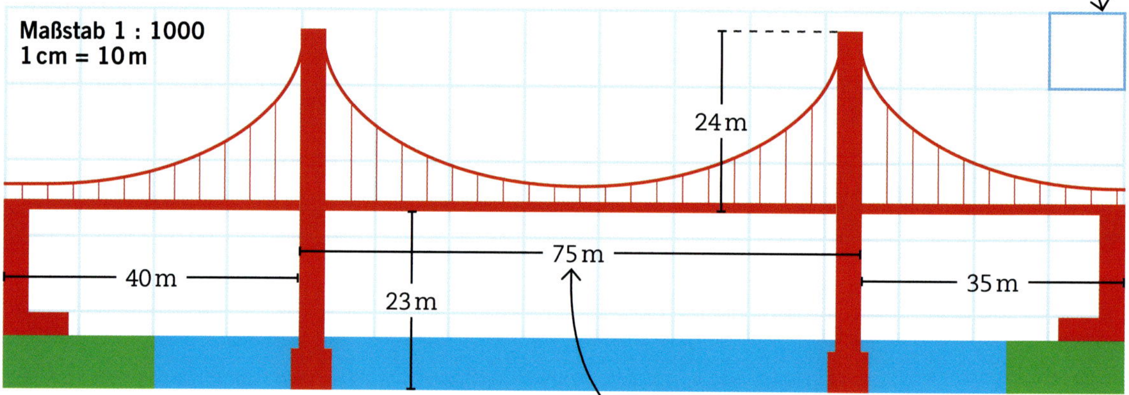

Ein 75-m-Abstand auf der Brücke beträgt 7,5 cm auf der Zeichnung.

Abstände berechnen

Aufgabe
Der Maßstab der Karte ist 1 : 10 000. Die Orte A und B liegen auf der Karte 7,3 cm auseinander. Wie weit sind sie in Wirklichkeit voneinander entfernt?

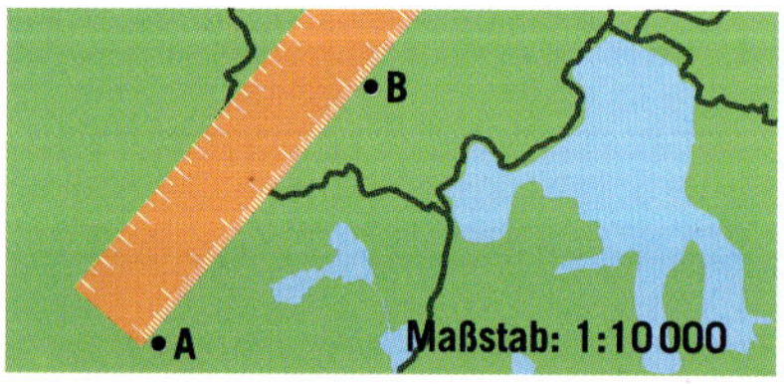

Lösung
1. Die tatsächliche Entfernung kannst du mithilfe des Maßstabs ausrechnen.

$$\textbf{Entfernung} = 7{,}3\,\text{cm} \cdot 10\,000 = 73\,000\,\text{cm}$$

2. Um von cm in m umzurechnen, musst du durch 100 (Umrechnungszahl von cm in m) dividieren.

$$\textbf{Entfernung} = \frac{73\,000\,\text{cm}}{100} = 730\,\text{m}$$

Peilung

Ein Peilwinkel ist ein Winkel, der normalerweise im Uhrzeigersinn von der Nordrichtung ausgehend gemessen wird. Beim Wandern, in der Schifffahrt und beim Fliegen ist die Peilung für die Orientierung erforderlich.

Auf einen Blick

- ✓ Die Peilung ermöglicht eine genaue Darstellung der Reiseroute.
- ✓ Peilung erfolgt normalerweise im Uhrzeigersinn von der Nordrichtung aus gesehen.
- ✓ Ein Peilwinkel wird immer dreistellig angegeben.

Peilungen darstellen

Die Darstellung einer Peilung beinhaltet immer zwei gerade Linien: Eine in nördlicher Richtung, ausgehend vom Startpunkt des Flugs, und eine in Flugrichtung. Die Peilung erfolgt normalerweise im Uhrzeigersinn. Vorsicht also: Man darf nicht einfach den kleineren Winkel zwischen den beiden Linien messen, sondern man misst den Winkel im Uhrzeigersinn. Peilwinkel sind oft größer als 180°. Eine Peilwinkelangabe ist immer dreistellig, daher beginnen einige Winkelgrößen mit 0, z. B. 060°.

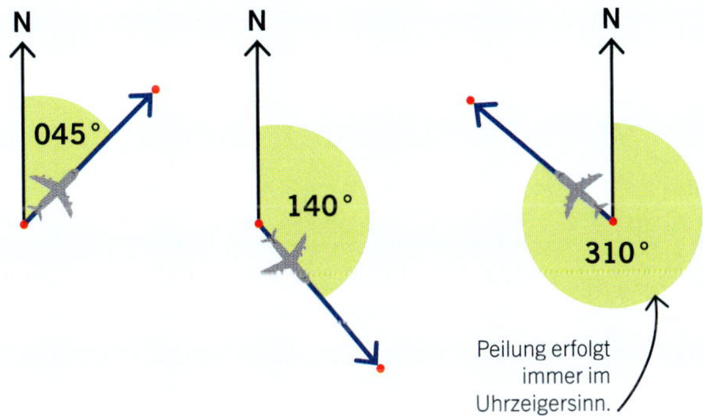

Entfernungen mithilfe von Peilungen berechnen

Aufgabe

Ein Flugzeug fliegt eine Strecke von 300 km unter einem Peilwinkel von 290°, dann eine Strecke von 200 km mit einem Winkel von 045° und schließlich zurück nach Hause. Verwende für deine Zeichnung der Reise den Maßstab 1 cm = 100 km. Berechne anhand der Zeichnung den Peilwinkel und die Länge der letzten Strecke.

Lösung

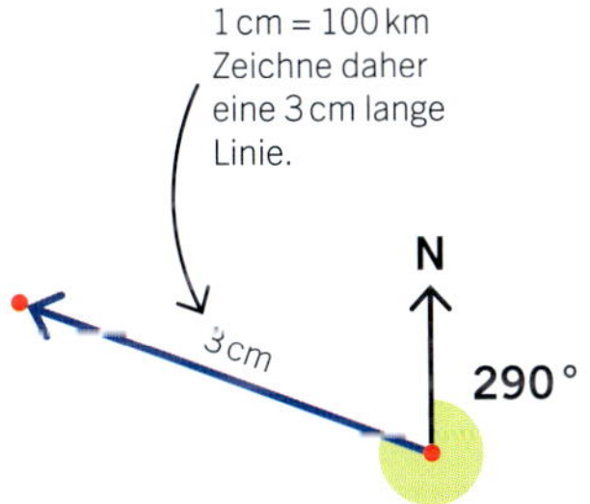

1. Zeichne den Ausgangspunkt und eine Nordlinie, an der du den 290°-Winkel im Uhrzeigersinn abträgst. Zeichne die erste 300 km lange Teilstrecke der Reise. Markiere ihren Endpunkt.

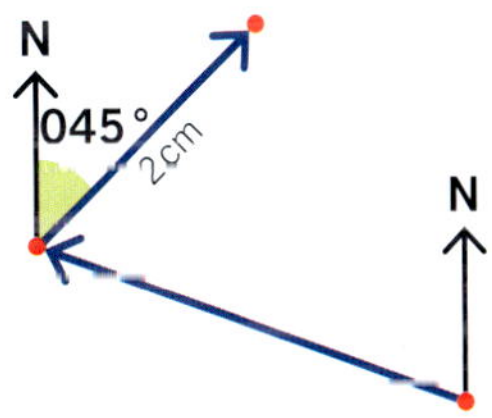

2. Zeichne am Endpunkt erneut eine Nordlinie und trage von dieser mit dem Geodreieck im Uhrzeigersinn einen 045°-Winkel ab. Zeichne die nächste Teilstrecke ein: 2 cm stehen für 200 km.

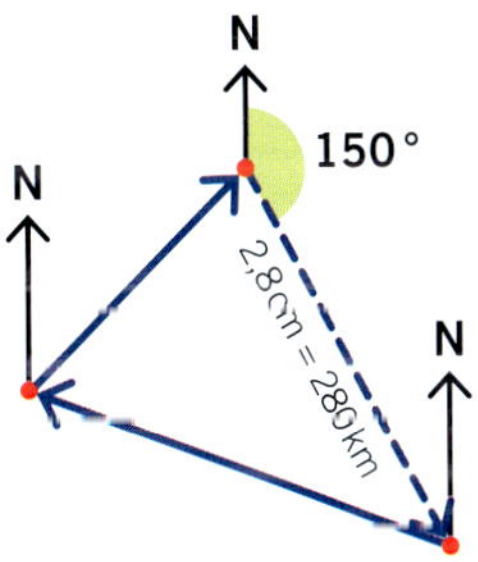

3. Vervollständige das Dreieck und miss den letzten Peilwinkel sowie die Streckenlänge und rechne in km um. Die letzte Teilstrecke der Reise ist ungefähr 280 km lang.

Senkrechte Linien konstruieren

Für eine Konstruktion darf man ausschließlich Zirkel, Bleistift und Lineal verwenden. Nur mithilfe dieser Werkzeuge lassen sich exakte Figuren und Winkel konstruieren, einschließlich senkrechter Geraden. Dies sind Geraden, die eine Strecke im rechten Winkel (90°-Winkel) schneiden. Bei einer Konstruktion bleiben alle verwendeten Linien sichtbar.

Auf einen Blick

- ✓ Konstruktionen sind genaue Zeichnungen, nur mit Zirkel und Lineal. Bei einer Konstruktion wird nicht gemessen.
- ✓ Bei einer Konstruktion lässt man alle verwendeten (Hilfs-)Linien sichtbar.
- ✓ Die Mittelsenkrechte einer Strecke ist eine Senkrechte, die durch den Mittelpunkt der Strecke verläuft.

Senkrechte durch einen Punkt der Geraden
Markiere den Punkt auf der Geraden, durch den die Senkrechte verlaufen soll. Befolge anschließend die Schritte 1 bis 3.

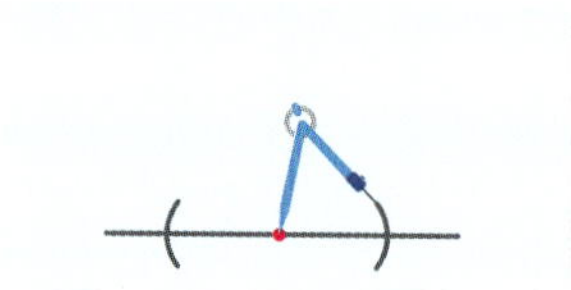

1. Schlage mit dem Zirkel einen Kreis um den Punkt der Geraden, durch den die Senkrechte verlaufen soll. Er schneidet die Gerade in zwei weiteren Punkten.

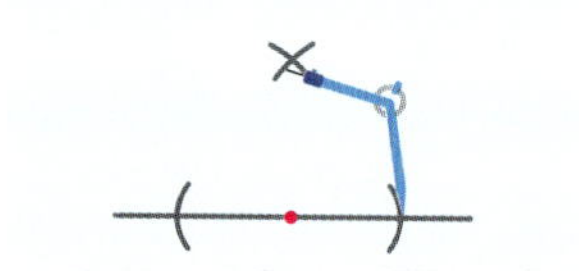

2. Schlage um die beiden neuen Punkte aus Schritt 1 je einen Kreis mit demselben Radius (größer als der Abstand der beiden Punkte). Die beiden Kreise schneiden sich. Markiere einen der Schnittpunkte.

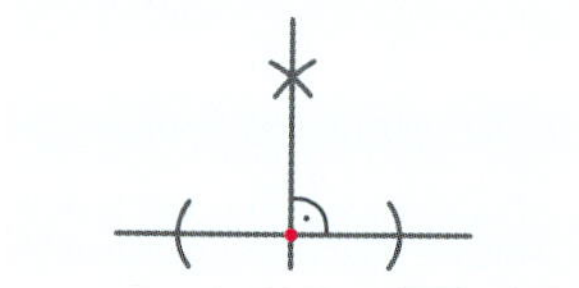

3. Ziehe mit Lineal und Bleistift die Verbindungslinie zwischen dem in Schritt 2 konstruierten Punkt und dem ursprünglichen Punkt auf der Geraden.

Senkrechte durch einen Punkt außerhalb der Geraden
Markiere den Punkt außerhalb der Geraden, durch den die Senkrechte verlaufen soll.

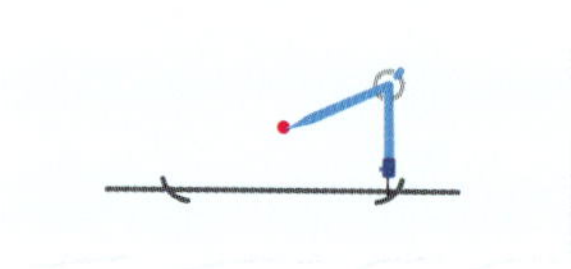

1. Schlage mit dem Zirkel einen Kreis um diesen Punkt. Er schneidet die Gerade in zwei Punkten.

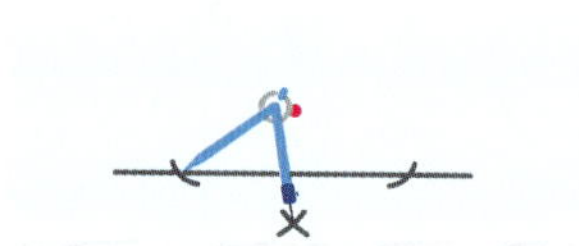

2. Schlage um die beiden neuen Punkte aus Schritt 1 einen Kreis mit demselben Radius (größer als der Abstand der beiden Punkte). Die beiden Kreise schneiden sich. Markiere einen der Schnittpunkte.

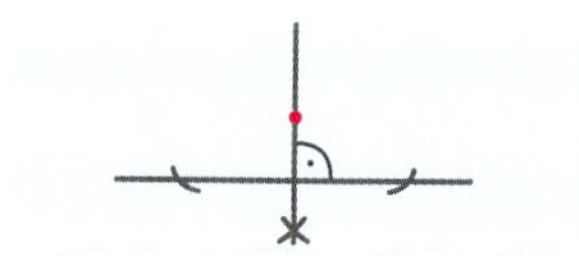

3. Ziehe mit Lineal und Bleistift die Verbindungslinie zwischen dem in Schritt 2 konstruierten Punkt und dem ursprünglichen Punkt außerhalb der Geraden.

Mittelsenkrechte
Die Mittelsenkrechte einer Strecke verläuft senkrecht durch den Mittelpunkt dieser Strecke.

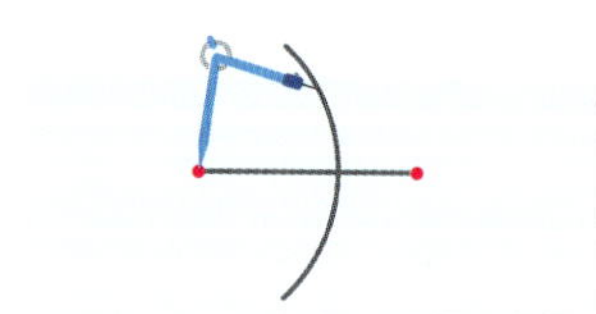

1. Stich mit dem Zirkel in einen Endpunkt der Strecke und schlage einen Kreis, dessen Radius größer ist als die halbe Streckenlänge zum Mittelpunkt.

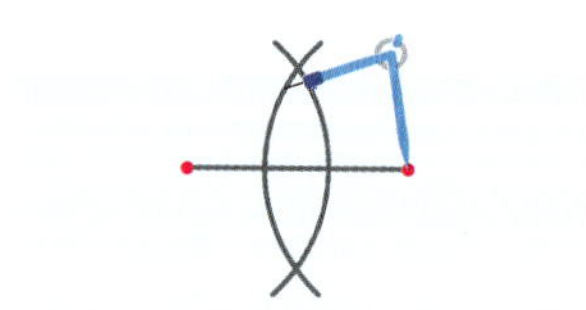

2. Wiederhole dasselbe für den anderen Endpunkt der Strecke.

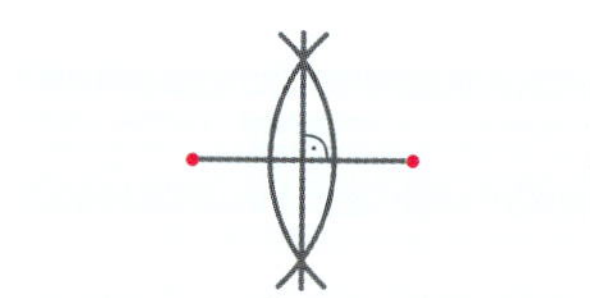

3. Verbinde die beiden konstruierten Punkte mit Bleistift und Lineal.

Winkel konstruieren

Mit den hier gezeigten Techniken kann man Winkelhalbierende konstruieren und einen 60°-Winkel ohne Geodreieck zeichnen.

Auf einen Blick

- ✓ **Die Winkelhalbierende teilt einen Winkel in zwei gleich große Winkel.**
- ✓ **Einige Winkelgrößen kann man ganz exakt mit Zirkel, Bleistift und Lineal konstruieren.**

Winkelhalbierende konstruieren

Die Winkelhalbierende teilt einen Winkel in exakt zwei gleich große Winkel. Für die Konstruktion benötigt man Zirkel, Lineal und Bleistift.

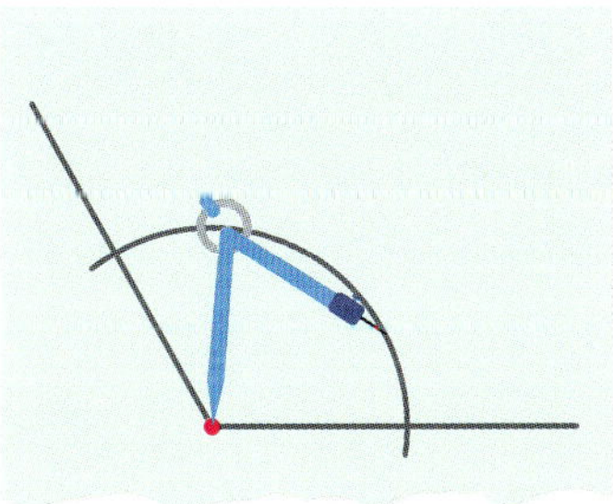

1. Stich mit dem Zirkel in den Scheitel und zeichne einen Kreisbogen von einem Schenkel zum anderen.

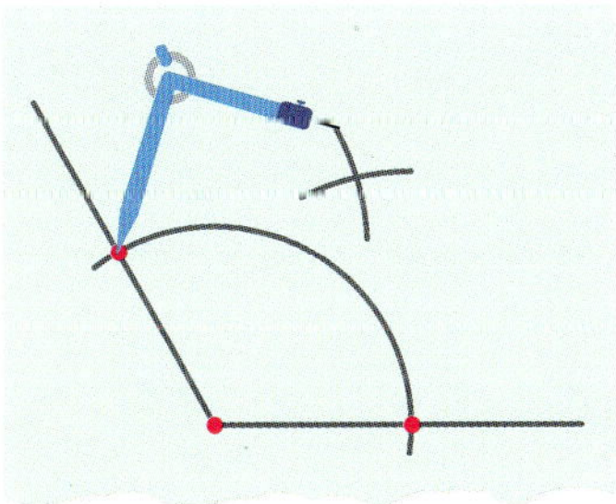

2. Schlage mit dem Zirkel um jeden der Schnittpunkte aus Schritt 1 einen Kreisbogen. Die beiden Bogen schneiden sich.

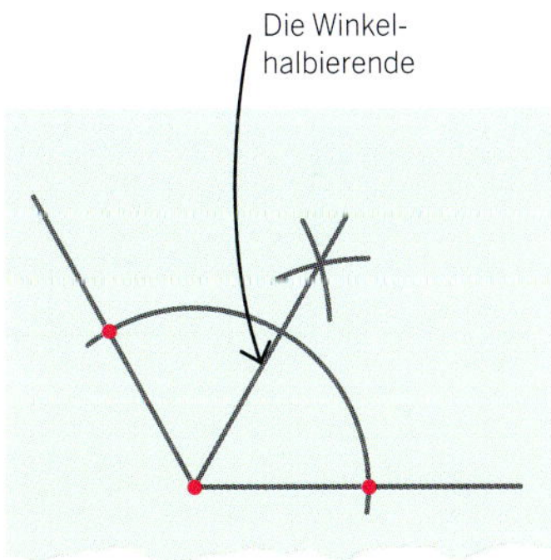

3. Verbinde mit Bleistift und Lineal den Schnittpunkt aus Schritt 2 mit dem Scheitel.

60°-Winkel

Mit den unten dargestellten Schritten kannst du ganz einfach einen 60°-Winkel konstruieren. Da die Winkel in einem gleichseitigen Dreieck alle 60° groß sind, kannst du also auf diese Weise auch ein gleichseitiges Dreieck konstruieren. Hast du einen 60°-Winkel gezeichnet, kannst du auch einen 30°-Winkel konstruieren, denn dazu musst du nur noch den 60°-Winkel halbieren (siehe oben).

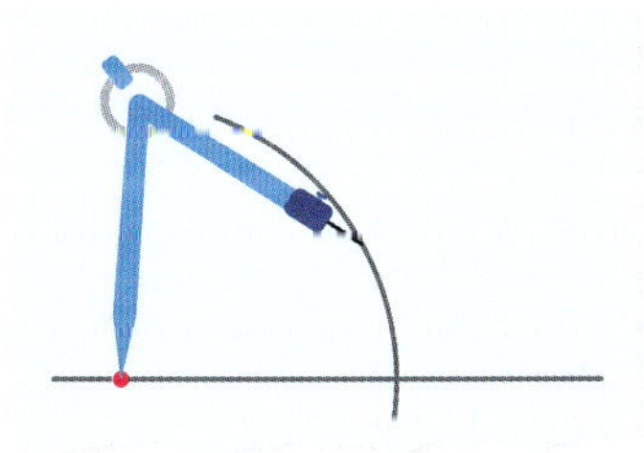

1. Zeichne eine gerade Linie und schlage mit dem Zirkel einen Kreisbogen um einen festen Punkt der Linie. Der Kreisbogen schneidet die Linie.

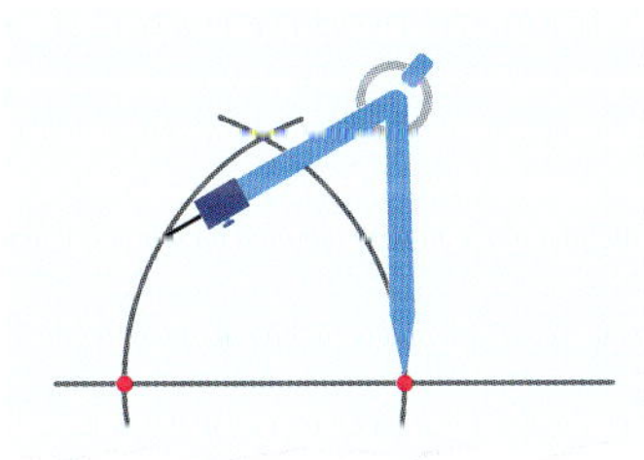

2. Mit derselben Zirkeleinstellung ziehe nun einen Kreisbogen um den Schnittpunkt aus Schritt 1.

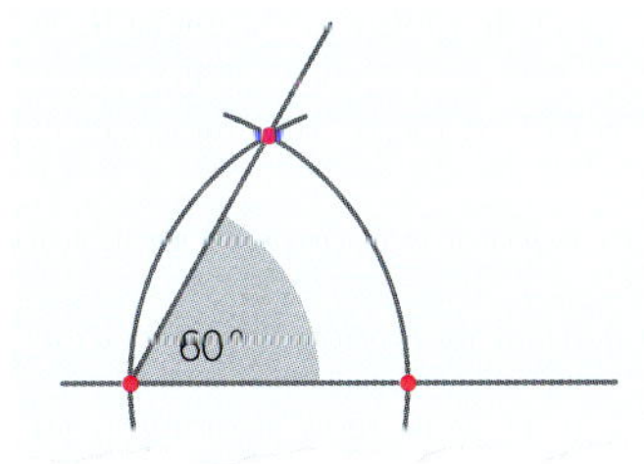

3. Ziehe mit Bleistift und Lineal eine Linie vom ursprünglichen Einstichpunkt des Zirkels bis zum Schnittpunkt der beiden Kreisbogen.

Ortslinien

Eine Ortslinie (oder ein geometrischer Ort) ist eine Menge von Punkten, die eine bestimmte Bedingung erfüllen. Jede Kreislinie ist beispielsweise eine Ortslinie, denn auf ihr liegen alle Punkte, die gleich weit vom Mittelpunkt entfernt sind. Es gibt aber auch noch andere gebogene oder gerade Linien sowie weitaus kompliziertere Gebilde, die geometrische Orte (Ortslinien) sind. Wir zeigen vier Beispiele.

Auf einen Blick

- ✓ **Eine Ortslinie ist eine Menge von Punkten, die eine bestimmte Bedingung erfüllen.**
- ✓ **Ein geometrischer Ort kann eine gerade Linie, eine gebogene Linie, eine Fläche oder ein Körper sein.**
- ✓ **Die Ortslinie aller Punkte, die von zwei sich schneidenden Geraden jeweils denselben Abstand haben, ist eine Winkelhalbierende.**
- ✓ **Die Ortslinie aller Punkte, die von den Endpunkten einer Strecke alle denselben Abstand haben, ist die Mittelsenkrechte der Strecke.**

Fester Abstand von einem Punkt

Eine Kreislinie ist der Ort, auf dem alle Punkte liegen, die gleich weit von einem gegebenen Punkt entfernt sind.

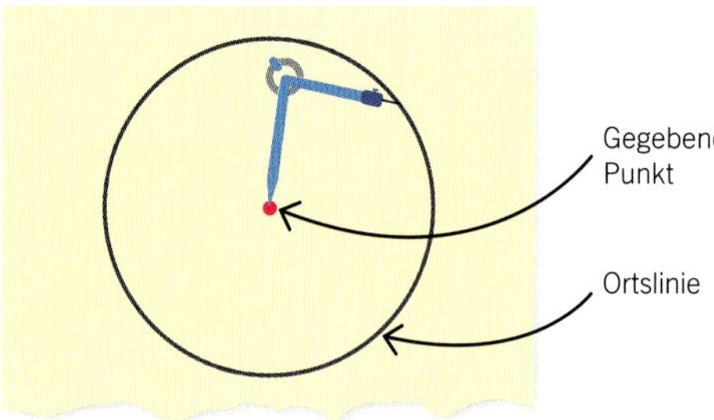

Fester Abstand von einer Strecke

Die Ortslinie aller Punkte, die von einer gegebenen Strecke $\overrightarrow{AB}$ denselben Abstand haben, hat die Form einer typischen Leichtathletikbahn. Die Halbkreise zeichnet man mithilfe eines Zirkels, die geraden Strecken mit Lineal und Bleistift.

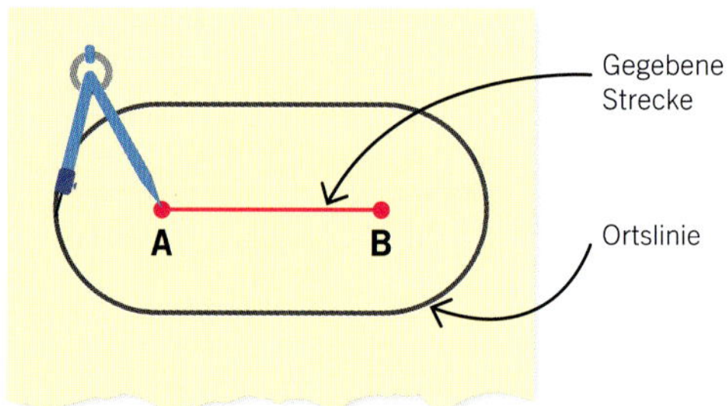

Gleiche Entfernung zu sich schneidenden Geraden

Die Ortslinie aller Punkte, die von zwei sich schneidenden Geraden alle jeweils den gleichen Abstand haben, ist eine Winkelhalbierende (s. S. 185) – eine gerade Linie genau zwischen beiden Geraden.

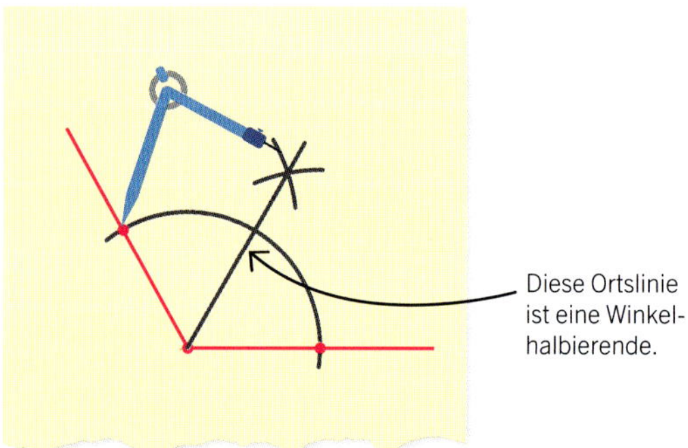

Gleiche Entfernung zu zwei Punkten

Die Ortslinie der Punkte, die von den Endpunkten einer Strecke $\overrightarrow{AB}$ alle jeweils denselben Abstand haben, ist die Mittelsenkrechte (s. S. 184) der Strecke – eine Linie, die zum Mittelpunkt der Strecke senkrecht steht.

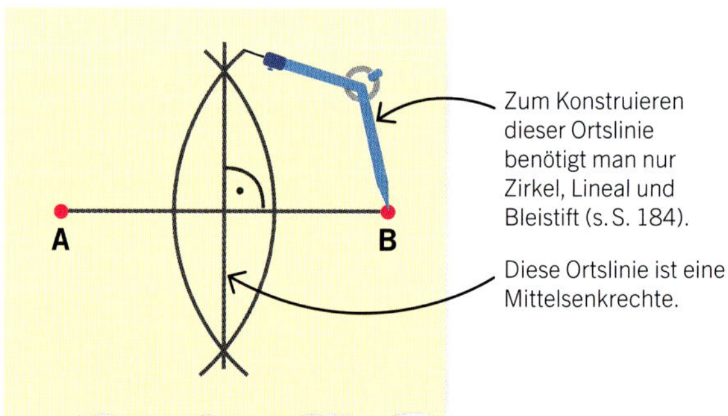

Übungsaufgaben
Geometrische Orte

Ortslinien und geometrische Orte können verschiedene Formen haben. Verschiedene geometrische Orte können sogar miteinander kombiniert werden, sodass unterschiedliche Bedingungen zugleich erfüllt werden. Die Lösungen zu den Aufgaben auf dieser Seite findest du, indem du die Probleme in kleinere Schritte zerlegst.

Siehe auch

182 Maßstäblich zeichnen
184 Senkrechte Linien konstruieren
185 Winkel konstruieren
186 Ortslinien

Aufgabe
Ein Bauer möchte einen zusätzlichen Zaun um das rechteckige, 20 m · 10 m große Hühnergehege bauen, um die Hühner noch besser vor Füchsen zu schützen. Der neue Zaun soll rundum einen Abstand von genau 2 m zum vorhandenen Zaun haben. Zeichne im Maßstab 1 cm = 1 m (s. S. 182).

Lösung
1. Zeichne ein 20 cm · 10 cm großes Rechteck und ziehe zu allen Seiten parallele Linien im Abstand von genau 2 cm.

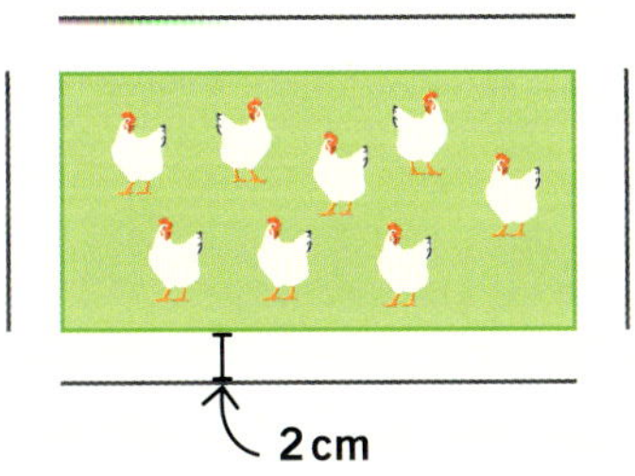

2. Mit dem Zirkel kannst du um jede Ecke des vorhandenen Geheges einen Viertelkreis zeichnen.

Aufgabe
Zwei 200 m hohe Sendemasten stehen 400 m voneinander entfernt und haben beide eine Reichweite von 250 m. Zeichne im Maßstab 1 cm = 100 m und stelle den Bereich dar, in dem die Reichweiten überlappen.

Lösung
1. Zeichne zuerst die beiden Türme 4 cm voneinander entfernt und 2 cm hoch.

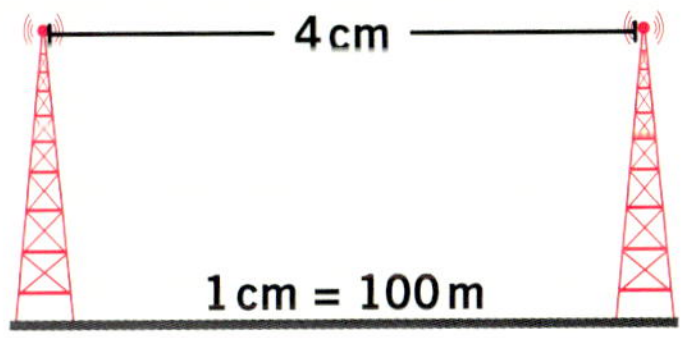

2. Mit dem Zirkel kannst du nun die Reichweite von 250 m für jeden Sendemast darstellen. Verwende dafür einen Radius von jeweils 2,5 cm.

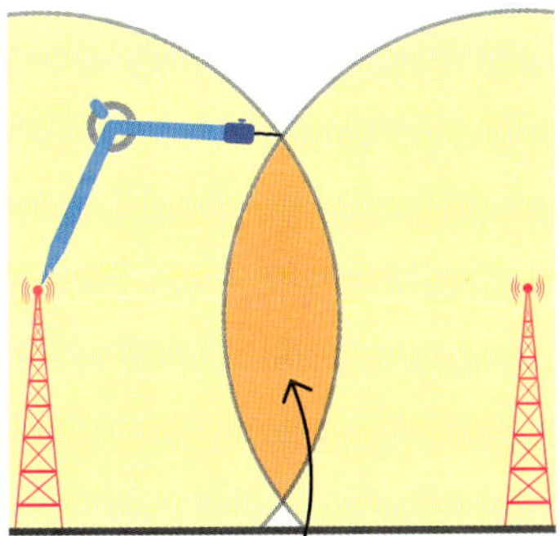

Der geometrische Ort ist diese Schnittmenge.

Aufgabe
Das Quadrat ABCD ist 4 cm breit. Zeichne genau den Bereich des Quadrats ein, der näher an C ist als an B und der zugleich mehr als 3 cm von A entfernt ist.

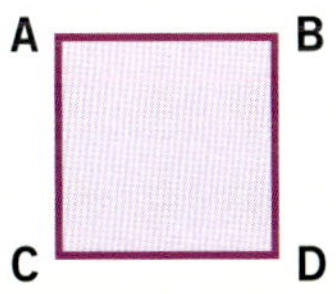

Lösung
1. Zeichne eine Diagonale von A nach D. Alles unterhalb oder links der Diagonale ist näher an C als an B.

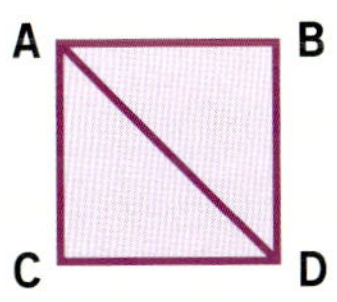

2. Greife mit dem Zirkel genau 3 cm, stich in A ein und ziehe einen Bogen um A. Alles außerhalb des Bogens ist mehr als 3 cm von A entfernt.

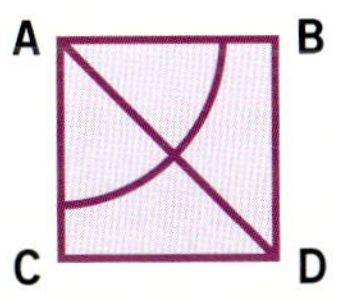

3. Schraffiere nun die Fläche, für die beides gilt: Alle Punkte darin sind näher an C als an B und zugleich mehr als 3 cm von A entfernt.

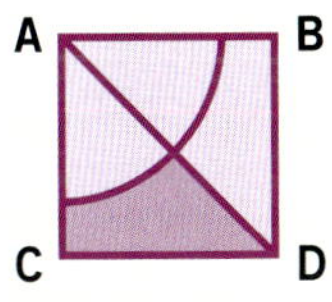

Kongruente und ähnliche Figuren

Figuren mit gleicher Form und gleicher Größe heißen kongruent oder deckungsgleich. Figuren, die zwar in der Form genau übereinstimmen, aber nicht unbedingt gleich groß sind, heißen ähnlich.

Auf einen Blick

- ✓ **Kongruent bedeutet gleiche Form und Größe.**
- ✓ **Kongruente Figuren können durch Verschiebung, Drehung oder Spiegelung aufeinander abgebildet werden.**
- ✓ **Ähnliche Figuren haben dieselbe Form, aber nicht zwingend dieselbe Größe.**
- ✓ **Ähnliche Figuren sind auch nach einer Verschiebung, Drehung, Streckung oder Spiegelung ähnlich.**

Kongruente Figuren
Kongruent bedeutet gleiche Form und gleiche Größe. Kongruente Figuren haben gleich große Innenwinkel und ihre Seiten sind gleich lang, sie können aber durch Drehung, Spiegelung oder Verschiebung verschieden ausgerichtet sein. Im Beispiel sind die pinkfarbenen Figuren zueinander kongruent, die orangefarbenen aber nicht.

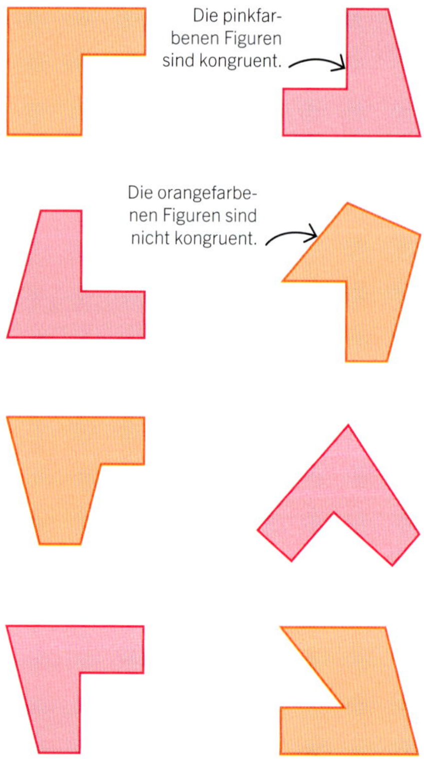

Ähnliche Figuren
Ähnliche Figuren haben dieselbe Form, können aber unterschiedlich groß sein. Ihre Innenwinkel sind gleich groß und die Seitenverhältnisse stimmen überein. Ähnliche Figuren sind auch nach einer Verschiebung, Drehung, Streckung oder Spiegelung ähnlich.

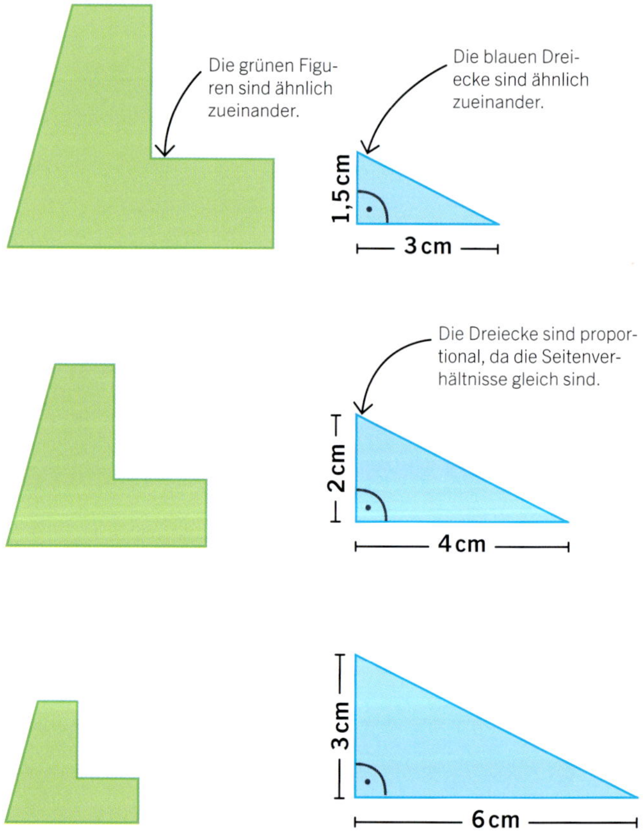

Kongruente Dreiecke

Kongruente Dreiecke haben dieselbe Form. Das bedeutet, dass entsprechende Seiten gleich lang und entsprechende Winkel gleich groß sind. Sie können durch Drehung, Spiegelung oder Verschiebung aufeinander abgebildet werden.

Auf einen Blick

- ✓ Kongruente Dreiecke haben dieselbe Form und Größe und können aufeinander abgebildet werden.
- ✓ Man kann Kongruenz überprüfen, ohne jede einzelne Winkelgröße oder Seitenlänge zu kennen.

Kongruenzsätze

Mithilfe der Kongruenzsätze kann man die Kongruenz von Dreiecken überprüfen, ohne jede Seitenlänge oder Winkelgröße zu kennen. Zwei Dreiecke sind kongruent, wenn für sie eine der folgenden Voraussetzungen erfüllt ist.

1. Seite, Seite, Seite (sss)
Stimmen zwei Dreiecke in allen entsprechenden Seitenlängen überein, sind sie kongruent. Entsprechende Seiten sind hier gleich markiert.

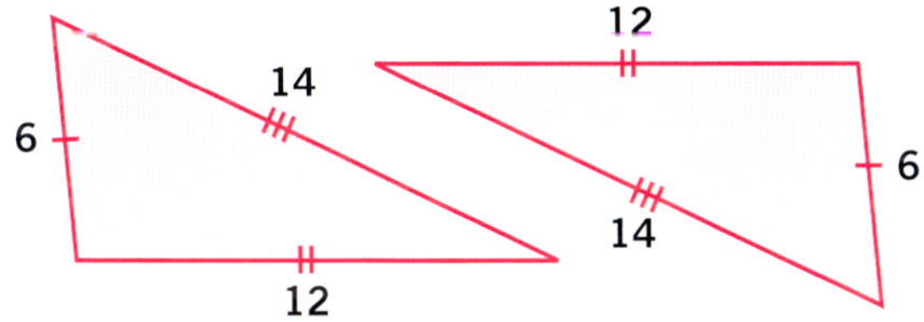

2. Seite, Winkel, Winkel (sww)
Stimmen zwei Dreiecke in einer Seite sowie einem der Seite anliegenden und einem der Seite gegenüberliegenden Winkel überein, so sind sie kongruent.

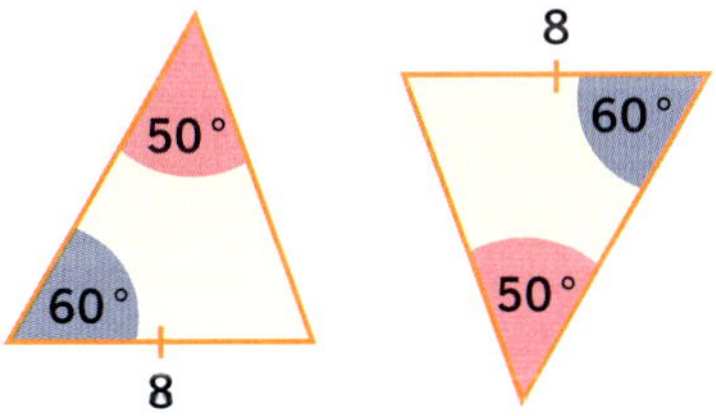

3. Seite, Winkel, Seite (sws)
Stimmen zwei Dreiecke in zwei Seitenlängen und dem von diesen beiden Seiten eingeschlossenen Winkel überein, so sind sie kongruent. Entsprechende Seiten sind hier gleich markiert.

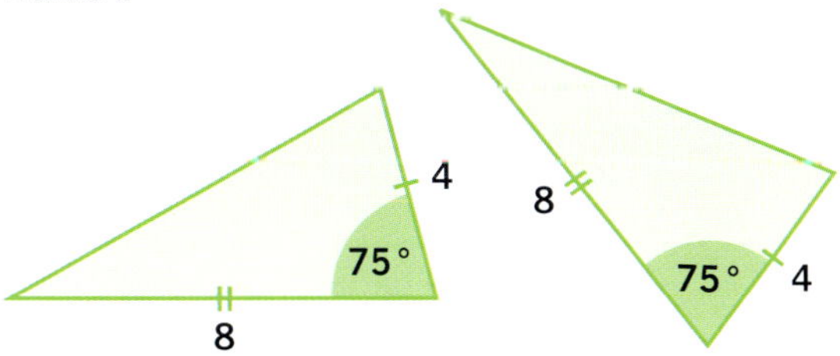

4. Winkel, Seite, Winkel (wsw)
Stimmen zwei Dreiecke in einer Seite und den beiden dieser Seite anliegenden Winkeln überein, so sind sie kongruent.

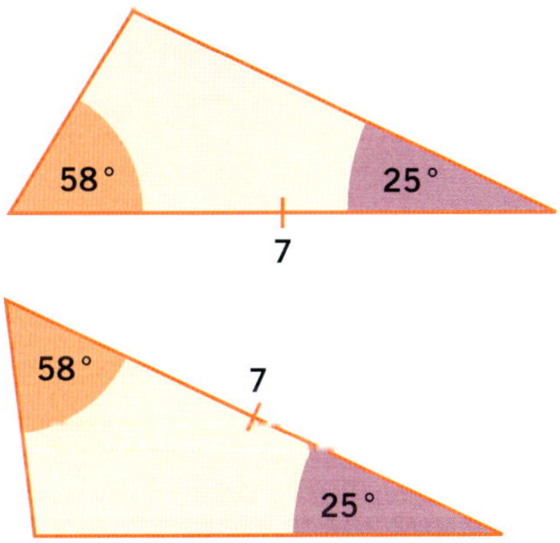

5. Seite, Seite, Winkel (ssw)
Stimmen zwei Dreiecke in zwei Seiten und dem der größeren Seite gegenüberliegenden Winkel überein, so sind sie kongruent. Das gilt insbesondere für rechtwinklige Dreiecke:

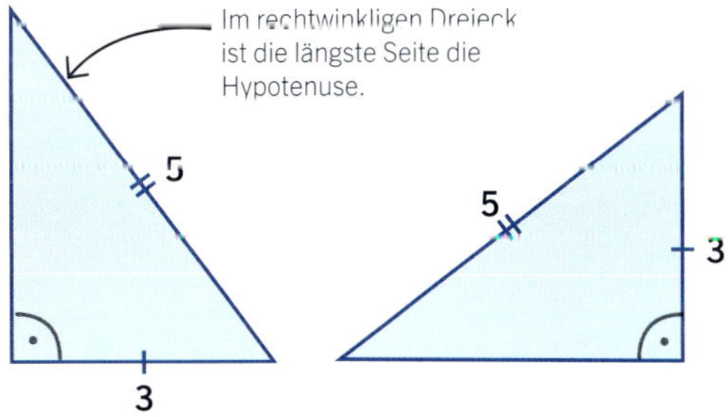

Ähnliche Dreiecke

Ähnliche Dreiecke haben dieselbe Form, aber nicht unbedingt dieselbe Größe. Alle Innenwinkel sind gleich groß und die entsprechenden Seitenverhältnisse sind gleich.

Auf einen Blick

- ✓ **Ähnliche Dreiecke stimmen in der Form überein, aber haben nicht unbedingt dieselbe Größe.**
- ✓ **Die Ähnlichkeit zweier Dreiecke kann man überprüfen, ohne jede einzelne Seitenlänge oder Winkelgröße zu kennen.**

Ähnlichkeit prüfen

Um die Ähnlichkeit zweier Dreiecke zu überprüfen, muss man nicht jede einzelne Winkelgröße oder Seitenlänge kennen. Zwei Dreiecke sind ähnlich, wenn eine der folgenden Bedingungen erfüllt ist.

1. Gleiche Winkel

Sind alle Winkel eines Dreiecks gleich groß wie die entsprechenden Winkel eines anderen Dreiecks, sind die Dreiecke ähnlich. Das gilt sogar schon bei zwei Winkeln, denn kennt man zwei Winkel α und β, so gilt für den dritten Winkel $\gamma = 180° - (\alpha + \beta)$.

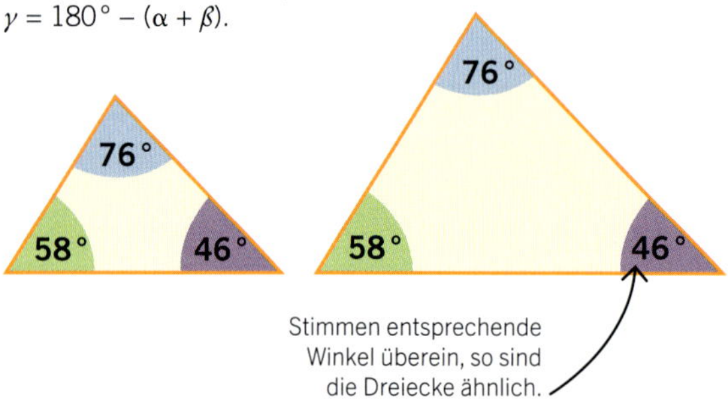

2. Alle drei Seiten stehen im selben Verhältnis

In beiden Dreiecken ist das Verhältnis der entsprechenden Seitenlängen gleich, nämlich 3 : 4 : 5 (s. S. 160). Also sind die Dreiecke ähnlich.

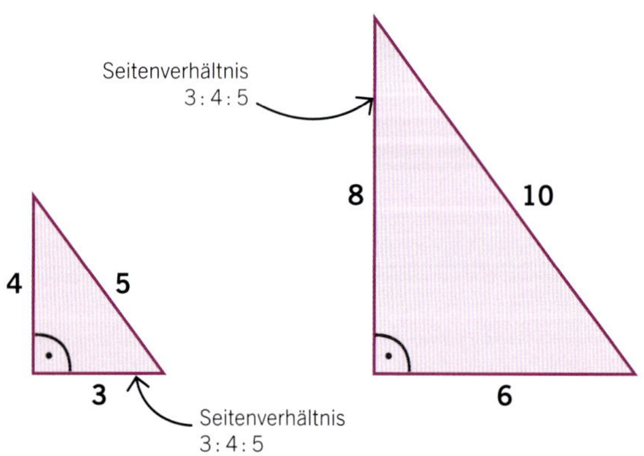

3. Zwei Seiten stehen im selben Verhältnis und der eingeschlossene Winkel stimmt überein

Stimmen das Verhältnis zwischen zwei entsprechenden Seiten sowie der von ihnen eingeschlossene Winkel überein, so sind die Dreiecke ähnlich.

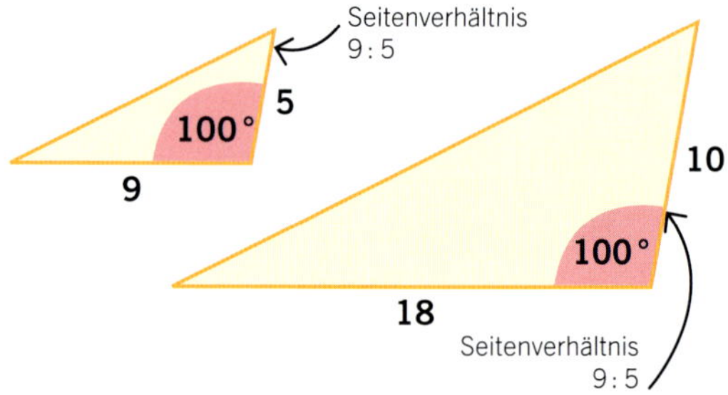

4. Zwei Seiten und der Winkel, der der größeren Seite gegenüberliegt, stimmen überein

Stimmen in zwei Dreiecken die Verhältnisse zweier entsprechender Seiten und der der größeren der beiden Seiten gegenüberliegende Winkel überein, so sind die Dreiecke ähnlich. Das gilt insbesondere für rechtwinklige Dreiecke:

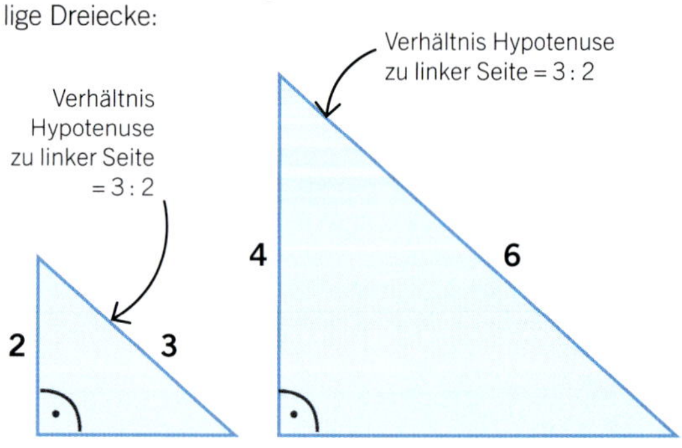

Übungsaufgaben
Ähnlichkeit und Kongruenz

Siehe auch

Um mehrere Figuren zu vergleichen und fehlende Winkel oder Seitenlängen in Figuren zu bestimmen, kann man die Kongruenz- und Ähnlichkeitsregeln gut verwenden. Anhand der folgenden drei Aufgaben kannst du überprüfen, ob du den Stoff der letzten drei Seiten gut verstanden hast.

Aufgabe

Du möchtest gern wissen, wie hoch der große Baum ist, aber natürlich reicht der Zollstock dafür nicht aus. Du weißt, dass sein Schatten 7,5 m lang ist, und dass ein kleinerer, 3 m hoher Baum daneben einen Schatten von 5 m Länge hat. Berechne die Höhe h großen Baumes in Meter.

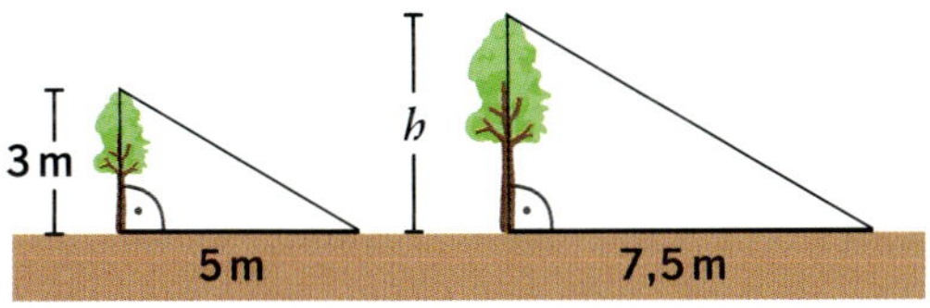

Lösung

Bäume und Schatten bilden zwei ähnliche Dreiecke. In ähnlichen Dreiecken stehen die entsprechenden Seitenlängen im selben Verhältnis. Das Verhältnis Länge zu Höhe ist 5 : 3, also gilt:

$$7{,}5 : h = 5 : 3$$

$$\frac{7{,}5}{h} = \frac{5}{3}$$

$$h = \frac{7{,}5 \cdot 3}{5}$$

$$= 4{,}5\,\text{m}$$

Aufgabe

Zwei Winkel in Dreieck A betragen 25° und 75°, zwei der Winkel in Dreieck B sind 25° und 80° groß. Sind die Dreiecke kongruent?

Lösung

1. Berechne die dritte Winkelgröße für beide Dreiecke.

$$\text{Dritter Winkel in A} = 180° - (25° + 75°) = 80°$$

$$\text{Dritter Winkel in B} = 180° - (25° + 80°) = 75°$$

2. Die beiden Dreiecke haben drei gleiche Winkel, also sind sie ähnlich zueinander. Sie könnten aber trotzdem unterschiedlich groß sein, daher lässt sich nicht sagen, ob sie kongruent sind. Hierzu bräuchte man noch mindestens eine Seitenlänge.

Aufgabe

Im Dreieck unten ist $\overrightarrow{ED}$ parallel zu $\overrightarrow{CB}$. Bestimme die Länge von x auf drei signifikante Stellen genau.

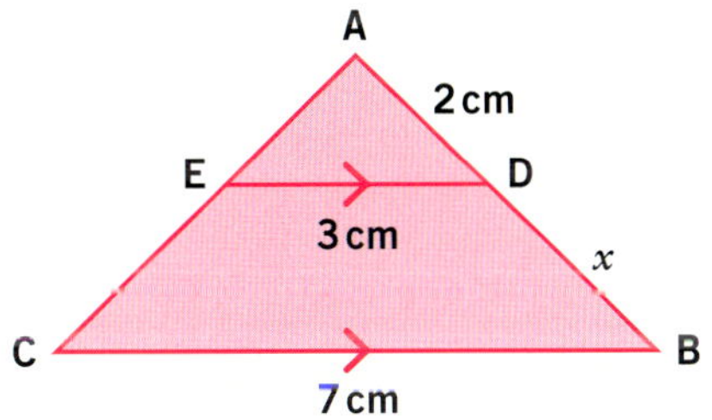

Lösung

Dreieck ADE ist ähnlich zu Dreieck ABC, da sie drei gleich große Winkel besitzen. Also gilt:

$$\frac{2}{3} = \frac{2 + x}{7}$$

$$\frac{14}{3} = 2 + x$$

$$x = \frac{14}{3} - 2$$

$$x = 2{,}67\,\text{cm}$$

Dreiecke konstruieren

Dreiecke kann man mit Zirkel, Lineal, Bleistift und Geodreieck bereits anhand von wenigen Angaben konstruieren. Welches Werkzeug man tatsächlich verwendet, hängt davon ab, welche Informationen über Winkelgrößen und Seitenlängen vorliegen.

Auf einen Blick

- ✓ Für eine Dreieckskonstruktion verwendet man ausschließlich Zirkel, Lineal, Bleistift und manchmal auch das Geodreieck.
- ✓ Mithilfe des Zirkels lässt sich ein Dreieck allein aufgrund von drei bekannten Seitenlängen konstruieren.
- ✓ Kennt man Seitenlängen und Winkelgrößen, benötigt man in einigen Fällen ein Geodreieck.

Alle Seiten sind bekannt (sss)
Sind alle drei Seitenlängen eines Dreiecks bekannt, so kann man es allein mithilfe von Zirkel, Lineal und Bleistift konstruieren. Im Beispiel konstruieren wir ein Dreieck mit den Seitenlängen 6 cm, 7 cm und 8 cm.

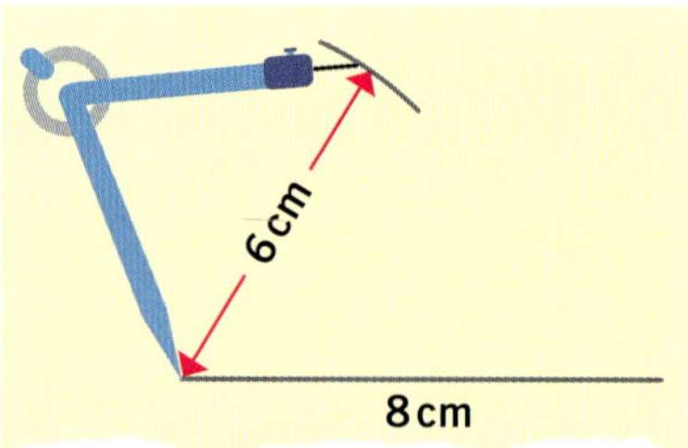

1. Zeichne die Grundlinie 8 cm lang. Stelle den Zirkel auf die Seitenlänge 6 cm ein und ziehe einen Kreisbogen um einen Endpunkt der Grundlinie.

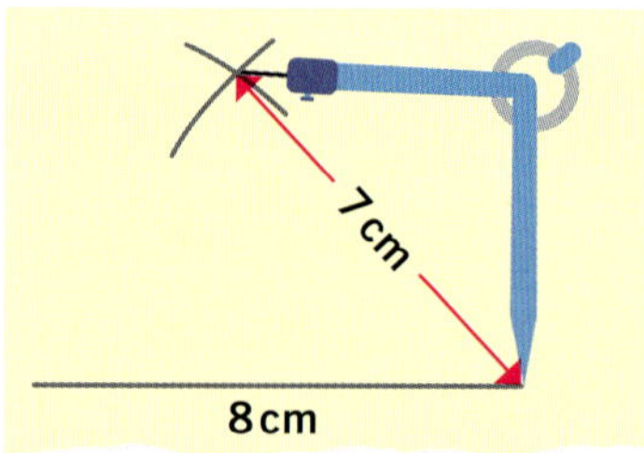

2. Stelle den Zirkel auf 7 cm Radius ein und ziehe einen Bogen um den anderen Endpunkt der Grundlinie. Die beiden Bogen schneiden sich.

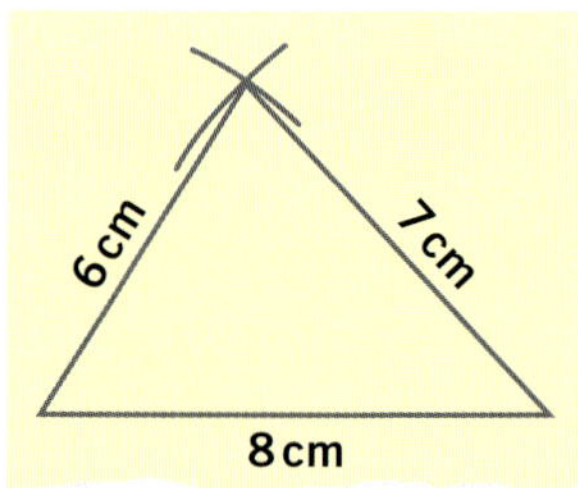

3. Zeichne die beiden Seiten mithilfe von Lineal und Bleistift.

Zwei Seiten und der eingeschlossene Winkel sind bekannt
Kennst du zwei Seiten eines Dreiecks und den eingeschlossenen Winkel, musst du den Winkel mit dem Geodreieck messen. Im Beispiel konstruieren wir ein Dreieck ABC mit den gegebenen Seitenlängen (AC = 8 cm, AB = 5 cm) und dem eingeschlossenen Winkel (∠CAB = 42°).

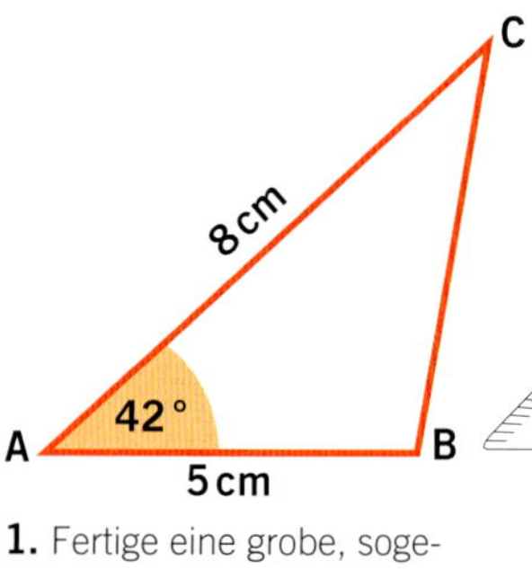

1. Fertige eine grobe, sogenannte Planskizze an und trage alles ein, was du weißt.

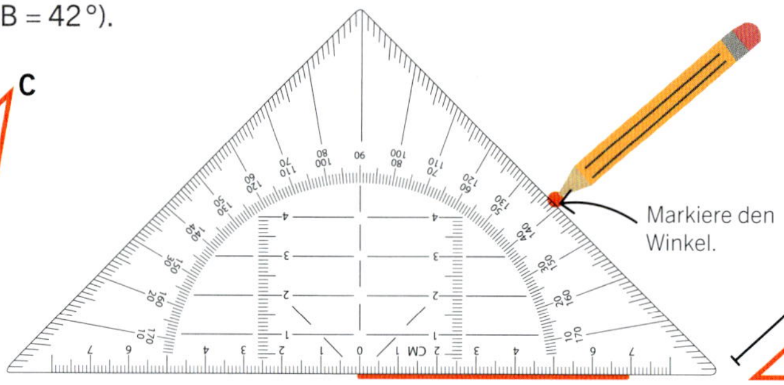

2. Zeichne die 5 cm lange Grundlinie mithilfe des Lineals und markiere 42° mithilfe des Geodreiecks.

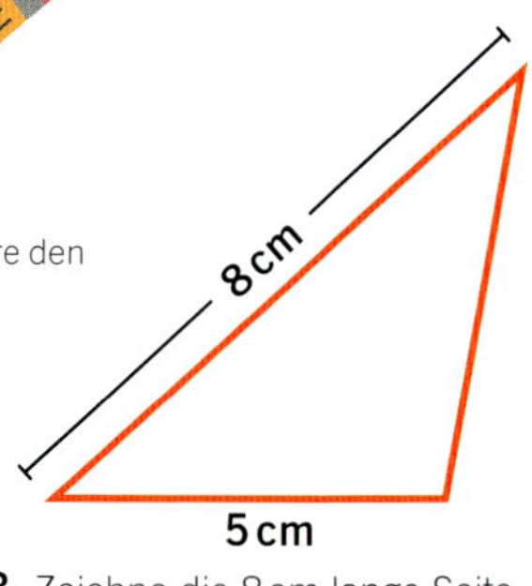

3. Zeichne die 8 cm lange Seite durch den markierten Punkt und vervollständige das Dreieck.

Winkel im Kreis

Für die Winkel im Inneren eines Kreises gelten bestimmte Regeln. Mithilfe der im Folgenden gezeigten Sätze lassen sich Längen und Winkelgrößen bestimmen, sodass man sie nicht mehr messen oder umständlich berechnen muss.

Auf einen Blick

- ✓ Alle Umfangswinkel über dem Kreisdurchmesser sind 90° groß.
- ✓ Über demselben Kreisbogen ist der Mittelpunktswinkel doppelt so groß wie der Umfangswinkel.
- ✓ Gegenüberliegende Winkel in einem Sehnenviereck addieren sich zu 180°.
- ✓ Alle Umfangswinkel im selben Segment (über demselben Kreisbogen) sind gleich groß.

Satz des Thales

Alle Umfangswinkel über einem Durchmesser sind rechte Winkel.

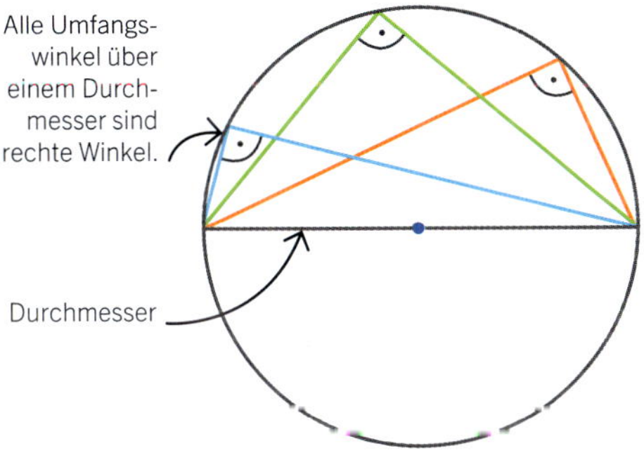

Mittelpunktswinkel und Umfangswinkel

Über jedem Kreisbogen (Teil des Kreisumfangs) ist der Mittelpunktswinkel doppelt so groß wie der Umfangswinkel über demselben Kreisbogen.

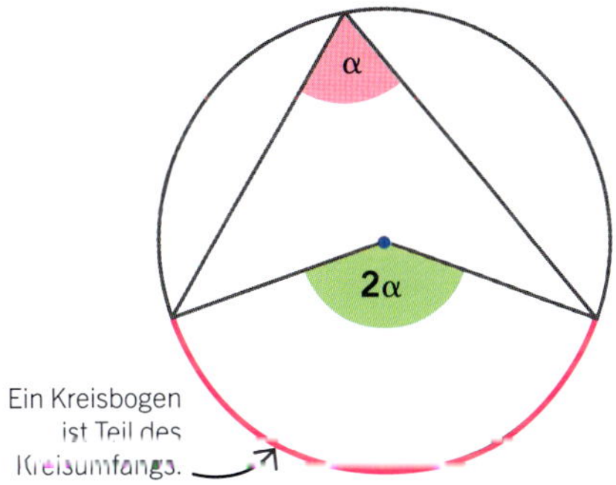

Winkel in Sehnenvierecken

Ein Viereck, dessen Eckpunkte alle auf einer Kreislinie liegen, heißt Sehnenviereck. Gegenüberliegende Winkel in einem Sehnenviereck addieren sich immer zu 180°.

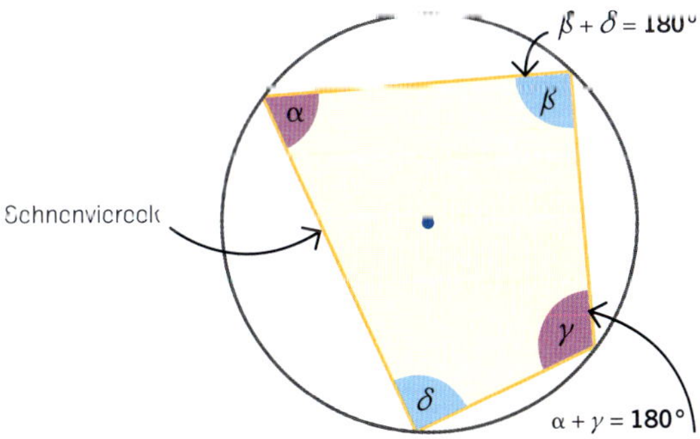

Umfangswinkelsatz

Eine Strecke von einem Punkt der Kreislinie zu einem anderen Punkt der Kreisline heißt Sehne. Sie teilt den Kreis in zwei Segmente und den Umfang in zwei Kreisbogen. Alle Umfangswinkel, die im selben Segment oder über demselben Kreisbogen entstehen, sind gleich groß.

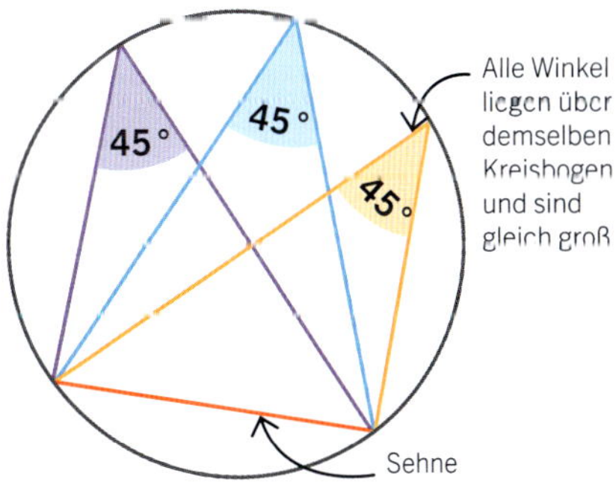

Sehnen und Tangenten

Bei einigen Sätzen auf dieser Seite geht es um Tangenten. Eine Tangente ist eine Gerade, die einen Kreis in genau einem Punkt (Berührpunkt) berührt. Mithilfe dieser Sätze lassen sich Streckenlängen und Winkelgrößen rund um den Kreis bestimmen.

Auf einen Blick

- ✓ Eine Tangente steht senkrecht auf dem Radius.
- ✓ Schneiden sich zwei Tangenten in einem Punkt A außerhalb des Kreises, ist die Verbindungsstrecke von A zum Berührpunkt des Kreises an beiden Tangenten gleich lang.
- ✓ Der Winkel zwischen einer Tangente und einer Sehne ist gleich dem Umfangswinkel über der anderen Sehnenseite.
- ✓ Die Mittelsenkrechte einer Sehne geht immer durch den Mittelpunkt des Kreises.

Tangente und Radius
Eine Tangente steht immer senkrecht (im 90°-Winkel) auf dem Berührradius. Dies ist der Radius, der vom Berührpunkt aus zum Kreismittelpunkt geht.

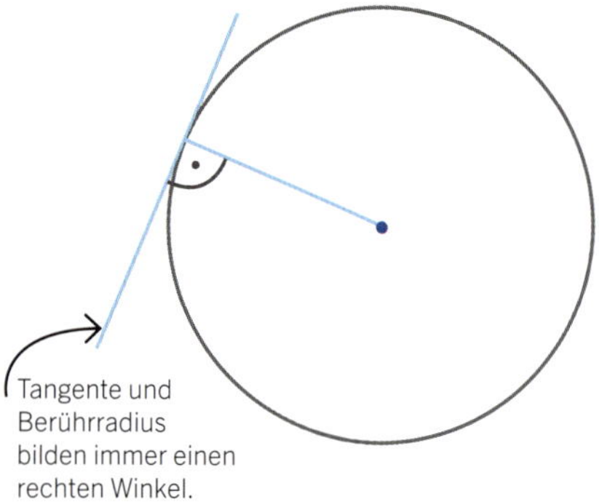

Tangenten schneiden sich in einem Punkt
Schneiden sich zwei Tangenten in einem Punkt A außerhalb des Kreises, so ist die Verbindungsstrecke von A zum Berührpunkt des Kreises auf beiden Tangenten gleich lang.

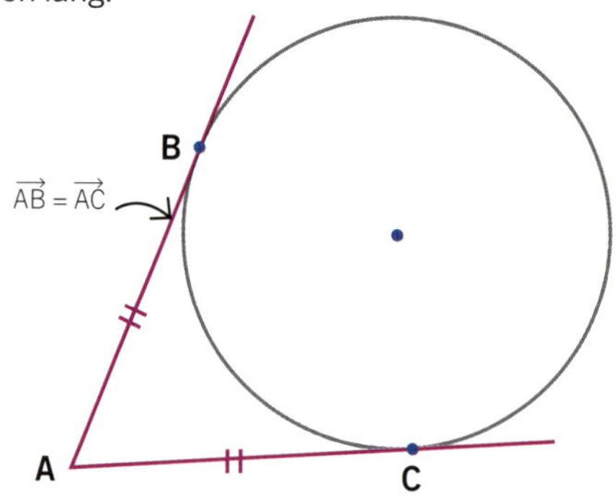

Sehnentangentenwinkelsatz
Eine Strecke von einem Punkt der Kreislinie zu einem anderen Punkt der Kreislinie heißt Sehne. Sie teilt den Kreis in zwei Segmente. Der Sehnentangentenwinkel und der Umfangswinkel des gegenüberliegenden Segments sind gleich groß.

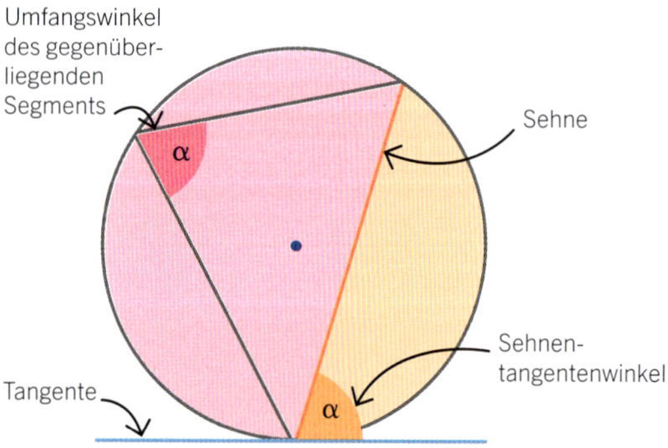

Mittelsenkrechte einer Sehne
Die Mittelsenkrechte einer Kreissehne teilt die Sehne in zwei gleich lange Hälften und geht daher immer durch den Mittelpunkt des Kreises.

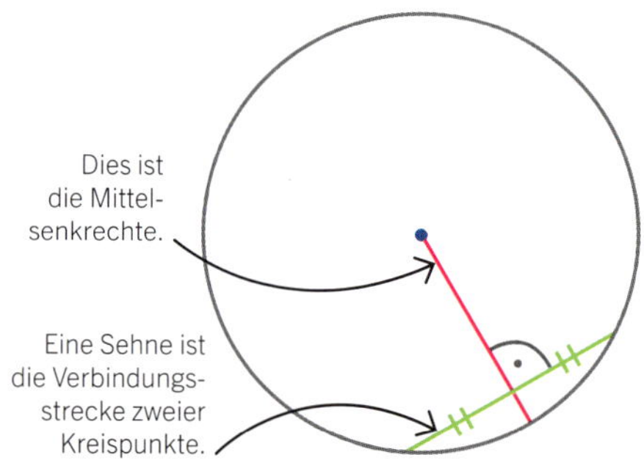

Trigonometrie

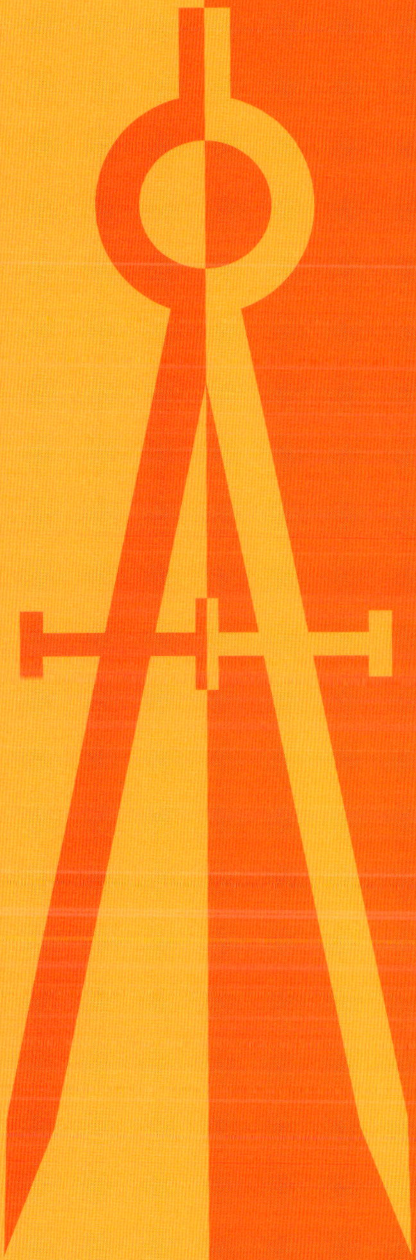

Satz des Pythagoras

Benannt nach dem griechischen Philosophen Pythagoras, beschreibt dieser Satz das Verhältnis zwischen den drei Seitenlängen rechtwinkliger Dreiecke. Kennt man zwei Seiten eines rechtwinkligen Dreiecks, kann man die dritte Seite mithilfe des Satzes berechnen.

Die Summe der Quadrate

Der Satz des Pythagoras besagt: Im rechtwinkligen Dreieck ist die Summe der Quadratflächen über den beiden Katheten gleich groß wie die Quadratfläche über der Hypotenuse. Diesen Satz kann man mit einer kurzen Formel zusammenfassen.

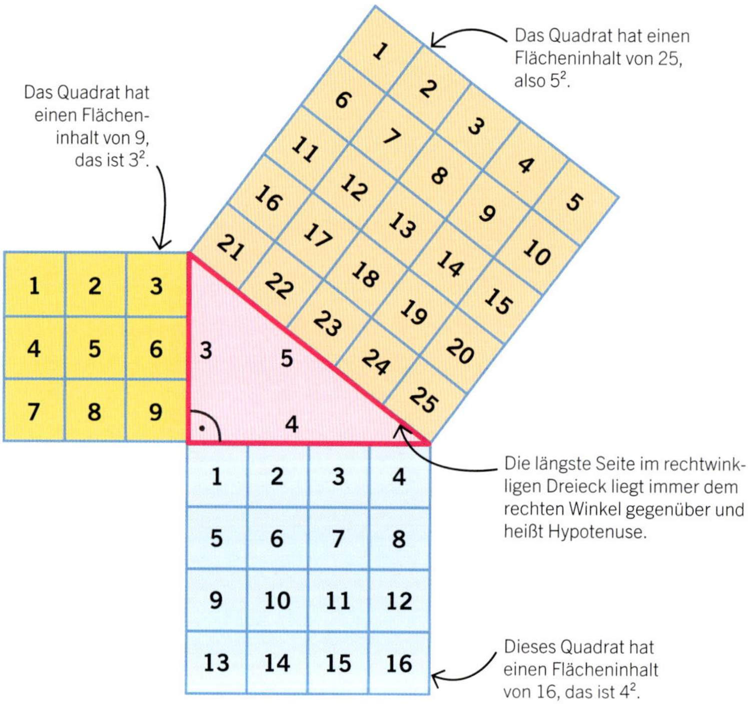

a und *b* heißen meist die beiden kürzeren Seiten.

$$a^2 + b^2 = c^2$$

Die Hypotenuse wird meist *c* genannt.

$$3^2 + 4^2 = 5^2$$

$$9 + 16 = 25$$

Auf einen Blick

- ✓ Die längste Seite im rechtwinkligen Dreieck heißt Hypotenuse.
- ✓ Die beiden kürzeren Seiten heißen Katheten.
- ✓ Die Summe der Quadrate der beiden kürzeren Seiten ist gleich dem Quadrat der längeren Seite.
- ✓ Die Kurzformel zum Satz des Pythagoras lautet: $a^2 + b^2 = c^2$

Pythagoras im Einsatz

Aufgabe

Kennst du zwei Seitenlängen eines rechtwinkligen Dreiecks, kannst du die dritte Seitenlänge mithilfe des Satzes von Pythagoras berechnen. Wie lang ist *b* in diesem Dreieck? Rechne zunächst ohne Einheiten.

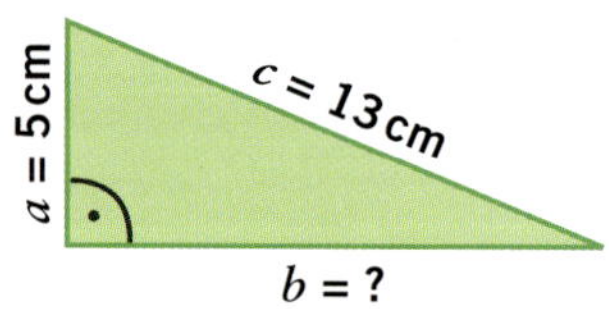

Lösung

$$a^2 + b^2 = c^2$$
$$b^2 = c^2 - a^2$$
$$= 13^2 - 5^2$$
$$= 169 - 25$$
$$= 144$$
$$b = \sqrt{144}$$
$$b = 12\,\text{cm}$$

Trigonometrie

Trigonometrie ist ein Bereich der Mathematik, in dem die Seitenverhältnisse von (häufig rechtwinkligen) Dreiecken für Berechnungen ausgenutzt werden. Ein Baum mit unbekannter Höhe bildet zum Beispiel mit seinem Schatten ein rechtwinkliges Dreieck. Anhand dieses rechtwinkligen Dreiecks kann man ganz einfach die Höhe des Baumes bestimmen.

Auf einen Blick

- ✓ In der Trigonometrie werden die Seitenverhältnisse in Dreiecken für Längenberechnungen genutzt.
- ✓ Die Trigonometrie dient der Winkel- und Seitenberechnung in Dreiecken.

Höhen und Längen berechnen
Die Höhe des Baumes muss man nicht ausmessen, man kann sie einfach berechnen, wenn man die Länge seines Schattens kennt. Das Verhältnis zweier Seitenlängen im rechtwinkligen Dreieck hängt mit dem Winkel zwischen der längsten Dreiecksseite (Hypotenuse) und der dem Winkel anliegenden Seite (Ankathete) zusammen. Ist dieser Winkel beispielsweise 37° groß, so ist die Höhe des Dreiecks ungefähr drei Viertel so lang wie seine Grundseite (Ankathete). Dieses Verhältnis heißt Tangens und man kann es mithilfe der tan-Taste des Taschenrechners für jeden Winkel ausrechnen.

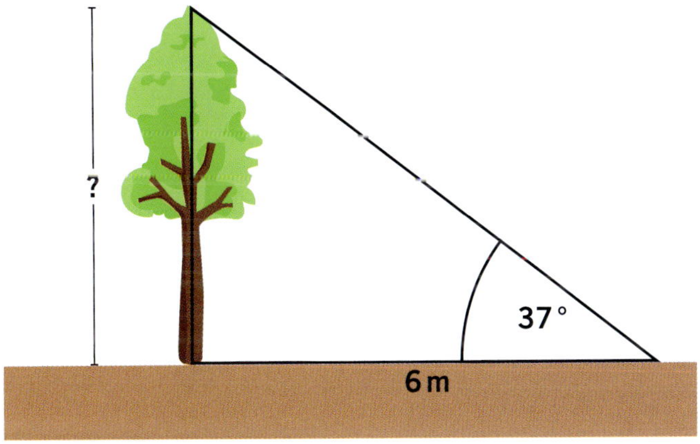

$$\frac{\text{Baumlänge}}{\text{Schattenlänge}} = \tan 37° \approx 0{,}753$$

$$\text{Baumlänge} \approx 0{,}753 \cdot \text{Schattenlänge}$$
$$\approx 4{,}5\,\text{m}$$

Trigonometrische Fachbegriffe

In der Trigonometrie werden spezielle Bezeichnungen für die Seiten in rechtwinkligen Dreiecken verwendet. Die längste Seite heißt Hypotenuse und liegt immer dem rechten Winkel gegenüber. Die Seite, die direkt an dem betrachteten Winkel anliegt, heißt Ankathete und die diesem Winkel gegenüberliegende Seite heißt Gegenkathete. Die Verhältnisse der unterschiedlichen Seiten heißen Sinus (Gegenkathete/Hypotenuse), Kosinus (Ankathete/Hypotenuse) und Tangens (Gegenkathete/Ankathete).

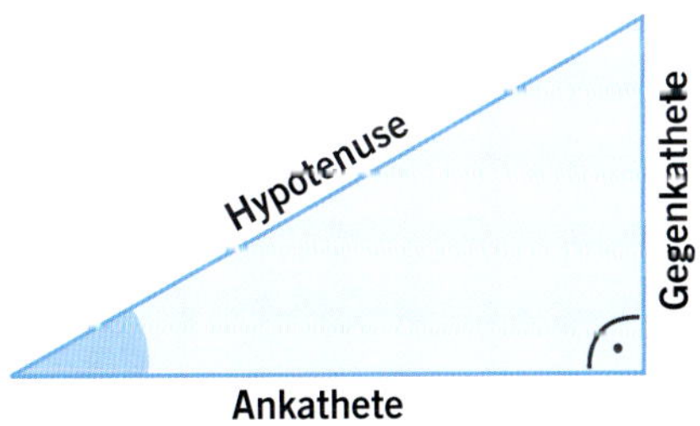

Sinus, Kosinus und Tangens

Mit Sinus, Kosinus und Tangens bezeichnet man bestimmte Seitenverhältnisse in rechtwinkligen Dreiecken (s. S. 197). Mithilfe dieser Seitenverhältnisse kann man Seitenlängen und Winkelgrößen in rechtwinkligen Dreiecken berechnen.

Trigonometrische Verhältnisse
Sind eine Winkelgröße (außer dem rechten Winkel) und zwei Seitenlängen eines rechtwinkligen Dreiecks bekannt, kann man die dritte Seitenlänge mithilfe der drei wichtigsten trigonometrischen Beziehungen berechnen, hier zu sehen am Winkel α. Beispielsweise ist der Sinus eines Winkels das Verhältnis zwischen Gegenkathete und Hypotenuse. Sinus und Kosinus sind immer kleiner als 1.

Auf einen Blick

- ✓ Sinus, Kosinus und Tangens sind die Namen für bestimmte Seitenverhältnisse in rechtwinkligen Dreiecken.
- ✓ Die trigonometrischen Seitenverhältnisse sind:

$$\sin \alpha = \frac{\text{Gegenkathete}}{\text{Hypotenuse}}$$

$$\cos \alpha = \frac{\text{Ankathete}}{\text{Hypotenuse}}$$

$$\tan \alpha = \frac{\text{Gegenkathete}}{\text{Ankathete}}$$

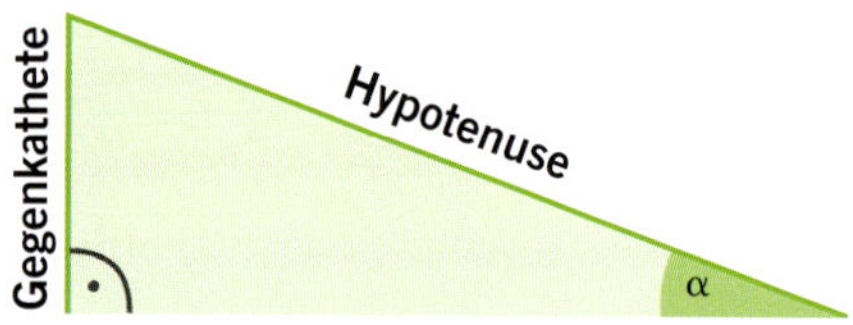

Sinus, Kosinus und Tangens werden mit sin, cos und tan abgekürzt.

$$\sin \alpha = \frac{\text{Gegenkathete}}{\text{Hypotenuse}}$$

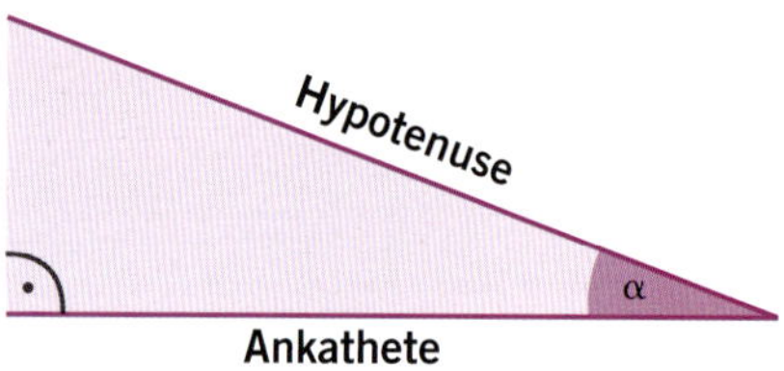

$$\cos \alpha = \frac{\text{Ankathete}}{\text{Hypotenuse}}$$

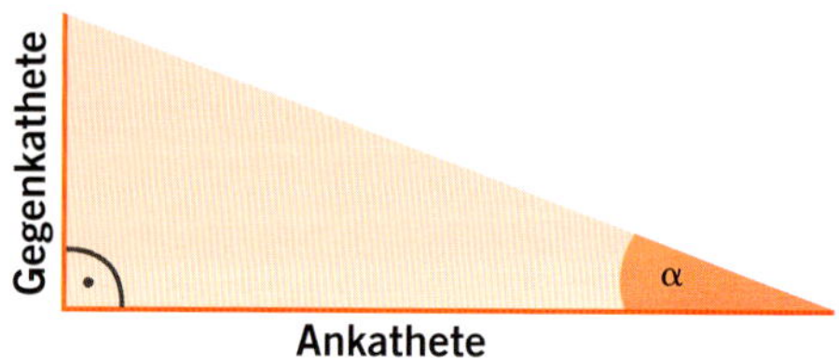

$$\tan \alpha = \frac{\text{Gegenkathete}}{\text{Ankathete}}$$

Trigonometrie mit dem Taschenrechner

Sinus, Kosinus und Tangens sind so wichtig, dass sie jeweils eine eigene Taste auf dem Taschenrechner haben. Drücke zuerst die betreffende trigonometrische Taste, gib dann die Winkelgröße ein und drücke zum Schluss die Taste =.

$\cos 60° = 0{,}5$

cos | 6 | 0 | = | 0,5

Längen und Winkel ermitteln

Mithilfe der trigonometrischen Formeln lassen sich unbekannte Längen und Winkel im rechtwinkligen Dreieck bestimmen. Welche Formel man dabei verwendet, hängt davon ab, welche Seitenlängen bekannt sind.

Auf einen Blick

- ✓ Sind im rechtwinkligen Dreieck eine Seitenlänge und noch eine weitere Winkelgröße bekannt, so kann man die fehlende Seitenlänge berechnen.
- ✓ Sind zwei Seitenlängen eines rechtwinkligen Dreiecks bekannt, so kann man die dritte berechnen.
- ✓ Mithilfe der Umkehrungstasten auf dem Taschenrechner ($\sin^{-1}$, $\cos^{-1}$, $\tan^{-1}$) erhält man den Winkel, wenn man entweder seinen Sinus, Kosinus oder Tangens kennt.

Eine Seitenlänge berechnen

Um eine Seitenlänge zu berechnen, brauchst du nur einen Winkel (außer dem rechten Winkel) und eine andere Seitenlänge zu kennen. In diesem Dreieck sind beispielsweise die Länge der Hypotenuse und der Winkel α bekannt. Bestimme die Seitenlänge b auf drei signifikante Stellen genau.

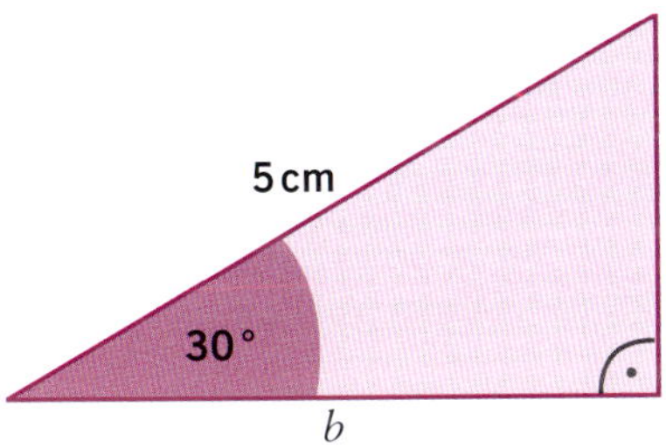

1. Da du hier eine Formel mit Ankathete (b) und Hypotenuse brauchst, nutze den Kosinus:

$$\cos\alpha = \frac{\text{Ankathete}}{\text{Hypotenuse}}$$

2. Löse die Formel nach der Ankathete auf.

$$\text{Ankathete} = \cos\alpha \cdot \text{Hypotenuse}$$

3. Bestimme cos α mit dem Taschenrechner, indem du alle bekannten Zahlen einsetzt.

$$b = \cos 30° \cdot 5$$
$$b \approx 4{,}33\,\text{cm}$$

Winkel berechnen

Um eine Winkelgröße zu berechnen, musst du zwei Seitenlängen kennen. Mithilfe der Seitenlängen berechnest du Sinus, Kosinus oder Tangens und dann ermittelst du mit dem Taschenrechner den Winkel. Bestimme für das unten gezeigte Dreieck den Winkel α auf drei signifikante Stellen genau.

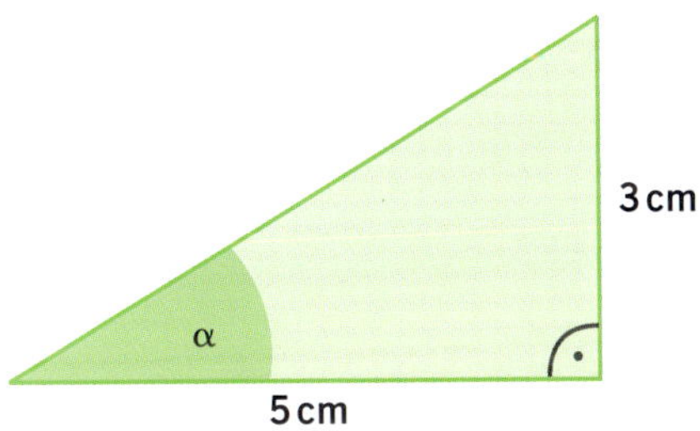

1. Da du die Gegenkathete und die Ankathete kennst, nutze in diesem Fall den Tangens:

$$\tan\alpha = \frac{\text{Gegenkathete}}{\text{Ankathete}}$$

$$\tan\alpha = \frac{3}{5} = 0{,}6$$

2. Ermittle nun noch den Winkel, dessen Tangens 0,6 ist. Dazu gibt es die Umkehrung „$\tan^{-1}$" auf dem Taschenrechner, ebenso wie die Umkehrungen „$\sin^{-1}$" und „$\cos^{-1}$". Die Beschriftungen stehen oberhalb der Tasten „tan", „sin" und „cos". Will man sie benutzen, drückt man zuerst die Taste „Shift" oder „2nd" und dann eine der Tasten „sin", „cos" oder „tan".

$$\tan^{-1} 0{,}6 \approx 31{,}0°$$

Besondere Winkel

Sinus, Kosinus und Tangens der meisten Winkel sind unhandliche Dezimalzahlen. Einige wenige Winkel haben aber auch ganzzahlige Seitenverhältnisse oder zumindest solche, die sich als Brüche oder Wurzeln schreiben lassen. Man kann sie anhand von Dreiecken veranschaulichen.

Auf einen Blick

- ✓ **Einige Winkel haben Seitenverhältnisse, die sich als ganze Zahlen, einfache Brüche oder Quadratwurzeln schreiben lassen.**
- ✓ **Sinus, Kosinus und Tangens von 30°-, 45°- und 60°-Winkeln kann man auch zeichnerisch bestimmen.**

30°- und 60°-Winkel

Um Sinus, Kosinus und Tangens von 30° und 60° zu bestimmen, zeichnen wir zunächst ein gleichseitiges Dreieck mit Seitenlängen von 2 cm und halbieren es durch eine Mittelsenkrechte. Wir tragen alle bekannten Seitenlängen und Winkelgrößen ein und berechnen die Höhe mit dem Satz des Pythagoras (s. S. 196). Wenn wir nun alle Zahlen in die trigonometrischen Formeln einsetzen, können wir rechnen:

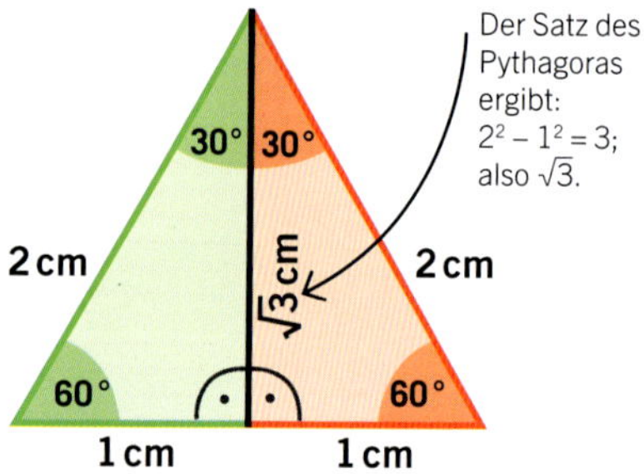

Formel	30°	60°
Sinus = $\frac{\text{Gegenkathete}}{\text{Hypotenuse}}$	$\frac{1}{2}$	$\frac{\sqrt{3}}{2}$
Kosinus = $\frac{\text{Ankathete}}{\text{Hypotenuse}}$	$\frac{\sqrt{3}}{2}$	$\frac{1}{2}$
Tangens = $\frac{\text{Gegenkathete}}{\text{Ankathete}}$	$\frac{1}{\sqrt{3}}$	$\sqrt{3}$

45°-Winkel

Um Sinus, Kosinus und Tangens von 45° zu berechnen, zeichnen wir ein rechtwinkliges, gleichschenkliges Dreieck. Die dem rechten Winkel anliegenden Schenkel sind je 1 cm lang und die beiden anderen Winkel sind 45°-Winkel. Wenn wir nun alle Zahlen in die Formeln einsetzen, können wir rechnen:

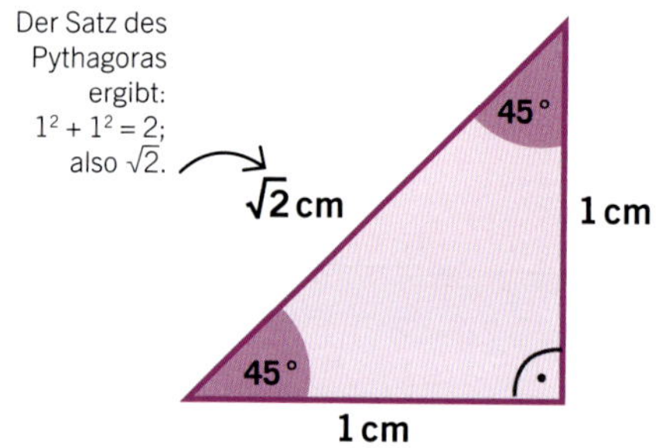

Formel	45°
Sinus = $\frac{\text{Gegenkathete}}{\text{Hypotenuse}}$	$\frac{1}{\sqrt{2}}$
Kosinus = $\frac{\text{Ankathete}}{\text{Hypotenuse}}$	$\frac{1}{\sqrt{2}}$
Tangens = $\frac{\text{Gegenkathete}}{\text{Ankathete}}$	1

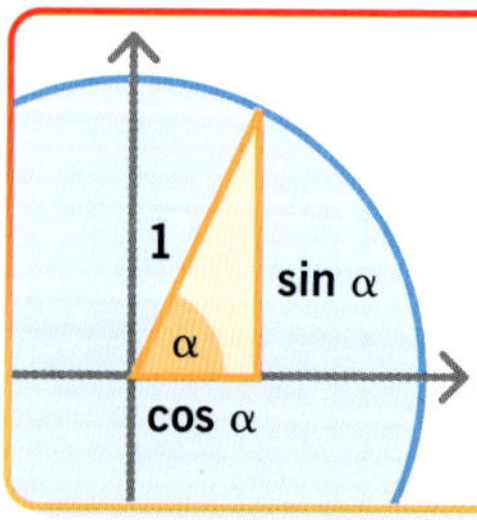

0°- und 90°-Winkel

Um Sinus, Kosinus und Tangens der Winkel 0° und 90° zu berechnen, stellen wir uns ein Dreieck vor, dessen Hypotenuse eine Einheit lang ist. Bei einem Winkel von 0° würde die Hypotenuse auf der horizontalen Achse liegen, die Gegenkathete wäre null Einheiten lang und Hypotenuse und Ankathete wären beide eine Einheit lang. Also gilt sin 0° = 0; cos 0° = 1 und tan 0° = 0. Mit einer ähnlichen Überlegung gelangt man zu sin 90° = 1 und cos 90° = 0.

Der Sinussatz

Die trigonometrischen Formeln kann man auch für Berechnungen in nicht rechtwinkligen Dreiecken nutzen. Der Sinussatz lässt sich anwenden, wenn man zwei Winkel und eine Seite oder zwei Seiten und einen nicht von diesen Seiten eingeschlossenen Winkel kennt.

Auf einen Blick

- ✓ Der Sinussatz gilt in allen Dreiecken.
- ✓ Mit dem Sinussatz kann man eine Seitenlänge bestimmen, wenn man zwei Winkel und eine Seite kennt.
- ✓ Mit dem Sinussatz kann man eine Winkelgröße bestimmen, wenn man zwei Seiten und den nicht eingeschlossenen Winkel kennt.

Die Formel

In beliebigen Dreiecken mit den Seiten a, b und c sowie den jeweils gegenüberliegenden Winkeln α, β und γ gilt der Sinussatz. Auch wenn die Formel aus drei „Teilen" besteht, verwendet man für Berechnungen jeweils nur zwei. Die verwendete Formel muss immer die bekannten Größen und die zu berechnenden Größen beinhalten.

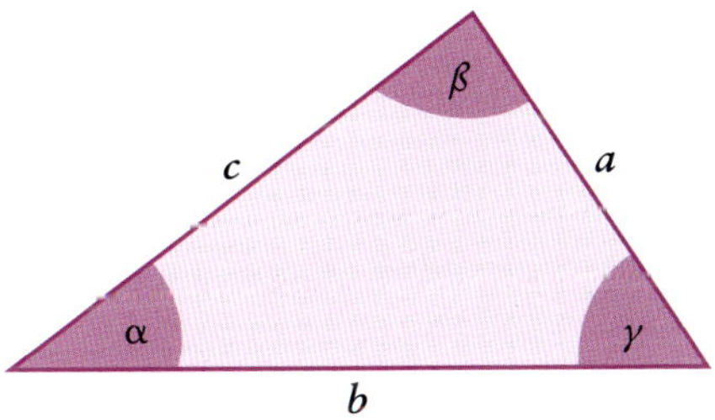

$$\frac{a}{\sin\alpha} = \frac{b}{\sin\beta} = \frac{c}{\sin\gamma}$$

Unbekannte Seitenlänge bestimmen

Kennst du zwei Winkel und irgendeine Seite, so kannst du die unbekannten Seitenlängen berechnen.

Aufgabe

Bestimme die Länge der Seite a auf drei signifikante Stellen genau.

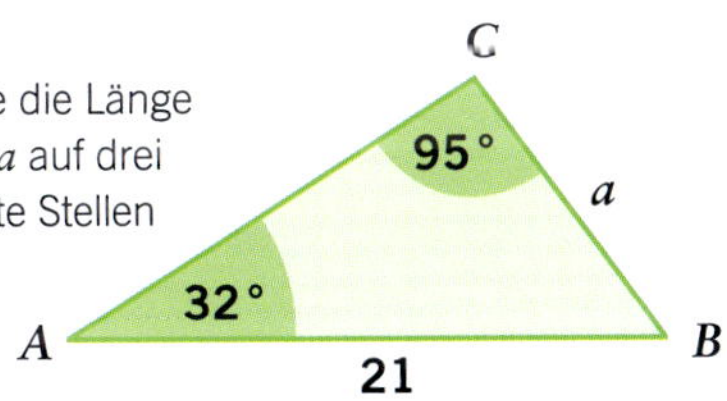

Lösung

1. Bekannt sind Winkel α, Winkel γ und Seite c, also verwende den ersten und den letzten Teil der Formel.

$$\frac{a}{\sin\alpha} = \frac{c}{\sin\gamma}$$

2. Löse nach Seite a auf:

$$a = \frac{c \cdot \sin\alpha}{\sin\gamma} = \frac{21 \cdot \sin 32°}{\sin 95°} \approx 11{,}2$$

Unbekannte Winkelgröße bestimmen

Kennst du zwei Seiten und einen nicht von diesen eingeschlossenen Winkel, so kannst du die unbekannten Winkel berechnen.

Aufgabe

Berechne Winkel β auf drei signifikante Stellen genau.

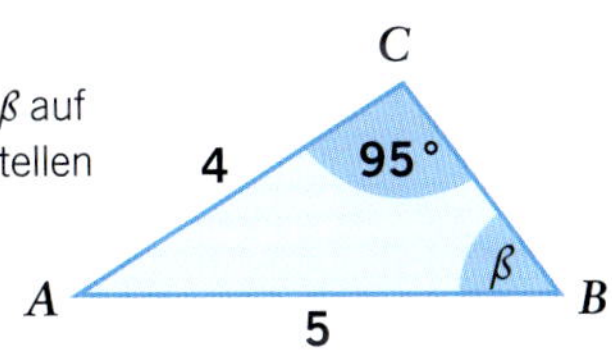

Lösung

1. Verwende diesmal die letzten beiden Teile des Sinussatzes.

$$\frac{b}{\sin\beta} = \frac{c}{\sin\gamma}$$

2. Löse nach sin β auf:

$$\sin\beta = \frac{b \cdot \sin\gamma}{c} = \frac{4 \cdot \sin 95°}{5} \approx 0{,}797$$

$$\beta \approx 52{,}8°$$

Der Kosinussatz

Mithilfe des Kosinussatzes kann man unbekannte Seiten und Winkel in beliebigen Dreiecken berechnen, wenn zwei Seiten und der eingeschlossene Winkel oder alle drei Seitenlängen bekannt sind.

Eine Seitenlänge berechnen

Kennt man zwei Seitenlängen und den eingeschlossenen Winkel, kann man die dritte Seitenlänge mithilfe des Kosinussatzes bestimmen.

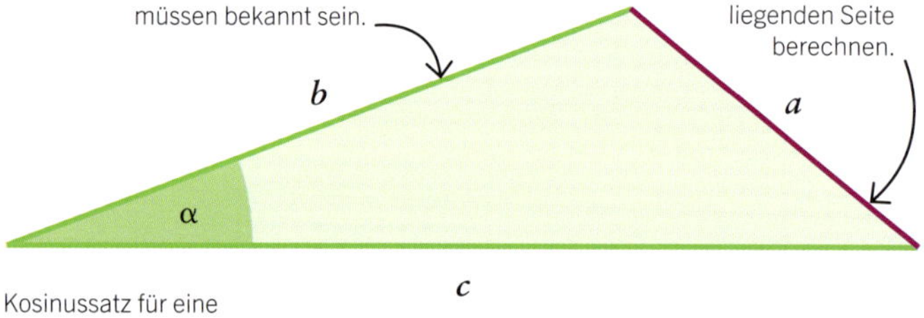

Kosinussatz für eine unbekannte Seitenlänge

$$a^2 = b^2 + c^2 - (2bc \cdot \cos \alpha)$$

Einen unbekannten Winkel berechnen

Stellt man die obige Formel um, lässt sich mithilfe des Kosinussatzes jeder Winkel eines Dreiecks bestimmen, sobald man drei Seitenlängen kennt.

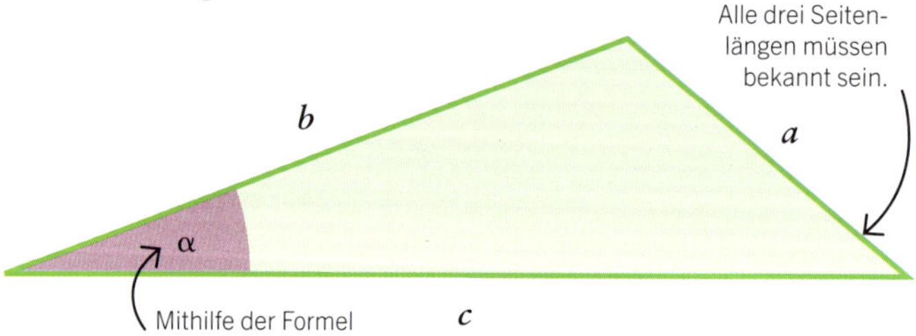

Kosinussatz für Winkel α

$$\cos \alpha = \frac{b^2 + c^2 - a^2}{2bc}$$

Auf einen Blick

- ✓ **Der Kosinussatz funktioniert in jedem Dreieck.**
- ✓ **Der Kosinussatz zur Berechnung einer Seite kann angewendet werden, wenn zwei Seitenlängen und der eingeschlossene Winkel bekannt sind.**
- ✓ **Der Kosinussatz für Winkel kann angewendet werden, wenn alle drei Seitenlängen bekannt sind.**

Den Kosinussatz anwenden

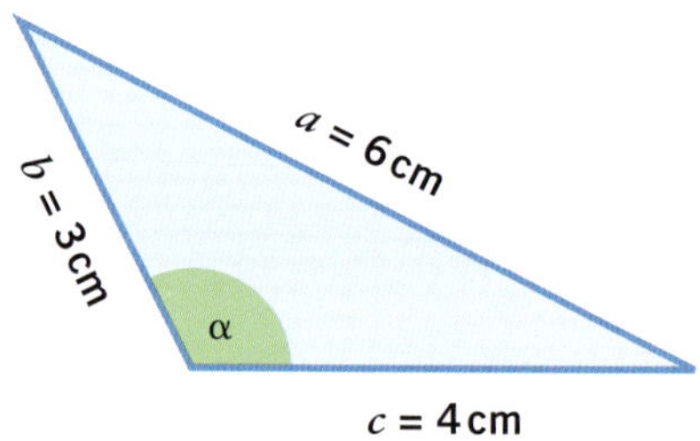

Aufgabe

Berechne Winkel α in diesem Dreieck auf drei signifikante Stellen genau.

Lösung

1. Setze alle bekannten Werte in die Formel ein und bestimme dann cos α.

$$\cos \alpha = \frac{3^2 + 4^2 - 6^2}{2 \cdot 3 \cdot 4} = \frac{16 + 9 - 36}{24} = \frac{-11}{24} \approx -0{,}4583333333$$

2. Bestimme nun Winkel α.

$$a \approx \cos^{-1}(-0{,}4583333333) \approx 117{,}27961274°$$

Winkel α beträgt ungefähr 117°.

Fläche eines Dreiecks

Der bekannteste und einfachste Weg, den Flächeninhalt eines Dreiecks zu berechnen, ist „Grundseite mal zugehöriger Höhe durch 2“. Wenn diese Maße jedoch nicht bekannt sind, bietet die Trigonometrie einen anderen Weg.

Auf einen Blick

- ✓ Mithilfe der Trigonometrie kann man auch den Flächeninhalt eines Dreiecks berechnen.
- ✓ Für die trigonometrische Formel müssen zwei Seitenlängen und der eingeschlossene Winkel bekannt sein.

Formel für den Flächeninhalt
Um mithilfe der Trigonometrie den Flächeninhalt eines Dreiecks zu berechnen, muss man zwei Seitenlängen und den eingeschlossenen Winkel kennen. Dann kann man die unten stehende Formel benutzen. Sie funktioniert mit jedem Paar aus zwei Seiten und dem von ihnen eingeschlossenen Winkel.

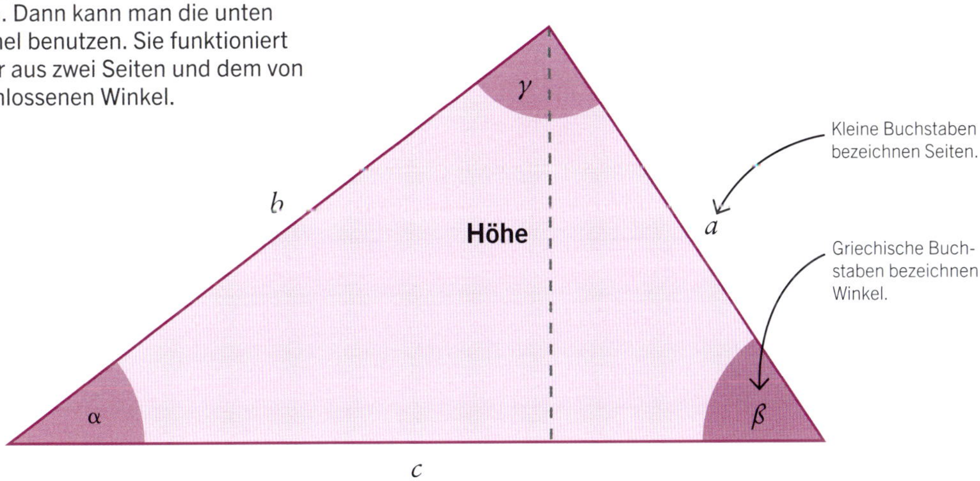

Mit Trigonometrie:

$$\text{Fläche} = \frac{1}{2}\, ac \sin \beta$$

Ohne Trigonometrie:

$$\text{Fläche} = \frac{1}{2}\ \text{Grundseite} \cdot \text{Höhe}$$

Den Flächeninhalt berechnen

Aufgabe
Berechne den Flächeninhalt von Dreieck ABC in cm^2 auf drei signifikante Stellen genau.

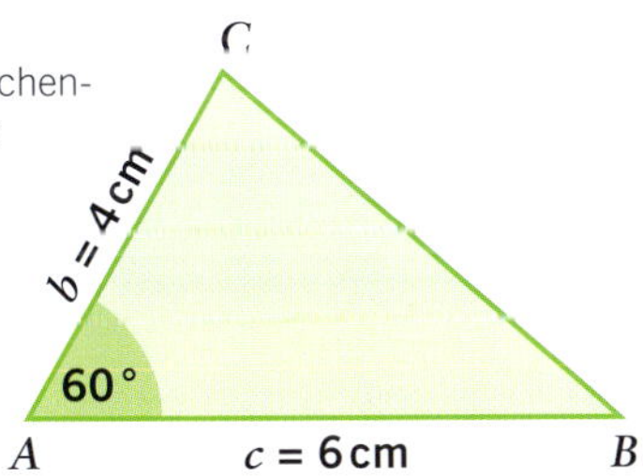

Lösung
Passe die Formel an die gegebenen Seiten- und Winkelgrößen an.

$$\begin{aligned}\text{Fläche} &= \tfrac{1}{2}\, bc \sin \alpha \\ &= \tfrac{1}{2} \cdot 4\,\text{cm} \cdot 6\,\text{cm} \cdot \sin 60^\circ \\ &= \tfrac{1}{2} \cdot 24\,\text{cm}^2 \cdot 0{,}866 \\ &= 10{,}4\,\text{cm}^2\end{aligned}$$

Übungsaufgabe
Trigonometrie im Alltag

Der Satz des Pythagoras kommt im täglichen Leben oft zum Einsatz, ebenso wie viele andere trigonometrische Formeln. Um die folgende Aufgabe zu lösen, musst du zwei der in diesem Kapitel bisher behandelten Formeln anwenden.

Siehe auch

196 Satz des Pythagoras
197 Trigonometrie
198 Sinus, Kosinus und Tangens
199 Längen und Winkel ermitteln

Aufgabe
Du erhältst den Auftrag, eine Indoor-Skipiste zu entwerfen. Sie soll 20 m hoch sein und einen Neigungswinkel von 21 ° haben.
a) Die Grundseite der Treppe ist 21 m lang. Immer 5 Stufen machen 1 m aus. Wie viel Stufen sind es bis zum „Gipfel" der Piste?
b) Wie lang wird die Skipiste d? Gib die Lösung in m auf drei signifikante Stellen genau an.

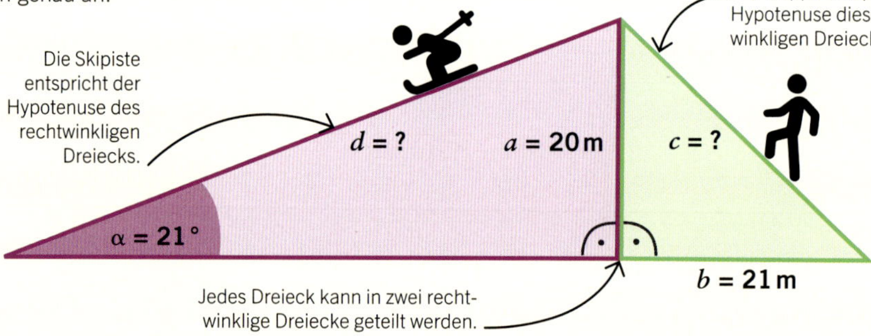

Lösung
a) Um die Anzahl der Stufen zu berechnen, brauchst du die Seitenlänge c. Verwende den Satz des Pythagoras (s. S. 196) und berechne die Hypotenuse des grünen Dreiecks. Rechne zunächst ohne Einheiten:

$$a^2 + b^2 = c^2$$

$$20^2 + 21^2 = c^2$$

$$841 = c^2$$

$$c = 29\,\text{m}$$

Da es fünf Stufen pro Meter sind, gibt es 29 · 5 Stufen. Das sind insgesamt 145 Stufen.

b) Die Skipiste ist die Hypotenuse im lilafarbenen Dreieck und der Neigungswinkel gegenüber der Gegenkathete von 20 m Länge beträgt 21 °. Mit diesen Angaben kannst du mit der Sinusformel (s. S. 198) die Länge der Hypotenuse d berechnen. Rechne zunächst ohne Einheiten:

$$\sin \alpha = \frac{\text{Gegenkathete}}{\text{Hypotenuse}}$$

$$\sin 21° = \frac{20}{d}$$

$$d = \frac{20}{\sin 21°}$$

$$d \approx 55{,}8\,\text{m}$$

Die Skipiste wird etwa 55,8 m lang.

Höhenwinkel und Tiefenwinkel

Sieht man von einem Punkt A aus zu einem Punkt B nach oben, so heißt der Winkel zwischen $\overline{AB}$ und der Horizontalen durch A Höhenwinkel. Blickt man hingegen vom Punkt A aus zu einem Punkt C hinab, so heißt der Winkel zwischen $\overline{AC}$ und der Horizontalen durch A Tiefenwinkel.

Auf einen Blick

- Höhenwinkel und Tiefenwinkel können für die Berechnung von Höhen und Entfernungen genutzt werden.
- Der Höhenwinkel ist der Winkel zwischen der horizontalen Blickrichtung und der Blickrichtung zum Objekt.
- Befindet sich das Objekt unterhalb der horizontalen Blickrichtung, nennt man diesen Winkel Tiefenwinkel.

Ein Dreieck als Hilfe

Im Bild ist der Höhenwinkel der Winkel zwischen der horizontalen und der zum Ballon gewandten Blickrichtung des Leuchtturmwärters. Der Tiefenwinkel ist der Winkel zwischen der horizontalen und der zum Boot gewandten Blickrichtung des Leuchtturmwärters. Wenn wir uns jede der beiden Blickrichtungen (nach oben und unten) als Hypotenuse eines rechtwinkligen Dreiecks vorstellen, können wir die Abstände vom Leuchtturmwärter zum jeweiligen Objekt bestimmen.

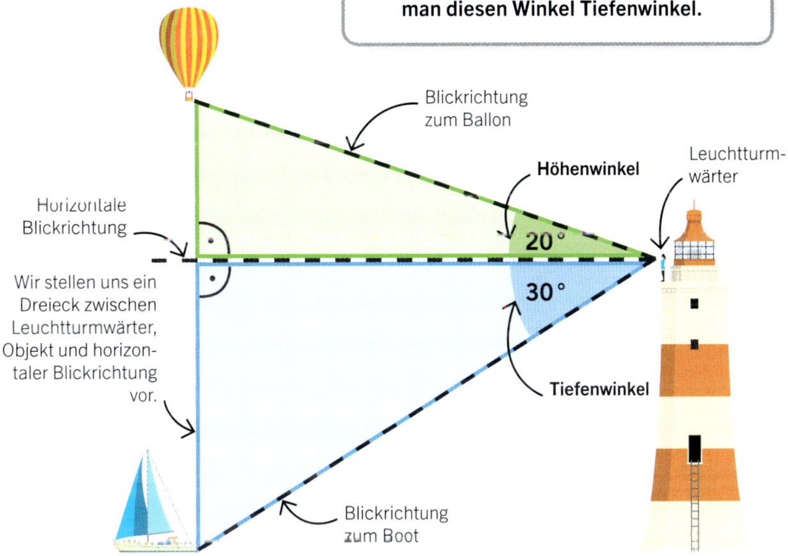

Trigonometrie und Steigungswinkel

Aufgabe

Wie weit ist der Ballon vom Leuchtturmwärter entfernt, wenn der Höhenwinkel 20° beträgt und die horizontale Entfernung vom Leuchtturmwärter direkt zu einem Punkt unterhalb des Ballons 173 m beträgt? Gib die Lösung in m auf drei signifikante Stellen genau an.

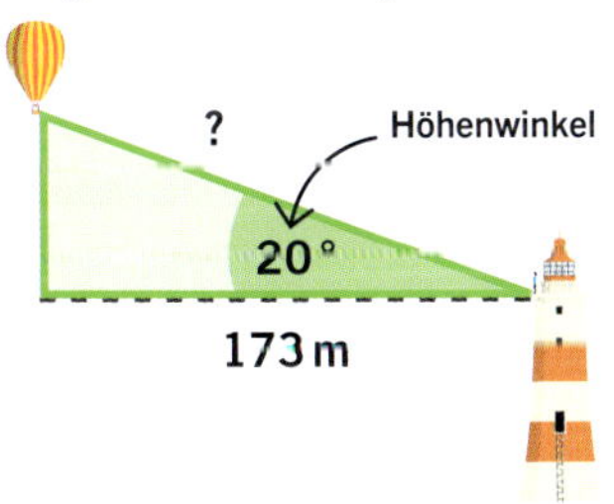

Lösung

1. Die Strecke zwischen Leuchtturmwärter und Ballon ist die Hypotenuse eines Dreiecks. Da wir den Höhenwinkel und die Länge der Ankathete kennen, können wir die Hypotenuse mithilfe des Kosinus bestimmen.

$$\cos\alpha = \frac{\text{Ankathete}}{\text{Hypotenuse}}$$

2. Stelle die Formel um, um die Hypotenuse zu berechnen.

$$\text{Hypotenuse} = \frac{\text{Ankathete}}{\cos\alpha} = \frac{173\,\text{m}}{\cos 20^\circ} = 184\,\text{m}$$

Der Ballon ist 184 m vom Leuchtturmwärter entfernt.

Pythagoras in 3-D

Mithilfe des Satzes von Pythagoras (s. S. 196) kann man jede Seite im rechtwinkligen Dreieck berechnen, sobald man die anderen beiden Seitenlängen kennt. Dieser Satz gilt auch für rechtwinklige Dreiecke in Körpern.

Auf einen Blick

- Der Satz des Pythagoras funktioniert auch in Körpern.
- Ein Quader ist ein Körper mit rechteckigen Begrenzungsflächen.
- Zur Bestimmung der Länge der Raumdiagonalen d im Inneren eines Quaders mit den Seiten a, b und c gibt es den Satz des Pythagoras für Quader:

$$a^2 + b^2 + c^2 = d^2$$

Raumdiagonale im Quader
Ein Quader ist ein Körper mit rechteckigen Begrenzungsflächen. Wie lang ist die Raumdiagonale d im Quader? Wir zeichnen zwei rechtwinklige Dreiecke in den Quader hinein und berechnen die Raumdiagonale d.

1. Zuerst berechnen wir e, die Hypotenuse des Dreiecks in der Grundfläche.

$$e^2 = a^2 + b^2 = 25 + 9 = 34$$
$$e = \sqrt{34}$$

2. Dann berechnen wir d, die Hypotenuse des lilafarbenen Dreiecks (Raumdiagonale).

$$d^2 = e^2 + c^2 = 34 + 4 = 38$$
$$d = \sqrt{38}$$

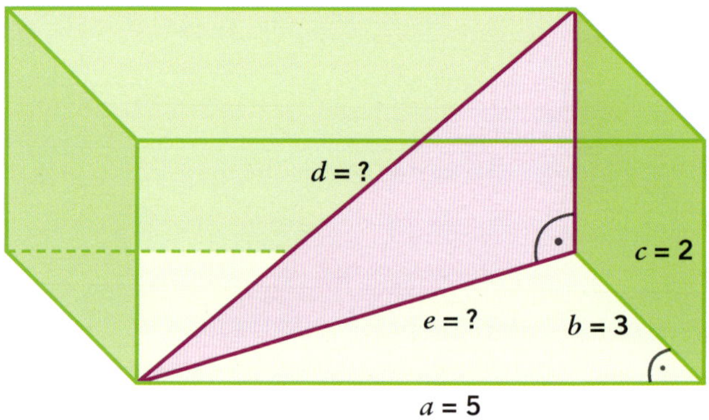

Pythagoras für Quader
Wenn wir die Schritte 1 und 2 von oben kombinieren, indem wir beide Gleichungen zu einer zusammenfassen, erhalten wir den Satz von Pythagoras für Quader, mit dessen Hilfe wir die Länge der Raumdiagonale bestimmen können.

$$a^2 + b^2 + c^2 = d^2$$

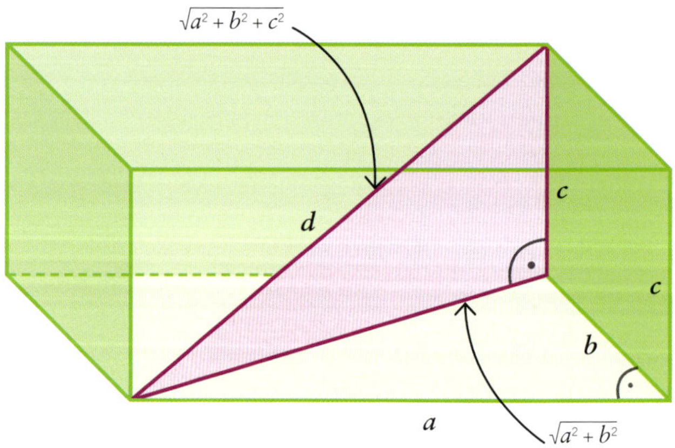

Übungsaufgabe
3-D-Trigonometrie

Auch im dreidimensionalen Raum funktioniert die Trigonometrie. In viele Körper kann man rechtwinklige Dreiecke einzeichnen und mit deren Hilfe Längen und Winkel berechnen.

Siehe auch

196 Satz des Pythagoras
197 Trigonometrie
198 Sinus, Kosinus und Tangens
199 Längen und Winkel ermitteln

Aufgabe
Eine gerade Pyramide mit quadratischer Grundfläche hat eine Kantenlänge von 6 m und eine Höhe von 4 m. Wie groß ist der Winkel α aufs ganze Grad gerundet?

Lösung
1. Um α zu berechnen, brauchst du mindestens zwei Seiten des lilafarbenen Dreiecks, aber du kennst nur die Strecke $\overline{SM}$. Du musst also die Strecke $\overline{MC}$ berechnen, die halb so lang ist wie die Diagonale $\overline{AC}$. Berechne $\overline{AC}$ mit dem Satz des Pythagoras.

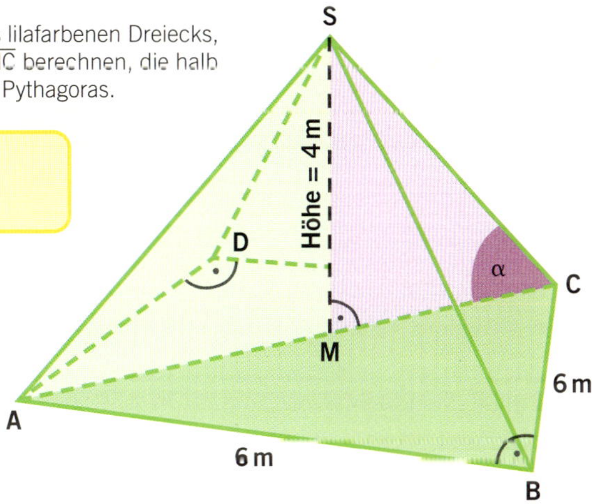

$$(\overline{AC})^2 = (\overline{AB})^2 + (\overline{CB})^2$$

$$(\overline{AC})^2 = 6^2 + 6^2$$
$$(\overline{AC})^2 = 72$$
$$\overline{AC} = \sqrt{72}$$
$$\text{Also: } \overline{MC} = \frac{1}{2} \cdot \sqrt{72}$$

2. Nun kennst du die Länge von Gegenkathete und Ankathete im lilafarbenen Dreieck und kannst den Winkel mit dem Tangens berechnen.

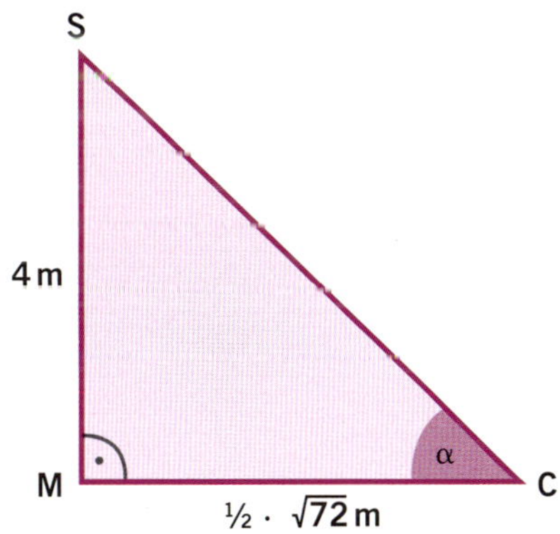

$$\tan \alpha = \frac{\text{Gegenkathete}}{\text{Ankathete}}$$

$$\tan \alpha = \frac{4}{½ \cdot \sqrt{72}}$$
$$\tan \alpha \approx 0{,}9428$$
$$\alpha \approx \tan^{-1} 0{,}9428$$
$$\alpha \approx 43°$$

Wahrscheinlichkeit

Wahrscheinlichkeits-skala

Wie wahrscheinlich ist es, dass es morgen regnet? Wie groß ist die Wahrscheinlichkeit für „Kopf“, wenn du eine Münze wirfst? In der Mathematik ist die Wahrscheinlichkeit immer eine Zahl zwischen Null und Eins.

Auf einen Blick

- ✓ Wahrscheinlichkeit ist immer eine Zahl zwischen Null und Eins. Null bedeutet „unmöglich“, Eins bedeutet „sicher“.
- ✓ Wahrscheinlichkeiten werden als Brüche, Dezimalzahlen oder in Prozenten ausgedrückt.

Wahrscheinlichkeiten messen

Wahrscheinlichkeiten werden als Brüche, Dezimalzahlen oder Prozentsätze ausgedrückt. Die Wahrscheinlichkeit Null bedeutet, dass ein Ereignis unmöglich ist, die Wahrscheinlichkeit Eins heißt, dass ein Ereignis sicher eintritt.

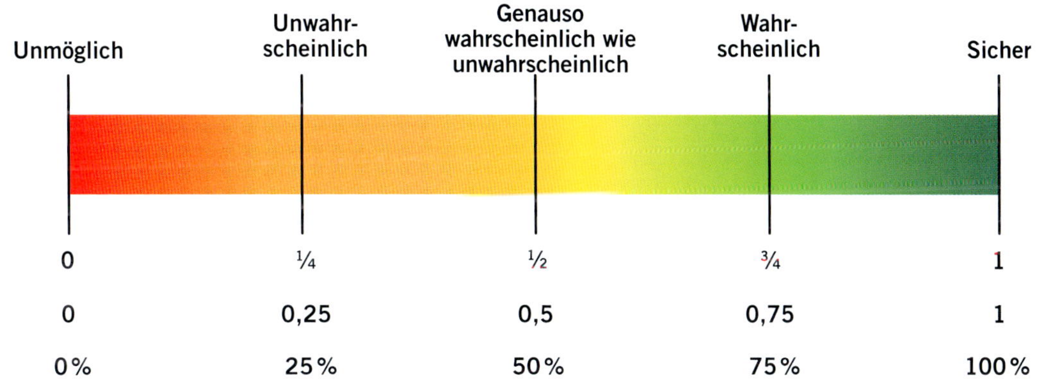

Die Wahrscheinlichkeit, ein Einhorn zu treffen, ist 0.

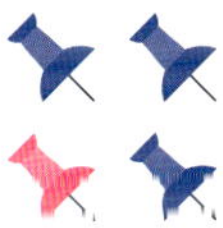

Die Wahrscheinlichkeit, zufällig Pink auszuwählen ist ¼.

Die Wahrscheinlichkeit für „Kopf“ beim Werfen einer Münze beträgt ½.

Die Wahrscheinlichkeit, einen lilafarbenen Ball zu greifen, beträgt ¾.

Die Wahrscheinlichkeit, dass die Sonne gestern aufgegangen ist, beträgt 1.

Theoretische und experimentelle Wahrscheinlichkeit

Wie groß ist die Wahrscheinlichkeit, beim Drehen dieses sechsseitigen Kreisels eine 6 zu drehen? Es gibt hier zwei mögliche Antworten: Man kann entweder die theoretische Wahrscheinlichkeit ausrechnen. Da es 6 gleich wahrscheinliche Ergebnisse gibt, beträgt die Wahrscheinlichkeit für 6 genau ⅙. Oder man bestimmt die Wahrscheinlichkeit experimentell, indem man sehr viele Experimente durchführt. Wenn man jedoch beim Drehen wackelt oder dieser spezielle Kreisel etwas unausgewogen (und damit nicht fair) ist, kann das Ergebnis beeinflusst werden und man würde einige Zahlen häufiger erhalten als andere.

Wahrscheinlichkeit berechnen

Die Wahrscheinlichkeit, mit einem fairen Würfel eine 6 zu werfen, beträgt $1/6$, aber wie groß ist die Wahrscheinlichkeit, eine gerade Zahl zu werfen? Diese beträgt $1/2$, denn drei der sechs Zahlen sind gerade. Die Wahrscheinlichkeit wird berechnet, indem man die Anzahl der günstigen Ergebnisse durch die Anzahl aller möglichen Ergebnisse dividiert.

Auf einen Blick

- ✓ **Die Wahrscheinlichkeit eines Ereignisses ist gleich der Anzahl aller für das Ereignis günstigen Ergebnisse, dividiert durch die Anzahl aller möglichen Ergebnisse.**
- ✓ **Zufällig bedeutet, dass alle möglichen Ergebnisse gleich wahrscheinlich sind.**

Wahrscheinlichkeitsformel

In einer Schublade sind 4 rote, 4 blaue und 2 grüne Socken. Es ist zu dunkel, die Farben zu erkennen. Du ziehst zufällig eine Socke heraus. Zufällig bedeutet, dass jedes Ergebnis gleich wahrscheinlich ist. Wie groß ist die Wahrscheinlichkeit, dass du eine blaue Socke herausziehst? Die Antwort findest du mit dieser Formel.

In der Wahrscheinlichkeitsrechnung ist ein „Ereignis" entweder ein Einzelergebnis oder eine Kombination aus Einzelergebnissen.

$$\text{Wahrscheinlichkeit eines Ereignisses} = \frac{\text{Anzahl aller günstigen Ergebnisse}}{\text{Anzahl aller möglichen Ergebnisse}}$$

$$\text{Wahrscheinlichkeit für Blau} = \frac{\text{Anzahl blauer Socken}}{\text{Anzahl aller Socken}} = \frac{4}{10} = \frac{2}{5}$$

Der vollständig gekürzte Bruch ist die Lösung.

Zusammengesetztes Ereignis

Aufgabe

In der Bonbontüte sind 3 grüne, 4 rote und 4 orangefarbene Bonbons. Wie groß ist die Wahrscheinlichkeit, zufällig entweder ein grünes oder ein rotes Bonbon herauszunehmen?

Lösung

Setze die bekannten Werte in die Formel ein und rechne.

$$\text{Wahrscheinlichkeit eines Ereignisses} = \frac{\text{Anzahl aller günstigen Ergebnisse}}{\text{Anzahl aller möglichen Ergebnisse}}$$

$$= \frac{\text{Anzahl grüne Bonbons + rote Bonbons}}{\text{Gesamtzahl der Bonbons}} = \frac{3+4}{11} = \frac{7}{11}$$

Unvereinbare Ereignisse

Beim einmaligen Münzwurf ist es nicht möglich, Kopf und Zahl gleichzeitig zu werfen. Zwei Ereignisse, die nicht gleichzeitig stattfinden können, heißen unvereinbar. Die Wahrscheinlichkeiten aller unvereinbarer Ereignisse eines Ereignisraums addieren sich zu 1.

Auf einen Blick

- ✓ **Alle Wahrscheinlichkeiten eines Ereignisraums addieren sich zu 1.**
- ✓ **Die Wahrscheinlichkeit des Gegenereignisses wird berechnet, indem man die Wahrscheinlichkeit des Ereignisses von 1 subtrahiert.**

Wahrscheinlichkeiten addieren sich zu 1
Zieht man zufällig eine einzelne der zehn unten abgebildeten Socken heraus, kann sie nur eine einzige Farbe haben. Das Ziehen blauer, roter und grüner Socken sind somit unvereinbare Ereignisse. Es ist aber sicher, dass jede einzelne Socke eine der drei Farben hat. Also addieren sich die Wahrscheinlichkeiten für die drei Farben zu 1. Wir schreiben Folgendes, wobei P (R) für Wahrscheinlichkeit (Englisch: *probability*) für „Rot“ steht:

$$P\ (R) + P\ (B) + P\ (G) = \frac{4}{10} + \frac{4}{10} + \frac{2}{10} = \frac{10}{10} = 1$$

Die Wahrscheinlichkeit des Gegenereignisses
Wie groß ist die Wahrscheinlichkeit, aus diesen Socken gleich beim ersten Versuch keine blaue Socke zu ziehen? „Blau“ und „Nicht Blau“ schließen sich gegenseitig aus, also addieren sich die Wahrscheinlichkeiten zu 1. Wir schreiben Folgendes, wobei P (B′) die Wahrscheinlichkeit (Englisch: *probability*) für „Nicht Blau“ ist:

$$P\ (B) + P\ (B') = 1$$

Subtrahiere die Wahrscheinlichkeit für „Blau“ von 1, dann erhältst du die Wahrscheinlichkeit für „Nicht Blau“:

$$P\ (B') = 1 - P\ (B)$$

$$P\ (B') = 1 - \frac{4}{10} = \frac{6}{10} = \frac{3}{5}$$

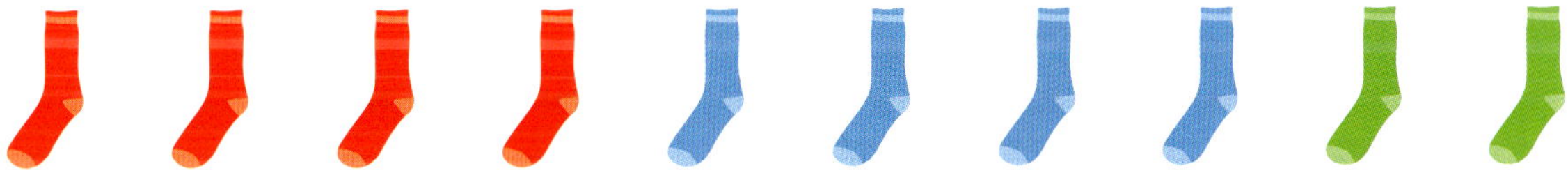

Wahrscheinlichkeit des Gegenereignisses

Aufgabe
In der Bonbontüte sind 3 grüne, 4 rote und 4 orangefarbene Bonbons. Du nimmst zufällig 1 Bonbon heraus. Wie groß ist die Wahrscheinlichkeit, dass das Bonbon nicht grün ist?

Lösung
1. Berechne zuerst die Wahrscheinlichkeit für „Grün“:

$$P\ (G) = \frac{\text{Anzahl der grünen Bonbons}}{\text{Gesamtzahl der Bonbons}} = \frac{3}{11}$$

2. Subtrahiere den Wert von 1, um den Wert für „Nicht Grün“ zu berechnen (das Komplementär- oder Gegenereignis zu „Grün“).

$$P\ (G') = 1 - \frac{3}{11} = \frac{8}{11}$$

Ergebnisse zählen

Will man die Wahrscheinlichkeit eines Ereignisses berechnen, zum Beispiel, dass zwei Würfel nach einem Wurf zusammen die Summe 12 anzeigen, muss man die Anzahl aller möglichen Ergebnisse kennen. Dazu kann man eine Liste oder Tabelle aller Ergebnisse aufstellen. Alle Ergebnisse bilden zusammen den Ergebnisraum.

Ergebnisraum in einer Tabelle darstellen
Es gibt nur eine Möglichkeit, mit zwei Würfeln die Summe 12 zu würfeln, aber insgesamt gibt es viele mögliche Ergebnisse. Um alle zu erfassen, kann man sie z. B. in einer Tabelle aufführen.

1. Notiere die Ergebnisse für einen Würfel in der ersten Spalte.

2. Schreibe die Ergebnisse für den anderen Würfel in die obere Zeile.

	⚀	⚁	⚂	⚃	⚄	⚅
⚀	2	3	4	5	6	7
⚁	3	4	5	6	7	8
⚂	4	5	6	7	8	9
⚃	5	6	7	8	9	10
⚄	6	7	8	9	10	11
⚅	7	8	9	10	11	12

3. Addiere die möglichen Ergebnisse beider Würfel und trage sie hier ein.

4. Zähle die Anzahl aller möglichen Ergebnisse. Es sind 36.

5. Mit der Formel von Seite 210 kannst du nun die Wahrscheinlichkeit für ein spezielles Ereignis, wie z. B. „Summe 12", berechnen.

$$\text{Wahrscheinlichkeit eines Ereignisses} = \frac{\text{Anzahl der günstigen Ergebnisse}}{\text{Anzahl aller möglichen Ergebnisse}}$$

$$\text{Wahrscheinlichkeit für „Summe 12"} = \frac{1}{36}$$

Auf einen Blick

- ✓ Um die Wahrscheinlichkeit zu berechnen, muss man die Anzahl der möglichen Ergebnisse kennen.
- ✓ Der Ergebnisraum ist die Menge aller möglichen Ergebnisse.
- ✓ Um die Anzahl aller möglichen Ergebnisse zweier Experimente zu bestimmen, multipliziert man die Anzahl der möglichen Ergebnisse beider Experimente.

Die Produktregel

Werden zwei oder mehr Versuche kombiniert, multipliziert man die Anzahl aller möglichen Ergebnisse jedes Versuchs miteinander. Beispielsweise gibt es für den einfachen Würfelwurf 6 mögliche Ergebnisse, der zweifache Würfelwurf hat $6 \cdot 6 = 36$ Ergebnisse.

Aufgabe
Wie viel 3-Gänge-Menüs kann man zusammenstellen, wenn ein Restaurant 3 Vorspeisen, 4 Hauptgerichte und 6 Desserts im Angebot hat?

Lösung

$$\begin{aligned}\text{Anzahl der 3-Gänge-Menüs} &= \text{Vorspeisen} \cdot \text{Hauptgerichte} \cdot \text{Desserts}\\ &= 3 \cdot 4 \cdot 6\\ &= 72\end{aligned}$$

Wahrscheinlichkeit zweier Ereignisse

Für die Wahrscheinlichkeit, dass zwei unabhängige Ereignisse A und B beide stattfinden, müssen wir die beiden Wahrscheinlichkeiten miteinander multiplizieren. Für die Wahrscheinlichkeit, dass zwei unvereinbare Ereignisse A und B beide stattfinden, müssen wir die Wahrscheinlichkeiten zueinander addieren.

Auf einen Blick

- ✓ Für unabhängige Ereignisse gilt die Multiplikationsregel:
  P (A und B) = P (A) · P (B)
- ✓ Für unvereinbare („disjunkte") Ereignisse gilt die Additionsregel:
  P (A oder B) = P (A) + P (B)

Und-Verknüpfung: Multiplikationsregel
Wie groß ist die Wahrscheinlichkeit, beim Drehen zweier Kreisel „zweimal Rot" zu erzielen? Das Ergebnis des ersten Kreisels hat keinen Einfluss auf das Ergebnis des zweiten, also sind die Ereignisse unabhängig und man muss beide Wahrscheinlichkeiten multiplizieren, um die Wahrscheinlichkeit für „zweimal Rot" zu berechnen.

P (A und B) = P (A) · P (B)

$$\text{P (Rot und Rot)} = \text{P (Rot)} \cdot \text{P (Rot)} = \frac{1}{6} \cdot \frac{1}{6} = \frac{1}{36}$$

Oder-Verknüpfung: Additionsregel
Wie groß ist die Wahrscheinlichkeit, „entweder Rot oder Blau" zu erzielen, wenn man einen Kreisel dreht? Die beiden Ereignisse sind unvereinbar, also muss man beide Wahrscheinlichkeiten addieren, um die Wahrscheinlichkeit für das Eintreten von entweder A oder B zu berechnen.

P (A oder B) = P (A) + P (B)

$$\text{P (Rot oder Blau)} = \text{P (Rot)} + \text{P (Blau)} = \frac{1}{6} + \frac{1}{6} = \frac{2}{6} = \frac{1}{3}$$

Wahrscheinlichkeiten berechnen

Aufgabe
Ein blauer und ein roter Würfel werden geworfen. Wie groß ist die Wahrscheinlichkeit, mit dem blauen Würfel eine ungerade Zahl und mit dem roten Würfel eine 6 zu werfen?

Lösung
Wir verwenden die Multiplikationsregel:

$$\text{P (ungerade und 6)} = \text{P (ungerade)} \cdot \text{P (6)} = \frac{1}{2} \cdot \frac{1}{6} = \frac{1}{12}$$

Baumdiagramme

Manchmal sind Wahrscheinlichkeiten schwer zu berechnen, vor allem, wenn zwei oder mehr Versuche kombiniert werden. Solche Zufallsexperimente nennt man mehrstufige Zufallsexperimente. Ein Baumdiagramm kann bei der Lösung helfen.

Auf einen Blick

- ✓ Mit Baumdiagrammen lassen sich kombinierte Zufallsexperimente darstellen und berechnen.
- ✓ Eine Wahrscheinlichkeit ergibt sich aus dem Produkt der Einzelwahrscheinlichkeiten entlang eines Pfades.
- ✓ Alle relevanten Wahrscheinlichkeiten werden addiert.

Unabhängige Ereignisse
Du wirfst eine Münze 2-mal. Wie groß ist die Wahrscheinlichkeit, bei beiden Würfen dasselbe Ergebnis („Kopf und Kopf" oder „Zahl und Zahl") zu erhalten? Zeichne ein Baumdiagramm, in dem beide Würfe dargestellt werden. Das Ergebnis des zweiten Wurfs ist unabhängig vom Ergebnis des ersten Wurfs. Man sagt, die Ereignisse sind unabhängig, wenn sie sich gegenseitig nicht beeinflussen. Du kannst ein Baumdiagramm aber auch benutzen, wenn die Ereignisse nicht unabhängig sind (siehe rechte Seite).

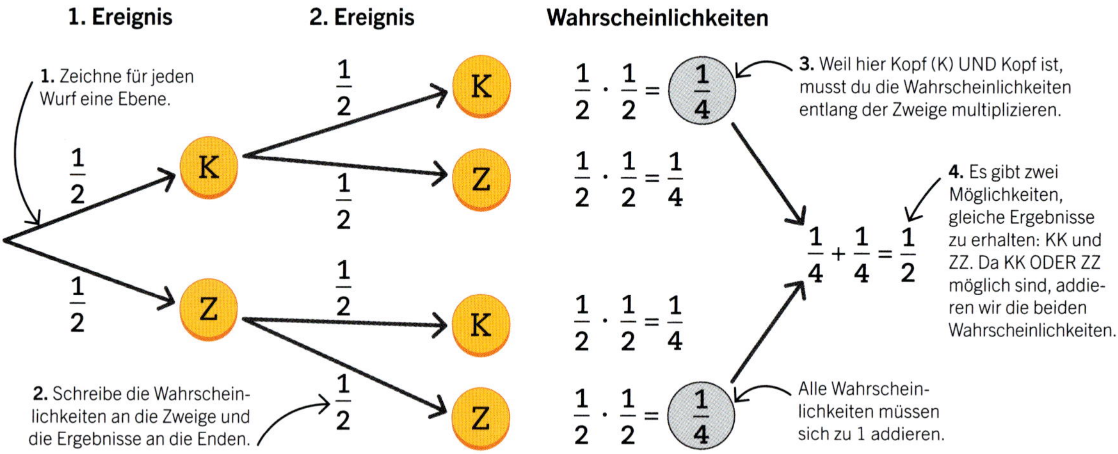

Baumdiagramme im Einsatz

Aufgabe
Wie groß ist die Wahrscheinlichkeit, beim zweimaligen Werfen eines fairen Würfels genau eine 6 zu werfen?

Lösung
1. Zeichne ein Baumdiagramm für die beiden Würfe und verzweige in: „6" und „Keine 6".
2. Schreibe die Wahrscheinlichkeiten an jeden Zweig (⅙ und ⅚).
3. Multipliziere die Wahrscheinlichkeiten längs der Äste.
4. Es gibt zwei Wege, genau eine 6 zu würfeln. Addiere die Wahrscheinlichkeiten:

$$\frac{5}{36} + \frac{5}{36} = \frac{10}{36} = \frac{5}{18}$$

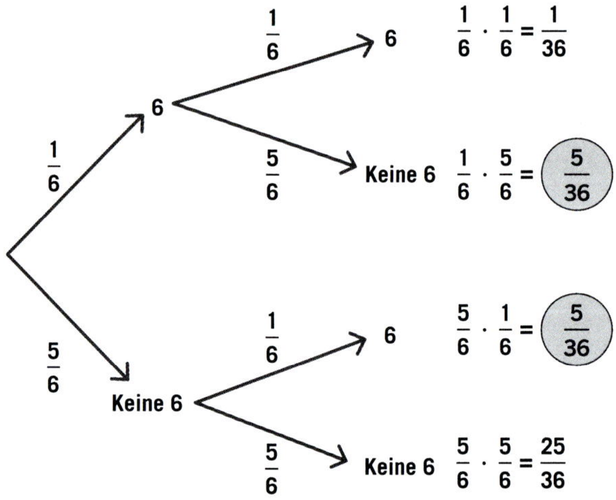

Ziehen ohne Zurücklegen

Wenn man aus einer Schublade zufällig eine Socke herausnimmt und sie nicht zurücklegt, beeinflusst dies das Ergebnis der nächsten Sockenentnahme. Wird bei einem Zufallsversuch ein Ereignis durch ein anderes Ereignis beeinflusst, so handelt es sich um abhängige oder bedingte Ereignisse.

Auf einen Blick

- ✓ **Wird die Wahrscheinlichkeit eines Ereignisses von einem anderen Ereignis beeinflusst, so sind die beiden Ereignisse abhängig.**
- ✓ **Mithilfe von Baumdiagrammen kann man bedingte Wahrscheinlichkeiten bestimmen.**

Baumdiagramm

In einer Schublade liegen fünf grüne und drei rote Socken. Wie groß ist die Wahrscheinlichkeit, dass du ein passendes Paar erhältst, wenn du zwei Socken nacheinander zufällig herausnimmst? Mithilfe eines Baumdiagramms lassen sich solche bedingten Wahrscheinlichkeiten darstellen und berechnen. Beachte, dass hier die Wahrscheinlichkeiten in der zweiten Ebene nicht dieselben sind, da schon eine Socke entfernt wurde.

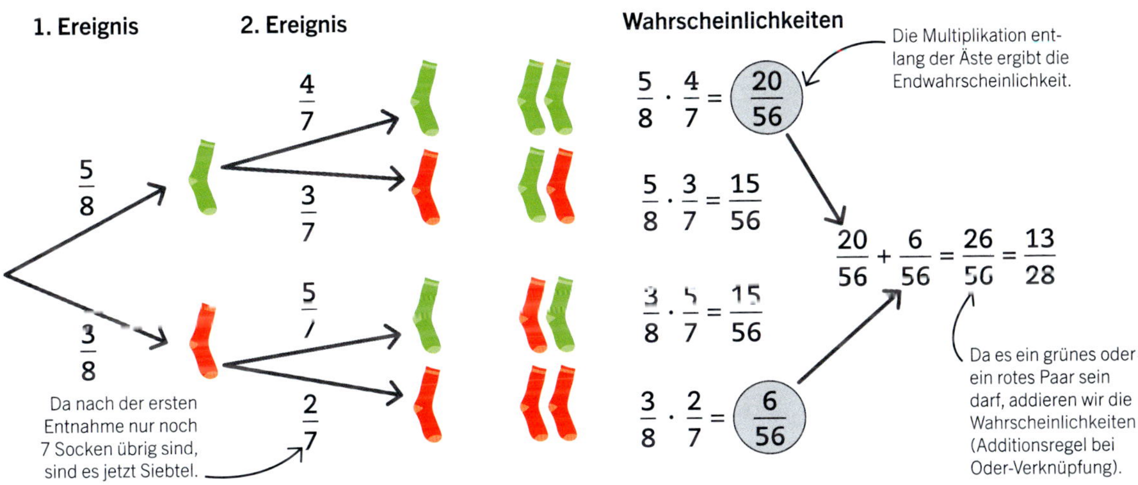

Die Multiplikationsregel

Die Multiplikationsregel von Seite 213 kann man für bedingte Wahrscheinlichkeiten anpassen: P (B unter der Bedingung A) bedeutet „Wahrscheinlichkeit von B unter der Bedingung, dass A gilt“.
Beispiel: Die Wahrscheinlichkeit, zwei grüne Socken zu ziehen, ist gleich der Wahrscheinlichkeit von „Grün“ mal der Wahrscheinlichkeit von „Grün unter der Bedingung, dass Grün schon einmal gezogen wurde“.

Multiplikation bei UND, Addition bei ODER.

Kurzschreibweise für P (B unter der Bedingung A)

$$P\,(A \text{ und } B) = P\,(A) \cdot P\,(B|A)$$

$$P\,(\text{Grün und Grün}) = P\,(\text{Grün}) \cdot P\,(\text{Grün}|\text{Grün})$$

$$= \frac{5}{8} \cdot \frac{4}{7} = \frac{20}{56} = \frac{5}{14}$$

Vierfeldertafeln

Es gibt Ereignisse, die von anderen Ereignissen abhängig sind. Die Wahrscheinlichkeit eines solchen Ereignisses heißt bedingte Wahrscheinlichkeit. Mithilfe von Vierfeldertafeln kann man Fragestellungen zu bedingten Wahrscheinlichkeiten darstellen.

Auf einen Blick

- ✓ **Wird ein Ereignis vom Eintreten eines anderen Ereignisses beeinflusst, so heißen die Ereignisse abhängig.**
- ✓ **Mithilfe von Vierfeldertafeln kann man bedingte Wahrscheinlichkeiten bestimmen.**

So werden Vierfeldertafeln verwendet
Diese Tafel zeigt für 100 Patienten einer Klinik, ob sie rauchen oder nicht und ob sie hohen Blutdruck haben oder nicht. Wie groß ist die Wahrscheinlichkeit dafür, dass eine zufällig ausgewählte Person hohen Blutdruck hat? Wie wahrscheinlich ist es, dass ein Raucher hohen Blutdruck hat?

	Hoher Blutdruck	**Normaler Blutdruck**	**Summe**
Raucher	36	12	48
Nichtraucher	16	36	52
Summe	52	48	100

1. Für die erste Frage brauchen wir die Summen der unteren Zeile.

$$\textbf{Wahrscheinlichkeit für hohen Blutdruck} = \frac{\textbf{Anzahl Patienten mit hohem Blutdruck}}{\textbf{Gesamtzahl der Patienten}} = \frac{52}{100}$$

2. Die Tatsache, dass der Patient Raucher ist, deutet auf die bedingte Wahrscheinlichkeit im zweiten Teil der Frage hin. Wir betrachten daher nur die Teilmenge der Patienten, die Raucher sind.

$$P\,(\textbf{hoher Blutdruck} \mid \textbf{Raucher}) = \frac{36}{48} = \frac{3}{4}$$

Diese senkrechte Linie bedeutet „unter der Bedingung“.

Der Nenner hat sich verändert, weil es sich um eine bedingte Wahrscheinlichkeit handelt.

Unter der Bedingung, dass der betrachtete Patient Raucher ist, beträgt die Wahrscheinlichkeit, dass er Bluthochdruck hat, ¾. Das ist eine wesentlich höhere Wahrscheinlichkeit als die für alle Patienten.

Bedingte Wahrscheinlichkeiten berechnen

Aufgabe
Eine Umfrage unter 150 Gästen in einem Berghotel ergab die folgenden Lieblingswintersportarten. Wie groß ist die Wahrscheinlichkeit, dass ein zufällig gewählter Jugendlicher am liebsten Ski fährt?

Liebster Wintersport	**Schlittenfahren**	**Snowboarding**	**Skifahren**	**Summe**
Kinder	10	10	5	25
Teens	5	30	10	45
Erwachsene	0	25	55	80
Summe	15	65	70	150

Lösung
Bestimme P (Skifahren | Teen) mithilfe der Zahlen in der Zeile Teens:

Teens, die lieber Ski fahren

$$P\,(\textbf{Skifahren} \mid \textbf{Teen}) = \frac{10}{45} = \frac{2}{9}$$

Alle Teens

Venn-Diagramme

Venn-Diagramme bestehen aus (überlappenden) Kreisen und stellen Mengen dar. Jeder Kreis steht für eine Menge und das Rechteck steht für die Grundgesamtheit (Grundmenge). Venn-Diagramme für Häufigkeiten werden für die Veranschaulichung und Berechnung von Wahrscheinlichkeiten eingesetzt.

So werden Venn-Diagramme eingesetzt

Dieses Venn-Diagramm zeigt, wie viel Kinder aus einer Klasse mit insgesamt 40 Kindern Tennis und wie viel Fußball spielen. Die Kreise überschneiden sich, weil einige Kinder beide Sportarten betreiben. Die Zahlen stehen für die Häufigkeiten: Sie geben an, wie viel Kinder es in jeder Kategorie gibt. Mit diesen Zahlen kann man Wahrscheinlichkeiten berechnen. Beispielsweise liegt die Wahrscheinlichkeit dafür, dass ein zufällig ausgewähltes Kind der Klasse Fußball spielt, bei $16/40 = 2/5$.

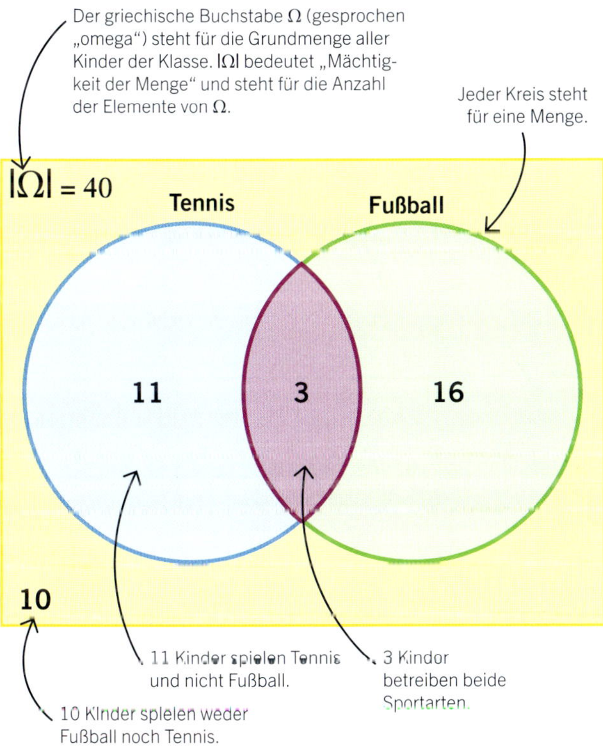

Auf einen Blick

- ✓ **In Venn-Diagrammen werden Mengen und Schnittmengen durch (überlappende) Kreise dargestellt.**
- ✓ **Man kann mithilfe von Venn-Diagrammen Wahrscheinlichkeiten darstellen und berechnen.**

Mengenschreibweise

Für die Mengenschreibweise gibt es besondere Symbole. Werden die Elemente einer Menge aufgelistet, so stehen sie in geschweiften Klammern. Wenn beispielsweise A die Menge aller ungeraden natürlichen Zahlen zwischen 0 und 10 ist, schreiben wir $A = \{1, 3, 5, 7, 9\}$. A enthält 5 Elemente, ihre Mächtigkeit ist 5 und wir schreiben: $|A| = 5$. Die folgenden Bilder erklären die Bedeutung weiterer Symbole der Mengenschreibweise.

A' (die Komplementärmenge zu A) ist alles innerhalb der Grundmenge und außerhalb von A.

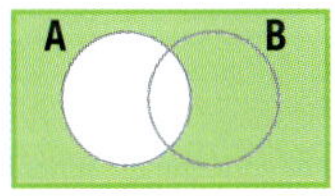

$A \cap B$ (Schnittmenge von A und B) ist alles in dem Bereich, in dem A und B überlappen.

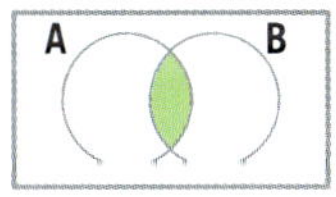

$A \cup B$ (Vereinigungsmenge von A und B) ist alles, was in beiden Mengen enthalten ist.

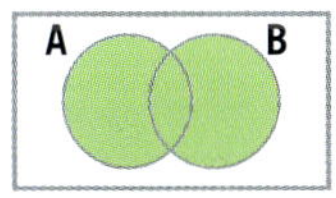

$A \subset B$ bedeutet, dass A eine Teilmenge von B ist.

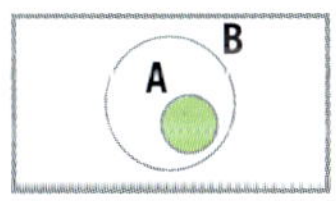

$A \cap B'$ ist die Schnittmenge aus A und der Komplementärmenge zu B (alles innerhalb von A, aber nicht in B).

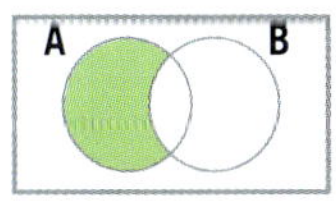

Ω steht für alles, was im Rechteck enthalten ist, also für die Grundmenge.

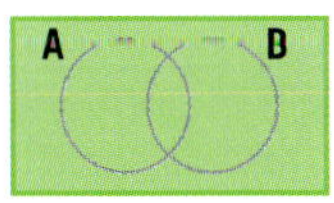

Venn-Diagramme und Wahrscheinlichkeit

Wie wahrscheinlich ist es, dass ein Katzenbesitzer auch einen Hund besitzt? Bedingte Wahrscheinlichkeiten wie diese können häufig mithilfe eines Venn-Diagramms ermittelt werden. Venn-Diagramme bestehen aus Kreisen, die sich überschneiden und jeweils eine Menge darstellen.

Bedingte Wahrscheinlichkeit
Bei einer Umfrage wurden 100 Personen befragt, ob sie eine Katze oder einen Hund besitzen. Das Venn-Diagramm zeigt die Ergebnisse der Umfrage. Wie wahrscheinlich ist es, dass ein zufällig ausgewählter Katzenbesitzer auch einen Hund hat?

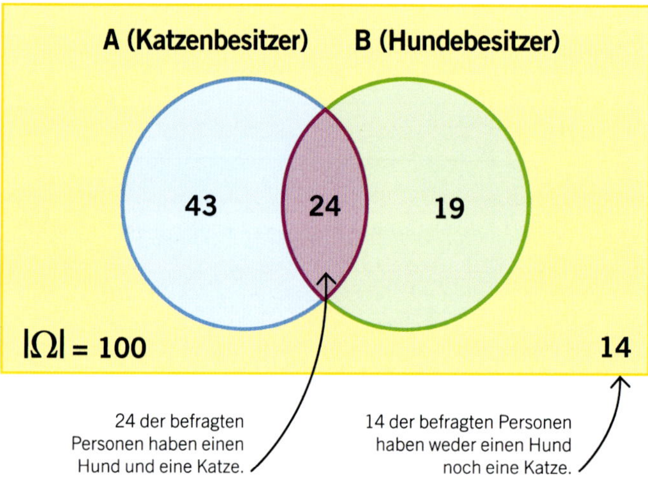

1. Hier geht es um eine bedingte Wahrscheinlichkeit, denn es wird vorausgesetzt, dass die Person eine Katze besitzt. Zuerst bestimmt man die Anzahl der Personen, die eine Katze besitzen: |A| (die Mächtigkeit von A).

$$|A| = 43 + 24$$
$$= 67$$

2. Dies ist der Nenner in unserem Bruch, der die Wahrscheinlichkeit angibt. Der Zähler ist die Zahl der Personen, die beides besitzen.

$$P(B \mid A) = \frac{24}{67}$$

Die senkrechte Linie bedeutet „unter der Voraussetzung".

Auf einen Blick

- ✓ **Aufgaben zur bedingten Wahrscheinlichkeit kann man häufig mit einem Venn-Diagramm lösen.**
- ✓ **Ein Venn-Diagramm besteht aus sich überschneidenden Kreisen, die Mengen repräsentieren.**

Wahrscheinlichkeit berechnen

Aufgabe
Wie groß ist die Wahrscheinlichkeit, dass eine zufällig gewählte Person, die keine Katze besitzt, einen Hund besitzt?

Lösung
1. Bestimme zuerst die Anzahl der Personen, die keine Katze besitzen |A′|:

$$|A'| = 19 + 14$$
$$= 33$$

Addiere die Werte in der pinkfarbenen Fläche.

2. Dies ist der Nenner des Wahrscheinlichkeitsbruchs. Der Zähler ist die Anzahl der Personen, die einen Hund, aber keine Katze besitzen (19).

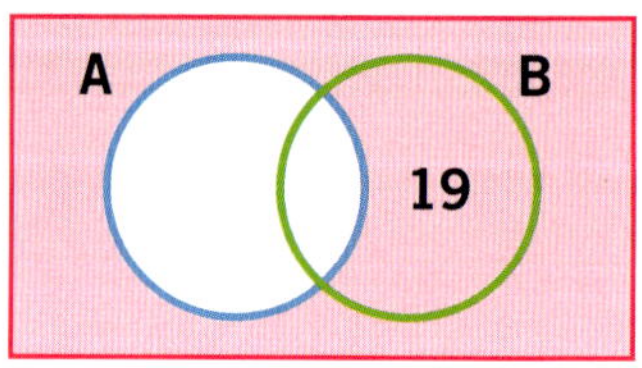

$$P(B \mid A') = \frac{19}{33}$$

Relative Häufigkeit

Der sechsseitige Kreisel unten wird gedreht, aber er ist schief und vielleicht nicht fair. Daher könnte es sein, dass die Wahrscheinlichkeit nicht für jede der Farben genau ⅙ beträgt. Du kannst in einem solchen Fall die Wahrscheinlichkeit abschätzen, indem du sehr viele einzelne Versuche durchführst. Der aus den Versuchen erhaltene Schätzwert heißt relative Häufigkeit.

Zufallsexperiment

Um die relative Häufigkeit für jede Farbe zu ermitteln, musst du den Kreisel viele Male drehen und für jede Farbe aufschreiben, wie oft sie „fällt". Jede einzelne Drehung ist ein Versuch, das Ganze ist ein Experiment. Je mehr Versuche du durchführst, desto besser wird deine Näherung. Die Anzahl, die du für jede Farbe ermittelst, ist die absolute Häufigkeit. Die relative Häufigkeit ist der Quotient aus der absoluten Häufigkeit und der Zahl der Versuche.

$$\text{Relative Häufigkeit} = \frac{\text{Absolute Häufigkeit}}{\text{Anzahl der Versuche}}$$

Die Tabelle zeigt die Ergebnisse, die du bei 200 Versuchen erhalten haben könntest. Blau kommt wesentlich häufiger vor als die anderen Farben. Also ist der Kreisel wahrscheinlich gezinkt. Je mehr Versuche du durchführst, desto zuverlässiger ist dein Versuchsergebnis.

Ergebnis	Absolute Häufigkeit	Relative Häufigkeit
Lila	46	46 : 200 = 0,23
Orange	20	20 : 200 = 0,10
Gelb	22	22 : 200 = 0,11
Rot	42	42 : 200 = 0,21
Blau	60	60 : 200 = 0,30
Grün	10	10 : 200 = 0,05
Summe	200	1

Die Häufigkeit gibt an, wie oft etwas passiert.

Blau fällt häufiger als alle anderen Farben.

Auf einen Blick

- ✓ Relative Häufigkeit = Absolute Häufigkeit dividiert durch die Gesamtzahl der Versuche
- ✓ Je größer die Anzahl der Versuche, desto genauer stimmen relative Häufigkeit und Wahrscheinlichkeit überein (Gesetz der großen Zahlen).
- ✓ Erwartete Häufigkeit = Relative Häufigkeit mal Anzahl der Versuche

Erwartete Häufigkeit

Was erwartest du, wie oft Blau fällt, wenn du den gezinkten Kreisel 60-mal drehst? Wenn du die relative Häufigkeit kennst, kannst du damit die erwartete Häufigkeit für eine gegebene Anzahl von Versuchen bestimmen:

$$\text{Erwartete Häufigkeit} = \text{Relative Häufigkeit} \cdot \text{Anzahl der Versuche}$$

Bei 60 Versuchen:

$$\text{Erwartete Häufigkeit} = 0{,}30 \cdot 60 = 18$$

Wäre der Kreisel fair und nicht gezinkt, wäre die Wahrscheinlichkeit für Blau gleich ⅙ und die erwartete Häufigkeit wäre niedriger:

$$\text{Erwartete Häufigkeit} = \frac{1}{6} \cdot 60 = 10$$

Denke daran: Dies ist nur eine Schätzung – du erhältst nicht immer genau 10-mal Blau.

Häufigkeitsbäume

Mithilfe von Häufigkeitsbäumen kann man Daten in eindeutige Kategorien unterteilen. Sie sehen aus wie die Baumdiagramme zur Berechnung von Wahrscheinlichkeiten (s. S. 214), aber sie stellen keine Wahrscheinlichkeiten, sondern Häufigkeiten dar. Wenn alle Felder vollständig ausgefüllt sind, kann man mit ihnen Wahrscheinlichkeiten berechnen.

Auf einen Blick

- ✓ **Mithilfe von Häufigkeitsbäumen kann man Daten in Kategorien ordnen.**
- ✓ **Häufigkeitsbäume zeigen Häufigkeiten, keine Wahrscheinlichkeiten.**
- ✓ **Mithilfe von Häufigkeitsbäumen kann man Wahrscheinlichkeiten berechnen.**

Einen Häufigkeitsbaum ausfüllen
Bei einer Umfrage unter 120 Schülern wurde erhoben, ob sie ein Laptop oder ein Tablet besitzen (alle Schüler der Schule haben genau eines von beiden) und inwieweit dies vom Alter abhängt. 70 der Befragten sind jünger als 15 Jahre. Von den Befragten, die 15 Jahre oder älter sind, gaben 11 an, dass sie ein Tablet haben. Insgesamt haben 67 der Befragten ein Laptop. Wie viel Schüler unter 15 Jahren haben Tablets?

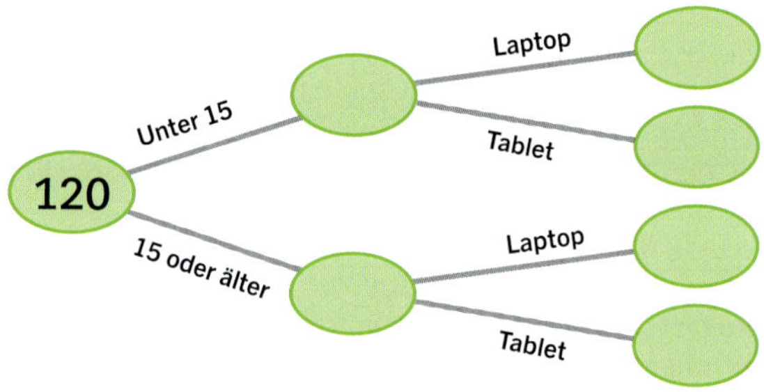

1. Fülle zuerst die Häufigkeiten für die beiden Altersgruppen aus.

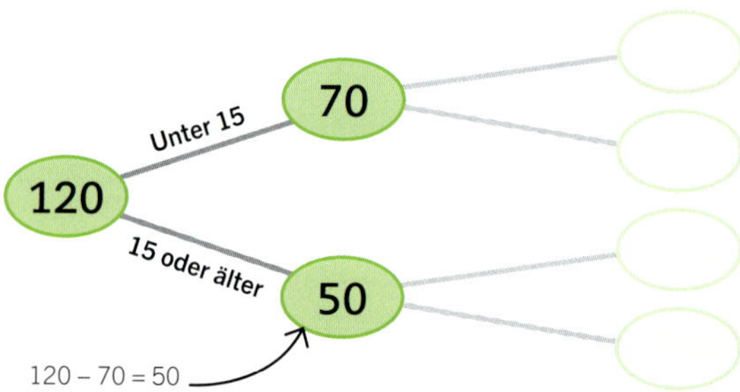

2. Fülle dann den Zweig für die ältere Gruppe aus.

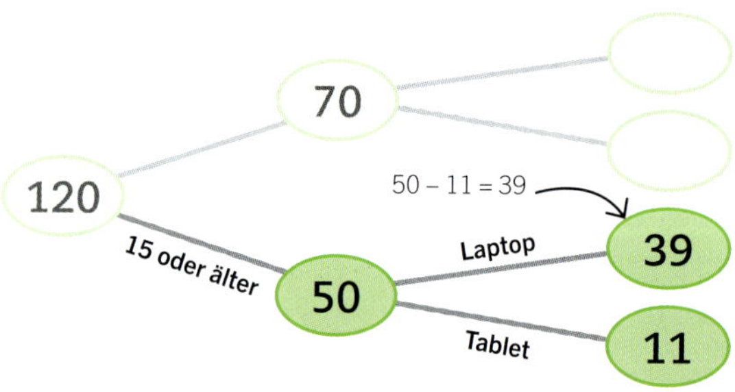

3. Insgesamt gibt es 67 Laptops. Rechne aus, wie viel der jüngeren Schüler ein Laptop haben.

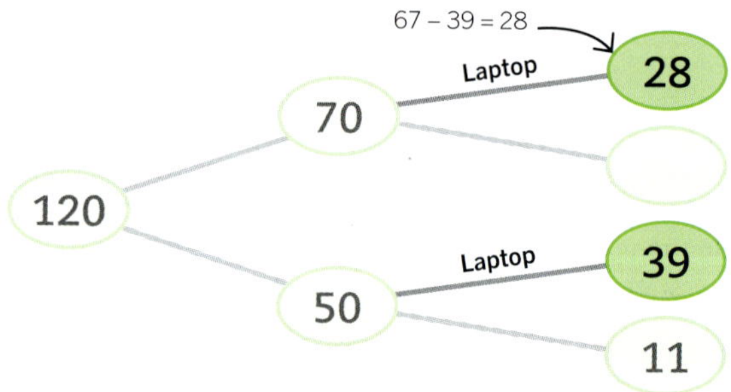

4. Die letzte Zahl kannst du per Subtraktion errechnen: 42 Schüler unter 15 Jahren haben Tablets.

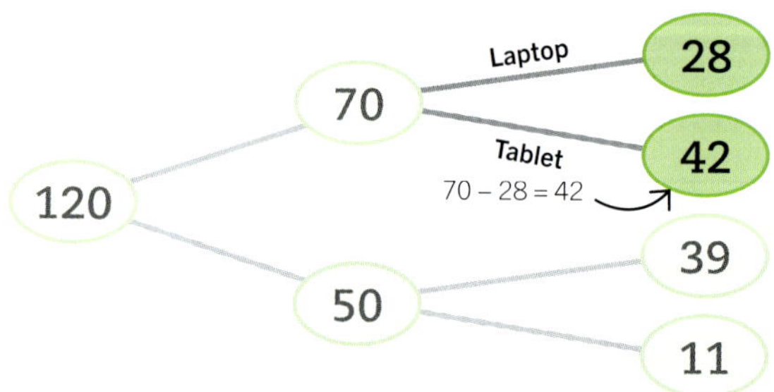

Wahrscheinlichkeitsverteilungen

Eine Wahrscheinlichkeitsverteilung ist eine mathematische Funktion, die jedem möglichen Ergebnis die Wahrscheinlichkeit für sein Eintreten zuordnet, wie beim Würfelwurf oder beim Münzwurf. Wahrscheinlichkeitsverteilungen werden oft in Form von Säulendiagrammen, Graphen oder Tabellen dargestellt.

Auf einen Blick

- ✓ Eine Wahrscheinlichkeitsverteilung ist eine mathematische Funktion, die jedem möglichen Ergebnis die Wahrscheinlichkeit für sein Auftreten zuordnet.
- ✓ Bei einer Gleichverteilung hat jedes Ergebnis dieselbe Eintrittswahrscheinlichkeit.
- ✓ Die Binomialverteilung beschreibt die Anzahl der Erfolge bei Experimenten, deren Einzelversuche jeweils genau zwei unvereinbare Ergebnisse haben.

Gleichverteilung

Wenn man einen Würfel einmal wirft, ist die Wahrscheinlichkeit für das Erscheinen jeder Zahl gleich groß: $\frac{1}{6}$. Dies lässt sich in einem Säulendiagramm darstellen. Ergebnisse werden an der x-Achse, Wahrscheinlichkeiten an der y-Achse abgetragen. Da jedes Ergebnis gleich wahrscheinlich ist, erhalten wir ein rechteckiges Diagramm. Diese Art der Verteilung heißt Gleichverteilung.

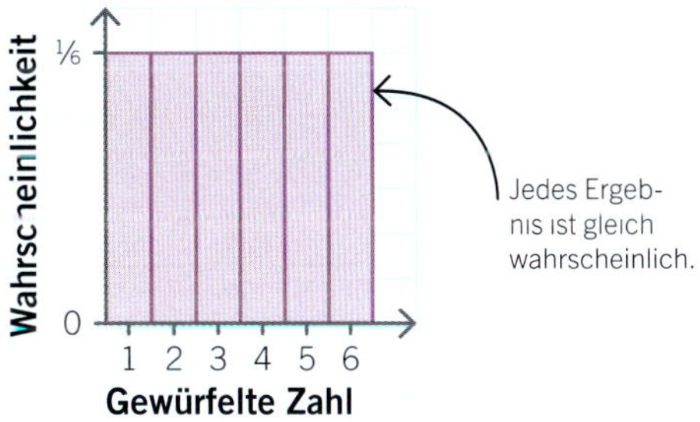

Symmetrische Verteilung

Wenn man zwei Würfel wirft, werden ihre Ergebnisse addiert. Es gibt nur eine Möglichkeit, eine Zwölf (zwei Sechser) zu werfen, aber sechs Möglichkeiten, eine Sieben zu werfen: $1 + 6$; $2 + 5$; $3 + 4$; $4 + 3$; $5 + 2$; $6 + 1$. Daher variieren die Wahrscheinlichkeiten für die unterschiedlichen Ergebnisse (die unterschiedlichen Summen). In einem Säulendiagramm ergibt sich eine symmetrische Darstellung der Verteilung.

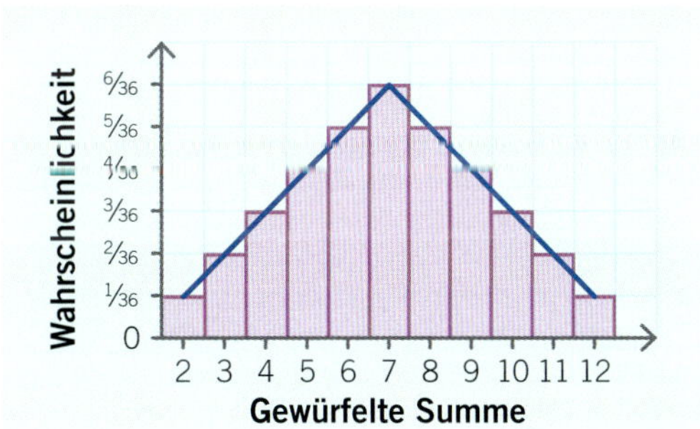

Binomialverteilung

Wenn man 10-mal eine Münze wirft, wie groß ist die Wahrscheinlichkeit, 10-mal Kopf zu werfen? Wie groß ist die Wahrscheinlichkeit für 5-mal Kopf? Für diese Wahrscheinlichkeiten ergibt sich ein Bild, das Binomialverteilung genannt wird: eine Kurve, die an- und wieder absteigt. Die Binomialverteilung beschreibt die Anzahl der Erfolge bei Experimenten, deren Einzelversuche jeweils genau zwei unvereinbare Ergebnisse haben (Ergebnisse, die nicht zugleich auftreten können).

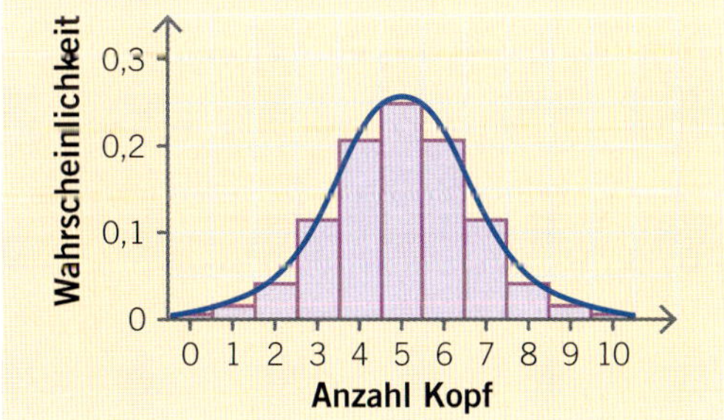

Statistik

Statistische Erhebungen

Statistik ist der Bereich der Mathematik, in dem Daten erhoben und Untersuchungen durchgeführt werden. Die Daten werden dann analysiert, um bestimmte Vermutungen (Hypothesen) zu einem bestimmten Sachverhalt entweder zu stützen oder zu verwerfen.

Auf einen Blick

- ✓ **Bei einer statistischen Erhebung werden Daten gesammelt, um eine Hypothese zu überprüfen.**
- ✓ **Für unterschiedliche Fragestellungen verwendet man unterschiedliche Erhebungsmethoden.**
- ✓ **Die Daten werden meist in einer visuellen Darstellung präsentiert.**

1. Hypothese aufstellen
Am Beginn steht eine bestimmte Beobachtung/Wahrnehmung. Sie führt zu einer Vermutung, die den beobachteten Sachverhalt erklären könnte.

Eine mögliche Hypothese: Schüler in der 11. Klasse verbringen mehr Zeit in der Bibliothek als die der 10. Klasse.

2. Daten erheben
Im nächsten Schritt muss man planen, welche Art von Daten man benötigt, um die Hypothese zu erforschen, und wie man sie passend erheben kann.

Wir sammeln Daten, indem wir beobachten, wie viel Schüler wie lang in der Bibliothek sitzen.

3. Daten präsentieren
Dann wählt man eine geeignete Präsentationsmethode (z. B. ein Diagramm) für die Daten aus und analysiert sie mit statistischen Auswertungsmethoden. Hier kann man z. B. den Mittelwert bilden.

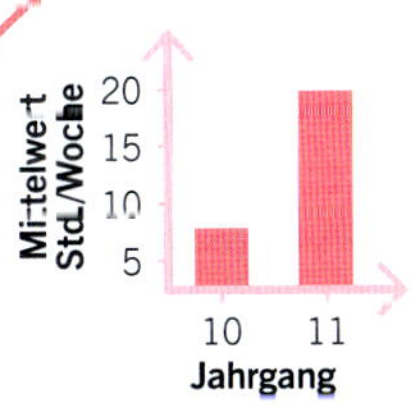

Wir stellen die Daten in einem Diagramm dar.

4. Ergebnisse interpretieren
Man wertet die Daten aus und überlegt, was die Ergebnisse in Bezug auf die Hypothese bedeuten. Daraus schließt man am Ende, ob die Hypothese bestätigt wird oder nicht.

Wir haben die Hypothese bestätigt: Die Schüler der 11. Klasse verbringen tatsächlich mehr Zeit in der Bibliothek.

Manchmal wirft die Hypothese neue Fragen auf, die untersucht werden sollten, und dann beginnt der Prozess erneut.

Datentypen

Unterschiedliche Datentypen werden unterschiedlich gesammelt und präsentiert, je nachdem, um welche Art von Daten es sich handelt. Die erfassten Daten zu einer konkreten Fragestellung oder Hypothese bilden eine Datenmenge.

Auf einen Blick

- ✓ Primäre Daten wurden speziell erhoben, um eine Hypothese zu prüfen. Sekundäre Daten wurden ursprünglich zu einem anderen Zweck erhoben.
- ✓ Quantitative Daten liegen in Zahlenform vor. Qualitative Daten liegen z. B. in Wortform vor.
- ✓ Kontinuierliche Daten sind stufenlos veränderbar, sie können jeden Wert innerhalb eines Bereichs annehmen. Diskrete Daten können nur einzelne Werte in einem bestimmten Bereich annehmen.

Primäre Daten
Daten, die speziell für eine bestimmte Fragestellung erhoben wurden, heißen Primärdaten.

Primärdaten werden häufig in einer Umfrage gesammelt.

Sekundäre Daten
Daten, die ursprünglich zu einem anderen Zweck erhoben wurden, aber nun zur Beantwortung der neuen Fragestellung herangezogen werden, heißen sekundäre Daten.

Daten aus früheren Volkszählungen werden häufig verwendet, um statistische Fragestellungen zu untersuchen.

Quantitative Daten
Daten, die in Form von Zahlen angegeben werden, heißen quantitative Daten. Diese können diskret (getrennte Einzelwerte) oder kontinuierlich (stufenlos veränderbar) sein.

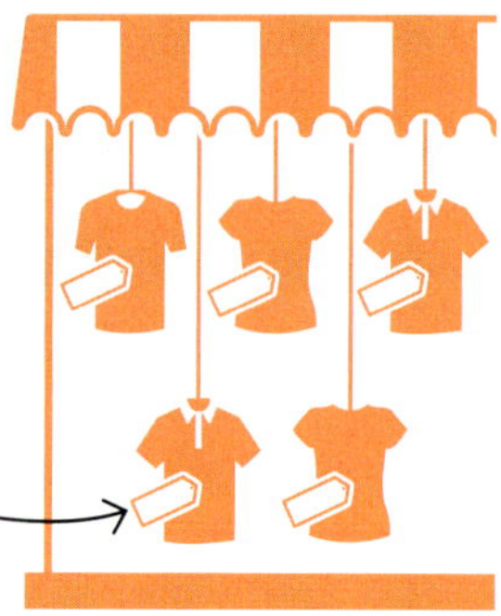

Die Preise auf den Preisschildern in einem Geschäft können eine quantitative Datenmenge bilden.

Kontinuierliche Daten
Quantitative kontinuierliche Daten können in einem bestimmten Bereich alle Werte annehmen.

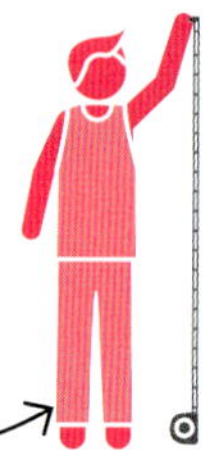

Die Größe eines Menschen kann (innerhalb eines bestimmten Bereichs) jeden Zwischenwert annehmen.

Diskrete Daten
Diskrete Daten können nur bestimmte, exakte Werte haben.

Die Anzahl der Schüler in einem Klassenzimmer ist ein diskreter Wert.

Qualitative Daten
Nicht-numerische Daten heißen qualitative Daten. Sie liegen meist in Wortform vor. Man nennt sie auch kategorische Daten, weil sie in Gruppen (Kategorien) unterteilt werden können.

Die unterschiedlichen Farben von Fahrrädern können eine qualitative Datenmenge bilden.

Populationen und Stichproben

In der Statistik ist eine Population (Grundgesamtheit) die Menge aller Dinge oder Personen, über die Daten gesammelt werden sollen. Meist kann man nicht die gesamte Population untersuchen, daher nimmt man Stichproben. Aus den Daten, die man über die Stichproben gewinnt, zieht man dann Rückschlüsse auf die gesamte Population.

Auf einen Blick

- **Eine Population ist die Menge oder Gruppe aller Dinge, über die eine Aussage gemacht werden soll.**
- **Eine Stichprobe ist die Teilmenge der Population, über die man tatsächlich Daten erhebt.**
- **Für die Auswahl der Stichprobe gibt es unterschiedliche Methoden.**
- **Wenn eine Stichprobe nicht repräsentativ für die Population ist, können manchmal auch falsche Rückschlüsse gezogen werden.**

Auswahlverfahren für Stichproben

Es gibt verschiedene Verfahren, mit denen einzelne Dinge oder Personen für eine Stichprobe aus der Population ausgewählt werden. Je besser das Auswahlverfahren, desto zuverlässiger und aussagekräftiger ist das Ergebnis.

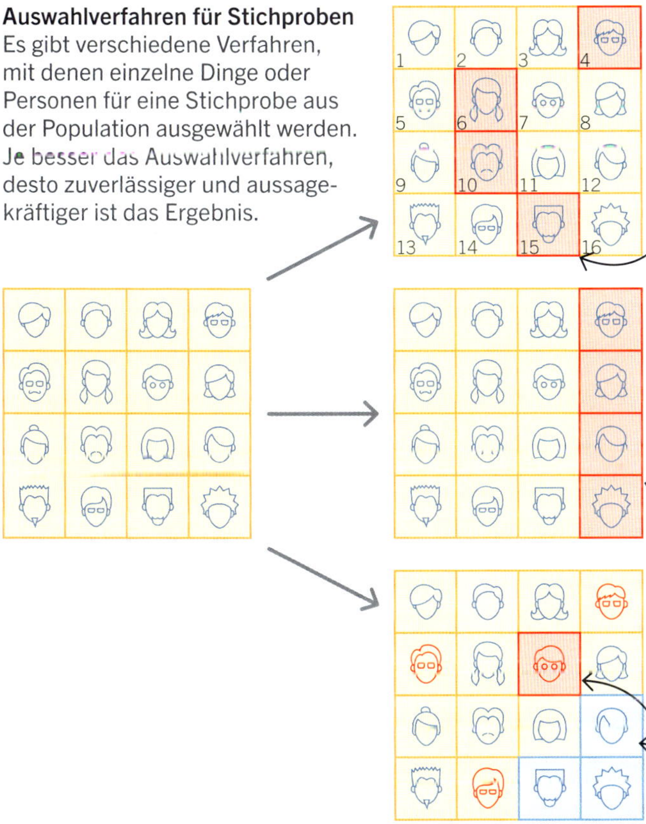

Zufallsauswahl
Wenn man die Individuen einer Population durchnummeriert, kann man sie mithilfe eines Zufallszahlengenerators auswählen. Die meisten Taschenrechner besitzen eine entsprechende Taste.

Die Stichprobe besteht aus Schülerinnen und Schülern, deren Nummer zufällig ausgewählt wurde.

Systematische (bewusste) Auswahl
Bei einer systematischen Auswahl werden Informationen, die über die Einzelpersonen bereits bekannt sind, als Auswahlkriterium verwendet. Eine weitere Möglichkeit ist, dass man sie nach einem bestimmten Muster auswählt.

Jede vierte Person wird gewählt.

Quotenauswahl
Die Population wird anhand bestimmter Merkmale in Gruppen unterteilt. Dann wird eine proportional entsprechend große Stichprobe aus jeder Gruppe gewählt. Mit diesem Verfahren versucht man, die Stichprobe so repräsentativ wie möglich zu gestalten.

Die Personen werden in Brillenträger und Nicht-Brillenträger unterteilt. Dann wird aus beiden Gruppen ein entsprechend großer Anteil gewählt.

Grenzen der Auswahlverfahren

Wenn eine bestimmte Gruppe der Population in einer Stichprobe über- oder unterrepräsentiert ist, ist die Stichprobe verzerrt. Dies kann bei der Zufallsauswahl passieren, weil Einzelne mit bestimmten Merkmalen häufiger vorkommen könnten als andere. Eine sehr kleine Stichprobengröße ist ebenfalls oft nicht repräsentativ genug.

Holt man Fische aus einem Teich direkt von der Oberfläche, kann es sein, dass man mehr große als kleine Fische sammelt, weil die Kleinen weiter unten schwimmen.

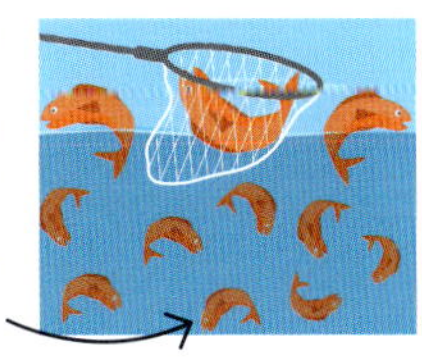

Häufigkeitstabellen

Wenn man feststellen will, wie häufig bestimmte Werte in einer Datenmenge vorkommen, werden die Daten oft in Häufigkeitstabellen erfasst.

Auf einen Blick

- ✓ **Häufigkeitstabellen werden bei der Datenerhebung eingesetzt, um die Daten zu ordnen.**
- ✓ **Die Häufigkeit gibt an, wie oft ein Ereignis eintritt oder wie oft ein Wert in einer Datenmenge vorkommt.**
- ✓ **Gruppierte Häufigkeitstabellen zeigen die Daten in Gruppen oder Klassen.**

Auszählung in einer Tabelle

Eine Firma will Fahrradzubehör herstellen, das zu den beliebtesten Fahrradfarben passt. Daher werden einen Tag lang die Farben aller vorbeifahrenden Fahrräder notiert. Nach dieser Datensammlung müssen die Daten geordnet werden. Man listet die unterschiedlichen Kategorien (hier Farben) auf und trägt zunächst für jedes Vorkommen einen Strich in eine Strichliste ein. Die Summe der Striche wird dann in einer weiteren Spalte addiert.

Es ist schwierig, hier ein Muster oder eine Häufigkeit zu erkennen. Diese Liste heißt Urliste.

Lila, Schwarz, Rot, Grün,
Lila, Grün, Lila, Lila,
Grün, Schwarz, Grün, Blau, Rot,
Schwarz, Lila, Grün, Grün

Jedes Vorkommen wird in der Strichliste erfasst.

Jeder fünfte Strich ist diagonal, denn so kann man sie besser addieren.

Farbe	Strichliste	Häufigkeit
Lila	𝍸	5
Schwarz	III	3
Rot	II	2
Grün	𝍸 I	6
Blau	I	1

Ist die Strichliste komplett, kann man die Häufigkeiten eintragen.

Jetzt sind die Daten organisiert und man kann die häufigste Farbe leicht erkennen.

Gruppierte Häufigkeitstabelle

Oft ist es sinnvoll, Daten in Gruppen oder Kategorien einzuordnen, bevor man eine Häufigkeitstabelle aufstellt. Das gilt vor allem für kontinuierliche Daten wie die Ergebnisse eines 100-m-Laufs bei den Bundesjugendspielen. Zuerst müssen die Kategorien festgelegt werden, in die man die Rohdaten einteilen will. Diese Kategorien heißen Klassen und die Tabelle ist eine gruppierte Häufigkeitstabelle.

12,34; 14,29; 13,78; 14,06;
14,73; 15,08; 13,21; 13,46;
12,81; 11,25; 15,51; 13,1; 13,95

Diese Liste mit Rohdaten gibt die Laufzeiten in Sekunden an.

Hier bieten sich Intervalle von einer Sekunde an.

Alle Laufzeiten werden einer Kategorie zugeordnet.

Die Ungleichheitszeichen (s. S. 154) sorgen dafür, dass alle Daten in einem bestimmten Bereich berücksichtigt werden.

Zeit, t, Sekunden	Strichliste	Häufigkeit
$11 < t \le 12$	I	1
$12 < t \le 13$	II	2
$13 < t \le 14$	𝍸	5
$14 < t \le 15$	III	3
$15 < t \le 16$	II	2

Säulen-diagrammme

In Säulendiagrammen werden die Häufigkeiten der einzelnen Klassen durch die Längen der verschiedenen Säulen dargestellt.

Auf einen Blick

- ✓ Die Häufigkeiten in einer Datengruppe lassen sich visuell z. B. in Säulendiagrammen darstellen.
- ✓ Farben sowie benachbarte oder geteilte Säulen können zusätzliche Aspekte verdeutlichen.
- ✓ Das Säulendiagramm sollte so gestaltet werden, dass es gut zu den betrachteten Daten passt.

Visuelle Präsentation von Häufigkeiten

In einem einfachen Säulendiagramm wird die Häufigkeit meist an der y-Achse abgetragen und die Kategorien entlang der x-Achse. Die Tabelle unten zeigt den Wochenumsatz eines Cafés mit einigen Produkten.

Produkt	Umsatz (€)
Heiße Getränke	1265
Kalte Getränke	399
Wraps	729
Kuchen	682

Einfaches Säulendiagramm
In diesem Säulendiagramm werden die Daten farblich in die zwei Gruppen „Essen“ und „Trinken“ unterteilt. Die Säulen berühren sich nicht.

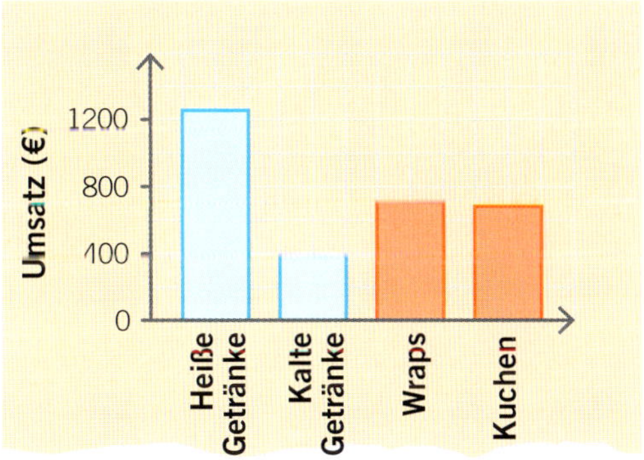

Unterschiedliche Säulendiagramme

Man kann weitere Informationen aus einer Datenmenge in ein Säulendiagramm einfließen lassen. In der Tabelle unten werden die Einnahmen zusätzlich in die Untergruppen Bar- oder Kartenzahlung eingeteilt.

Artikel	Bargeld (€)	Karte (€)	Summe (€)
Heiße Getränke	450	815	1265
Kalte Getränke	101	298	399
Wraps	242	487	729
Kuchen	263	419	682

Gestapeltes Säulendiagramm
In einem gestapelten Säulendiagramm werden mehrere Untergruppen der Daten in einem Balken dargestellt. Die Datengruppen werden farblich unterschieden. Die Legende gibt an, was die Farben bedeuten.

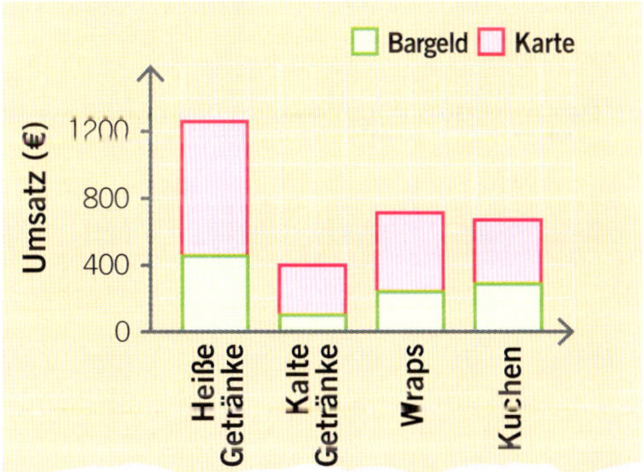

Gruppiertes Säulendiagramm
Im gruppierten Säulendiagramm werden die Untergruppen in Säulen nebeneinander dargestellt. So lassen sich die Häufigkeiten gut vergleichen.

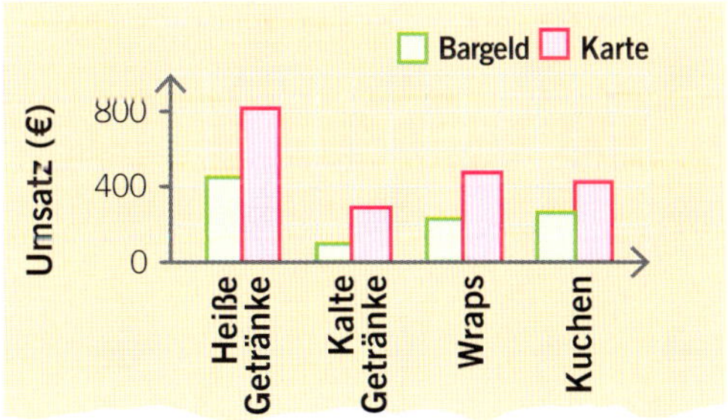

Piktogramme

Piktogramme stellen, ebenso wie Säulendiagramme, Häufigkeiten dar. Anstelle der Achsen und Säulen werden hier aber kleine Bilder verwendet.

> **Auf einen Blick**
>
> ✓ Piktogramme sind wie Säulendiagramme eine Möglichkeit, Daten visuell zu präsentieren.
>
> ✓ Die kleinen Bilder/Symbole stehen für bestimmte Häufigkeiten.
>
> ✓ Die Legende ist wichtig, da man sonst nicht erkennt, welchen Wert ein einzelnes Symbol darstellt.

Sonnentage
Eine Meteorologin hat über sechs Monate hinweg die regenfreien Tage an ihrem Heimatort aufgezeichnet. Die Ergebnisse hat sie danach in der hier gezeigten Häufigkeitstabelle und dem Piktogramm dargestellt.

Monat	Regenfreie Tage
Januar	13
Februar	6
März	10
April	20
Mai	13
Juni	10

Zuerst werden die Daten wieder in einer Häufigkeitstabelle notiert.

Legende

Die Legende ist sehr wichtig, denn ohne sie wird nicht deutlich, was ein Symbol bedeutet.

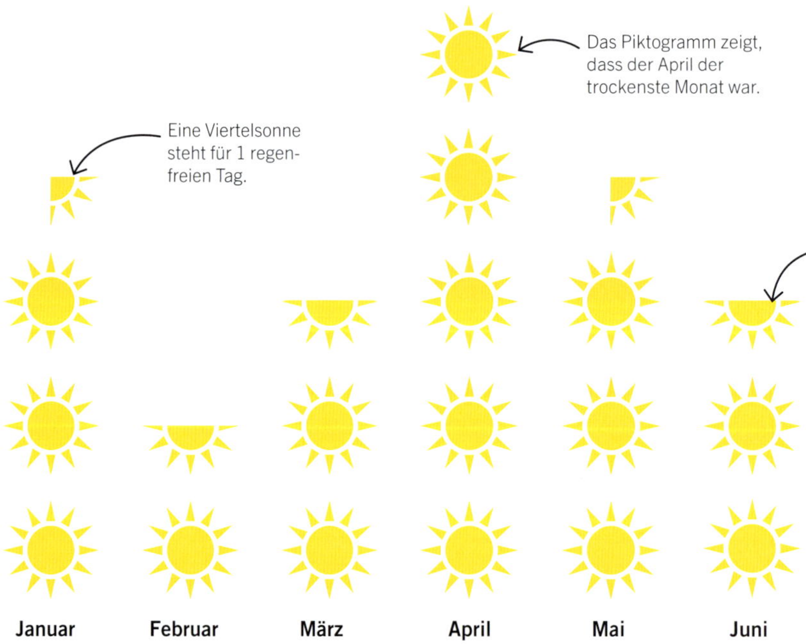

Das Piktogramm zeigt, dass der April der trockenste Monat war.

Eine Viertelsonne steht für 1 regenfreien Tag.

Die regenfreien Tage kannst du so ausrechnen: Im Juni gab es 4 + 4 + 2 = 10 regenfreie Tage.

Liniendiagramme

In ein Liniendiagramm werden die Daten zunächst als einzelne Punkte eingetragen und anschließend durch gerade Linien verbunden. Sie eignen sich gut für Daten, die über einen gewissen Zeitraum beobachtet wurden, und werden daher meist für kontinuierliche Daten verwendet (s. S. 224).

Auf einen Blick

- ✓ Liniendiagramme eignen sich gut für Daten, die über einen Zeitraum variieren.
- ✓ Die gemessenen Punkte werden durch gerade Linien verbunden.
- ✓ Zwei Datenmengen lassen sich gut vergleichen, indem man zwei Liniendiagramme in ein System zeichnet.

Liniendiagramme interpretieren
Die erhobenen Daten werden meist entlang der y-Achse abgetragen, denn dann kann man die Unterschiede gut am Höhenverlauf der Linie ablesen. Der Graph unten zeigt den Temperaturverlauf um 6 Uhr morgens in Irgendwostadt.

Tag	Temperatur (°C)
Mo	1
Di	5
Mi	2
Do	–5
Fr	2
Sa	1
So	2

Die Temperatur wird einmal pro Tag zu einer bestimmten Uhrzeit gemessen.

Die gemessenen Werte werden mit kleinen Kreuzchen im Koordinatensystem markiert.

Die Punkte werden durch gerade Linien verbunden, denn wir setzen voraus, dass die Temperatur gleichmäßig ansteigt oder fällt.

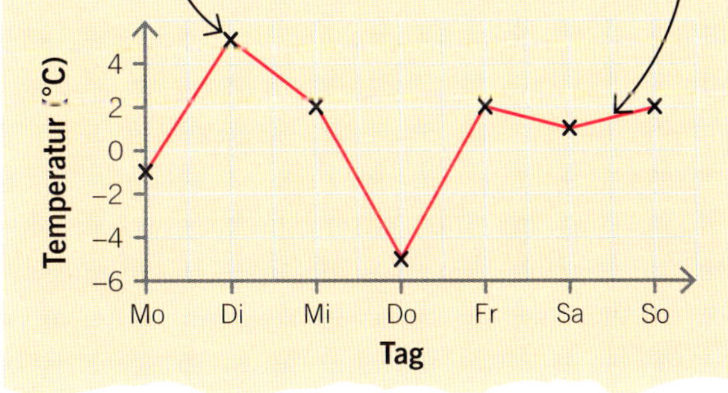

Doppeltes Liniendiagramm
Liniendiagramme sind besonders dann sinnvoll, wenn es um Datenmengen geht, die über einen längeren Zeitraum beobachtet werden. Das unten dargestellte Liniendiagramm zeigt die unterschiedlichen Wachstumsverläufe zweier Geschwister.

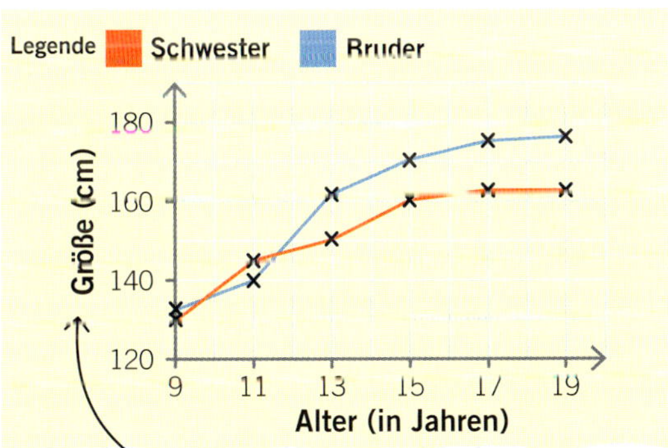

Die beobachteten Daten beider Geschwister werden an der y-Achse abgetragen.

Keine Linien für diskrete Daten

Für diskrete Daten sollte man keine Liniendiagramme verwenden. Für die Daten, die im Café erhoben wurden (s. S. 227), wäre ein Liniendiagramm beispielsweise irreführend, weil die Werte zwischen den einzelnen Punkten keine Bedeutung haben.

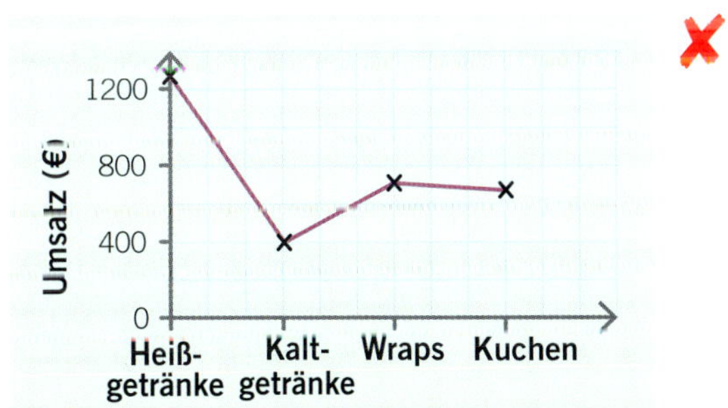

Tortendiagramme

Ein Tortendiagramm zeigt Häufigkeiten als Anteile von einem Ganzen. Die Größen der Winkel – und damit der Tortenstücke – zeigen, wie groß der Anteil jeder einzelnen Kategorie an der Gesamtmenge der erhobenen Daten ist.

Auf einen Blick

- ✓ **Tortendiagramme zeigen die Proportionen der einzelnen Kategorien.**
- ✓ **Um den Winkel für jeden Sektor zu finden, wird die jeweilige Häufigkeit durch die Anzahl aller gemessenen Werte dividiert und dann mit 360° multipliziert.**

Ein Tortendiagramm zeichnen

Die Daten werden in einer Häufigkeitstabelle zusammengetragen und die einzelnen Häufigkeiten werden addiert, um die Gesamtzahl der Daten zu erhalten. Die Winkelgrößen für das Tortendiagramm erhält man, indem man die Häufigkeit jeder einzelnen Kategorie (jedes Kuchenstücks) durch die Gesamtzahl der Daten dividiert und das Ergebnis mit 360° multipliziert.

2. Schreibe jeden Häufigkeitswert in den Zähler eines Bruchs, dessen Nenner die Summe der verkauften Kuchen ist. So erhältst du die Anteile der einzelnen verkauften Kuchenarten an der Gesamtzahl der verkauften Kuchen.

3. Ein ganzer Kreis hat 360°. Multipliziere daher jeden Bruch mit 360°, um die Winkelgröße der jeweiligen Kuchenart zu bestimmen.

Art	Häufigkeit	Anteil als Bruch	Winkelgröße in Grad (°)
Biskuitkuchen	9	$\frac{9}{30}$	$\frac{9}{30} \cdot 360° =$ **108°**
Karottenkuchen	3	$\frac{3}{30}$	$\frac{3}{30} \cdot 360° =$ **36°**
Rotweinkuchen	2	$\frac{2}{30}$	$\frac{2}{30} \cdot 360° =$ **24°**
Schokoladenkuchen	11	$\frac{11}{30}$	$\frac{11}{30} \cdot 360° =$ **132°**
Obstkuchen	5	$\frac{5}{30}$	$\frac{5}{30} \cdot 360° =$ **60°**
Summe	30	1	**360°**

1. Wenn du die Zahlen der Häufigkeitsspalte addierst, erhältst du die Gesamtzahl der verkauften Kuchen (30).

4. Alle Winkel zusammen müssen 360° ergeben.

5. Zeichne nun das Tortendiagramm, indem du mit dem Zirkel einen Kreis zeichnest und den ersten Radius mit der Linealkante des Geodreiecks einzeichnest.

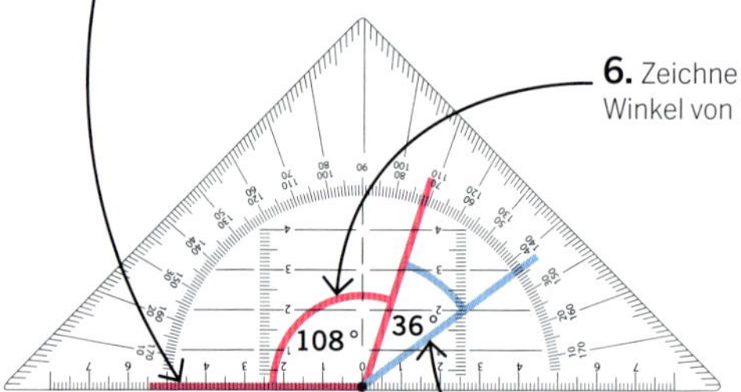

6. Zeichne den ersten Winkel von 108°.

7. Trage direkt daneben den 36°-Winkel ab und anschließend alle weiteren Winkel.

8. Sind alle Winkel abgetragen, kannst du das Tortendiagramm einfärben und die Legende dazu schreiben. Sind die Sektoren groß genug, kann man sie auch direkt beschriften.

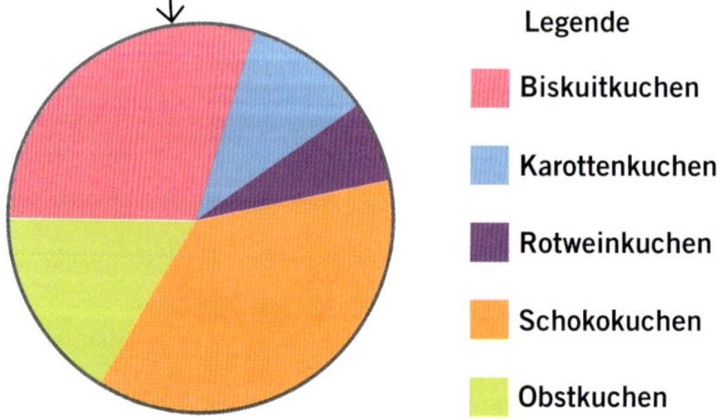

Anzahl der verkauften Kuchen

Mittelwerte und Spannweite

Zur Datenanalyse braucht man meist einen Mittelwert – einen typischen mittleren Wert –, der den Vergleich der Daten oft überhaupt erst ermöglicht. Die drei bekanntesten Mittelwerte sind das arithmetische Mittel (Durchschnitt), der Median und der Modus. Die Spannweite ist der Abstand vom größten zum kleinsten gemessenen Wert.

Auf einen Blick

- ✓ Der Durchschnitt ist die Summe aller erhobenen Werte, dividiert durch die Anzahl aller erhobenen Werte.
- ✓ Der Median ist der mittlere Wert einer geordneten Datenreihe.
- ✓ Bei einer geraden Anzahl von Werten ist der Median der Durchschnitt der beiden mittleren Werte.
- ✓ Der Modus ist der häufigste Wert einer Erhebung.
- ✓ Die Spannweite ist die Differenz zwischen dem größten und dem kleinsten Wert einer Datenreihe.

Es gibt verschiedene Mittelwerte
Acht Schüler nehmen an einem besonderen Test teil. Du möchtest Durchschnitt, Median und Modus ihrer Testergebnisse bestimmen.

35; 43; 45; 38; 37; 45; 40; 29

Arithmetisches Mittel (Durchschnitt)
Um den Durchschnitt zu ermitteln, addiert man alle Werte und dividiert sie durch die Gesamtzahl der Werte. Dies ist der bekannteste Mittelwert, aber oft ist eine Datenmenge zu klein oder zu groß, um einen geeigneten Durchschnitt zu erhalten.

Dividiere die Summe der Werte durch ihre Anzahl. Das Ergebnis ist das arithmetische Mittel.

$$\frac{35 + 43 + 45 + 38 + 37 + 45 + 40 + 29}{8} = \frac{312}{8} = \mathbf{39}$$

Median
Der Median ist der mittlere Wert in einer geordneten Datenreihe. Seine Verwendung ist beispielsweise dann sinnvoll, wenn ein besonders großer oder kleiner Wert die Daten verfälschen würde. Bei einer geraden Anzahl von Werten ist der Median der Durchschnitt der beiden mittleren Werte.

29; 35; 37; **38**; **40**; 43; 45; 45

39

Ordne die Werte der Größe nach.

Hier ist der Median das arithmetische Mittel der beiden mittleren Werte: $\frac{38 + 40}{2} = 39$

Modus
Der Modus ist der Wert, der in der Datenmenge am häufigsten vorkommt. Dieser Mittelwert ist oft bei qualitativen Daten sinnvoll, z. B. wenn ein Hersteller von verschiedenen Eiscremes eine Umfrage zu den beliebtesten Sorten durchführt. Für quantitative Daten wie in unserem Fall liefert er dagegen oft keinen sinnvollen Mittelwert.

29; 35; 37; 38; 40; 43; **45**; **45**

Der Modus (45) ist in dieser Datenreihe kein geeigneter Mittelwert.

Spannweite
Spannweite einer Datenmenge ist die Differenz zwischen dem kleinsten und größten Wert. Zu ihrer Berechnung subtrahiert man daher den kleinsten vom größten Wert.

Kleinster Wert — Größter Wert

29; 35; 37; 38; 40; 43; **45**; **45**

45 − 29 = **16**

Dies ist die Spannweite.

Tabellen und Mittelwerte

Durchschnitt, Median, Modus und Spannweite von Datengruppen lassen sich aus der Häufigkeitstabelle ermitteln. Wenn die Daten allerdings schon in einer gruppierten Häufigkeitstabelle (s. S. 226) zusammengefasst wurden, kennt man nicht die einzelnen Werte, sondern nur ihre Bandbreite. In diesem Fall kann man die Mittelwerte nur ungefähr berechnen.

Auf einen Blick

- ✓ Modus heißt der Wert, der am häufigsten vorkommt.
- ✓ Der Durchschnitt ist gleich der Gesamtsumme der Werte dividiert durch die Summe aller Häufigkeiten.
- ✓ Der Median ist der mittlere Wert einer geordneten Datenliste oder der Durchschnitt aus beiden mittleren Werten, wenn die Häufigkeit eine gerade Zahl ist.
- ✓ Aus einer gruppierten Häufigkeitstabelle kann man immer nur ungefähre Mittelwerte berechnen, da die exakten Einzelwerte nicht bekannt sind.

Spannweite und Modus

Die Häufigkeitstabelle rechts zeigt, wie viel Tore in jedem Spiel eines kleinen Fußballturniers geschossen wurden. Die Spannweite ist die Differenz zwischen dem größten und dem kleinsten Wert. Der Modus ist der häufigste Wert.

Der größte Wert ist 4 (Tore), der kleinste ist 0 (Tore).

Tore	Häufigkeit
0	1
1	**4**
2	2
3	1
4	1

Am häufigsten kommt 1 Tor pro Spiel vor.

Spannweite = 4 – 0 = 4

Modus = 1

Arithmetisches Mittel

Um zu berechnen, wie viel Tore durchschnittlich pro Spiel geschossen wurden, muss man eine weitere Spalte in die Häufigkeitstabelle einfügen.

Tore	Häufigkeit	Tore · Häufigkeit
0	1	0
1	4	4
2	2	4
3	1	3
4	1	4
Total	**9**	**15**

1. Multipliziere jeden Wert (Anzahl der Tore) mit seiner Häufigkeit (Anzahl der Spiele) und trage die Ergebnisse hier ein.

2. Addiere die Werte aus dieser Spalte. Das Ergebnis ist die Anzahl aller Tore in allen Spielen.

3. Dividiere die Anzahl aller Tore durch die Anzahl aller Spiele.

Der Durchschnitt ist nicht immer eine der gemessenen Größen.

$$\text{Durchschnitt} = \frac{15}{9} = 1\frac{2}{3}$$

Median

Der Median ist der mittlere Wert in der Tabelle. Dies kannst du auszählen, indem du in der Häufigkeitsspalte die Spiele von oben nach unten durchzählst (beim fünften Spiel ist die Mitte).

1. Die Position des Median in der Reihe findest du, indem du zur Gesamthäufigkeit (hier 9) die Zahl 1 addierst und das Ganze halbierst: $\frac{9+1}{2} = 5$.

Tore	Häufigkeit
0	1
1	4
2	2
3	1
4	1
Total	9

2. Zähle herunter bis zum fünften Spiel oder schreibe alle Zahlen in eine Liste (siehe unten).

3. Der Median (mittlere Wert) ist 1.

0 1 1 1 **1** 2 2 3 4

Median = 1

Ungefähre Mittelwerte aus gruppierten Häufigkeitstabellen ermitteln

Für Daten, die in einer gruppierten Häufigkeitstabelle erfasst sind, kann man nur Schätzwerte für die einzelnen Mittelwerte bestimmen. Zum Berechnen eines Schätzwerts für den Durchschnitt nimmt man aus jeder Klasse den mittleren Wert. Die unten gezeigte Häufigkeitstabelle führt sämtliche Gipfelhöhen über 900 m in einer Gebirgsregion auf.

Spannweite

Die Spannweite ist die maximal mögliche Differenz zwischen dem größten und dem kleinsten gemessenen Wert.

Spannweite = 1380 – 900 = 480 m

Modalklasse

In der Tabelle sind nicht genug Informationen, um den Modus festzustellen, daher verwenden wir die Klasse mit der größten Häufigkeit (87). Dies ist die Modalklasse.

Modalklasse = $900 \leq h < 960$

Höhe (m)	Häufigkeit	Intervallmitte	Häufigkeit · Intervallmitte
$900 \leq h < 960$	87	930	80910
$960 \leq h < 1020$	86	990	85140
$1020 \leq h < 1080$	48	1050	50400
$1080 \leq h < 1140$	36	1110	39960
$1140 \leq h < 1200$	15	1170	17550
$1200 \leq h < 1260$	6	1230	7380
$1260 \leq h < 1320$	3	1290	3870
$1320 \leq h < 1380$	1	1350	1350
Summe	**282**		**286560**

Median

Die Anzahl aller Berge beträgt 282, also liegt der Median bei Position (282 + 1) : 2 = 141,5 oder zwischen dem 141. und dem 142. Berg. Zähle in der Häufigkeitsspalte herunter, wo dieser Wert liegt: 87 + 86 = 173, also liegt 141,5 in der Klasse $960 \leq h < 1020$.

Median = $960 \leq h < 1020$

Arithmetisches Mittel

Die Informationen reichen nicht aus, um die durchschnittliche Höhe des Gebirges exakt zu berechnen, also fügen wir eine dritte Spalte hinzu, in die wir die Intervallmittelpunkte eintragen. Zudem brauchen wir eine weitere Spalte, in die wir das Produkt aus Intervallmitte und Häufigkeit eintragen.

1. Berechne zuerst die Intervallmitte jeder Klasse. Addiere dazu den größten und den kleinsten Wert aus jeder Klasse und dividiere die Summe durch 2. Beispiel: (900 + 960) : 2 = 930.

2. Multipliziere jeden Intervall-Mittelpunkt mit der zugehörigen Häufigkeit der Klasse. So erhältst du einen Schätzwert. Beispiel: 87 · 930 = 80910.

3. Addiere alle geschätzten Werte in der rechten Spalte: Das Ergebnis ist 286560.

4. Dividiere diese Summe durch die Gesamtzahl aller Berggipfel (Summe von Spalte 2) und runde den erhaltenen Durchschnitt auf ganze Meter:

$$\text{Geschätztes arithmetisches Mittel} = \frac{286560}{282} = 1016\,\text{m}$$

Standardabweichung

Die Standardabweichung ist ein Maß dafür, wie breit gestreut die gemessenen Daten sind. Ist die Standardabweichung niedrig, so liegen die meisten gemessenen Werte nah am arithmetischen Mittel. Ist die Standardabweichung hoch, sind die Daten weiter gestreut.

Auf einen Blick

- ✓ Die Standardabweichung ist ein Maß für die Streuung der Daten um ihren Durchschnitt.
- ✓ Bei niedriger Standardabweichung liegen die meisten Daten nahe dem Durchschnitt, bei hoher Standardabweichung liegen sie weiter von ihm entfernt.

Streuungen vergleichen

Das Gewicht von je 100 einzelnen Hunden verschiedener Rassen wurde gemessen. Das Ergebnis ist in dem Graphen links unten dargestellt. Die typische, hügelförmige Kurve nennt man Normalverteilung: Hier haben viele Werte einen großen Abstand zum Durchschnitt. Die Kurve für eine einzelne Hunderasse steigt dagegen steiler an und verläuft schmaler, da die meisten Werte nah am Durchschnitt liegen. Die Standardabweichung ist ein Maß dafür, wie breit die Daten um ihren Mittelwert herum gestreut sind. Sie ist der durchschnittliche Abstand der Werte vom arithmetischen Mittel.

Alle Hunderassen (hohe Standardabweichung)

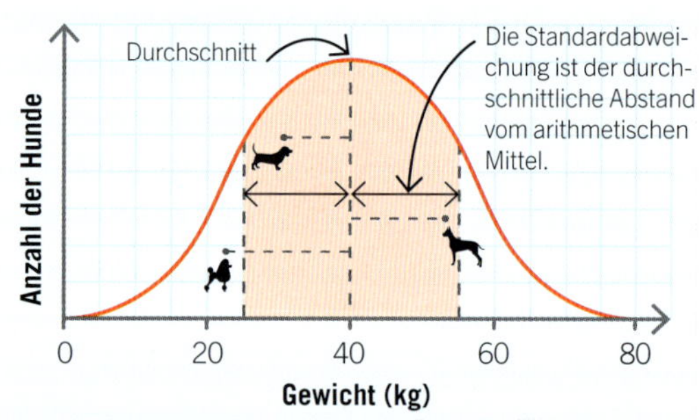

Deutscher Schäferhund (niedrige Standardabweichung)

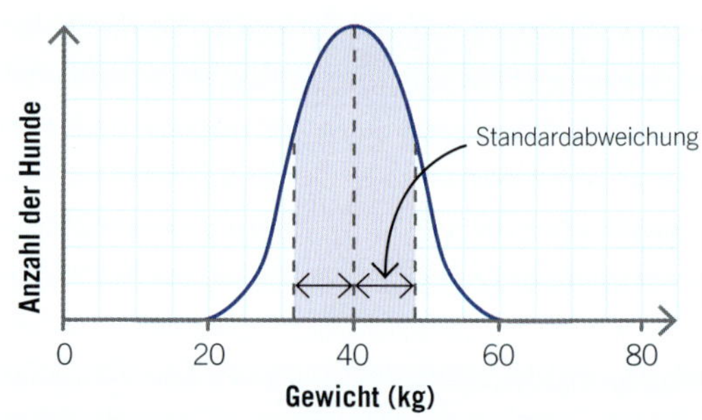

Standardabweichung berechnen

Zur Berechnung der Standardabweichung wird zuerst der Durchschnitt aller Werte bestimmt und dann in die Formel rechts eingesetzt: Wir quadrieren die Differenz zwischen jedem Wert und dem Durchschnitt, addieren die Ergebnisse, dividieren durch die Anzahl der Werte und ziehen am Ende die Wurzel.

$$\text{Standardabweichung} = \sqrt{\frac{\sum (x - \bar{x})^2}{n}}$$

Sigma (Σ) ist das Summenzeichen und bedeutet „addiere für jedes x“.

$x - \bar{x}$ ist der Abstand vom Durchschnitt.

x mit Querstrich ist das Zeichen für den Durchschnitt.

n ist die Anzahl der gemessenen Werte.

Übungsaufgabe Standardabweichung

Siehe auch

231 Mittelwerte und Spannweite
234 Standardabweichung

Die Standardabweichung ist ein gutes Maß dafür, wie breit gestreut die betrachteten Daten sind. So kann man verschiedene Datensätze vergleichen und beispielsweise erkennen, wie einheitlich sie sind.

Aufgabe
Eine Trainerin muss zwischen zwei Speerwerferinnen, A und B, für ihr Wettkampfteam wählen. Sie braucht die Person mit den zuverlässigsten Ergebnissen und entscheidet sich anhand der unten stehenden Tabelle. Wen soll sie wählen?

Wurf	Werferin A	Werferin B
1	38	38
2	43	50
3	51	51
4	59	52
5	65	65

Lösung
Die zuverlässigsten Ergebnisse liefert die Person mit der geringsten Standardabweichung. Diese müssen wir also für beide berechnen.

1. Berechne zuerst den Durchschnitt ($\bar{x}$) für Werferin A und Werferin B.

$$\bar{x} = \frac{\Sigma x}{n}$$

$$\bar{x}_A = \frac{38 + 43 + 51 + 59 + 65}{5} = 51{,}2$$

$$\bar{x}_B = \frac{38 + 50 + 51 + 52 + 65}{5} = 51{,}2$$

2. Bilde für jeden einzelnen Wurf beider Sportlerinnen das Quadrat der Differenz $(x - \bar{x})^2$. Addiere die Ergebnisse und notiere jeweils die Summe $\Sigma(x - \bar{x})^2$.

Wurf	Werferin A	$(x - \bar{x}_A)^2$
1	38	174,24
2	43	67,24
3	51	0,04
4	59	60,84
5	65	190,44
	$\Sigma(x - \bar{x}_A)^2$	492,80

Wurf	Werferin B	$(x - \bar{x}_B)^2$
1	38	174,24
2	50	1,44
3	51	0,04
4	52	0,64
5	65	190,44
	$\Sigma(x - \bar{x}_B)^2$	366,80

3. Berechne die Standardabweichung für Speerwerferin A und Speerwerferin B jeweils mithilfe der Formel von Seite 234.

$$\text{Standardabweichung für A} = \sqrt{\frac{\Sigma(x - \bar{x}_A)^2}{n}} = \sqrt{\frac{492{,}80}{5}} = 9{,}9$$

$$\text{Standardabweichung für B} = \sqrt{\frac{\Sigma(x - \bar{x}_B)^2}{n}} = \sqrt{\frac{366{,}80}{5}} = 8{,}6$$

4. Mit ihrer geringeren Standardabweichung sollte B ausgewählt werden.

Kumulierte Häufigkeit

Einige Häufigkeitstabellen enthalten eine eigene Spalte für die fortlaufende Summe aller Häufigkeiten bis zu einer oberen Schranke. Dies ist die kumulierte Häufigkeit. Das kumulierte Häufigkeitsdiagramm erleichtert eine Abschätzung des Durchschnitts und anderer (Zwischen-)Werte.

Auf einen Blick

- Die kumulierte Häufigkeit ist eine fortlaufende Summe der Häufigkeiten einer Datenmenge.
- Im kumulierten Häufigkeitsdiagramm werden die kumulierten Häufigkeiten gegen die oberen Intervallschranken der einzelnen Klassen abgetragen.
- Mithilfe des Diagramms kann man bestimmte Werte abschätzen.

Kumulierte Häufigkeitstabelle
Der Besitzer einer Pizzeria hat gemessen, wie lang es an einem Wochenende bei Hochbetrieb von der Bestellung bis zur Auslieferung einer Pizza dauert. Die Daten hat er in der Tabelle erfasst. Da er auch eine Spalte für die kumulierte Häufigkeit vorgesehen hat, sieht er beispielsweise sofort, wie viel Pizzas in weniger als einer Stunde ausgeliefert wurden.

Zeit (Minuten)	Häufigkeit	Kumulierte Häufigkeit
$0 \leq t < 10$	5	5
$10 \leq t < 20$	6	11
$20 \leq t < 30$	14	25
$30 \leq t < 40$	21	46
$40 \leq t < 50$	16	62
$50 \leq t < 60$	12	74
$60 \leq t < 70$	3	77

Die kumulierte Häufigkeit ist die Summe aller Häufigkeiten bis zum jeweiligen Zeitpunkt.

$5 + 6 = 11$

$5 + 6 + 14 = 25$

74 von 77 Pizzas wurden in weniger als 1 Stunde ausgeliefert.

Unterer und oberer Wert heißen untere und obere Schranke.

Kumuliertes Häufigkeitsdiagramm
Das kumulierte Häufigkeitsdiagramm erleichtert die Abschätzung des Durchschnitts und anderer Werte. An der y-Achse stehen die kumulierten Häufigkeiten, beginnend bei 0. Die x-Koordinate ist jeweils die Oberschranke einer Klasse. Die einzelnen Punkte werden durch gerade Linien oder eine leichte S-Kurve verbunden.

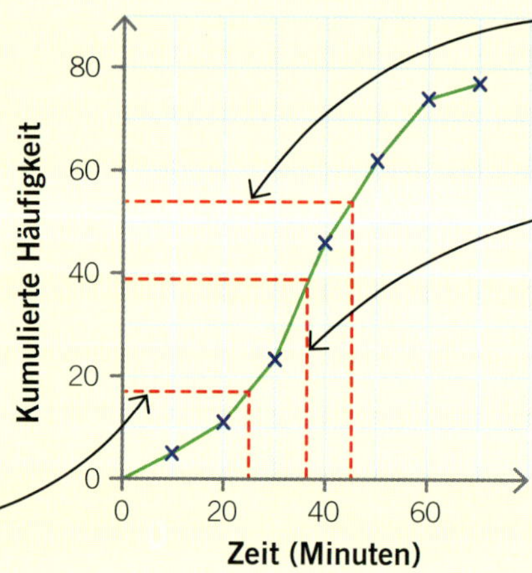

Ungefähr 53 Kunden oder 69 % hatten ihre Pizza innerhalb von 45 Minuten.

Um den Median abzuschätzen, gehen wir die halbe Kurve nach oben und lesen die x-Koordinate des Punktes ab. Der Wert liegt also bei etwa 36 Minuten.

Wir können erkennen, dass nach 25 Minuten etwa 17 Kunden ihre Pizza erhalten haben.

Quartile

Quartile sind, ähnlich wie der Median (s. S. 231), mittlere Werte, allerdings der oberen und der unteren Datenhälfte einer Datenreihe.
Der Quartilabstand zeigt, wie breit die mittleren 50 Prozent der Daten gestreut sind. Somit ist einer seiner Vorteile, dass er nicht von extrem abweichenden Werten beeinflusst wird.

Auf einen Blick

- ✓ **Das untere Quartil ist der $\frac{1}{4}(n+1)$-te Wert in einer geordneten Datenmenge von n Werten.**
- ✓ **Das obere Quartil ist der $\frac{3}{4}(n+1)$-te Wert in einer geordneten Datenmenge von n Werten.**
- ✓ **Der Quartilabstand ist die Differenz zwischen oberem und unterem Quartil.**
- ✓ **Der Quartilabstand ist ein einfaches Maß für die Streubreite einer Datenreihe.**

Median und Quartile
Das Alter von 11 Personen, die sich auf einer Geburtstagsparty treffen, ist in aufsteigender Reihenfolge notiert. Der Median ist der mittlere Wert. Das untere Quartil ist der mittlere Wert der unteren Datenhälfte. Das obere Quartil ist der mittlere Wert der oberen Datenhälfte. Der Quartilabstand ist die Differenz zwischen dem oberen Quartil und dem unteren Quartil.

Das untere Quartil ist der $\frac{1}{4}(n+1)$-te Wert in einer Menge aus n Werten: $\frac{1}{4}(11+1) = \frac{1}{4} \cdot 12 = 3$. Hier der dritte Wert.

Der Median ist der $\frac{1}{2}(n+1)$-te Wert.

Das obere Quartil ist der $\frac{3}{4}(n+1)$-te Wert.

3 7 **9** 14 16 **19** 22 24 **41** 45 60

$$\text{Quartilabstand} = 41 - 9$$
$$= 32$$

Dies zeigt, dass die mittleren 50 % in einem Altersbereich von 32 Jahren liegen.

Quartile und Diagramme
Die Quartile kann man aus einem kumulierten Häufigkeitsdiagramm (siehe linke Seite) ablesen, auch wenn die Daten nicht vollständig bekannt sind. Eine Bonbonfabrik hat beispielsweise die Anzahl der Bonbons pro Tüte in einer zufälligen Stichprobe erhoben. Das Diagramm zeigt, dass der Median der Bonbons in einer Tüte ungefähr 59 ist. Der Quartilabstand beträgt ungefähr 6 Bonbons.

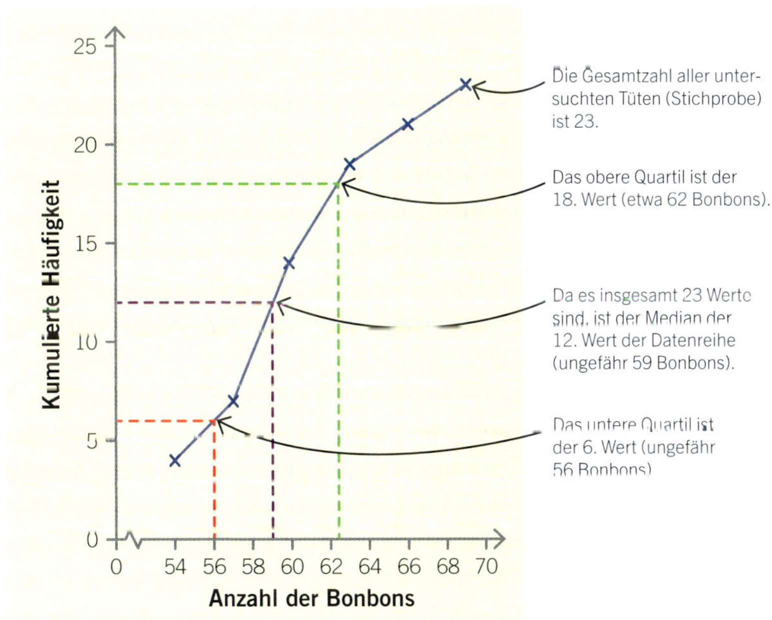

Histogramme

Histogramme sehen aus wie Säulendiagramme, aber an der x-Achse werden kontinuierliche Daten in Klassenintervallen abgetragen. Im Histogramm repräsentiert der Flächeninhalt oder die Höhe einer Säule die Häufigkeit einer Klasse.

Auf einen Blick

- ✓ **Histogramme ähneln Säulendiagrammen, werden aber für kontinuierliche Daten verwendet.**
- ✓ **Sind die Klassenintervalle gleich breit, kann die Höhe einer Säule für die Häufigkeit der zugehörigen Klasse stehen.**
- ✓ **Sind die Klassenintervalle nicht gleich breit, so steht ihr Flächeninhalt für die Häufigkeit und die Höhe steht für die Häufigkeitsdichte.**
- ✓ **Häufigkeitsdichte = Häufigkeit : Klassenbreite**

Einfaches Histogramm

Histogramme eignen sich zur Darstellung kontinuierlicher Daten wie Zeit, Entfernung oder Gewicht. Die kontinuierliche Skala wird an der x-Achse abgetragen und ist in Klassenintervalle unterteilt. In einem ganz einfachen Histogramm zeigt die vertikale Achse die Häufigkeiten. Dieses Histogramm zeigt beispielsweise, wie lang die Besucher eines Schwimmbades normalerweise an einem Tag schwimmen.

Das Histogramm zeigt, dass eine Schwimmzeit von 30–40 Minuten am häufigsten vorkommt.

Anders als in einem Säulendiagramm sind hier keine Lücken zwischen den Säulen, denn es handelt sich um kontinuierliche Daten.

Die Klassenintervalle sind gleich breit und die Höhen der Säulen zeigen die Häufigkeiten.

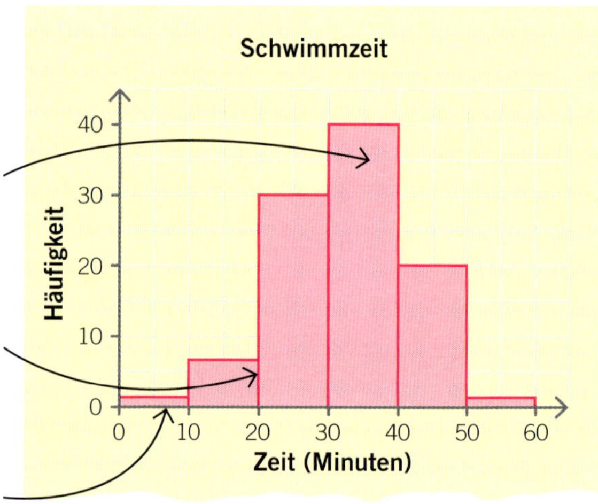

Unterschiedliche Klassenbreiten

In vielen Histogrammen sind die Klassenintervalle unterschiedlich breit. In einem solchen Fall stehen an der y-Achse nicht die Häufigkeiten, sondern die Häufigkeitsdichten (jeweilige Häufigkeit dividiert durch die Klassenbreite). So wird sichergestellt, dass die Flächeninhalte immer den jeweiligen Häufigkeiten entsprechen und die Daten nicht verzerrt werden. Dieses Histogramm zeigt beispielsweise die Anzahl der Seiten in verschiedenen Büchern und belegt, dass es mehr Bücher mit weniger Seiten gibt.

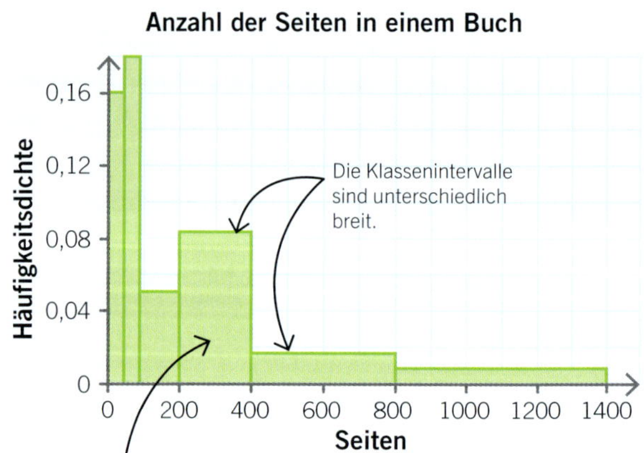

Die Klassenintervalle sind unterschiedlich breit.

Der Flächeninhalt jeder Säule steht für die Häufigkeit.

$$\text{Häufigkeitsdichte} = \frac{\text{Häufigkeit}}{\text{Klassenbreite}}$$

Histogramme zeichnen

Auf dieser Seite wird Schritt für Schritt gezeigt, wie du vorgehen musst, wenn du anhand einer Häufigkeitstabelle ein Histogramm zeichnen willst. Bei der Interpretation von Histogrammen solltest du auf asymmetrische Verteilungen achten.

Auf einen Blick

- ✓ Die Form eines Histogramms lässt asymmetrische Verteilungen gut erkennen.
- ✓ Rechtssteil: Durchschnitt < Median < Modus
- ✓ Linkssteil: Durchschnitt > Median > Modus

Ein Histogramm erstellen

Histogramme werden anhand von Häufigkeitstabellen erstellt, wie z. B. anhand der Tabelle von Hundegewichten, die hier gezeigt wird. Überprüfe vor dem Zeichnen, ob die Klassenintervalle gleich breit sind. Falls nicht, füge zwei Spalten hinzu, in die du die Klassenbreiten und die Häufigkeitsdichten einträgst (siehe linke Seite).

1. Füge die Spalten Klassenbreite und Häufigkeitsdichte hinzu.

2. Berechne die Häufigkeitsdichten (Häufigkeitsdichte = Häufigkeit : Klassenbreite).

Hundegewicht (kg)	Häufigkeit	Klassenbreite	Häufigkeitsdichte
$0 \leq G < 10$	10	10	10 : 10 = 1,0
$10 \leq G < 20$	11	10	11 : 10 = 1,1
$20 \leq G < 25$	9	5	9 : 5 = 1,8
$25 \leq G < 30$	7	5	7 : 5 = 1,4
$30 \leq G < 40$	10	10	10 : 10 = 1,0

3. Trage die kontinuierlichen Werte an der x-Achse ab.

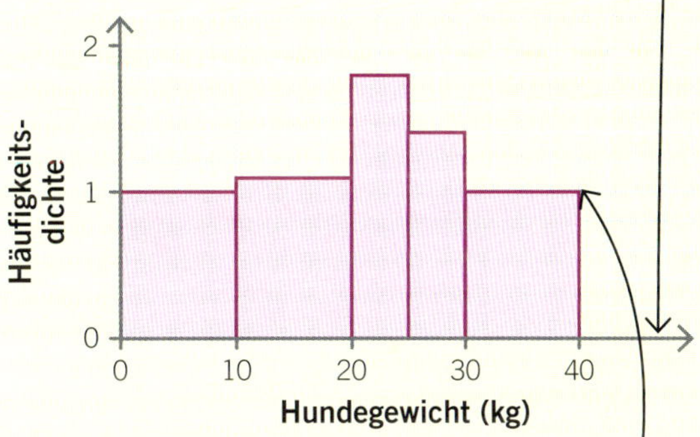

4. Zeichne die Oberkanten der Säulen für jede Klasse in Höhe der Häufigkeitsdichte.

Histogramme interpretieren

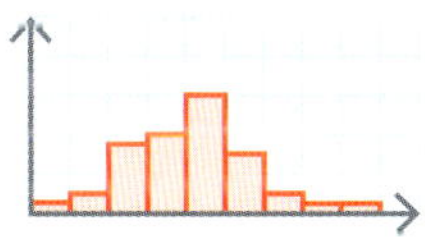

Symmetrisch
Das Histogramm ist symmetrisch, wenn Modus, Median und Durchschnitt alle ungefähr in der Mitte und nah beieinander liegen. Ein Histogramm für die Körpergrößen von Menschen wäre beispielseise symmetrisch.

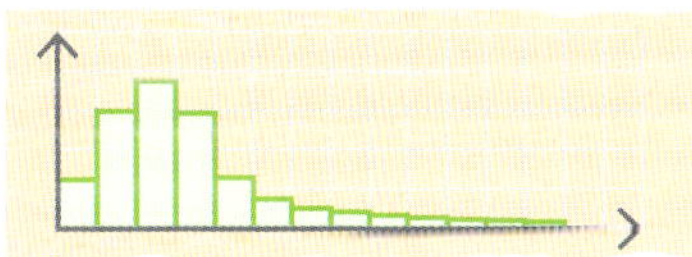

Linkssteil (rechtsschief)
Ist der Modus kleiner als der Median und der Median kleiner als der Durchschnitt, so ist das Histogramm linkssteil. Ein Histogramm zum Thema Einkommen hätte zum Beispiel eine solche Form.

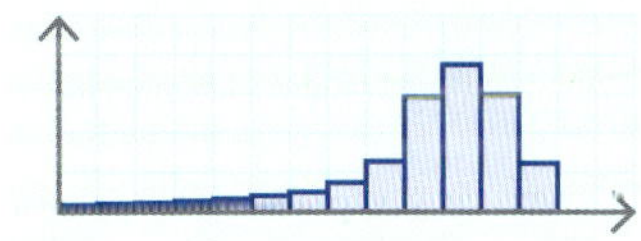

Rechtssteil (linksschief)
Ist der Modus größer als der Median und der Median größer als der Durchschnitt, so ist das Histogramm rechtssteil. Ein Histogramm zum Thema Sterbealter hätte zum Beispiel eine solche Form.

Zeitreihen

Eine Zeitreihe ist eine Folge von Messungen, die über einen gewissen Zeitraum hinweg stattfinden. Oft zeigen sie ein saisonal bedingtes Muster. Um den grundlegenden Trend herauszuarbeiten, kann man diese saisonalen Muster glätten.

Auf einen Blick

- ✓ Eine Zeitreihe ist eine Serie von Messungen, die über eine bestimmte Zeit hinweg erfolgen.
- ✓ Saisonale Veränderungen zeigen sich in wiederkehrenden Mustern.
- ✓ Der gleitende Mittelwert kann saisonale Veränderungen glätten, um den Trend einer Zeitreihe herauszuarbeiten.

Saisonale Veränderungen

Die blaue Linie zeigt die Entwicklung des Einkaufspreises für Äpfel über mehrere Jahre hinweg. Im Winter, wenn die Äpfel etwas knapper sind, ist der Preis höher, im Sommer, wenn es viele Äpfel gibt, ist der Preis niedriger. Zeigt eine Größe über einen längeren Zeitraum ein wiederkehrendes Muster, so nennt man dies saisonal bedingt, auch wenn das Muster nicht direkt etwas mit Jahreszeiten zu tun hat. Die Zeit bis zur nächsten Wiederholung nennt man Periode.

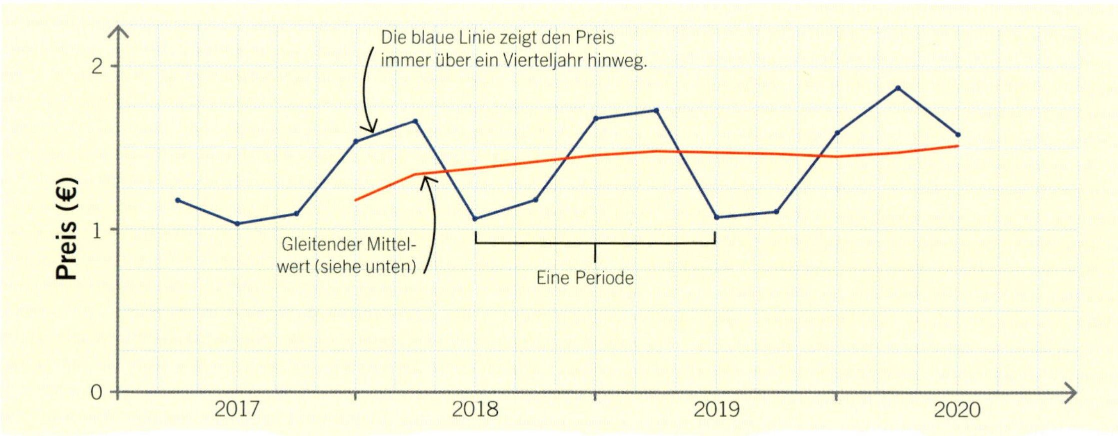

Gleitender Mittelwert

Weist eine Zeitreihe ein saisonales Muster auf, kann man es glätten, sodass die grundlegende Trendlinie besser erkennbar wird. Im obigen Schaubild zeigt die rote Linie jeweils den Durchschnittswert der vorhergehenden vier Quartale. Ein gleitender Mittelwert basiert auf der Dauer einer Periode und stellt die Werte abzüglich der saisonalen Zu- und Abnahmen aus der vorherigen Periode dar. In der dargestellten Situation steigt der Preis für Äpfel insgesamt leicht an.

Datum	Preis (€)	Gleitender Mittelwert
Jan–März 2017	1,23 €	
Apr–Jun 2017	1,04 €	
Jul–Sept 2017	1,12 €	
Okt–Dez 2017	1,52 €	1,23 €
Jan–März 2018	1,71 €	1,35 €
Apr–Jun 2018	1,16 €	1,38 €
Jul–Sept 2018	1,21 €	1,40 €

Solange noch keine vier Quartale vergangen sind, kann man den ersten Mittelwert noch nicht ausrechnen.

Jeder Mittelwert ist der Durchschnitt der Preise der vorigen vier Quartale.

Boxplots

Ein Boxplot zeigt die Verteilung der Daten innerhalb der Spannweite. Man erkennt darin auf einen Blick die Spannweite, Quartile und den Median.

Boxplot über das Alter
Dieser Boxplot zeigt eine Altersstichprobe von Cafébesuchern und -besucherinnen. Die mittlere Box zeigt das untere Quartil (13 Jahre), den Median (18 Jahre) sowie das obere Quartil (21 Jahre), die „Whisker" links und rechts zeigen den größten und den kleinsten gemessenen Wert und somit die Spannweite.

Auf einen Blick

- ✓ Ein Boxplot ist ein Diagramm, das viel über die Streubreite von Daten aussagt.
- ✓ Ein Boxplot zeigt Spannweite, Quartile und Median einer Datenmenge.
- ✓ Ist der Median nicht in der Mitte der Box, sind die Daten nicht symmetrisch.
- ✓ Ist ein Whisker besonders lang (oder sogar beide), dann könnte es sich beim Minimum (oder Maximum) um einen Ausreißer handeln.

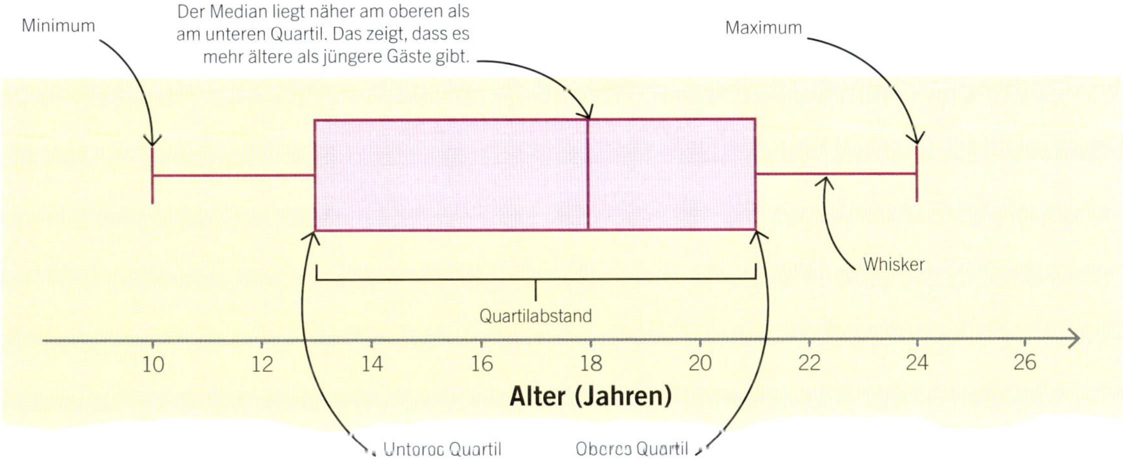

Boxplots interpretieren

Ist ein Whisker sehr lang, so handelt es sich beim Minimum (Maximum) wahrscheinlich um einen Ausreißer (ein Wert, der nicht zu den anderen passt). Liegt der Median nicht in der Mitte, sind die Daten evtl. links- oder rechtssteil (s. S. 239).

Aufgabe
Dieser Boxplot zeigt die Körpergrößen der Spieler einer Fußballmannschaft. Beschreibe die Verteilung inklusive einer möglichen Steilheit oder Schiefe und beziehe Ausreißer mit ein.

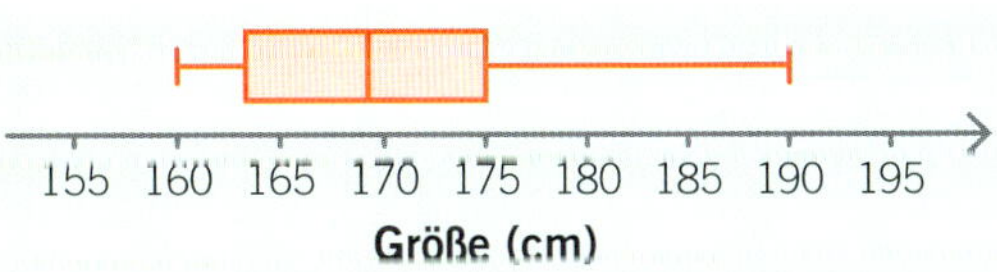

Lösung
Der Median liegt in der Mitte der Box, also liegt eine symmetrische Verteilung der Größen bei einem Zentralwert (= Median) von ungefähr 169 cm vor. Das Maximum liegt weit über dem Quartil, also handelt es sich möglicherweise um einen Ausreißer – einen ungewöhnlich großen Spieler.

Übungsaufgaben Verteilungen vergleichen

Siehe auch

238 Histogramme
239 Histogramme zeichnen
241 Boxplots

Manchmal wollen wir zwei Datenmengen vergleichen, um zu sehen, wie stark sich die Verteilungen unterscheiden. Ein solcher Vergleich ist wesentlich leichter, wenn die Mengen in Boxplots oder Histogrammen dargestellt sind.

Aufgabe

Eine Biologielehrerin ließ in zwei Klassen denselben Test schreiben. Die Ergebnisse sind:

Klasse A:
20; 24; 31; 38; 39; 39; 40; 41; 45; 46; 50
Klasse B:
11; 23; 27; 32; 34; 36; 39; 41; 41; 45; 49

a) Welche Klasse hat besser abgeschnitten?
b) In welcher Klasse sind die Ergebnisse einheitlicher?

Lösung

Zeichne zuerst eine Skala mit allen erzielten Ergebnissen (von 11 bis 50). Setze dann für jede Klasse je einen Boxplot darüber. Da jede Klasse 11 Schüler hat, ist der Median der 6. Wert der geordneten Datenliste und die Quartile sind jeweils der 3. und der 9. Wert (s. S. 237).

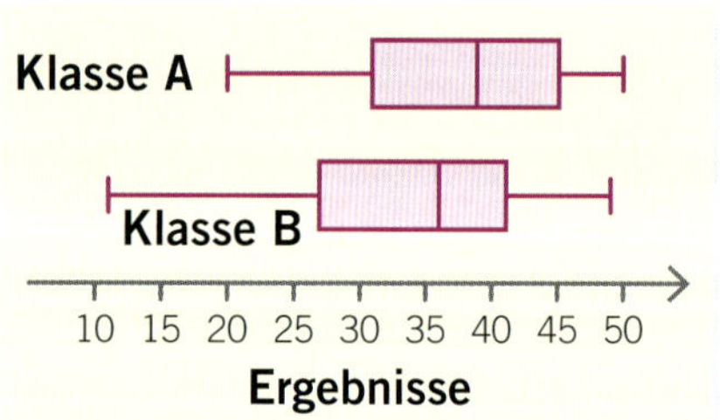

a) Klasse A hat den höheren Median und somit besser abgeschnitten.
b) Zwar haben beide Klassen denselben Quartilabstand, aber Klasse A hat eine kleinere Spannweite und damit auch gleichmäßigere Ergebnisse.

Aufgabe

Zwei Filme laufen gleichzeitig im Kino. Die Histogramme zeigen das Alter der Zuschauer. Was sagt die Altersverteilung jeweils über die Art des gezeigten Films aus?

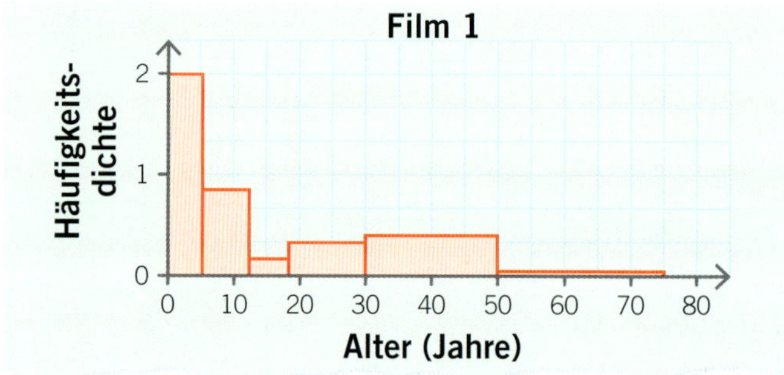

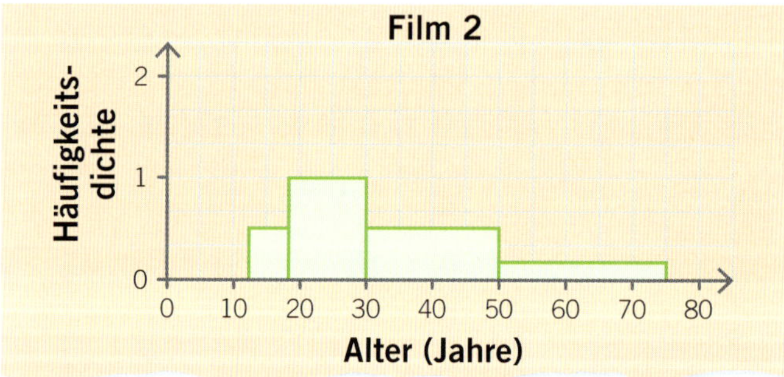

Lösung

In Film 1 waren überwiegend kleine Kinder und Personen mittleren Alters von 30–50. Nur wenige Jugendliche waren in Film 1. Wahrscheinlich handelt es sich um einen Kinderfilm für kleinere Kinder, die in Begleitung eines Elternteils im Kino waren.
In Film 2 waren dagegen überwiegend Erwachsene im Alter von 18–30. Niemand war unter 12. Möglicherweise ist der Film altersbeschränkt.

Streudiagramme

Streudiagramme zeigen das Verhältnis zwischen zwei Werten. Wenn sich bei der Veränderung des einen Wertes immer auch der zweite Wert verändert, heißt es, die beiden Werte korrelieren miteinander.

Auf einen Blick

- ✓ Streudiagramme zeigen das Verhältnis zweier Werte.
- ✓ Bedeutet die Veränderung des einen Wertes, dass sich auch der andere Wert verändert, so sagt man, sie korrelieren miteinander.

Positive Korrelation
Dieses Streudiagramm zeigt die Beziehung zwischen Flugstrecke und Preis. Je länger die Strecke wird, desto höher wird auch der Preis: Die beiden Werte sind positiv korreliert. Bei einer positiven Korrelation verläuft das Muster von links unten nach rechts oben.

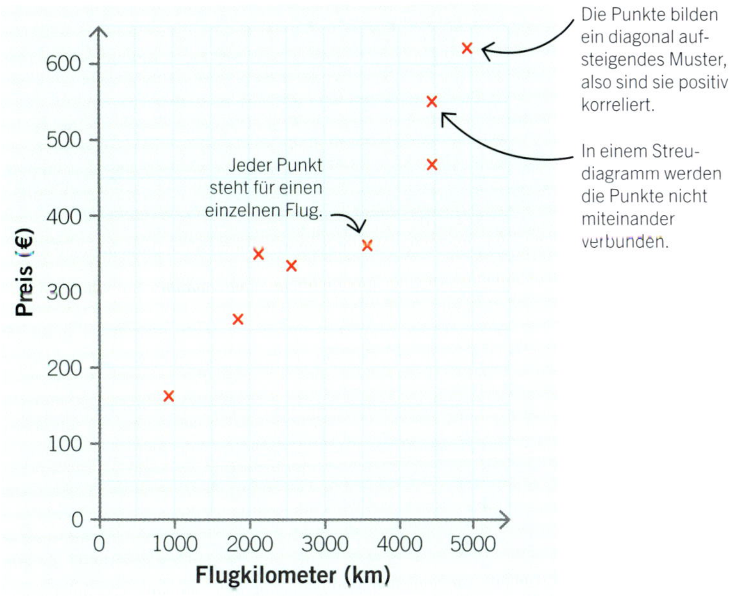

Korrelationstypen
Streudiagramme können unterschiedliche Korrelationsarten oder auch gar keine Korrelation zeigen. Eine Korrelation bedeutet nicht, dass eine Veränderung die andere bedingt. Es gibt zwar beispielsweise eine negative Korrelation zwischen dem Verkauf von Eiscreme und dem Verkauf von Regenschirmen, aber der Grund für beides ist ein anderer Faktor: das Wetter.

Nullkorrelation
Die Punkte sind zufällig gestreut und zeigen keinerlei Muster. Zwischen den zwei Werten gibt es keine Korrelation.

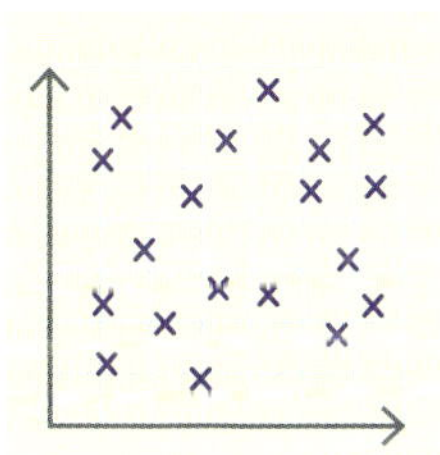

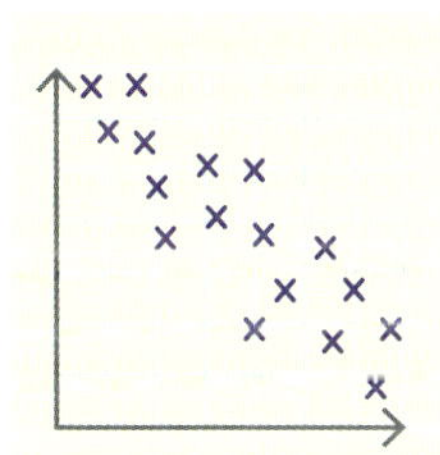

Negative Korrelation
Diese Linie zeigt an, dass der eine Wert fällt, während der andere steigt. Dies ist eine negative Korrelation.

Stark positive Korrelation
Die Punkte bilden in etwa eine aufsteigende Linie: Der eine Wert steigt also mit dem anderen an.

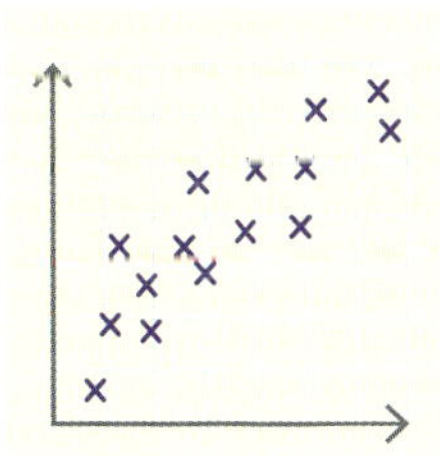

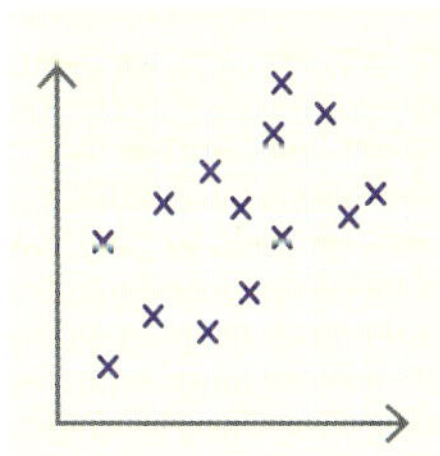

Leicht positive Korrelation
Die Werte streuen stark um eine gedachte steigende Linie herum. Das ist nur eine leicht positive Korrelation.

Ausgleichsgeraden

Eine Ausgleichsgerade zeigt, wie zwei Werte zusammenhängen oder miteinander korrelieren (s. S. 243). Hier wird gezeigt, wie man beim Zeichnen und Interpretieren vorgehen kann.

Auf einen Blick

- ✓ **Eine Ausgleichsgerade verdeutlicht die Korrelation zweier Werte.**
- ✓ **Eine Ausgleichsgerade sollte so verlaufen, dass dieselbe Anzahl von Punkten über wie unter ihr liegt.**
- ✓ **Interpolation und Extrapolation ermöglichen Vermutungen über nicht gemessene Werte.**

Eine Ausgleichsgerade zeichnen
Dieses Streudiagramm zeigt, wie stark sich eine Feder jeweils dehnt, wenn man unterschiedlich schwere Gewichte an sie hängt. Die beiden Variablen Gewichtskraft und Dehnung haben eine stark positive Korrelation. Für solche korrelierenden Streudiagramme kannst du mit Bleistift und Lineal eine Ausgleichsgerade zeichnen.

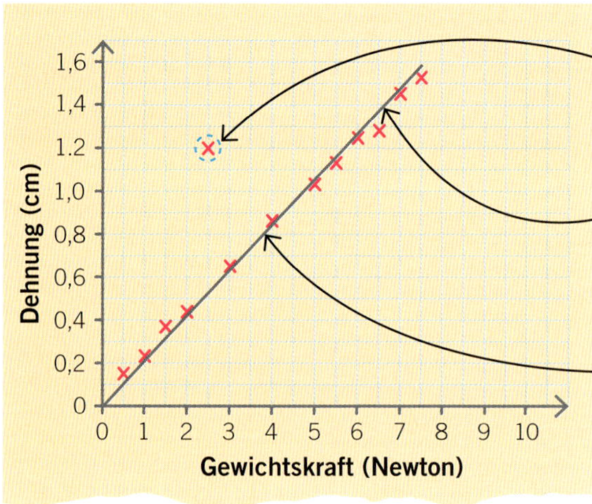

1. Markiere Ausreißer. Sie könnten beispielsweise Messfehler sein.

2. Lege dein Lineal so an, dass die Hälfte der Punkte darüber liegt und die andere Hälfte darunter.

3. Zeichne die Linie. Es kann vorkommen, dass nur sehr wenige oder keiner der zuvor gezeichneten Punkte des Streudiagramms direkt auf ihr liegen.

Interpolation und Extrapolation
Mithilfe einer linearen Ausgleichsgeraden kann man Vermutungen über nicht gemessene Werte anstellen. Schätzt man Werte zwischen den Messwerten ab, so handelt es sich um Interpolation. Schätzt man dagegen Werte ab, die über den gemessenen Bereich hinausgehen, handelt es sich um Extrapolation.

Ausgleichsgerade

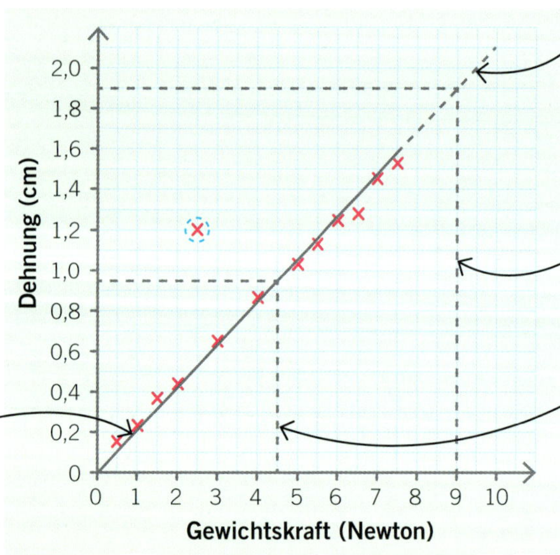

Extrapolation ergibt nicht unbedingt eine belastbare Aussage, da wir nicht wissen, ob das Verhältnis der Werte über den beobachteten Bereich hinaus fortbesteht.

Durch Extrapolation können wir Vermutungen über die Dehnung der Feder bei 9 N anstellen.

Mithilfe der Interpolation können wir Vermutungen über die Dehnung der Feder bei 4,5 N anstellen.

Weitere Graphen

Weg-Zeit-Diagramme

Auch Beziehungen zwischen Alltagsgrößen wie Zeit und zurückgelegter Wegstrecke lassen sich mit Diagrammen darstellen und analysieren. In einem Weg-Zeit-Diagramm wird die Bewegung eines Objekts über einen gewissen Zeitraum hinweg dargestellt.

Eine Reise darstellen

Weg-Zeit-Diagramme zeigen die zurückgelegte Wegstrecke in Verbindung mit der Zeit. Eine Reise kann von einem Ausgangs- zu einem Endpunkt führen oder als Rundreise wieder beim Ausgangspunkt enden. Die Zeit schreitet allerdings während der gesamten Reise voran. Sie wird an der x-Achse abgetragen.

Auf einen Blick

- ✓ **Weg-Zeit-Diagramme stellen den Zusammenhang zwischen Zeit und zurückgelegter Strecke dar.**
- ✓ **Die Steigung eines Weg-Zeit-Graphen gibt die Geschwindigkeit an.**

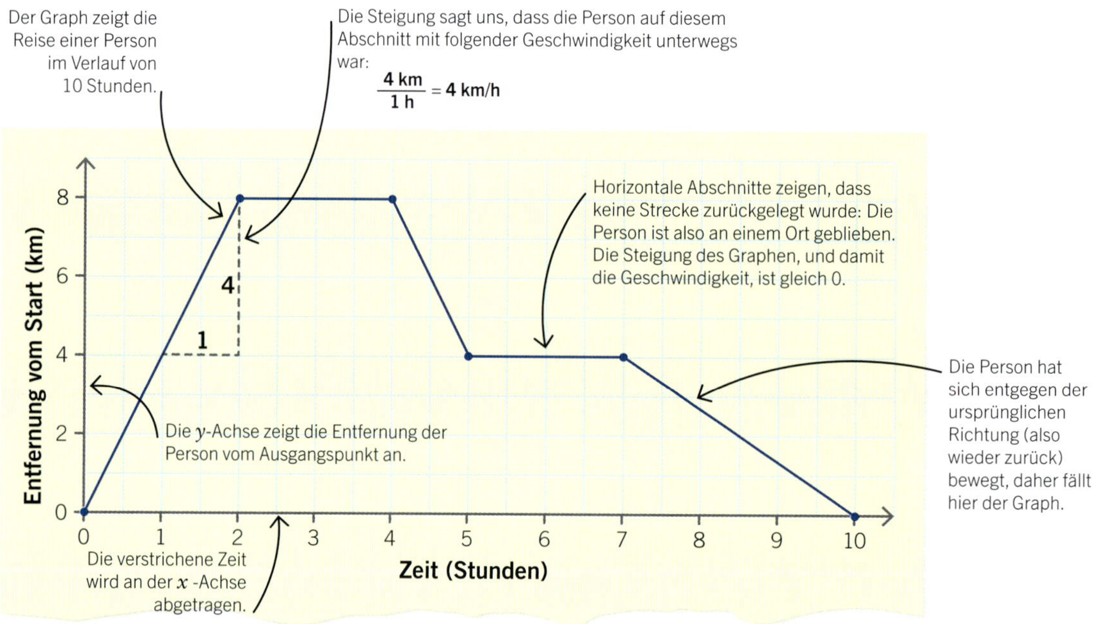

Schulweg

Aufgabe

Eine Schülerin geht morgens zuerst zu Fuß zur Bushaltestelle und wartet auf den Bus. Nach der Busfahrt geht sie erneut zu Fuß von der Haltestelle zur Schule. Ihr Schulweg ist im Diagramm rechts dargestellt. Mit welcher Geschwindigkeit in km/h fährt der Bus?

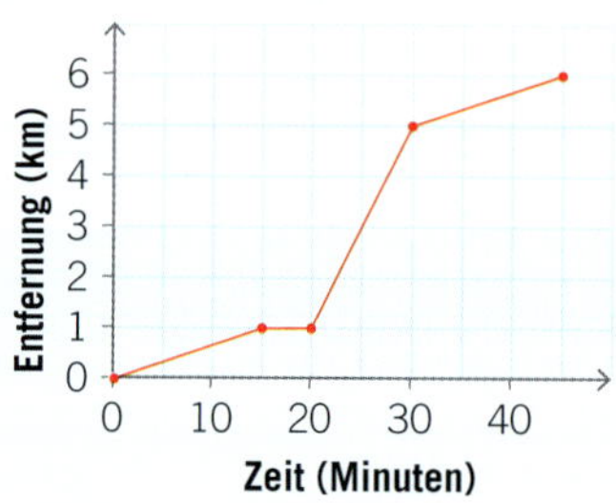

Lösung

Der steilste Abschnitt auf dem Graphen stellt die Busfahrt dar (hier ist die Geschwindigkeit am höchsten). Die Geschwindigkeit berechnen wir mit der Steigung dieses Abschnitts und dann rechnen wir noch um:

$$\frac{4\text{ km}}{10\text{ min}} = 0{,}4\text{ km/min}$$

$$0{,}4\text{ km/min} \cdot 60\text{ min} = 24\text{ km/h}$$

Geschwindigkeit-Zeit-Diagramme

Mit Geschwindigkeit-Zeit-Diagrammen kann man Veränderungen der Geschwindigkeit eines Objekts im Lauf der Zeit darstellen.

Auf einen Blick

- ✓ Die Steigung des Geschwindigkeit-Zeit-Diagramms gibt die Beschleunigung an.
- ✓ Der Flächeninhalt unter dem Geschwindigkeit-Zeit-Diagramm steht für die zurückgelegte Entfernung.

Bewegung darstellen

Ein Geschwindigkeit-Zeit-Diagramm stellt den Zusammenhang zwischen der Geschwindigkeit eines Körpers und der Zeit dar. Dieser Graph zeigt die Bewegung eines Körpers, der zunächst beschleunigt, dann mit einer gleichbleibenden Geschwindigkeit weiterfährt und schließlich abbremst und wieder stehenbleibt.

Eine Steigung bedeutet eine Beschleunigung, die in Meter pro Sekunde zum Quadrat (m/s^2) gemessen wird.

Verläuft der Graph flach, so bewegt sich das Objekt mit gleichbleibender Geschwindigkeit und beschleunigt nicht.

Die negative Steigung bedeutet eine negative Beschleunigung, das heißt sie gibt an, wie stark der Körper abgebremst wird. Hier: $-1\,m/s^2$

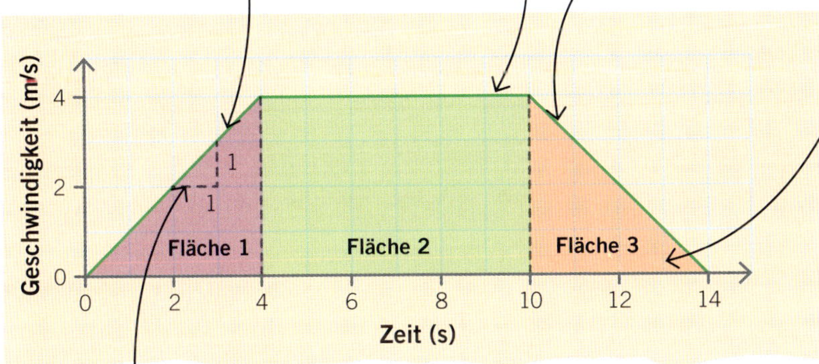

Der Flächeninhalt unter dem Graphen gibt die zurückgelegte Wegstrecke an. (Rechnungen hier zunächst ohne Einheiten)

$$\text{Fläche 1} = \frac{4 \cdot 4}{2} = 8\,\text{m}$$

$$\text{Fläche 2} = 6 \cdot 4 = 24\,\text{m}$$

$$\text{Fläche 3} = \frac{4 \cdot 4}{2} = 8\,\text{m}$$

$$\text{Summe} = 8 + 24 + 8 = 40\,\text{m}$$

Die positive Steigung zeigt an, dass der Körper beschleunigt wird. Hier beträgt die Beschleunigung $1\,m/s^2$.

Geschwindigkeit

Man kann mithilfe des Geschwindigkeit-Zeit-Diagramms auch die zurückgelegte Wegstrecke während einer bestimmten Phase (z. B. während der schnellsten Phase) eines Laufs oder einer Fahrt berechnen.

Aufgabe

Das Diagramm zeigt die Geschwindigkeit eines Athleten über einen 60-Sekunden-Sprint. Wie weit ist er bei seiner höchsten Geschwindigkeit gelaufen?

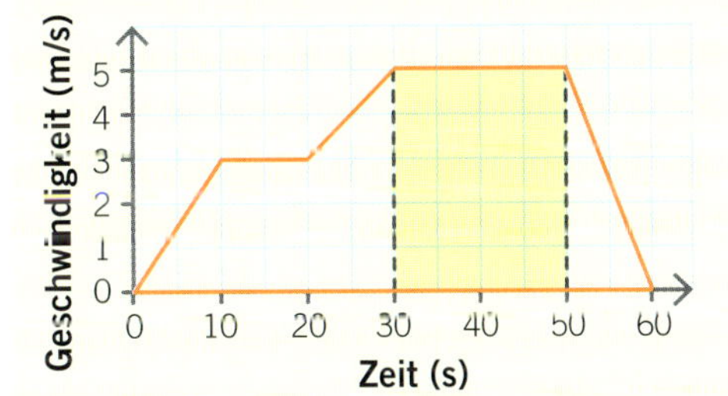

Lösung (Rechnung zunächst ohne Einheiten)

Er ist zwischen Sekunde 30 und 50 am schnellsten gelaufen. Um die in dieser Zeit zurückgelegte Distanz zu ermitteln, berechnen wir den Flächeninhalt unter diesem Teil des Graphen.

$$5 \cdot 20 = 100\,\text{m}$$

Fläche unter einer Kurve

Der Flächeninhalt unter einem Graphen kann den Zusammenhang zwischen den Variablen anschaulich machen. Ist der Graph eine gebogene Kurve, so können wir den Inhalt der darunterliegenden Fläche in Teile zerlegen und den Wert abschätzen.

Auf einen Blick

- ✓ Der Flächeninhalt unter einer Geschwindigkeit-Zeit-Kurve entspricht dem zurückgelegten Weg.
- ✓ Der Flächeninhalt unter der Kurve kann durch Zerlegung in kleinere, ungefähre Teilflächen (Vierecke und Dreiecke) angenähert werden.

Die zurückgelegte Wegstrecke abschätzen

Bei einem Graphen, der sich aus geraden Linien zusammensetzt, lässt sich der Flächeninhalt einfach berechnen, indem man ihn in Dreiecke und Vierecke zerlegt. Ist der Graph eine gebogene Kurve, so schätzen wir den tatsächlichen Flächeninhalt ab, indem wir die Fläche grob in diese Formen zerlegen, ihre Inhalte berechnen und anschließend aufsummieren.

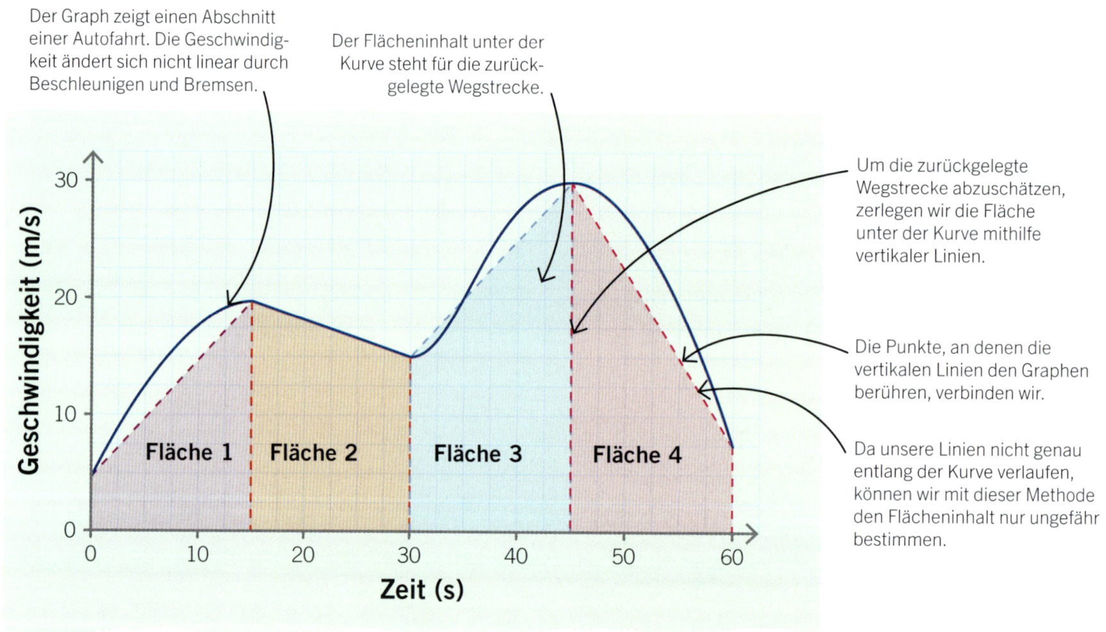

Fläche berechnen

Nun berechnen wir für jedes der vier Trapeze den Flächeninhalt. Aus Platzgründen lassen wir in der Rechnung wieder die Einheiten weg und fügen sie erst im Ergebnis ein: Flächeninhalt = $\frac{1}{2}(a + b) \cdot h$ (a und b sind die Längen der parallelen Seiten, h ist der senkrechte Abstand zwischen ihnen.) Zum Schluss addieren wir alle Flächeninhalte.

$$\text{Fläche 1} = \frac{1}{2}(5 + 20) \cdot 15 = 187{,}5\,\text{m}$$

$$\text{Fläche 2} = \frac{1}{2}(20 + 15) \cdot 15 = 262{,}5\,\text{m}$$

$$\text{Fläche 3} = \frac{1}{2}(15 + 30) \cdot 15 = 337{,}5\,\text{m}$$

$$\text{Fläche 4} = \frac{1}{2}(30 + 7{,}5) \cdot 15 = 281{,}25\,\text{m}$$

$$\textbf{Zurückgelegte Wegstrecke} = (187{,}5 + 262{,}5 + 337{,}5 + 281{,}25)\,\text{m} = 1068{,}75\,\text{m}$$

Steigung einer Kurve

Die Steigung einer Geraden ist an allen Stellen gleich und auch einfach zu berechnen. Die Steigung einer gebogenen Kurve ändert sich von Punkt zu Punkt und daher ist ihre Berechnung etwas komplizierter.

Auf einen Blick

- ✓ Die Steigung einer Kurve ist nicht an jedem Punkt gleich.
- ✓ Um die Steigung in einem Punkt zu bestimmen, zeichnet man eine Tangente an diesen Punkt und bestimmt die Steigung der Tangenten.
- ✓ Die Steigung in einem Punkt der Kurve ist die momentane Änderungsrate in diesem Punkt.

Steigung bestimmen

Wollen wir die Steigung einer Kurve in einem bestimmten Punkt berechnen, zeichnen wir zunächst eine Tangente an diesen Punkt der Kurve. Die Steigung dieser geraden Linie können wir, wie bereits bekannt, mithilfe des Steigungsdreiecks oder der Formel von Seite 146 berechnen.

1. Die Steigung in diesem Punkt der Kurve findest du, indem du eine Tangente an den Punkt zeichnest und mittels zweier Punkte der Tangente deren Geradensteigung berechnest.

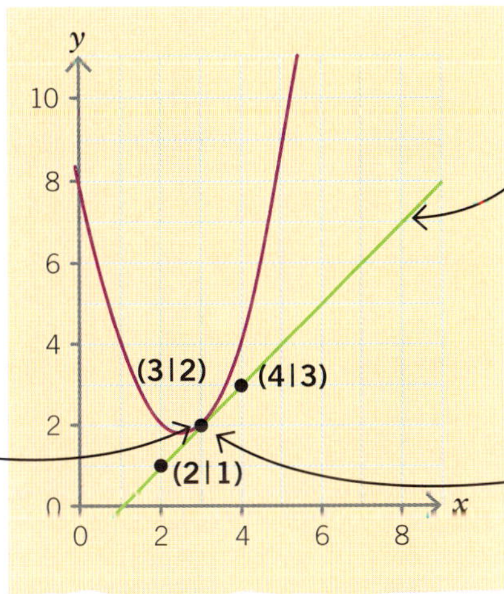

2. Verwende die Formel, mit der man die Steigung einer Geraden berechnet:

$$\text{Steigung} = \frac{y_2 - y_1}{x_2 - x_1} = \frac{3-1}{4-2} = \frac{2}{2} = 1$$

Setze die Koordinaten zweier Punkte der Tangente ein.

3. Im Punkt (3|2) hat die Kurve die Steigung 1.

Momentane Änderungsrate

Die Steigung eines Graphen zeigt die Zunahme von y im Zusammenhang mit x. Die Steigung einer gebogenen Kurve ist an verschiedenen Stellen unterschiedlich. Daher gibt es keine gleichmäßige Änderungsrate und die Steigung in jedem einzelnen Punkt heißt momentane Änderungsrate.

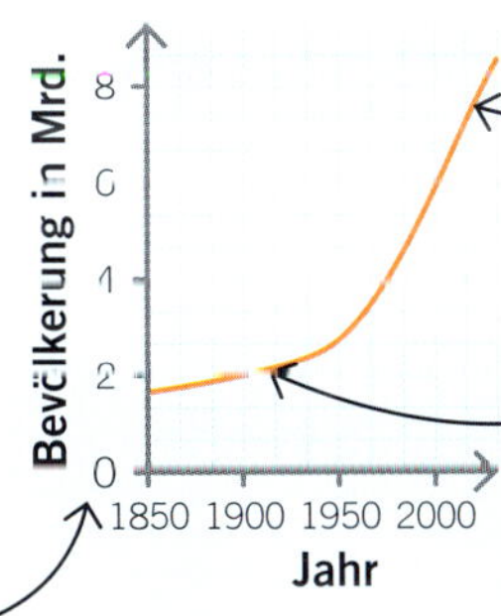

Dieser Graph zeigt die Zunahme der Weltbevölkerung seit 1850.

Hier im oberen Teil des Graphen ist die momentane Änderungsrate in jedem Punkt höher, die Bevölkerung wächst schneller.

Die momentane Änderungsrate ist im unteren Teil des Graphen niedriger. Die Bevölkerung wuchs früher langsamer.

Lineare Graphen

Variablen aus dem täglichen Leben wie Längen können gut in einem Koordinatensystem gegeneinander abgetragen werden. Ist die Änderung der einen Variablen in Relation zur anderen Variablen konstant, so ist die Steigung ebenfalls konstant und der Graph ist linear.

Auf einen Blick

- ✓ **Anhand von Umrechnungsgraphen kann man schnell und einfach von einer Einheit in die andere umrechnen und umgekehrt.**
- ✓ **Ist die Änderungsrate der einen Variablen gegenüber der anderen Variablen konstant, so ist der Graph eine Gerade und die Steigung ist auch konstant.**

Maße umrechnen

Ein linearer Graph kann die Beziehung zwischen zwei Längenmaßeinheiten perfekt darstellen. Und wir können mit seiner Hilfe schnell von einer Einheit zur anderen wechseln. Dieser Umrechnungsgraph zeigt, in welcher Relation Inches (Zoll) und Zentimeter zueinander stehen.

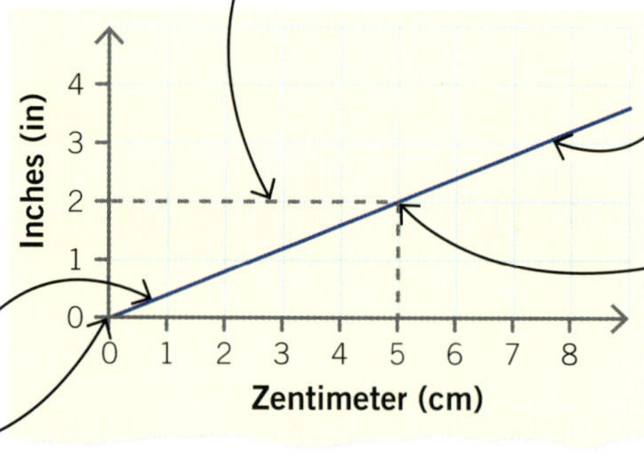

Zeichne eine horizontale Linie, ausgehend von der Maßeinheit, die du umrechnen willst, bis zur Geraden und dann abwärts zur horizontalen Achse. Dort kannst du den gesuchten Wert ablesen.

Umrechnungsrate

Du siehst, dass 2 in etwa 5 cm entsprechen.

Liest man vom Graphen ab, erhält man nur ungefähre Werte.

Der Graph geht durch den Ursprung, denn 0 in = 0 cm.

Telefonkosten

Verändert sich die Beziehung zweier Größen ab einem bestimmten Punkt, hat der Graph Bereiche mit unterschiedlichen Steigungen. Ein solcher Graph heißt stückweise linear, weil er aus unterschiedlichen geraden Strecken besteht. Dieser Graph zeigt die Kosten in Cent pro GB Datenvolumen (ct/GB) in einem Mobiltelefonvertrag.

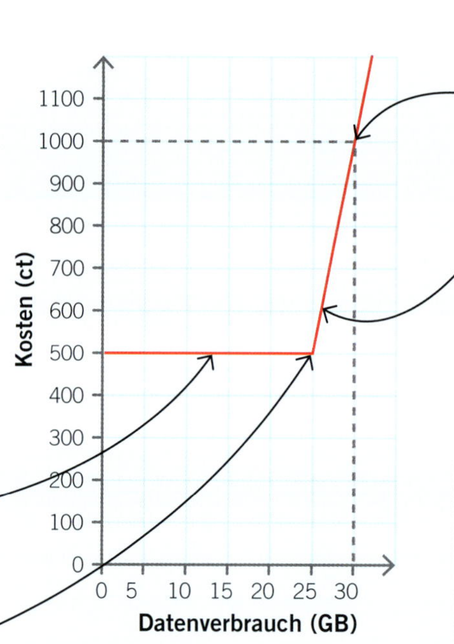

1. Die Kosten ändern sich nicht, bis man die ersten 25 GB aufgebraucht hat.

2. Nutzt der Kunde mehr als 25 GB im Monat, so werden die Daten teurer.

3. Verwendet ein Kunde mehr als 30 GB, zahlt er über 1000 ct, das sind 10 €.

4. Berechne die Steigung für diesen Teil und verwende die Punkte (25 | 500) und (30 | 1000), um die Kosten pro Gigabyte zu berechnen (Rechnung hier ohne Einheiten):

$$\textbf{Steigung} = \frac{y_2 - y_1}{x_2 - x_1} = \frac{1000 - 500}{30 - 25} = \frac{500}{5} = 100\,\text{ct/GB}$$

Füllgraphen

Nicht immer stehen Variablen in einer linearen Beziehung zueinander. Zeit und Füllhöhe stehen bei kegelförmigen oder bauchigen Gefäßen beispielsweise in einer nicht linearen Beziehung zueinander. Die Kurven verlaufen entsprechend gekrümmt.

Auf einen Blick

- ✓ **Ein Graph mit konstanter Steigung ist linear (gerade).**
- ✓ **Ein Graph mit nicht konstanter Steigung ist nicht linear.**

Behälter mit Flüssigkeiten füllen
Wird ein Gefäß aus einem Wasserhahn mit konstanter Zulaufgeschwindigkeit gefüllt, steigt die Füllhöhe im Lauf der Zeit an. Wie schnell diese Füllhöhe ansteigt, hängt von der Form des Gefäßes ab.

Der Graph ist eine gerade Linie, denn die Füllhöhe steigt konstant an.

Das Gefäß hat gerade Wände, also ist die Füllrate konstant.

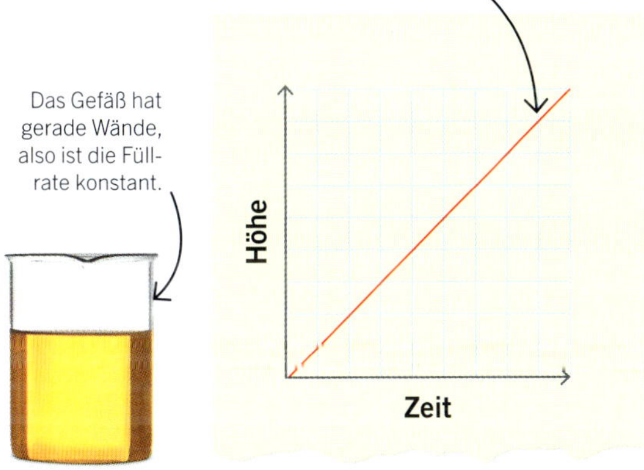

Der Graph ist nicht linear, denn die Füllhöhe steigt nicht konstant an.

Zuerst steigt die Füllhöhe schnell an. Je breiter das Gefäß nach oben hin wird, desto langsamer geht der Anstieg voran.

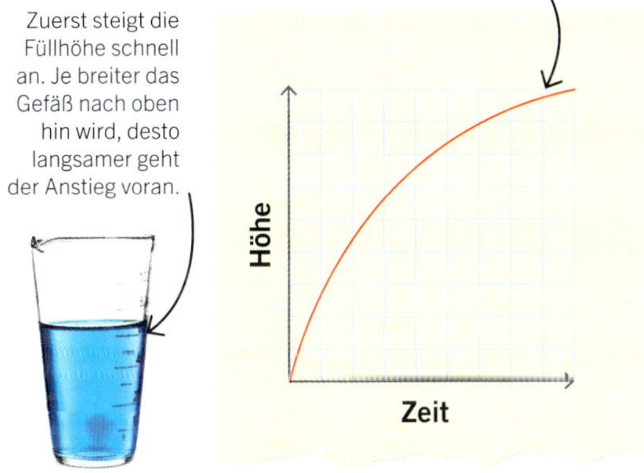

Dieser Graph zeigt, dass die Füllhöhe immer schneller steigt, je schmaler das Gefäß nach oben hin verläuft.

Während diese Vase vollläuft, steigt die Füllhöhe immer schneller an, weil das Gefäß nach oben hin immer schmaler wird.

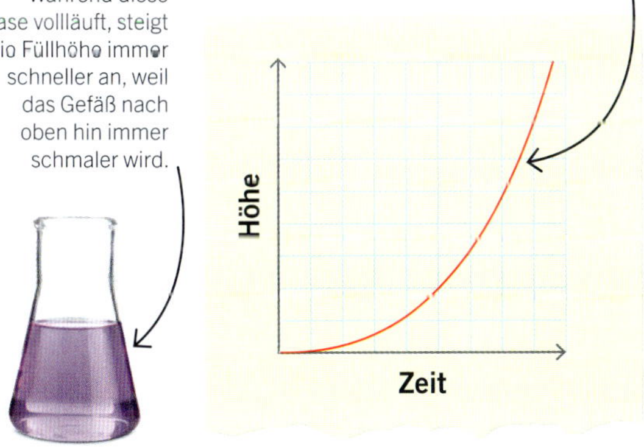

Der Anstieg ist in der Mitte am langsamsten, weil dort die Vase am breitesten ist. Gegen Ende wird der Graph linear, weil die Vase gerade verläuft.

Hier steigt die Füllhöhe anfangs schnell an, dann langsam und zum Ende hin wieder ganz schnell, wenn die Vase sehr schmal wird.

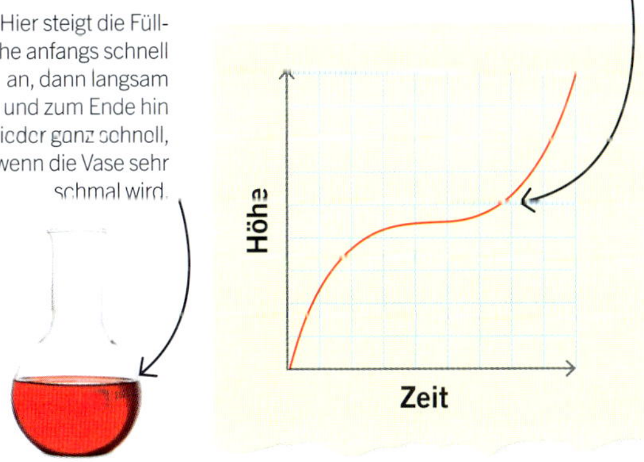

Definitions- und Wertemenge einer Funktion

Eine Funktion ist wie eine Maschine, die als Eingabe eine Zahl erhält, eine Regel darauf anwendet und am Ende eine neue Zahl ausgibt. Die Menge aller Zahlen, die eingegeben werden dürfen, heißt Definitionsmenge. Die Menge aller Werte, die herauskommen können, heißt Wertemenge.

Auf einen Blick

- ✓ **Die Definitionsmenge einer Funktion enthält alle Werte x, die man eingeben darf.**
- ✓ **Die Wertemenge enthält alle Werte y, die nach Anwendung der Regel herauskommen können.**
- ✓ **In Intervallschreibweise bedeutet meist eine eckige Klammer, dass die Grenze im Intervall enthalten ist, und eine runde Klammer bedeutet, dass sie nicht enthalten ist.**
- ✓ **Sind Definitions- oder Wertemenge unendlich, so wird oft ein Unendlichkeitssymbol verwendet.**

Zuordnung von der Definitions- in die Wertemenge
Die Funktion erhält eine Eingabe und gibt eine Ausgabe zurück. Man kann auch sagen, sie ordnet den Werten aus der einen Menge Werte aus der anderen Menge zu. Die Menge aller Eingaben heißt Definitionsmenge, die Menge aller möglichen Ausgaben heißt Wertemenge.

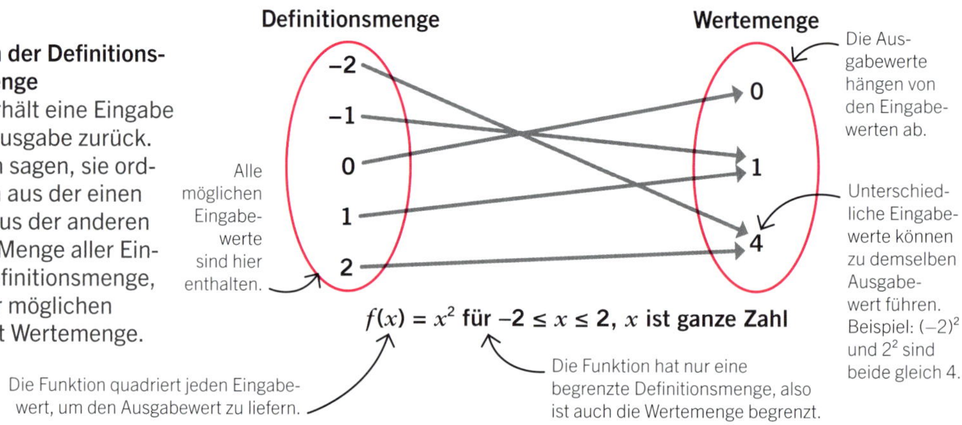

Definitions- und Wertemenge am Graphen
Während einige Funktionen unbegrenzte Definitions- und Wertemengen haben, gibt es andere, die eine begrenzte Definitionsmenge, eine begrenzte Wertemenge oder beides haben, wie im Beispiel oben. Die quadratische Funktion hat eine begrenzte Wertemenge, auch wenn ihre Definitionsmenge alle reellen Zahlen beinhaltet, denn eine Quadratzahl kann niemals negativ sein. Man kann also Definitions- und Wertemenge am Verlauf des Funktionsgraphen erkennen.

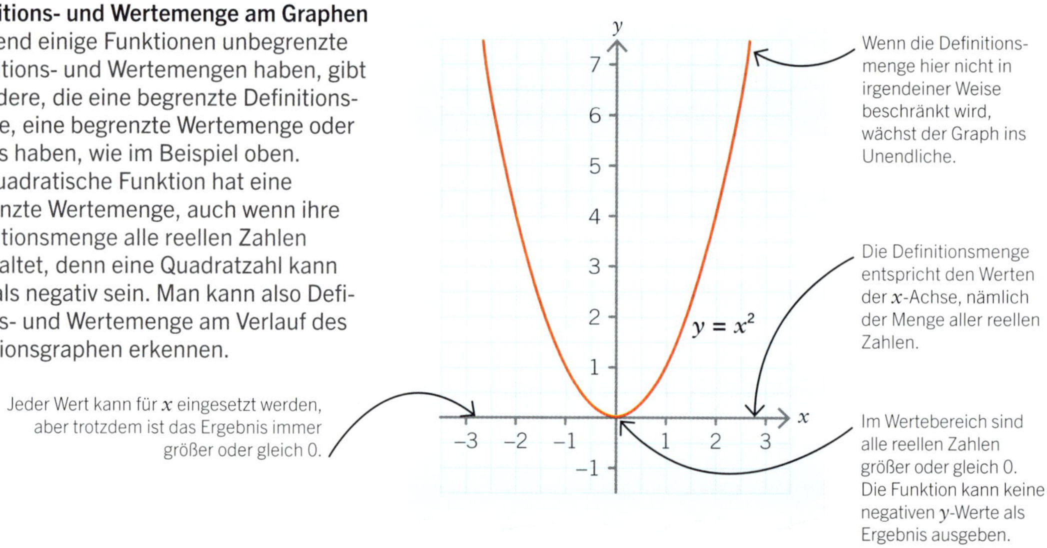

Intervallschreibweise
Da Definitions- und Wertemenge, wie der Name schon sagt, beides Mengen sind, können wir für sie auch die sogenannte Intervallschreibweise verwenden. Wir trennen den kleinsten und den größten Wert durch ein Semikolon und schreiben sie in Klammern. Eckige Klammer bedeuten ein geschlossenes, runde Klammern ein offenes Intervall.

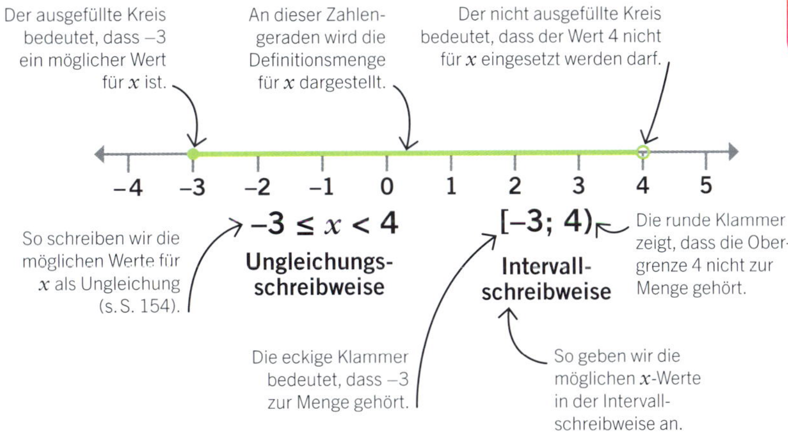

Begrenzte Funktionen
Dies ist der Graph zweier begrenzter Funktionen:
$f(x) = x + 1$ für $-1 < x \le 2$ und
$f(x) = 5 - x$ für $2 < x < 5$.
Es handelt sich um eine stückweise definierte Funktion, denn es wird mehr als eine Gleichung benötigt, um sie zu beschreiben. Die Intervallschreibweise für die Definitionsmenge (alle erlaubten x-Werte) und die Wertemenge (alle möglichen y-Werte) erkennen wir am Verlauf des Graphen.

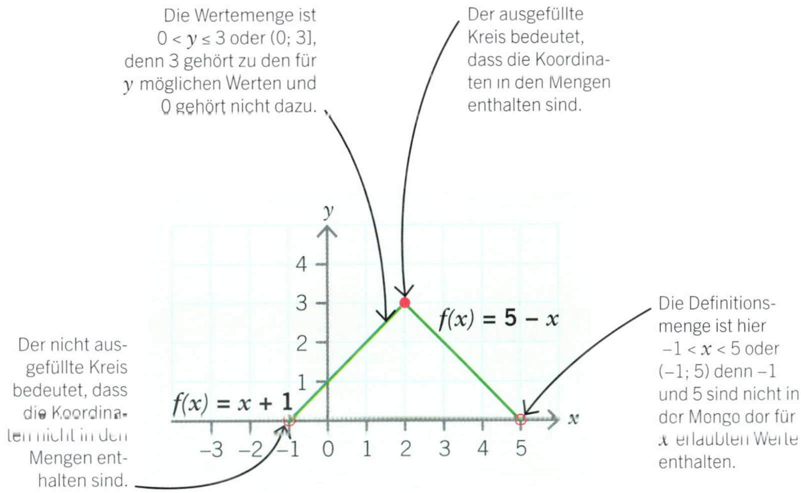

Unbegrenzte Funktionen
Ist eine Funktion nicht begrenzt, so sind Definitions- und Wertemenge unendlich und wir können für beide das Symbol ∞ für „unendlich" verwenden. Hier ist der Graph der Funktion $f(x) = x + 2$ abgebildet.

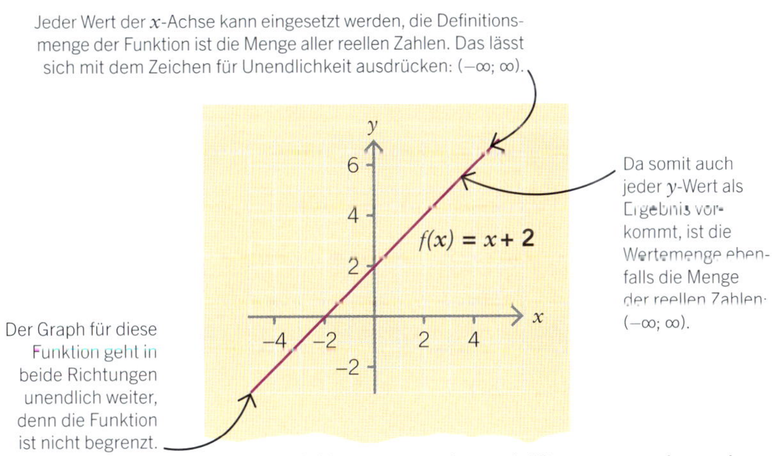

Definitionsmenge = (−∞; ∞), Wertemenge = (−∞; ∞)

Kubische Funktion

Lineare Funktionen enthalten einen x-Term, quadratische Funktionen enthalten einen x^2-Term und keine höhere Potenz von x, und kubische Funktionen enthalten einen x^3-Term und keine höhere Potenz von x. Die Graphen kubischer Funktionen haben einen unverwechselbaren Verlauf und genau eine Wendestelle.

Auf einen Blick

- ✓ **Eine kubische Funktion enthält einen x^3 -Term als höchste Potenz von x.**
- ✓ **Der Graph einer kubischen Funktion hat genau eine Wendestelle.**
- ✓ **Positive kubische Graphen steigen von links nach rechts, negative fallen.**

Einen kubischen Graphen zeichnen

1. Dies ist eine kubische Gleichung, denn sie hat einen x^3-Term und es gibt keine höhere Potenz von x.

$$y = f(x) = x^3 - 3x^2 - x + 3$$

2. Um einen kubischen Graphen zu zeichnen, erstellen wir wieder eine Wertetabelle, in die wir x-Werte und y-Werte eintragen, um die Punktkoordinaten zu erhalten. Die y-Werte rechnen wir aus, indem wir die x-Werte in die Funktion einsetzen.

x	$y = f(x)$	Koordinaten des Punktes
–2	$(-2)^3 - 3 \cdot (-2)^2 - (-2) + 3 = -15$	(–2 I –15)
–1	0	(–1 I 0)
0	3	(0 I 3)
1	0	(1 I 0)
2	–3	(2 I –3)
3	0	(3 I 0)
4	15	(4 I 15)

Für einen kubischen Graphen braucht man mehr Punkte als für einen quadratischen, denn sein Verlauf ist wesentlich komplexer.

3. Wir tragen die Punkte in das Koordinatensystem ein und verbinden sie durch eine glatte Kurve.

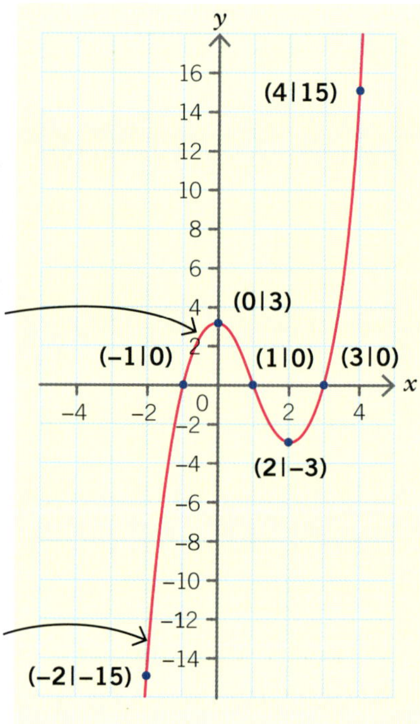

Dieser kubische Graph wechselt die Richtung zweimal und steigt dann stetig weiter an.

Eine kubische Funktion mit einem positiven x^3-Term steigt von links nach rechts.

Wie viel Wurzeln/Nullstellen?

Nullstellen oder Wurzeln nennt man die möglichen Lösungen, die sich ergeben, wenn man den Funktionsterm gleich Null setzt. Grafisch gesehen sind das die x-Werte derjenigen Punkte, in denen der Graph die x-Achse schneidet. Eine kubische Funktion hat höchstens drei Nullstellen, manche haben nur eine oder zwei.

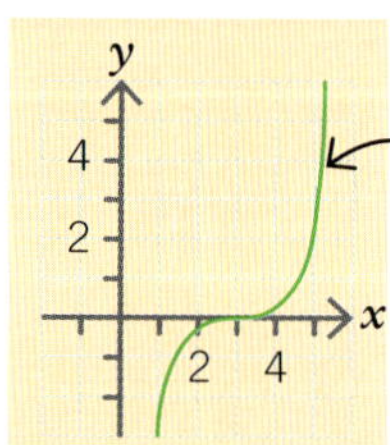

Dieser kubische Graph hat eine Nullstelle.

Dieser kubische Graph hat zwei Nullstellen.

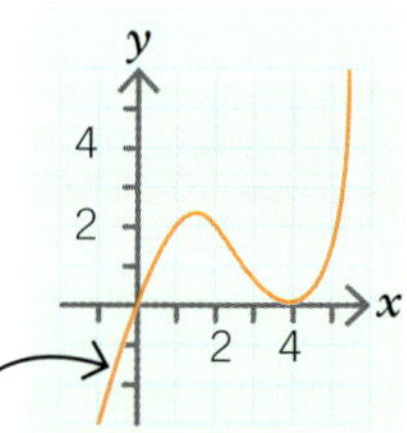

Hyperbelfunktion

Die einfachste Form einer gebrochen rationalen Funktion ist die Funktion $f(x) = \frac{1}{x}$. Der Graph einer solchen gebrochen rationalen Funktion, in deren Zähler eine lineare Funktion sowie in deren Nenner eine Potenzfunktion steht, heißt Hyperbel und hat immer dieselbe charakteristische Form.

Auf einen Blick

- ✓ **Die Hyperbelfunktion ist eine gebrochen rationale Funktion: x steht im Nenner.**
- ✓ **Der Graph einer solchen gebrochen rationalen Funktion besteht aus zwei Ästen, die sich nicht berühren, und ist achsensymmetrisch.**

Gebrochen rationale Funktion
Dies ist eine gebrochen rationale Funktion, denn x erscheint im Nenner.

$$f(x) = \frac{1}{x}$$

Wertetabelle für die Hyperbel
Wie bei jeder anderen Funktion auch, müssen wir zunächst Koordinaten für einige Punkte ausrechnen, um die Funktion $f(x) = \frac{1}{x}$ zeichnen zu können. Dazu legen wir wieder eine Wertetabelle für x und y an.

x	$y = f(x)$	**Koordinaten**
–3	$-\frac{1}{3}$	$(-3 \mid -\frac{1}{3})$
–2	$-\frac{1}{2}$	$(-2 \mid -\frac{1}{2})$
–1	–1	$(-1 \mid -1)$
0	$\frac{1}{0}$	Kein Wert
1	1	$(1 \mid 1)$
2	$\frac{1}{2}$	$(2 \mid \frac{1}{2})$
3	$\frac{1}{3}$	$(3 \mid \frac{1}{3})$

Für $x = 0$ ist die Funktion nicht definiert, denn durch Null kann man nicht dividieren.

Graph mit zwei Ästen
Wenn wir die Punkte einzeichnen und verbinden, erhalten wir die charakteristische Hyperbel als Funktionsgraphen. Sie besteht aus zwei Ästen und besitzt zwei Symmetrieachsen. Hier ist der Graph der Funktion $y = \frac{1}{x}$ abgebildet.

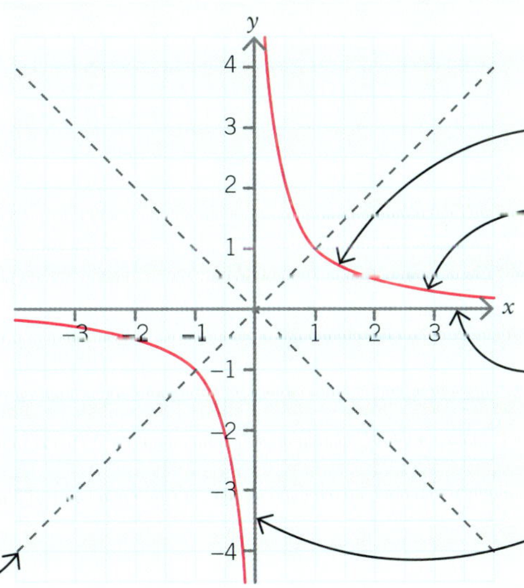

Die beiden Äste gehören zu einer Hyperbel.

Je größer x wird, desto mehr nähert sich der y-Wert der Null.

Die Achsen sind die Asymptoten der Kurven. Das bedeutet, die Kurven kommen mit steigendem x immer näher an die Achsen heran, erreichen sie aber nie.

Kein einziger Punkt des Graphen liegt auf der y-Achse ($x = 0$), denn 0 gehört nicht zur Definitionsmenge der Funktion.

Der Graph ist symmetrisch zu beiden Winkelhalbierenden des Koordinatensystems. Das sind die Geraden $y = x$ und $y = -x$.

Exponentialfunktion

Die Funktionsgleichung einer Exponentialfunktion hat die Form $y = k^x$, wobei x im Exponenten einer Konstanten k steht. Die zugehörige Kurve zeigt entweder ein exponentielles Wachstum oder exponentiellen Zerfall.

Auf einen Blick

- ✓ In einer Exponentialfunktion steht x im Exponenten einer Konstanten k.
- ✓ An einem „Ende“ verlaufen Exponentialfunktionen immer flach, am anderen „Ende“ steigen oder fallen sie rasant.
- ✓ Der Graph zeigt exponentielles Wachstum oder exponentiellen Zerfall, das hängt von der Basis k ab.
- ✓ Bei exponentiellem Wachstum gilt: Je größer x, desto schneller das Wachstum. Bei exponentiellem Zerfall gilt: Je größer x, desto langsamer der Zerfall.

Exponentialfunktionen
Dies ist eine Exponentialfunktion der Form $f(x) = k^x$. Ist die Basis k größer als 1, zeigt der Graph exponentielles Wachstum (s. S. 61).

$$f(x) = 2^x$$

In diesem Beispiel ist die Basis 2, der Funktionswert verdoppelt sich also, wenn x um 1 zunimmt.

Die Zahl wird mit der Variablen x potenziert.

Wertetabelle für $y = f(x) = 2^x$
Wir erhalten die Koordinaten für $y = f(x) = 2^x$, indem wir verschiedene Werte für x einsetzen und die y -Werte ausrechnen.

Setzt man negative Zahlen für x ein, so ist y kleiner als 1 und größer als 0.

x	-2	-1	0	1	2
$y = f(x)$	$\frac{1}{4}$	$\frac{1}{2}$	1	2	4

Je größer die x-Werte werden, mit denen 2 potenziert wird, desto schneller steigen die y-Werte.

Graph von $y = 2^x$
Dies ist der Graph für $f(x) = 2^x$. Er zeigt exponentielles Wachstum. Auf der einen Seite verläuft er sehr flach, aber je größer x wird, desto steiler steigt er an.

Bei exponentiellem Wachstum gilt: Je höher der Wert von x, desto schneller die Zunahme.

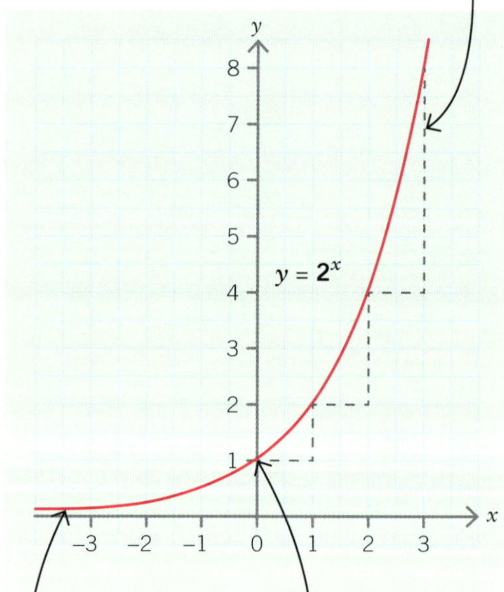

Je kleiner der x-Wert wird, umso mehr nähert sich der Graph der x-Achse an, aber er berührt sie nie. Man sagt: Die x-Achse ist die Asymptote des Graphen.

Die Schnittstelle mit der y-Achse (hier ist $x = 0$) ist für jede Exponentialfunktion gleich 1, denn jede beliebige Zahl „hoch 0“ ergibt 1.

Funktionsgleichung einer Exponentialfunktion ermitteln
Bei manchen Exponentialfunktionen steht ein weiterer Faktor vor der Basis, wie bei $f(x) = 4 \cdot 2^x$. Kennt man einige Wertepaare für x und y, kann man a und b in einer Gleichung der Form $y = ab^x$ leicht berechnen.

1. Die Punkte (0|2) und (1|6) liegen auf dem Graphen einer Exponentialfunktion mit der Funktionsgleichung $y = ab^x$. Bestimme die Werte für a und b.

2. Eine Skizze des Graphen hilft dir, das Problem zu verstehen. Die ersten beiden Koordinaten (0|2) zeigen, wo der Schnittpunkt mit der y-Achse ist, denn hier ist $x = 0$.

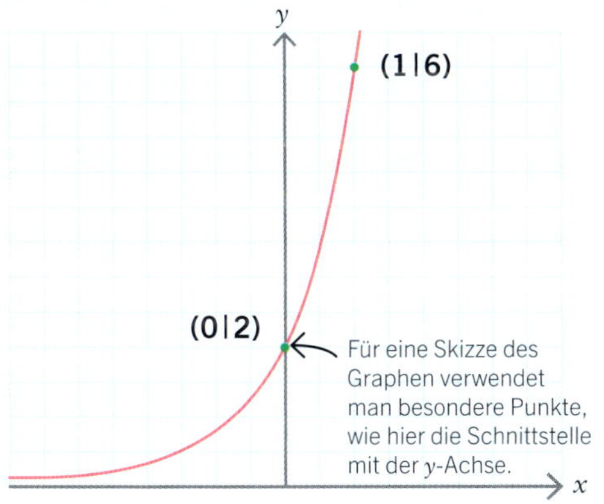

3. Setze nun die Koordinaten eines der beiden Punkte in die Gleichung ein. Wir nehmen hier zuerst die Koordinaten des Schnittpunktes mit der y-Achse.

$$y = ab^x$$
$$2 = ab^0$$
$$2 = a \times 1$$
$$2 = a$$

Jede Zahl „hoch 0" ist gleich 1.

4. Setze dann auch die Koordinaten des zweiten Punktes in die Gleichung ein.

$$y = ab^x$$
$$6 = ab^1$$

5. Aus Schritt 3 weißt du, dass a gleich 2 ist. Setze also diese Zahl in die Gleichung ein und löse nach b auf.

$$6 = ab^1$$
$$6 = 2b^1$$
$$3 = b^1$$
$$3 = b$$

Jede Zahl „hoch 1" ist gleich die Zahl selbst.

6. Jetzt weißt du, dass $a = 2$ und $b = 3$ ist. Damit kennst du die Funktionsgleichung der gesuchten Exponentialfunktion.

$$y = ab^x$$
$$y = 2 \times 3^x$$

Exponentieller Zerfall

Der Graph einer Exponentialfunktion der Form $y = k^x$ für k zwischen 0 und 1 fällt mit zunehmendem x-Wert. Dies nennt man exponentiellen Zerfall. Der hier dargestellte Graph zeigt den ungefähren Verlauf des radioaktiven Zerfalls einer bestimmten Art von Uran. Zuerst zerfällt das Material schnell, dann immer langsamer.

Bei exponentiellem Zerfall gilt: Je höher der x-Wert, desto langsamer der Zerfall.

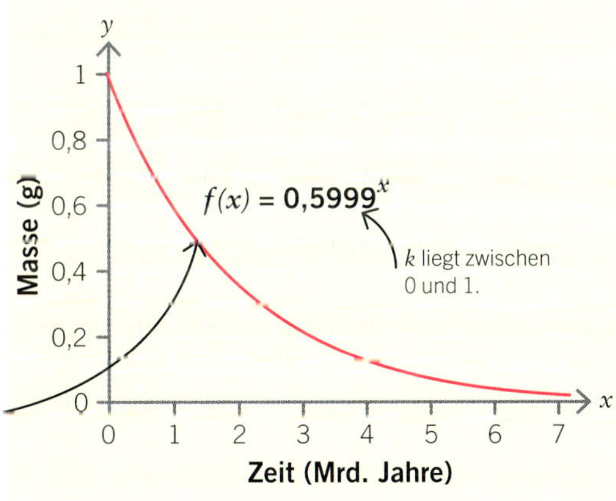

Trigonometrische Funktionen

Die Trigonometrie ist der Bereich der Mathematik, der sich mit Dreiecksberechnungen beschäftigt (s. S. 195 ff.).

Auf einen Blick

- ✓ **Die Graphen der Sinus- und der Kosinusfunktion sind wellenförmige, horizontal verschobene Versionen voneinander (Periode 360°).**
- ✓ **Der Graph einer Tangensfunktion besteht aus sich wiederholenden Kurven, die durch Lücken getrennt sind. Die Periode ist 180°.**

Graphen der Sinusfunktion und der Kosinusfunktion

Die Graphen der Sinus- und der Kosinusfunktion (sin und cos) sind beide wellenförmig und wiederholen sich alle 360°. Um die Graphen der Funktionen $y = \sin x$ und $y = \cos x$ zu zeichnen, müssen wir mit dem Taschenrechner einige Werte für sin x und cos x berechnen.

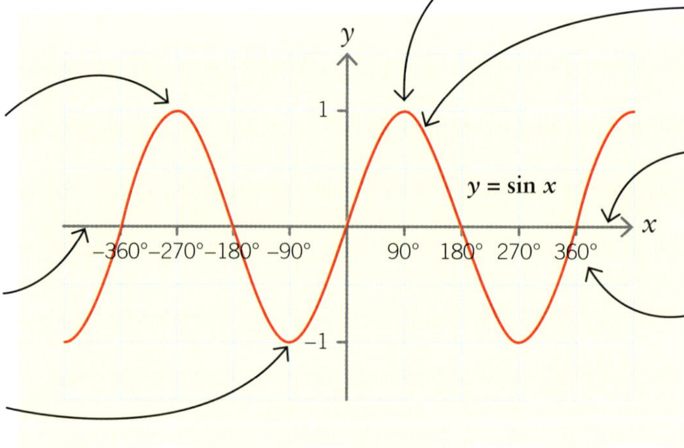

Das erste Maximum (90|1).

Der Graph verläuft wellenförmig. Er schneidet die y-Achse bei $x = 0$ und die x-Achse alle 180°.

Die Höhe einer Welle über und unter der Mittellinie (hier die x-Achse) heißt Amplitude. Die Amplitude für $y = \sin x$ ist 1.

Die Kurve verläuft ohne Unterbrechung entlang der gesamten x-Achse. Die Definitionsmenge ist daher die Menge der reellen Zahlen.

Die x-Achse ist hier die Mittellinie der Welle.

Die Periode beträgt 360°: Die gesamte Welle wiederholt sich alle 360°.

Die Wertemenge ist die Menge aller y, für die gilt: $-1 \leq y \leq 1$.

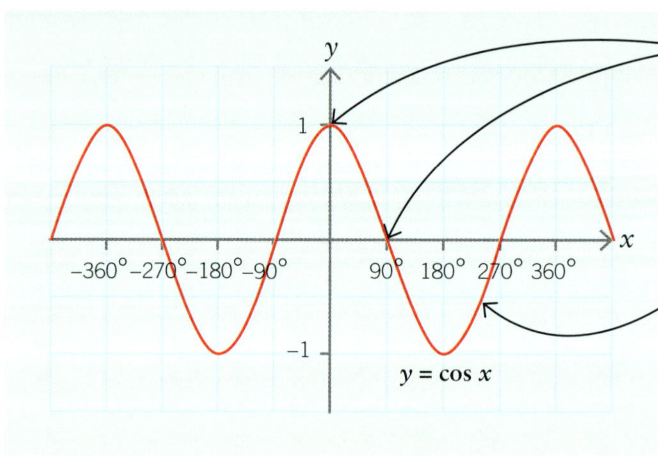

Die Kosinusfunktion schneidet die y-Achse bei 1 und die x-Achse bei 90°, dann bei 270° usw. Sie ist also relativ zur Sinuskurve um 90° in Richtung der positiven x-Achse verschoben.

Der Graph hat exakt dieselbe Form wie die Sinusfunktion, also auch dieselbe Amplitude, dieselbe Periode, dieselbe Definitions- und dieselbe Wertemenge.

Graph der Tangensfunktion

Der Graph der Tangensfunktion unterscheidet sich von dem der Sinus- und dem der Kosinusfunktion. Es gibt eine sich wiederholende Lücke und an diesen Stellen (für diese x-Werte) ist die Funktion jeweils nicht definiert. Wie bei den anderen Funktionen auch, setzen wir x-Werte in die Gleichung $y = \tan x$ ein und rechnen Punktkoordinaten aus.

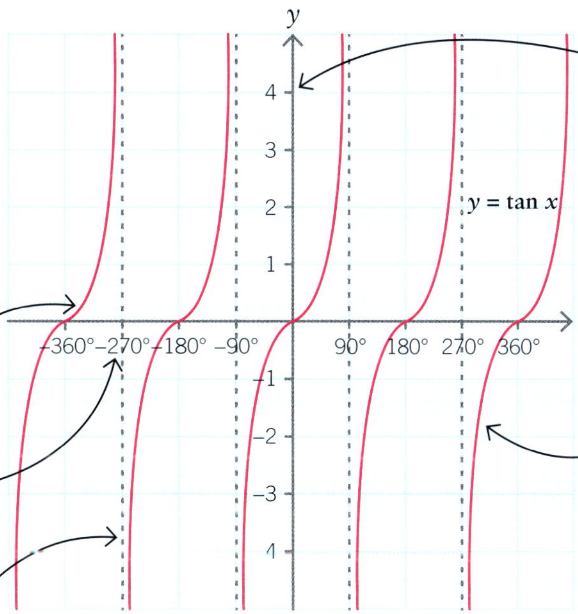

Die Periode der Tangensfunktion ist 180°.

Die Definitionsmenge ist die Menge aller reellen Zahlen außer 90°, 270° usw.

Der Graph hat eine Asymptote bei 90° und dann alle 180°, immer dort, wo die Funktion nicht definiert ist. Der Graph berührt die Asymptoten nie, aber er schmiegt sich immer näher an.

Die Wertemenge der Funktion ist die Menge der reellen Zahlen.

Ebenso wie die Sinus- und die Kosinusfunktion, wiederholt sich auch die Tangensfunktion unendlich.

Trigonometrische Graphen verschieben

Die Gleichungen trigonometrischer Graphen sehen nicht immer genau so aus wie hier bisher beschrieben. Eine Veränderung der Funktionsgleichung bedeutet eine Verschiebung des Graphen oder eine Veränderung der Amplitude (s. S. 260–261).

Subtrahiert man einen Wert von x, so wird die Sinuswelle entlang der x-Achse nach rechts verschoben.

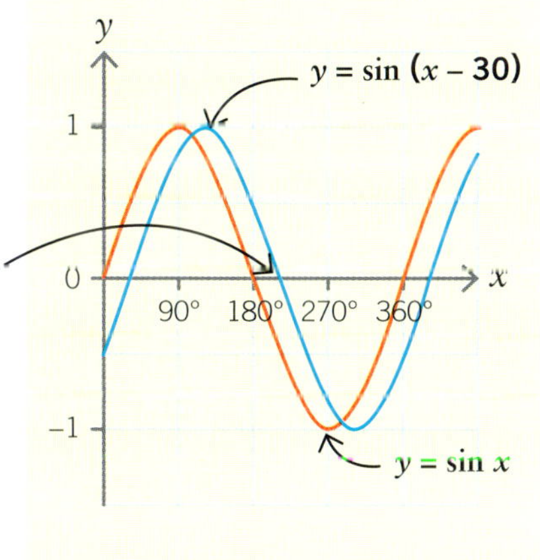

Multipliziert man $\sin x$ mit einer Zahl, verändert sich die Amplitude der Sinuswelle.

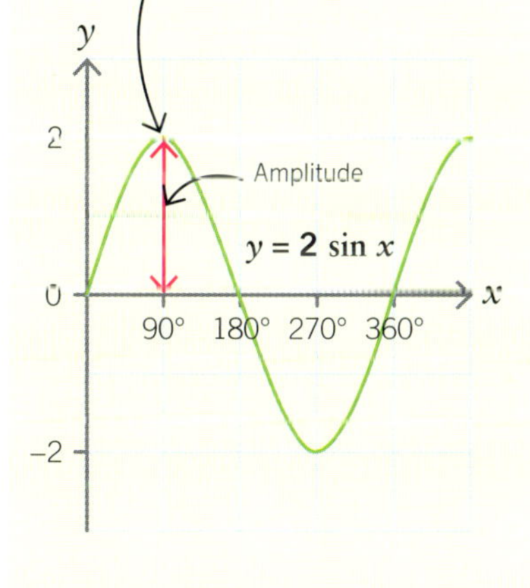

Graphen verschieben

Graphen können genau wie Figuren oder Punkte im Koordinatensystem verschoben werden (s. S. 174–175). Die Veränderung des Funktionsterms bewirkt eine Verschiebung des Graphen.

Auf einen Blick

- **Der Graph von $f(x-a)$ ist eine Verschiebung des Graphen von $f(x)$ um a Einheiten nach rechts.**
- **Der Graph von $f(x)+a$ ist eine Verschiebung des Graphen von $f(x)$ um a Einheiten nach oben.**
- **Der Graph von $f(-x)$ ist eine Spiegelung des Graphen von $f(x)$ an der y-Achse.**
- **Der Graph von $-f(x)$ ist eine Spiegelung des Graphen von $f(x)$ an der x-Achse.**

Verschiebungen

Jeder Graph der Form $y = f(x)$ kann durch Veränderung des Funktionsterms in x-, y- oder beide Richtungen verschoben werden.

$y = f(x - a)$

Wird eine Zahl zum Argument (Eingabewert) der Funktion addiert oder von ihm subtrahiert, wird der Graph in die negative oder postitive x-Richtung verschoben. Die Verschiebung wird durch die Gleichung $y = f(x - a)$ angegeben, wobei a die Zahl ist, die „von x subtrahiert" wird. Hier wird der Graph von $y = x^2$ verschoben zu den Graphen von $y = (x - 2)^2$ und $y = (x + 2)^2$.

Wird ein Wert vom Argument (x-Term) subtrahiert, so wird der Graph in die positive x-Richtung verschoben.

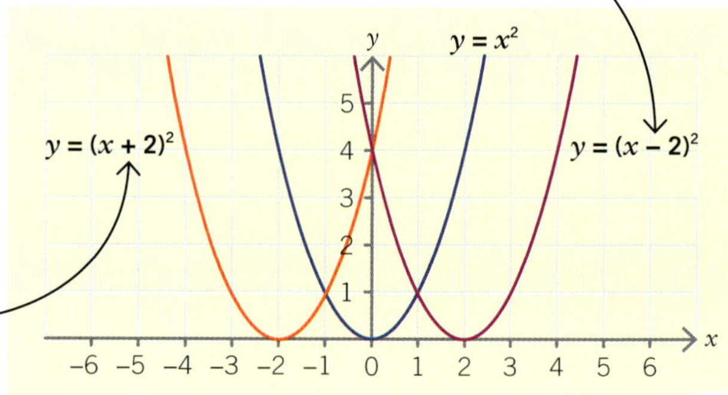

Addition eines Wertes zum Argument (x-Term) bewirkt eine Verschiebung in die negative x-Richtung.

$y = f(x) + a$

Die Addition oder Subtraktion einer Zahl zum oder vom Funktionswert (Ausgabewert der Funktion) bewirkt eine Verschiebung des Graphen in die positive oder negative y-Richtung. Die Verschiebung wird durch die Gleichung $y = f(x) + a$ angegeben, wobei a die Zahl ist, die zum Funktionsterm addiert wird. Hier wird der Graph von $y = x^2$ verschoben zu den Graphen von $y = x^2 + 3$ und $y = x^2 - 3$.

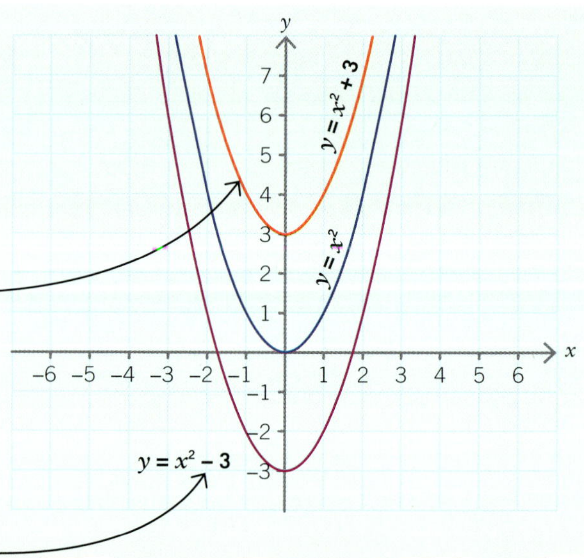

Wird ein Wert zum Ausgabewert der ursprünglichen Funktion addiert, wird der Graph in die positive y-Richtung verschoben.

Subtrahiert man einen Wert vom Funktionsterm, wird der Graph in die negative y-Richtung verschoben.

Verschiebungen kombinieren

Oft sind in einer Funktionsgleichung mehrere Verschiebungen gegeben. Am Verlauf dieses Graphen erkennt man, was passiert, wenn die Funktionsgleichung $y = x^2$ verschoben wird zu $y = (x - 5)^2 - 4$.

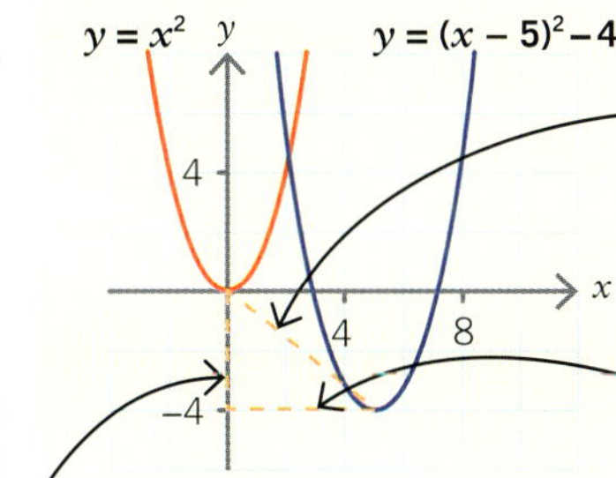

Die Subtraktion von 4 bewirkt eine Verschiebung des Graphen um 4 Einheiten in die negative y-Richtung.

Insgesamt wird der Graph durch den Vektor $\binom{5}{-4}$ verschoben.

Die Subtraktion von 5 von jedem x-Term in der Gleichung bewirkt eine Verschiebung in die positive x-Richtung.

Spiegelungen

Jeder Graph der Funktion $y = f(x)$ kann entlang einer Spiegelachse gespiegelt werden. Funktion werden sehr oft an der x- oder an der y-Achse gespiegelt.

$y = f(-x)$

Wird das Argument der Funktion mit –1 multipliziert, so wird der Graph entlang der y-Achse gespiegelt. Die Spiegelung wird durch die Gleichung $y = f(-x)$ angegeben. Hier wird der Graph von $y = x^3 - 8x^2 + 19x - 10$ an gespiegelt zum Graphen von $y = -x^3 - 8x^2 - 19x - 10$.

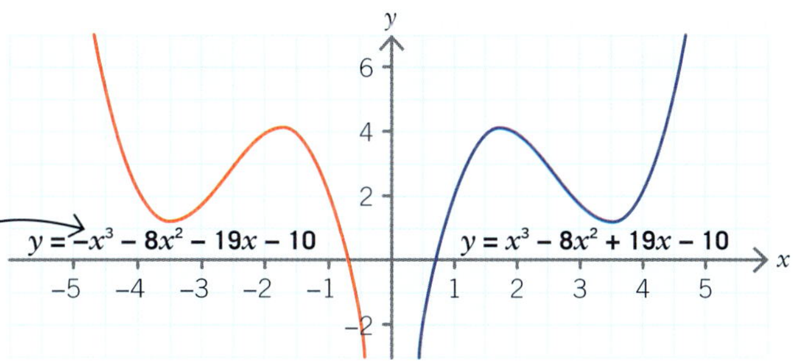

Jedes x im Funktionsterm wird mit –1 multipliziert. Das bewirkt eine Spiegelung des Graphen entlang der y-Achse.

$y = -f(x)$

Wenn sich das Vorzeichen der Funktion ändert, wird der Graph entlang der x-Achse gespiegelt. Die Spiegelung wird durch Multiplikation der gesamten Gleichung mit –1 angegeben. Hier wird der Graph von $y = x^3 - 8x^2 + 19x - 10$ gespiegelt zu $y = -x^3 + 8x^2 - 19x + 10$.

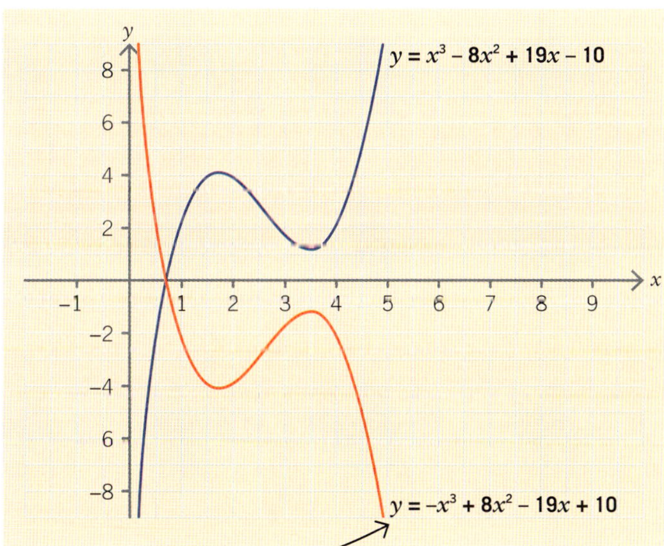

Die Multiplikation des gesamten Funktionsterms mit –1 erzeugt eine Spiegelung an der x-Achse.

Kreisgleichung

Einige Funktionen ergeben einen Kreis als Graphen im Koordinatensystem. Kennen wir den Mittelpunkt eines Kreises und die Länge seines Radius, können wir die Kreisgleichung ganz einfach bestimmen.

Auf einen Blick

- Für einen Kreis mit dem Mittelpunkt (a|b) lautet die Normal- oder Standardform der Kreisgleichung: $(x - a)^2 + (y - b)^2 = r^2$
- Die allgemeine Kreisgleichung lautet: $x^2 + y^2 + gx + fy + c = 0$
- Durch quadratische Ergänzung wird die allgemeine Kreisgleichung in die Standardform umgewandelt.
- Die Gleichung einer Tangente an den Kreis lautet $y = mx + c$.

Der Mittelpunkt liegt im Ursprung

Für einen Kreis, dessen Mittelpunkt im Ursprung (0|0) liegt, gibt es eine besonders einfache Kreisgleichung, die auf dem Satz des Pythagoras beruht (s. S. 196). Dies kann man sich mithilfe eines gedachten rechtwinkligen Dreiecks zwischen Ursprung und Kreisumfang sehr gut vorstellen.

Alle Punkte der Kreislinie sind Lösungen der Gleichung $x^2 + y^2 = r^2$.

r ist der Radius.

$$x^2 + y^2 = r^2$$

x und *y* können Koordinaten jedes beliebigen Punktes der Kreislinie sein, wenn der Mittelpunkt (0|0) ist.

Die Hypotenuse dieses rechtwinkligen Dreiecks entspricht einem Radius des Kreises.

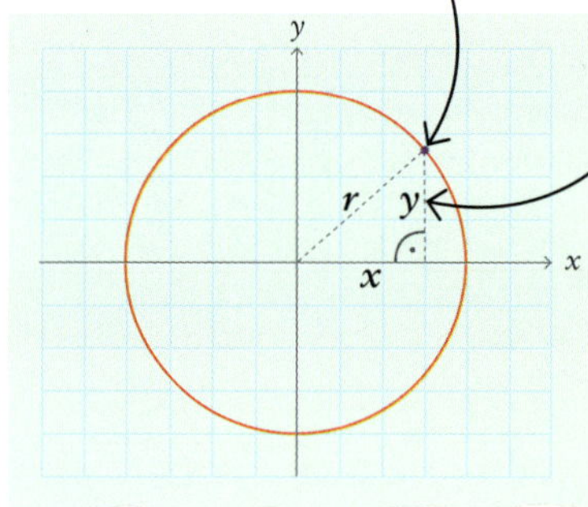

Der Satz des Pythagoras drückt den Zusammenhang zwischen den Seitenlängen aus: $a^2 + b^2 = c^2$

Aus dem Ursprung verschobener Kreis

Natürlich liegt nicht für jeden Kreis der Mittelpunkt im Ursprung (0|0) des Koordinatensystems. In diesem Fall müssen wir uns eine andere Formel überlegen, die ebenfalls auf dem Satz des Pythagoras beruht. Dies ist die Normal- oder Standardform der Kreisgleichung. Sie kann für jeden beliebigen Kreis mit jedem beliebigen Mittelpunkt verwendet werden.

$$(x - a)^2 + (y - b)^2 = r^2$$

Wenn wir die Punktkoordinaten in die Formel einsetzen, erhalten wir den Radius (*r*).

Der Mittelpunkt des Kreises ist der Punkt (*a*|*b*).

Der Punkt (*x*|*y*) ist genau die Länge eines Radius vom Mittelpunkt entfernt.

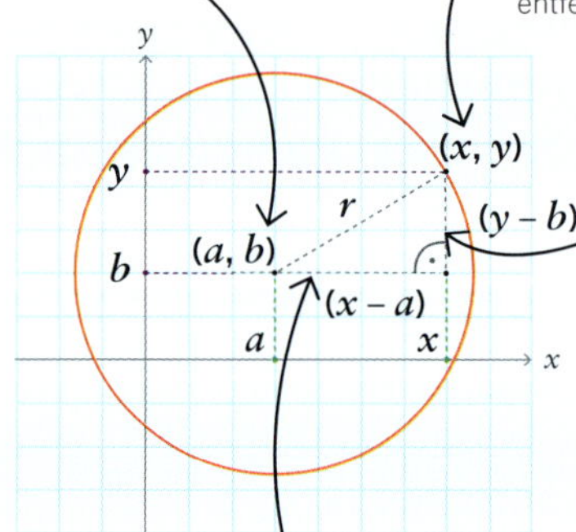

Die Länge dieser Seite erhalten wir, indem wir die *y*-Koordinate des Mittelpunkts von der *y*-Koordinate der Kreislinie subtrahieren.

Die Länge dieser Seite berechnen wir durch Subtraktion der *x*-Koordinate des Mittelpunkts von der *x*-Koordinate der Kreislinie.

Koordinaten- und Parameterform

Mittelpunkt dieses Kreises ist der Punkt (3|2), der Radius beträgt 5. Eine Kreisgleichung kann auf zwei Arten angegeben werden: In der Normal- oder Standardform oder in der allgemeinen Form.

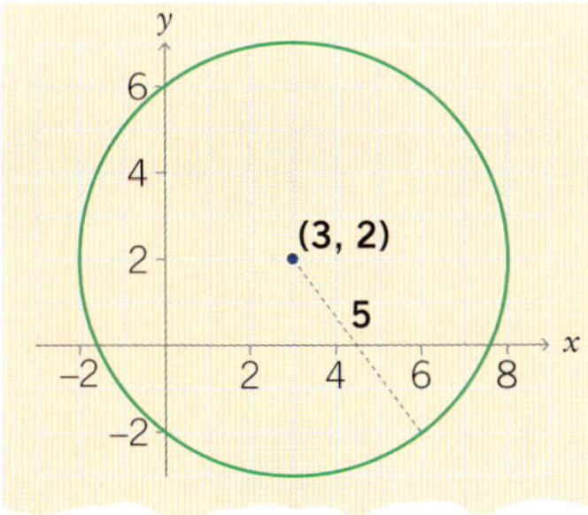

1. Wir setzen Mittelpunkt und Radius in die Standardform ein und erhalten:

$$(x-3)^2 + (y-2)^2 = 5^2$$

2. Um die allgemeine Form zu erhalten, müssen wir die Klammern ausmultiplizieren. Manchmal ist die Gleichung aber auch nur in dieser allgemeinen Form gegeben:

$$x^2 + y^2 - 6x - 4y - 12 = 0$$

3. Die allgemeine Form der Kreisgleichung lautet:

$$x^2 + y^2 + gx + fy + c = 0$$

In unserem Beispiel wäre g gleich −6 und f wäre −4.

Im Beispiel wäre die Konstante (c) gleich −12.

Von einer Form in die andere umrechnen

Um Mittelpunkt und Radius eines Kreises zu ermitteln, dessen Gleichung in der allgemeinen Form bekannt ist, wandelt man die Gleichung in die Standardform um.

1. Wir rechnen um in die Standardform, indem wir zweimal die quadratische Ergänzung (s. S. 140) durchführen – einmal für die x-Terme und einmal für die y-Terme.

$$x^2 + y^2 - 6x - 4y - 12 = 0$$

2. Zuerst addieren wir die Konstante auf beiden Seiten und schreiben die x-Terme und die y-Terme jeweils zusammen.

$$x^2 + y^2 - 6x - 4y = 12$$

$$x^2 - 6x + y^2 - 4y = 12$$

3. Nun führen wir nacheinander die quadratische Ergänzung für die x-Terme und die y-Terme durch.

$$(x-3)^2 - 9 + (y-2)^2 - 4 = 12$$

4. Die Konstanten sammeln wir rechts vom Gleichheitszeichen und erhalten die Standardform:

$$(x-3)^2 + (y-2)^2 = 25$$

$$(x-3)^2 + (y-2)^2 = 5^2$$

Tangentengleichung

Eine Tangente an einen Kreis steht immer senkrecht auf einem Radius (90°-Winkel, s. S. 194) und ist eine Gerade. Daher hat ihre Gleichung die Form $y = mx + c$ (s. S. 146). Bestimme die Gleichung der Tangente im Diagramm.

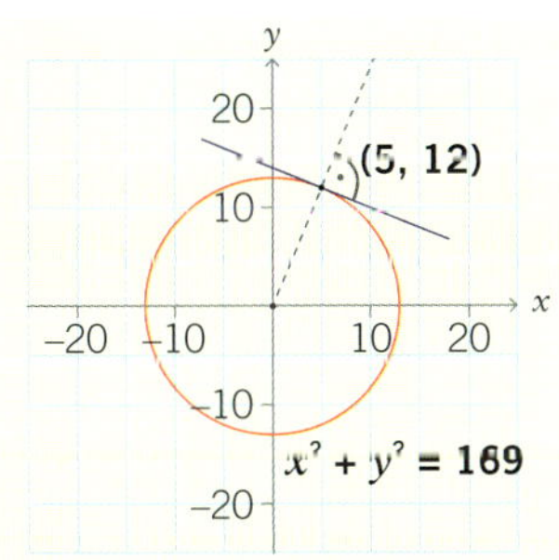

1. Die Tangente berührt den Kreis $x^2 + y^2 = 169$ im Punkt (5|12).

2. Da die Tangente senkrecht auf dem Radius steht, ist ihre Steigung (m) der negative Kehrwert der Steigung des Radius (s. S. 147).

$$\text{Steigung des Radius} = \frac{12}{5}$$

$$\text{Steigung der Tangente} = -1 : \frac{12}{5} = -\frac{5}{12}$$

3. Bestimme c durch Einsetzen der Koordinaten des Berührpunkts in die Gleichung.

$$y = -\frac{5}{12}x + c$$

$$12 = -\frac{5}{12} \cdot 5 + c$$

$$12 = -\frac{25}{12} + c$$

$$c = \frac{169}{12}$$

4. Die Gleichung der Tangente lautet:

$$y = -\frac{5}{12}x + \frac{169}{12}$$

Folgen

Zahlenfolgen

Eine Zahlenfolge ist eine Auflistung von Zahlen, die einem Muster oder einer Regel folgen. Die einzelnen Zahlen heißen Folgenglieder und sind in einer festgelegten Reihenfolge angeordnet.

Auf einen Blick

- ✓ **Eine Folge ist eine Liste von Zahlen (diese heißen Folgenglieder), die alle nach einer bestimmten Regel gebildet werden.**
- ✓ **In einer arithmetischen Folge wird immer dieselbe Zahl addiert.**
- ✓ **In einer geometrischen Folge wird immer mit derselben Zahl multipliziert.**

Arithmetische Folgen
In einer arithmetischen Zahlenfolge wird zu einem Folgenglied jeweils dieselbe Zahl addiert, um das nächste Folgenglied zu erhalten.

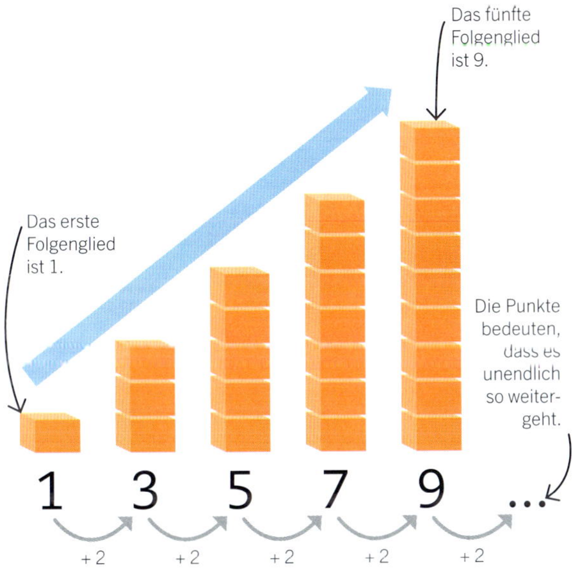

Addiere immer 2.

Geometrische Folgen
In einer geometrischen Folge wird ein Folgenglied jeweils mit derselben Zahl multipliziert, um das nächste Folgenglied zu erhalten.

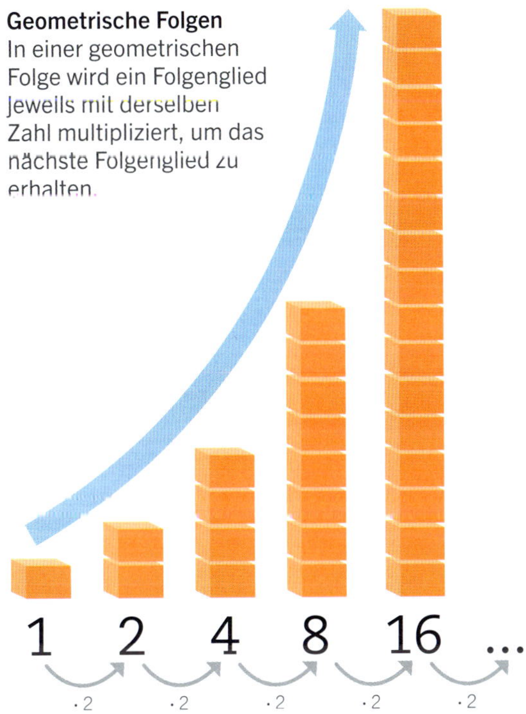

Multipliziere immer mit 2.

Finde die fehlenden Folgenglieder

Finde die Regel und berechne das fehlende Folgenglied.

a) **−20, 10, 40 … 100**

b) **4, 16 … 256**

a) Die Regel lautet: Addiere immer 30.

−20, 10, 40 … 100

+ 30 + 30 + 30 + 30

Das fehlende Glied ist: 40 + 30 = 70

b) Die Regel lautet: Multipliziere immer mit 4.

4, 16, …, 256

· 4 · 4 · 4

Das fehlende Glied ist: 16 · 4 = 64

Rekursive Regel

In einer arithmetischen Zahlenfolge kommt man durch Addition einer Zahl von einem Folgenglied zum nächsten. Dies ist eine rekursive Bildungsregel: Man braucht das vorige Glied, um das nächste berechnen zu können.

Auf einen Blick

- ✓ Die rekursive Bildungsregel gibt an, wie man von einem Folgenglied zum nächsten rechnen kann.
- ✓ Die Regel nennt zuerst den ersten Term und dann die Zahl d, die addiert werden muss, um zum nächsten Glied zu gelangen.
- ✓ Die Differenz d zweier aufeinander folgender Folgenglieder ist immer gleich (konstant).

Von einem Folgenglied zum nächsten

Die rekursive Bildungsregel einer arithmetischen Folge wird so angegeben: Wir nennen den ersten Term der Folge und geben dann die Zahl d an, die jeweils addiert werden muss, um zum nächsten Folgenglied zu gelangen.

1. Das erste Folgenglied ist 4.

3. Man addiert jeweils 5, um zum nächsten Folgenglied zu gelangen.

$$4;\ 9;\ 14;\ 19;\ 24;\ 29\ \ldots$$

+5 +5 +5 +5 +5

2. Die Differenz zweier Folgenglieder ist konstant (hier 5).

4. Die rekursive Bildungsregel lautet: Beginne bei 4 und addiere immer 5.

Folgenglied einer arithmetischen Folge bestimmen

Aufgabe

Finde das siebte Folgenglied:

$$13{,}8;\ 9{,}7;\ 5{,}6;\ 1{,}5;\ -2{,}6$$

Lösung

$$13{,}8;\ 9{,}7;\ 5{,}6;\ 1{,}5;\ -2{,}6$$

+ (–4,1) + (–4,1) + (–4,1) + (–4,1)

Es wird jeweils –4,1 addiert, also ist es eine arithmetische Folge.

Man addiert immer –4,1: Fahre fort bis zum siebten Folgenglied. Das fünfte Glied ist gleich –2,6. Das siebte Glied ist daher:

$$(-2{,}6) + (-4{,}1) + (-4{,}1) = (-10{,}8)$$

Positionsregel

Die rekursive Bildungsregel (siehe linke Seite) kann ganz praktisch sein, wenn man ein Folgenglied kennt und das nächste berechnen will. Es ist aber sehr zeitaufwendig, das fünfzigste Folgenglied zu berechnen. Die Positionsregel beschreibt dagegen das Verhältnis zwischen dem Folgenglied und seiner Position in der Folge. Mit dieser Regel kann man jedes Folgenglied ausrechnen, ohne das vorherige Glied zu kennen.

Auf einen Blick

- ✓ **Jedes Folgenglied hat eine eindeutige Position.**
- ✓ **Mit der Positionsregel lässt sich jedes Folgenglied einer arithmetischen Folge berechnen, ohne das vorherige Folgenglied zu kennen.**

Das Folgenglied an einer Position berechnen
Finde die Positionsregel für die Folge 4; 7; 10; 13; 16 …

1. Schreibe die Positionsnummer für jedes Folgenglied auf und berechne die Differenz je zweier Folgenglieder.

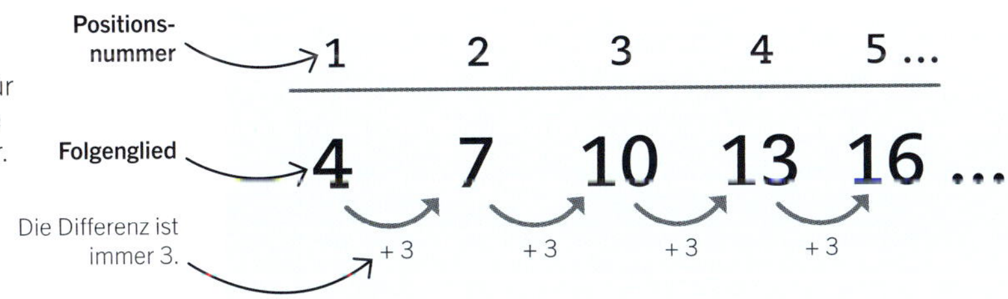

2. Die immer gleiche Differenz von 3 legt nahe, dass die Regel etwas mit der Dreierreihe zu tun haben könnte. Wir multiplizieren die Positionsnummer mit 3, also ist ·3 die erste Rechenoperation der Regel.

3. Dann müssen wir noch herausfinden, welche Rechenoperation ausgeführt werden muss, damit wir von der Dreierreihe zur eigentlichen Zahlenfolge kommen. Wir müssen 1 zu jeder Zahl der Dreierreihe addieren, also ist +1 die zweite Rechenoperation.

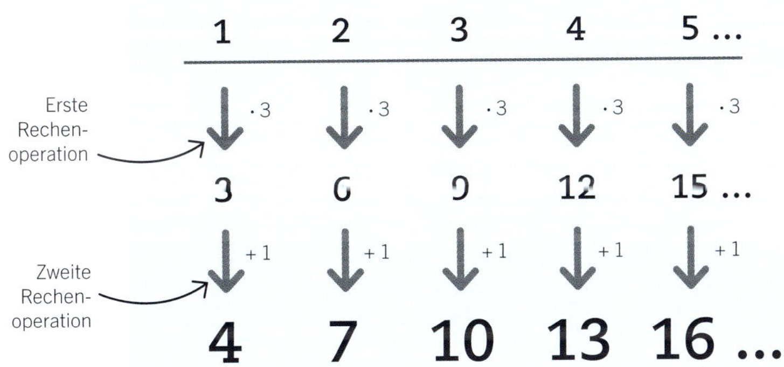

Die Positionsregel lautet:
Multipliziere die Positionsnummer mit 3, dann addiere 1.

Finde das zehnte Glied

Aufgabe
Wie lautet das zehnte Folgenglied der obigen Folge?

Lösung
Die Positionsregel lautet: Multipliziere die Positionsnummer mit 3 und addiere 1. Wenn wir sie auf die Positionsnummer 10 anwenden, erhalten wir das zehnte Folgenglied:

$$10 \cdot 3 + 1 = 31$$

Das zehnte Glied der Folge ist die Zahl 31.

Das n-te Folgenglied

Die Positionsregel lässt sich noch ein wenig verändern, indem man die Positionsnummer durch n ersetzt. Mit einem solchen allgemeinen Ausdruck kann man dann einfach das n-te Folgenglied berechnen.

Auf einen Blick

- In der Positionsregel für Folgen wird die Positionsnummer durch den algebraischen Term n ersetzt.
- Der Term an Position n wird als das n-te Folgenglied bezeichnet.
- Sobald man einen Ausdruck für das n-te Folgenglied gefunden hat, kann man damit jedes Glied einer Folge bestimmen.

Einen Ausdruck für das n-te Glied finden
Wir wollen die Positionsregel für die Folge 3; 8; 13; 18; 23 … als algebraischen Ausdruck schreiben.

1. Zuerst müssen wir die Differenz zwischen den aufeinanderfolgenden Gliedern berechnen. Sie beträgt jeweils 5. Es handelt sich also um eine arithmetische Folge.

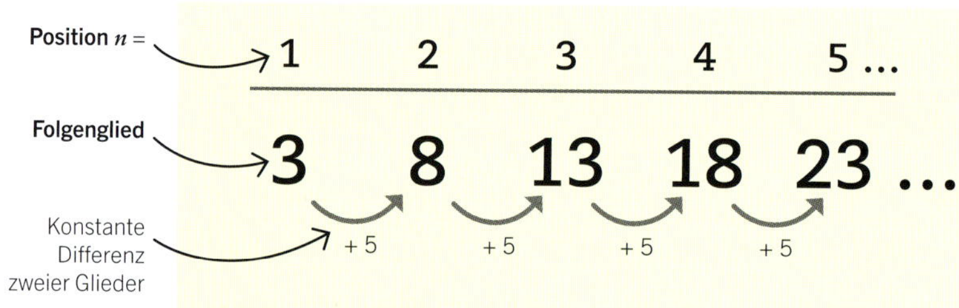

2. Da wir die Positionsregel als algebraischen Term notieren wollen, schreiben wir anstelle der Positionsnummer die Variable n. Die konstante Differenz von 5 bringt uns darauf, n mit 5 zu multiplizieren. Der algebraische Term, den wir suchen, beginnt also mit $5n$.

3. Wir müssen nun noch 2 von jeder dieser Zahlen abziehen, damit wir die ursprüngliche Zahlenfolge erhalten. Daher enthält der gesuchte Term auch die Operation – 2.

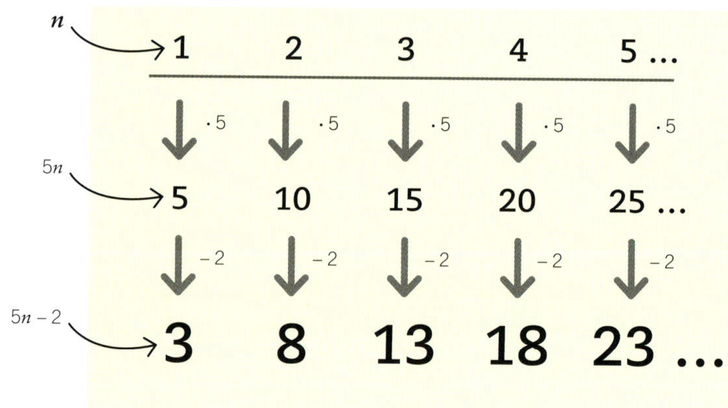

4. Dies alles zusammen ergibt nun das n-te Folgenglied. Mit diesem Ausdruck können wir jedes einzelne Folgenglied ermitteln.

$$F_n = 5n - 2$$

Steht für Folgenglied. (F)
n steht für die Position jedes beliebigen Folgenglieds.

Bestimme das zehnte Glied

Aufgabe
Bestimme mit der oben aufgestellten Regel das zehnte Folgenglied.

Lösung
Setze $n = 10$ ein und berechne den Wert:

$$F_{10} = 5(10) - 2 = 48$$

Allgemeine Formel für das n-te Folgenglied

Mithilfe der auf dieser Seite hergeleiteten Formel lässt sich für jede arithmetische Folge das n-te Folgenglied bestimmen. Dazu genügt es, wenn man nur seine Position n kennt.

Auf einen Blick

- ✓ **Das n-te Glied einer arithmetischen Folge kann man mit der folgenden Formel bestimmen:**
  $F_n = a + (n - 1)d$
- ✓ **Anhand der Formel kann man außerdem überprüfen, ob eine Zahl oder ein Term in einer Folge enthalten ist oder nicht.**

Die Formel für das n-te Glied

Wir können das erste Folgenglied einer arithmetischen Zahlenfolge und die immer gleiche Differenz zwischen zwei Folgengliedern durch einen algebraischen Term ausdrücken. Mit diesem Term können wir dann das n-te Glied einer jeden arithmetischen Folge bestimmen.

1. Wir suchen nun das n-te Folgenglied der arithmetischen Folge 3; 5; 7; 9; 11 …

Position (n)	1	2	3	4	5
Folgenglied	3	5	7	9	11

Konstante Differenz: +2, +2, +2, +2

2. Die Folgenglieder entstehen jeweils durch die Addition der Differenz 2 zu den Gliedern. Vom ersten zum zweiten Glied addiert man 1-mal die Differenz, vom ersten zum dritten Glied addiert man 2-mal diese Differenz, vom ersten zum vierten Glied 3-mal und so weiter.

$3 + (0 \cdot 2)$ $3 + (1 \cdot 2)$ $3 + (2 \cdot 2)$ $3 + (3 \cdot 2)$ $3 + (4 \cdot 2)$

↓

3. Damit können wir eine algebraische Formel für das n-te Glied aufstellen.

a $a + d$ $a + 2d$ $a + 3d$ $a + 4d$

a steht für das erste Glied.

Wenn du $1 \cdot d$ (die Differenz) zu a addierst, erhältst du das zweite Glied.

4. Um ein beliebiges Folgenglied (das n-te Glied) in einer arithmetischen Folge zu bestimmen, verwenden wir diese Formel.

$$F_n = a + (n - 1)d$$

F_n ist das n-te Glied.

n ist die Position des gesuchten Folgenglieds. n muss eine natürliche Zahl größer Null sein.

$n - 1$, da wir d im ersten Folgenglied nicht brauchen.

5. Wir können die Formel ganz einfach überprüfen, indem wir die Werte einsetzen: $n = 6$, $a = 3$, $d = 2$.

$$F_6 = 3 + (6 - 1) \cdot 2$$
$$F_6 = 13$$

Da 13 das sechste Glied der Folge ist, ist unsere Formel wohl richtig.

Arithmetische Musterfolgen

Manchmal werden bestimmte Muster nach Zahlenfolgen gebildet. Handelt es sich um eine arithmetische Folge, so kann man die Anzahl der Formen oder Gegenstände für jede Position mithilfe der allgemeinen Formel für arithmetische Zahlenfolgen bestimmen (s. S. 269).

Auf einen Blick

- ✓ Zahlenfolgen können oft auch als Muster dargestellt werden.
- ✓ Für arithmetische Musterfolgen kann man die allgemeine Bildungsvorschrift (Formel) für das n-te Folgenglied verwenden (s. S. 269).
- ✓ Die allgemeine Formel für arithmetische Zahlenfolgen liefert auch die Anzahl der Formen oder Objekte in arithmetischen Musterfolgen.

Die Folge der Kacheln
Die unten abgebildeten Muster bestehen aus einzelnen orangefarbenen und blauen Sechsecken. Finde eine Vorschrift für die Anzahl der blauen Kacheln im n-ten Muster. Verwende die allgemeine Bildungsvorschrift für arithmetische Folgen: $F_n = a + (n - 1)d$.

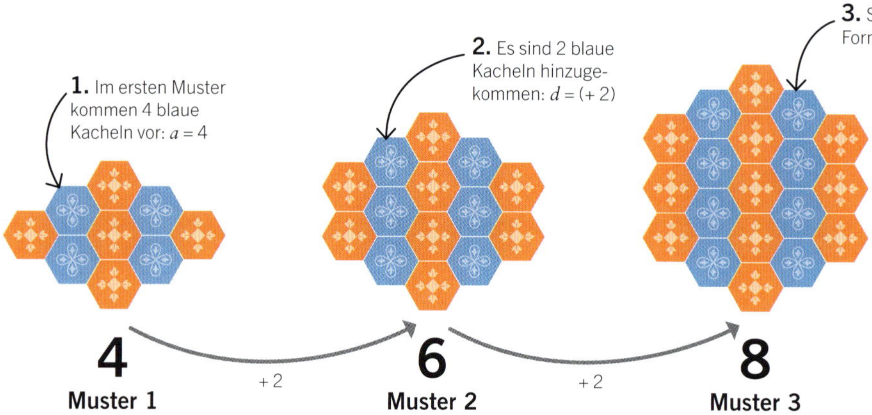

$$
\begin{aligned}
F_n &= a + (n - 1)d \\
&= 4 + (n - 1)2 \\
&= 4 + 2n - 2 \\
F_n &= 2n + 2
\end{aligned}
$$

Finde das n-te Muster

Aufgabe
Die Musterfolge unten wurde mit Strohhalmen gelegt. Es wurde immer eine bestimmte Anzahl hinzugefügt, um ein neues Rechteck mit Dreiecksdach zu bilden. Aus wie vielen Strohhalmen besteht das 30. Muster?

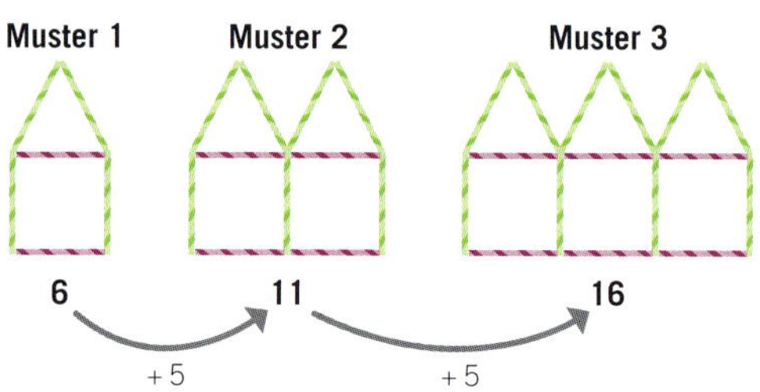

Lösung

1. Zähle die Strohhalme in jedem Muster, um die Formel für das n-te Glied zu finden. Es handelt sich um die arithmetische Folge: 6, 11, 16 .... Die konstante Differenz ist 5.

2. Setze a (= 6) und d (=5) in die allgemeine Bildungsvorschrift für das n-te Folgenglied ein:

$$
\begin{aligned}
F_n &= a + (n - 1)d \\
&= 6 + (n - 1)5 \\
&= 6 + 5n - 5 \\
F_n &= 5n + 1
\end{aligned}
$$

3. Setze nun $n = 30$ ein:

$$
\begin{aligned}
F_{30} &= 5(30) + 1 \\
&= 150 + 1 \\
&= 151
\end{aligned}
$$

Das 30. Muster besteht aus 151 Strohhalmen.

Arithmetische Reihen

Eine arithmetische Reihe ist die Summe der Folgenglieder einer arithmetischen Folge. Für die arithmetische Folge 2; 4; 6; 8; 10 lautet die arithmetische Reihe daher $2 + 4 + 6 + 8 + 10 = 30$. Eine arithmetische Reihe lässt sich in Kurzform mit der Sigma-Schreibweise darstellen.

Sigma-Schreibweise

Der griechische Buchstabe Sigma (Σ) bedeutet: „Bilde die Summe aus …" Mithilfe dieser Schreibweise kann man lange Summen in kurzer Form aufschreiben. Die Summe der ersten fünf natürlichen Zahlen kann man z. B. so schreiben:

Auf einen Blick

- ✓ **Eine arithmetische Reihe bildet die Summe von n Folgengliedern einer arithmetischen Folge.**
- ✓ **Der griechische Buchstabe Σ (Sigma) bedeutet: „Bilde die Summe aus …." Mit dieser Schreibweise kann man lange Summen aus Summanden, die nach demselben Muster gebildet werden, in kurzer Form aufschreiben.**

Die erste Stelle in der Folge, deren Zahl für n eingesetzt wird, steht unter dem Σ.

Die letzte Stelle der Folge, deren Zahl für n eingesetzt wird, steht über dem Σ.

$$\sum_{n=1}^{5} n = 1 + 2 + 3 + 4 + 5 = 15$$

Hier steht, was aufsummiert wird. Da in diesem Fall nur n steht, werden die natürlichen Zahlen 1 bis 5 summiert („n von 1 bis 5").

Der kleine Gauss

Etwa um 1780 gab ein Lehrer seinen neunjährigen Schülern die Aufgabe, die Summe der natürlichen Zahlen von 1 bis 100 zu berechnen.
Als alle Schüler zu rechnen begannen, rief ein Junge schon nach kurzer Zeit: „Das ergibt 5050!"
Lehrer und Mitschüler staunten nicht schlecht.
Wie war er so schnell darauf gekommen?

1. Der Junge addierte immer paarweise die erste und letzte, die zweite und vorletzte Zahl usw. und erhielt dabei jeweils 101:

1	2	3	…	98	99	100
+ 100	+ 99	+ 98	…	+ 3	+ 2	+ 1
101	101	101	…	101	101	101

2. Da diese Reihe von 1 bis 100 ging, multiplizierte er 101 mit 100

$$2\Sigma n = 100 \cdot 101 = 10\,100$$

3. Da er aber durch die Paarbildung jedes Paar zweimal summiert hatte, musste er nun die Summe wieder halbieren.

Somit: $\Sigma n = 5050$

Der Junge war Carl Friedrich Gauss, der sich später zu einem der bedeutendsten Mathematiker der Welt entwickelte.

Quadrat- und Kubikzahlenfolgen

Quadrat- und Kubikzahlen (s. S. 22) stehen in engem Zusammenhang mit Quadraten und Würfeln der Seitenlänge n. Sie bilden spezielle Folgen, da sie ganz besonderen Bildungsgesetzen folgen.

Auf einen Blick

- ✓ Quadrat- und Kubikzahlen bilden spezielle Folgen.
- ✓ Das n-te Folgenglied für die Quadratzahlenfolge lautet n^2.
- ✓ Das n-te Folgenglied für die Kubikzahlenfolge lautet n^3.

Quadratzahlen

Eine Quadratzahl ist das Ergebnis der Multiplikation einer natürlichen Zahl mit sich selbst. Die Quadratzahlen können mithilfe von Quadraten der Seitenlänge n veranschaulicht werden.

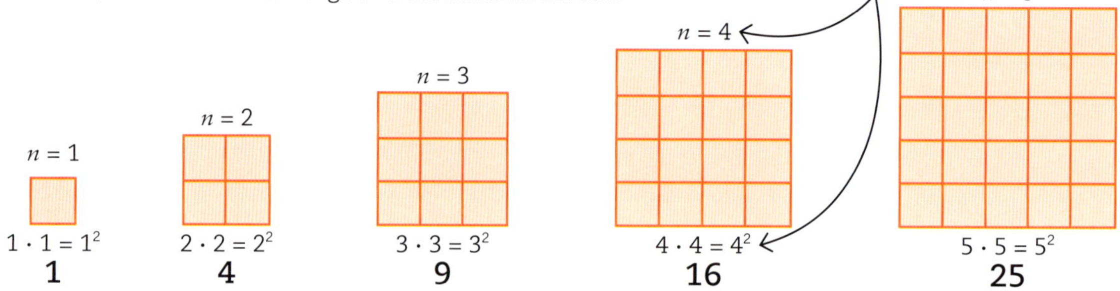

Die Regel für das n-te Folgenglied lautet n^2.

Kubikzahlen

Eine Kubikzahl ist das Ergebnis der zweifachen Multiplikation einer natürlichen Zahl mit sich selbst. Kubikzahlen lassen sich mithilfe von Würfeln der Seitenlänge n veranschaulichen.

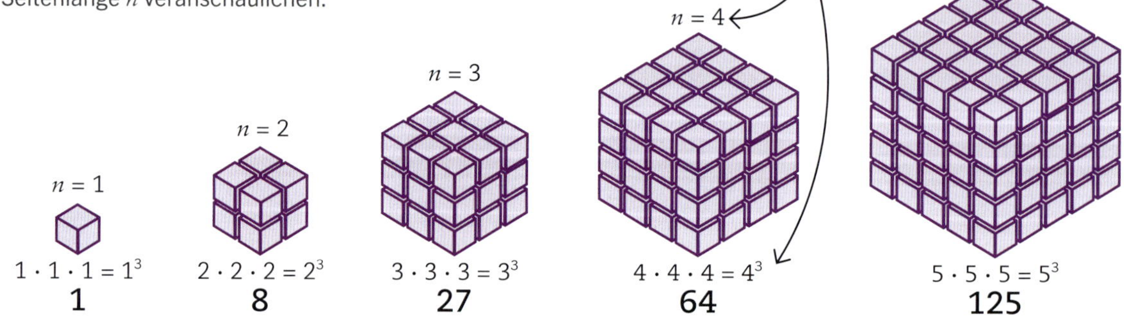

Die Regel für das n-te Folgenglied lautet n^3.

Die Folge der Dreieckszahlen

Die Dreieckszahlen bilden eine spezielle Zahlenfolge. Die rekursive Regel für die Bildung des jeweils nachfolgenden Folgenglieds ist meist leicht zu finden.

Auf einen Blick

- Die Folge der Dreieckszahlen lässt sich mithilfe einer rekursiven Bildungsregel beschreiben.
- Man beginnt mit 1 und addiert immer die nachfolgende natürliche Zahl.
- Das n-te Glied erhältst du durch Addition aller natürlichen Zahlen von 1 bis n.

Von einem Folgenglied zum nächsten

Dreieckszahlen repräsentieren die Anzahl der Steine, die man benötigt, um ein gleichseitiges Dreieck zu legen. Die Folge der Dreieckszahlen kann man mit einem Muster aus immer größer werdenden gleichseitigen Dreiecken bildlich darstellen.

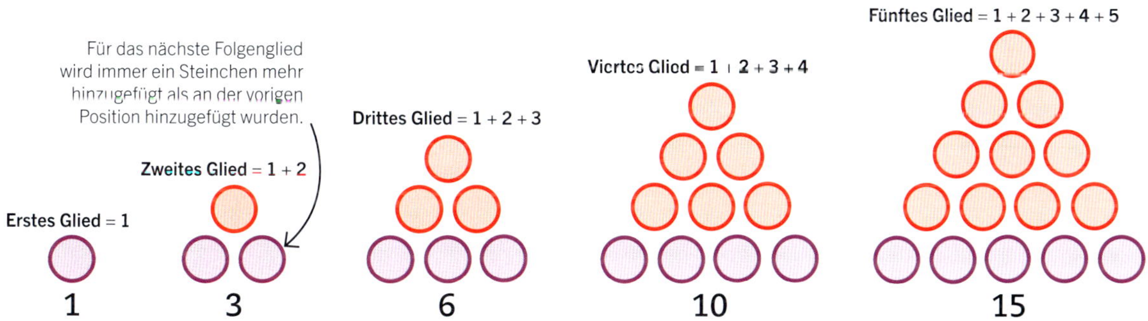

Die Regel lautet: Beginne mit 1 und addiere immer die nachfolgende natürliche Zahl hinzu.

Das n-te Folgenglied bestimmen

Es gibt einen einfachen Trick zur Bestimmung des n-ten Folgenglieds der Dreieckszahlen: Wir addieren einfach alle natürlichen Zahlen von 1 bis n. Jede Dreieckszahl ist also die Summe einer arithmetischen Reihe (s. S. 271), die mit 1 beginnt. Wir können hier wieder die Sigma-Schreibweise verwenden.

$$7\text{-tes Glied} = 1 + 2 + 3 + 4 + 5 + 6 + 7 = 28$$

Bilde die Summe der Zahlen von …

$$F_n = \sum_{1}^{n} n$$

… n gleich 1 …

… bis n.

Gauss' Trick

Man kann den Trick von Carl Friedrich Gauss (s. S. 271), der die Zahlen immer paarweise addierte, auch hier anwenden, um das n-te Folgenglied zu bestimmen. Das 50. Glied ist:

$$F_n = (n + 1) \cdot \frac{n}{2}$$

$$F_{50} = 51 \cdot \frac{50}{2}$$

$$= 51 \cdot 25$$

$$= 1275$$

Quadratische Folgen

Nicht bei allen Folgen ist – wie bei arithmetischen Folgen – die Differenz zwischen zwei aufeinanderfolgenden Gliedern immer gleich groß (s. S. 266). In einer quadratischen Folge variieren die Differenzen zwischen den einzelnen Folgengliedern. Die Bildungsregeln quadratischer Folgen hängen mit quadratischen Ausdrücken zusammen (s. S. 100).

Das n-te Glied einer quadratischen Folge

In einer quadratischen Folge nimmt die Differenz zwischen zwei aufeinanderfolgenden Gliedern mit jedem weiteren Glied zu. Die Differenz zwischen den Differenzen ist aber immer konstant. Da quadratische Folgen mit der Folge der Quadratzahlen (s. S. 272) in Verbindung stehen, beinhaltet die Formel für das n-te Glied immer den Term n^2.

Folge mit der Bildungsregel $n^2 - 1$

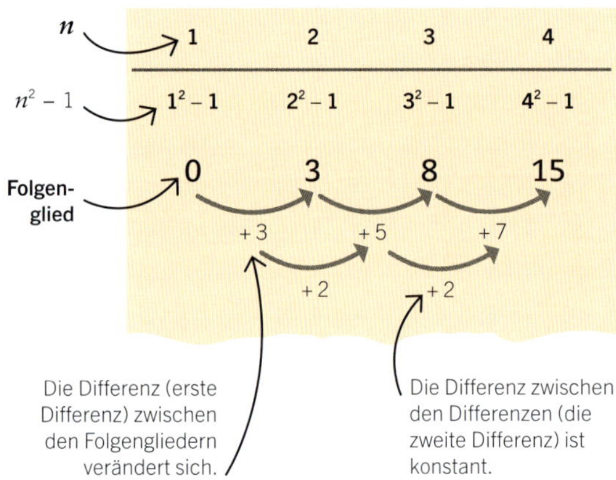

Folge mit der Bildungsregel $4n^2 + 1$

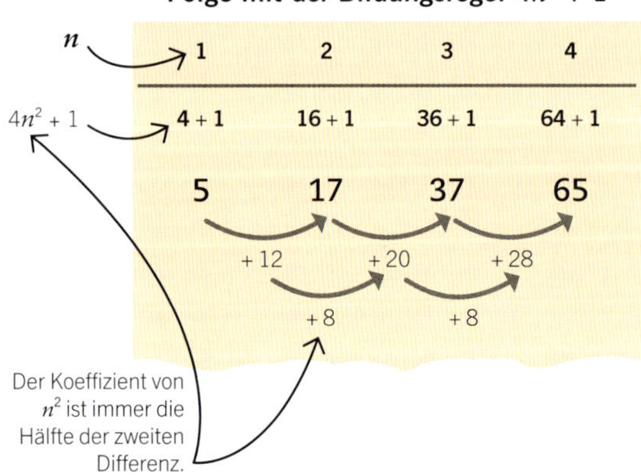

Das n-te Glied ermitteln: ein einfacher Fall

Mithilfe der folgenden Schritte findest du den n-ten Term einer quadratischen Folge.

1. Berechne die Differenz zwischen den aufeinanderfolgenden Gliedern. Da die zweite Differenz konstant ist, handelt es sich um eine quadratische Folge und die Bildungsvorschrift enthält den Term n^2.

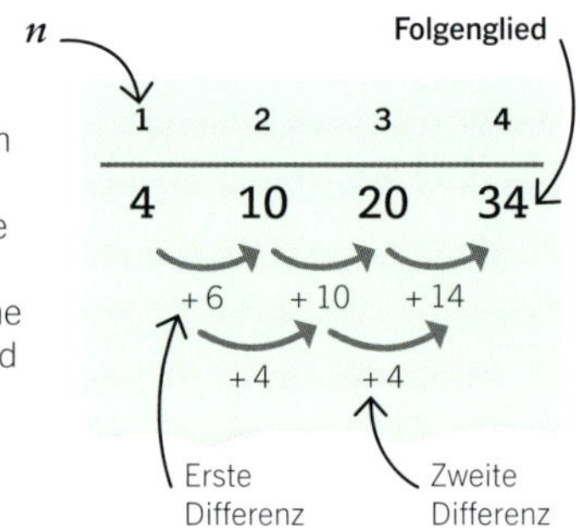

2. Um das n-te Glied zu berechnen, musst du den Koeffizienten von n^2 finden. Da die zweite Differenz 4 ist, muss der Koeffizient von n^2 die Hälfte von 4, also 2 sein. Der erste Teil der Formel ist der Term $2n^2$.

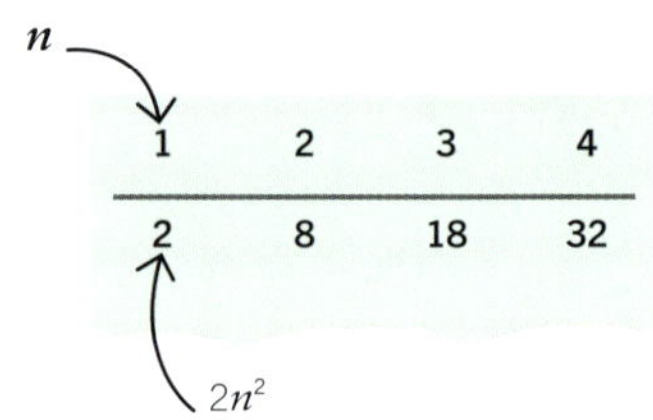

3. Wenn du die $2n^2$-Folge mit der ursprünglichen Folge vergleichst, siehst du, dass zu jedem Term noch 2 addiert werden muss, um die ursprüngliche Folge zu erhalten.

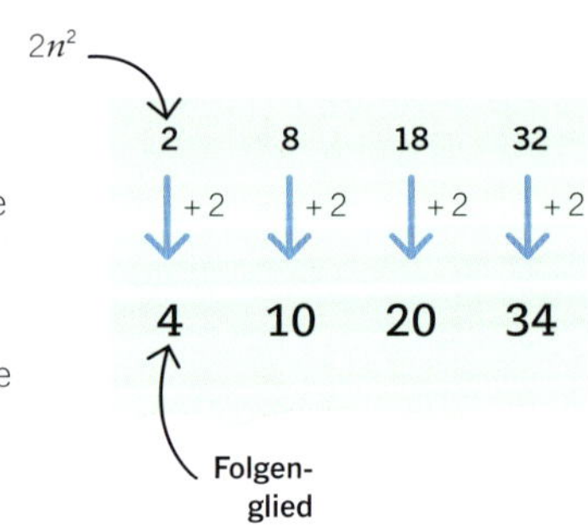

4. Du erhältst das nt-te Folgenglied, wenn du + 2 zu $2n^2$ addierst.

Das n-te Folgenglied ist $2n^2 + 2$.

Das n-te Glied finden: ein schwieriger Fall

Manchmal ist das n-te Glied aus einem quadratischen und einem arithmetischen Teil zusammengesetzt (s. S. 268). Diese musst du dann zu einem Gesamtausdruck verbinden.

1. Berechne die erste und zweite Differenz zwischen den Folgengliedern.

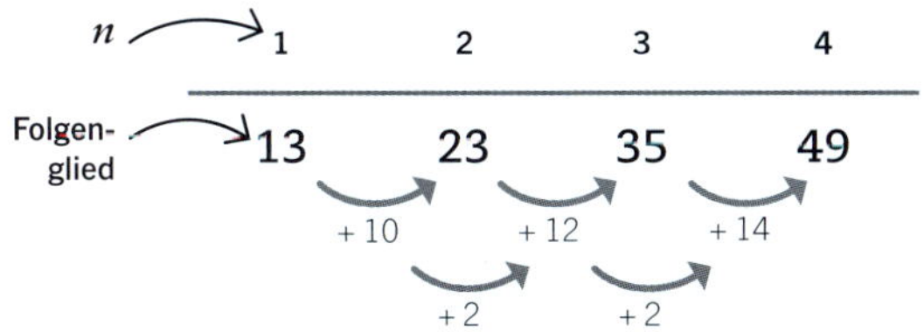

2. Dividiere die zweite Differenz durch 2, um den Koeffizienten von n^2 zu berechnen. Das Ergebnis ist 1, sodass der quadratische Teil n^2 ist.

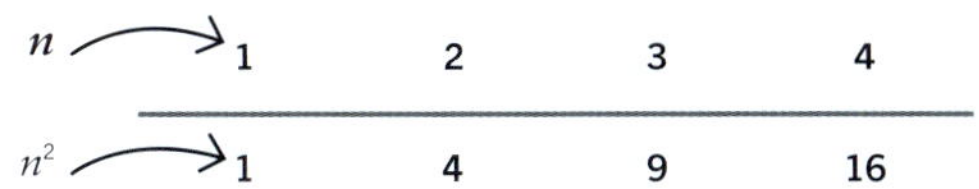

3. Berechne nun den arithmetischen Teil. Dazu musst du den Wert von n^2 von jedem Glied der ursprünglichen Folge abziehen. Du erhältst eine arithmetische Folge mit der konstanten Differenz 7.

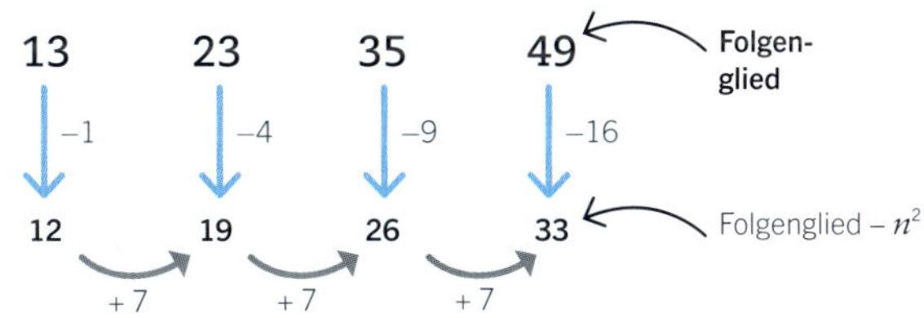

4. Eine konstante Differenz von 7 bedeutet, dass du n mit 7 multiplizieren musst. Dann musst du noch 5 addieren, um das entsprechende Glied der ursprünglichen Folge zu erhalten. Die Regel für den arithmetischen Teil lautet daher: $7n + 5$.

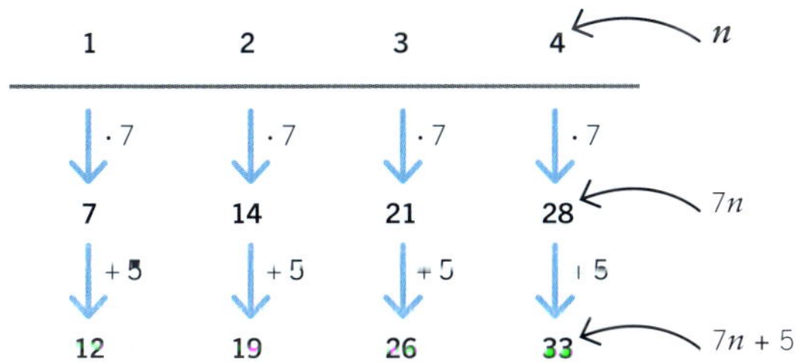

5. Kombiniere den quadratischen Teil (n^2; aus Schritt 2) mit dem arithmetischen Teil (aus Schritt 4) zum Ausdruck für das n-te Folgenglied:

Das n-te Folgenglied ist $n^2 + 7n + 5$.

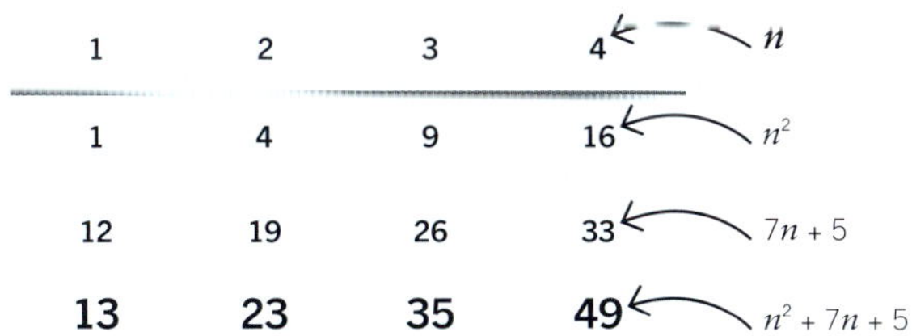

Auf einen Blick

- ✓ In quadratischen Folgen sind die Differenzen zwischen den aufeinanderfolgenden Gliedern unterschiedlich, die Differenz der Differenzen ist aber konstant.
- ✓ In quadratischen Folgen ist im n-ten Folgenglied der Term n^2 enthalten.
- ✓ In einigen quadratischen Folgen enthält der Ausdruck für das n-te Folgenglied einen quadratischen und einen arithmetischen Teil.

Geometrische Folgen

In einer geometrischen Folge kommt man durch Multiplikation mit immer derselben Zahl von einem Folgenglied zum nächsten. Da der Quotient r zweier benachbarter Glieder somit immer konstant ist, kann man mit seiner Hilfe die Bildungsregel für das n-te Glied einer geometrischen Folge bestimmen.

Ein springender Ball

Lässt man einen Ball aus einer bestimmten Höhe fallen, springt er beim ersten Aufprall 80 cm hoch und dann halbiert sich seine Sprunghöhe nach jedem Aufprall.

Auf einen Blick

- In einer geometrischen Folge wird jedes Folgenglied berechnet, indem man das vorige Glied mit derselben Zahl (r) multipliziert.
- Der n-te Term lautet: $F_n = a \cdot r^{n-1}$
- r kann eine positive oder eine negative Zahl sein, eine Dezimalzahl, ein Bruch oder eine irrationale Zahl (Wurzel).

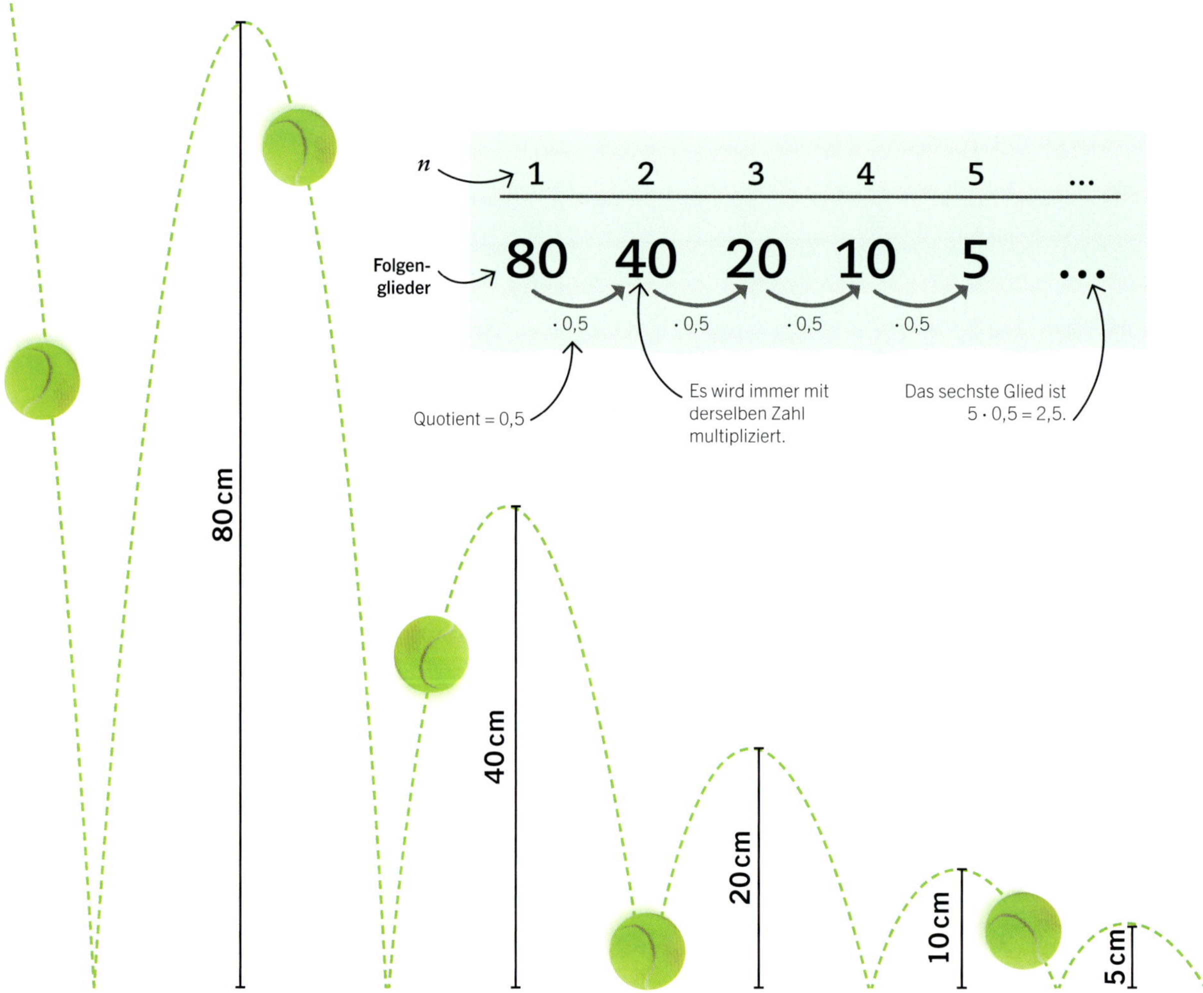

Formel für geometrische Folgen
Den Wert für das n-te Glied einer geometrischen Folge kann man bestimmen, wenn man das erste Glied (a) der Folge und den Quotienten (r) kennt.

$$F_n = a \cdot r^{n-1}$$

Von n wird 1 subtrahiert, denn die erste Zahl der Folge wird nicht mit r multipliziert

n muss eine natürliche Zahl (z. B. 1; 2; 3 oder 4) sein.

Erstes Glied

Quotient

Komplexe geometrische Folgen

Auch bei geometrischen Folgen, die negative Zahlen, Brüche oder irrationale Zahlen beinhalten, funktioniert diese Bildungsregel.

Alternierende Folgen
Der Quotient zweier aufeinanderfolgender Glieder kann auch negativ sein. In diesem Fall entsteht eine alternierende Folge, deren Glieder abwechselnd positiv und negativ sind, denn es gelten die Rechenregeln für negative Zahlen (s. S. 14).

n	1	2	3	4	5
Folgenglied	4	−16	64	−256	1024

$\cdot(-4)$ $\cdot(-4)$ $\cdot(-4)$ $\cdot(-4)$

Quotient

Irrationale Zahlen
Der Quotient kann auch eine irrationale Zahl sein (s. S. 122). Am besten schreibt man die Folgenglieder dann mit Wurzel, denn das Runden auf Dezimalzahlen würde hier zu zunehmend ungenaueren Zahlen führen.

n	1	2	3	4	5
Folgenglied	3	$3\sqrt{3}$	9	$9\sqrt{3}$	27

$\cdot\sqrt{3}$ $\cdot\sqrt{3}$ $\cdot\sqrt{3}$ $\cdot\sqrt{3}$

Bestimme das n-te Folgenglied

Aufgabe
Bestimme das zehnte Glied der Folge 100; 95; 90,25; 85,7375 … gerundet auf vier Nachkommastellen.

Lösung

1. Bestimme den Quotienten aus zwei aufeinanderfolgenden Gliedern.

n	1	2	3	4
Folgenglied	100	95	90,25	85,7375

$\cdot 0{,}95$ $\cdot 0{,}95$ $\cdot 0{,}95$

Um von einem Folgenglied zum nächsten zu gelangen, muss man jeweils mit 0,95 multiplizieren. Der Quotient ist also 0,95.

2. Setze die Werte in die Formel ein: $F_n = a \cdot r^{n-1}$

$$a = 100$$
$$r = 0{,}95$$

$$F_n = 100 \cdot 0{,}95^{n-1}$$

$$F_{10} = 100 \cdot 0{,}95^{10-1} = 100 \cdot 0{,}95^9 = 63{,}0249$$

Gerundet auf vier Dezimalstellen erhalten wir für das zehnte Glied: 63,0249.

Die Fibonacci-Folge

Diese Folge trägt den Namen eines Mathematikers, der im 13. Jh. in Italien lebte. Die Zahlen der Fibonacci-Folge lassen sich überall in der Natur beobachten – in Kiefernzapfen ebenso wie in Blumen und sogar in Galaxien.

Auf einen Blick

- ✓ **Die ersten beiden Glieder der Folge lauten jeweils 1. Jedes weitere Glied ist dann immer die Summe aus den beiden vorhergehenden Gliedern.**
- ✓ **Jede Zahl aus der Fibonacci-Folge heißt auch Fibonacci-Zahl.**
- ✓ **Eine Folge, die demselben Bildungsgesetz gehorcht, aber mit anderen Zahlen beginnt, ist eine fibonacciartige Folge.**

Sonnenblumen und Zahlen
Die Samen von Sonnenblumen sind in spiralförmigen Bogen angeordnet, denn diese Anordnung nutzt den Platz bestmöglich aus. Sie gehorcht dem Bildungsgesetz der Fibonacci-Folge.

Die Anzahl der Spiralen, die sich links herum drehen und die Anzahl der Spiralen, die sich rechts herum drehen, sind immer aufeinanderfolgende Fibonacci-Zahlen.

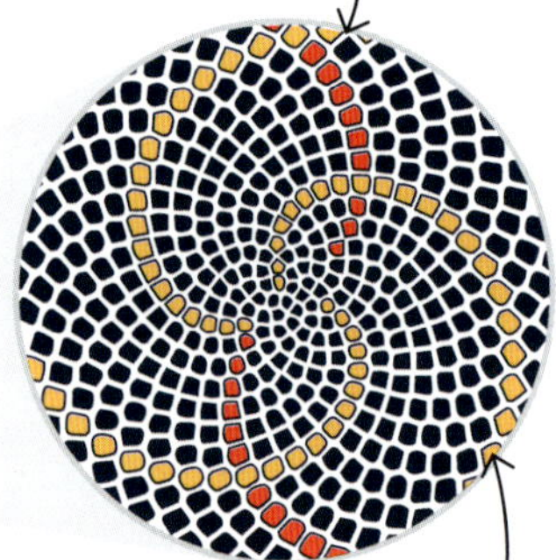

Die Spiralen laufen in zwei entgegengesetzte Richtungen.

Jede Zahl der Fibonacci-Folge heißt Fibonacci-Zahl.

1 1 2 3 5 8 13 21 …

1 + 1, 1 + 2, 2 + 3, 3 + 5, 5 + 8, 8 + 13

Die ersten beiden Zahlen sind 1 und 1.

Jedes nachfolgende Folgenglied ist die Summe der beiden vorhergehenden Folgenglieder.

Fibonacciartige Folgen
Fibonacciartige Folgen gehorchen derselben Bildungregel, beginnen aber mit anderen Zahlen.

2 7 9 16 25 41 66 …

2 + 7   7 + 9   9 + 16   16 + 25   25 + 41

Beginne mit zwei beliebigen Zahlen.

Wende dann dieselbe Bildungsregel an.

Fibonacci-Spirale zeichnen
Für eine Fibonacci-Spirale zeichnet man zuerst lauter aneinandergrenzende Quadrate, deren Seitenlängen jeweils einer Fibonacci-Zahl entsprechen. Anschließend zeichnet man mit dem Zirkel in jedes Quadrat einen Viertelkreisbogen mit dem Radius einer Seitenlänge.

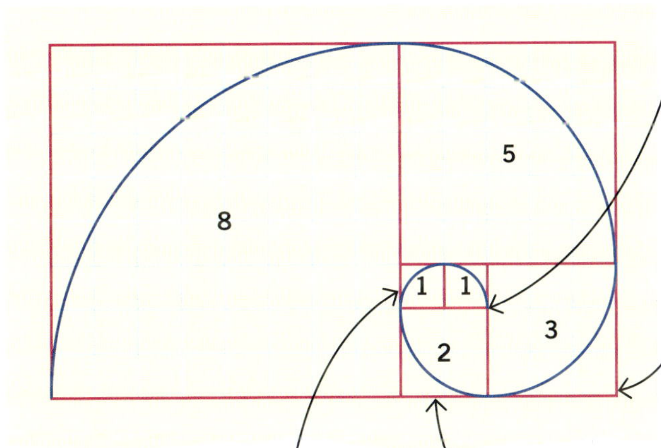

4. Zeichne nun in jedes Quadrat einen Viertelkreis, dessen Radius der Seitenlänge des Quadrats entspricht.

3. Fahre gegen den Uhrzeigersinn fort und füge Quadrate der Seitenlängen 3, 5 und 8 usw. hinzu.

1. Das erste und das zweite Quadrat liegen nebeneinander und sind je eine Einheit breit und eine Einheit lang.

2. Zeichne unter die ersten beiden Quadrate ein Quadrat mit einer Seitenlänge von 2 Einheiten.

Der goldene Schnitt

Die Fibonacci-Folge hängt mit dem goldenen Schnitt zusammen, dessen Proportionen schon seit der Antike häufig in Bau- und Kunstwerken zu sehen sind und als besonders schön gelten. Ein Rechteck, dessen Länge und Breite im Verhältnis des goldenen Schnitts zueinander stehen, gilt seit langer Zeit als Vorbild für die ideale Proportion.

Glossar

Abbildung Änderung von Position, Größe und/oder Orientierung einer Figur. Spiegelungen, Drehungen, Vergrößerungen, Verkleinerungen und Verschiebungen sind Abbildungen.

Addition Die Berechnung der Summe zweier Zahlen, das Symbol ist +.

Ähnlich Figuren sind ähnlich, wenn sie in der Form, aber nicht unbedingt in der Größe übereinstimmen.

Algebra Zweig der Mathematik, in dem man mit Unbekannten (Variablen) anstelle von Zahlen rechnet.

Änderungsrate Maß dafür, wie sich eine Variable in Abhängigkeit von einer anderen ändert.

Arithmetische Folge Folge, bei der die Folgenglieder durch Addition des immer gleichen Wertes gebildet werden.

Arithmetische Reihe Die Summe der Folgenglieder einer arithmetischen Folge.

Asymptote Eine Asymptote ist eine Linie, der sich ein Funktionsgraph beliebig nähert, sie aber nie erreicht.

Ausdruck Kombination aus Zahlen, Symbolen und/oder Variablen. Ein Ausdruck enthält kein Gleichheitszeichen.

Ausgleichsgerade Linie im Streudiagramm, die die Korrelation zwischen Größen verdeutlicht.

Außenwinkel Winkel, der von den verlängerten Seiten eines Polygons geformt wird.

Baumdiagramm Diagramm zur Bestimmung der Wahrscheinlichkeit für das Eintreten zweier oder mehrerer kombinierter Ereignisse.

Bedingte Wahrscheinlichkeit Hängt eine Wahrscheinlichkeit vom Auftreten eines anderen Ereignisses ab, so handelt es sich um eine bedingte Wahrscheinlichkeit.

Beliebiges Dreieck Dreieck, in dem alle Seiten unterschliedlich lang und alle Winkel unterschiedlich groß sind.

Bogen Teil des Kreisumfangs bzw. der Kreislinie.

Boxplot Darstellung statistischer Daten.

Bruch Schreibweise (mit Zähler, Bruchstrich und Nenner) für eine Zahl, die nicht nur aus ganzen Zahlen, sondern auch aus Teilen wie ¾ besteht.

Daten Informationen wie Zahlen, Fakten, Statistiken, die gesammelt werden, um eine Hypothese zu überprüfen. Eine Sammlung von Daten, die über einen Gegenstand gesammelt wurden, heißt Datenmenge.

Definitionsmenge Alle Werte, die man in eine Funktion einsetzen darf.

Dezimalzahl Eine Zahl, die (auch) Teile kleiner 1 hat. Die ganzen Zahlen werden durch ein Komma von den Teilen getrennt.

Dichte Masse pro Volumeneinheit.

Direkt proportional Größen sind direkt proportional, wenn ihr Verhältnis gleich bleibt und die Vergrößerung des einen Wertes immer die Vergrößerung des anderen Wertes um denselben Faktor nach sich zieht.

Diskrete Daten Numerische Daten, die nur bestimmte, exakte Werte haben können.

Division Teilung einer Zahl in gleiche Teile. Das Symbol kann ÷ oder : sein.

Drachenviereck Viereck mit zwei Paaren benachbarter und gleich langer Seiten.

Draufsicht 2-D-Darstellung einer 3-D-Figur von oben.

Drehung Abbildung, bei der ein Objekt um einen Punkt gedreht wird.

Dreidimensional (3-D) Objekte, die eine Länge, eine Breite und eine Tiefe haben, also in alle drei räumlichen Dimensionen ausgedehnt sind, sind dreidimensional.

Druck Maß für eine Kraft, die auf eine Fläche einwirkt.

Durchmesser Eine Strecke, die zwei Punkte der Kreislinie verbindet und durch den Mittelpunkt verläuft.

Durchschnitt Typischer Datenwert, der berechnet wird, indem man alle Werte addiert und das Ergebnis durch die Anzahl aller Werte dividiert.

Echter Bruch Bruch, dessen Zähler kleiner ist als der Nenner.

Ecke Punkt, in dem sich zwei oder mehr Kanten oder Linien einer Figur oder eines Körpers treffen.

Einfache Verzinsung Zinsen, die anhand des ursprünglichen Betrags berechnet werden.

Einheit Standardgröße bei Maßen, beispielsweise 1 Meter, 1 Gramm oder 1 Liter.

Ergänzungswinkel Mehrere Winkel, deren Winkelgrößen sich zu 180° addieren.

Experimentelle Wahrscheinlichkeit *Siehe* Relative Häufigkeit.

Exponent Hochzahl in einer Potenz.

Exponentielles Wachstum Bestimmtes Muster wiederholter Zunahme.

Faktor Zahl, die mit einer anderen Zahl multipliziert wird.

Faktorisieren Zerlegen einer Zahl oder eines Ausdrucks in ein Produkt.

Fehlerintervall Bereich, in dem Messergebnisse liegen können.

Fibonacci-Folge Die Folge beginnt mit den Gliedern 1 und 1 und jedes nachfolgende Glied wird jeweils durch Addition der beiden vorangegangenen Glieder bestimmt.

Flächeninhalt Größe der Fläche, die von einer ebenen Figur umgeben wird. Er wird in Flächeneinheiten gemessen.

Folge Eine Liste von Zahlen oder Mustern, die einer bestimmten Regel folgen.

Folgenglied Zahl in einer Folge.

Formel Eine feste Regel oder Aussage, die das Verhältnis zwischen zwei oder mehr Variablen darstellt.

Funktion Mathematische Zuordnung, die einem Wert aus der Definitionsmenge genau einen Wert aus der Wertemenge zuordnet.

Ganze Zahl Positive oder negative Zahl ohne Teil hinter dem Komma. Natürliche Zahlen sind ganze Zahlen, aber auch die entgegengerichteten negativen Zahlen.

Gemeinsamer Faktor/Teiler Ein gemeinsamer Faktor/Teiler zweier Zahlen ist eine Zahl, durch die beide Zahlen ohne Rest teilbar sind. Der größte gemeinsame Teiler heißt kurz ggT.

Gemeinsames Vielfaches Ein gemeinsames Vielfaches zweier Zahlen ist eine ganze Zahl, die durch beide Zahlen teilbar ist.

Gemischte Zahl Besteht aus einem ganzzahligen Anteil und einem Bruch.

Geometrie Mathematik der Formen, Figuren und Körper.

Geometrische Folge Folge, deren Folgenglieder jeweils durch Multiplikation des vorigen Folgenglieds mit derselben Zahl gebildet werden.

Gleichschenkliges Dreieck Dreieck mit zwei gleich langen Seiten und zwei gleich großen Winkeln.

Gleichseitiges Dreieck Dreieck mit drei gleich langen Seiten und drei gleich großen Winkeln.

Gleichung Aussage, die besagt, dass zwei Dinge gleich sind, z. B. $x + 2 = 4$.

Gleichungssystem Zwei oder mehr Gleichungen, die dieselben Variablen beinhalten und miteinander in Zusammenhang stehen.

Halbieren (geometrisch) Einen Winkel oder eine Strecke in zwei gleiche Hälften teilen.

Häufigkeit Anzahl des Vorkommens eines Wertes in einer Datenmenge.

Häufigkeitsbaum Diagramm, das die Häufigkeiten für zwei oder mehr kombinierte Ereignisse darstellt.

Häufigkeitstabelle Tabelle, die für jeden Wert einer Datenmenge angibt, wie oft er in der Datenmenge vorkommt. Eine Häufigkeitstabelle teilt die Werte in bestimmte Gruppen ein, die Klassen genannt werden.

Histogramm Säulendiagramm, in dem die Flächeninhalte der Säulen die Häufigkeiten darstellen.

Hypotenuse Die längste Seite im rechtwinkligen Dreieck und zugleich die Seite, die dem rechten Winkel gegenüberliegt.

Hypothese Eine Theorie, die aufgrund von Beobachtungen und des Sammelns von Daten entwickelt wurde.

Innenwinkel Winkel im Inneren eines Polygons.

Irrationale Zahl Eine Zahl, die weder als ganze Zahl, noch als Bruch, noch als abbrechende oder periodische Dezimalzahl geschrieben werden kann.

Kehrwert Der Kehrwert einer Zahl ist das Ergebnis der Division von 1 durch diese Zahl. Entsprechend ist der Kehrwert eines Bruchs der Bruch mit gegeneinander vertauschtem Zähler und Nenner. Der Kehrwert von 5 ist ⅕. Der Kehrwert von ⅔ ist 3⁄2.

Klasse In einer Häufigkeitstabelle sind die Daten in Klassen zusammengefasst.

Koeffizient Begleiter einer Variablen in einem algebraischen Term. Im Term $5x$ ist 5 der Koeffizient von x.

Komplementärwinkel Zwei Winkel, deren Winkelgrößen sich zu 90° addieren.

Kongruent Ebene Figuren, die dieselbe Form und Größe haben, sind kongruent.

Konkaves Polygon Polygon mit mindestens einem überstumpfen Innenwinkel.

Konstante Ein Term (z. B. eine Zahl), der einen festen Wert hat.

Kontinuierliche Daten Numerische Daten, die jeden Wert in einem bestimmten Bereich annehmen können.

Konvexes Polygon Ein Polygon, dessen Innenwinkel sämtlich kleiner 180° sind.

Koordinaten Zahlenpaar, das die exakte Position eines Punktes in einem Koordinatensystem oder auf einer Landkarte usw. angibt.

Korrelation Es gibt eine Korrelation zwischen den Daten, wenn die Veränderung eines Wertes aus der einen Menge eine Veränderung des zugehörigen Wertes aus der anderen Menge nach sich zieht.

Kosinus In einem rechtwinkligen Dreieck heißt das Verhältnis zwischen der Länge der Ankathete und der Länge der Hypotenuse Kosinus.

Kreisumfang Länge der Kreislinie.

Kubikwurzel Die Kubikwurzel einer Zahl x ist die Zahl, die zweimal mit sich selbst multipliziert die Zahl x ergibt. Das Symbol ist: $\sqrt[3]{}$.

Kubikzahl Wird eine natürliche Zahl zweimal mit sich selbst multipliziert, so ist das Ergebnis eine Kubikzahl.

Kumulierte Häufigkeit Fortlaufende Summe der Häufigkeiten einer Datenmenge.

Lineare Gleichung Gleichung, in der die Variablen in der ersten Potenz und keiner höheren Potenz vorkommen. Ihr Graph ist eine gerade Linie im Koordinatensystem.

Liniendiagramm Graph, der aus geraden Linien zusammengesetzt ist.

Median Mittlerer Wert einer geordneten Datenmenge.

Modus Häufigster Wert einer Datenmenge.

Multiplikation Wiederholte Addition eines Wertes. Symbol ist der Mal-Punkt · oder das Kreuz ×.

Natürliche Zahl Alle Zahlen von (0 oder) 1 ausgehend, die man zum Zählen verwendet.

Negative Zahl Alle Zahlen, die kleiner 0 sind.

Nenner Die Zahl, die im Bruch unten steht: Im Bruch ⅔ ist 3 der Nenner.

n-tes Folgenglied Bezeichnung für das Folgenglied an n-ter Stelle, also für ein beliebiges Folgenglied einer Folge.

Oberflächeninhalt Die Summe der Flächeninhalte der Begrenzungsflächen eines Körpers.

Operation Etwas, was mit einer Zahl durchgeführt wird, beispielsweise Addition, Subtraktion, Division, Multiplikation.

Ort, Ortslinie Eine Menge von Punkten, die bestimmten Regeln folgen. Beispiel: Die Kreislinie ist eine Ortslinie, deren Punkte alle gleich weit vom Mittelpunkt entfernt sind.

Parallel Zwei Geraden, die überall denselben Abstand haben, sind parallel.

Parallelogramm Viereck, in dem die gegenüberliegenden Seiten jeweils parallel zueinander und gleich lang sind.

Peilung Bestimmung des Winkels zwischen der Richtung, in der sich das angepeilte Objekt befindet, und der Nordrichtung.

Periodische Dezimalzahl Eine periodische Dezimalzahl bricht niemals ab. Ab einer bestimmten Stelle wiederholen sich die Ziffern immer wieder in derselben Reihenfolge.

Pi Dividiert man in einem Kreis die Länge der Kreislinie durch den Durchmesser, so ist das Verhältnis immer gleich: Diesen Wert nennt man Pi. Das Symbol ist π.

Piktogram Ein Diagramm, das Bilder zur Darstellung von Häufigkeiten verwendet.

Polyeder 3-D-Körper, dessen Begrenzungsflächen Polygone sind.

Polygon Geschlossene zweidimensionale Figur mit geraden Kanten, die mindestens drei Ecken hat.

Population In der Statistik auch die Grundgesamtheit der Daten (aus denen z. B. eine Stichprobe entnommen wird).

Positive Zahl Eine Zahl, die größer als 0 ist.

Potenz Eine Zahl, die aus der mindestens einmaligen Multiplikation einer Zahl mit sich selbst hervorgeht.

Primzahl Eine Zahl (außer 1), die nur durch 1 und sich selbst teilbar ist.

Prisma, gerades Körper, dessen Deckflächen zwei identische Polygone sind. Die Querschnittfläche eines Prismas ist überall gleich.

Produkt Das Ergebnis der Multiplikation zweier Werte miteinander.

Proportion Verhältnis zweier Teile eines Ganzen oder zweier Größen zueinander.

Prozentsatz Anteil von 100. Das Symbol ist das Prozentzeichen % (z. B. 50 %).

Pythagoras, Satz des Dieser Satz besagt, dass das Quadrat über der Hypotenuse in einem rechtwinkligen Dreieck gleich der Summe der beiden Kathetenquadrate ist. Zugehörige Gleichung: $a^2 + b^2 = c^2$.

Quadratische Folge Eine Folge, in der sich die Folgenglieder durch quadratische Ausdrücke unterscheiden.

Quadratische Gleichung Gleichung, in der die Variable in der zweiten und keiner höheren Potenz vorkommt, z. B. $x^2 + 5x + 6 = 0$.

Quadratwurzel Die Zahl, die mit sich selbst multipliziert die Zahl unter dem Wurzelzeichen ergibt. Symbol: $\sqrt{\ }$.

Quadratzahl Das Ergebnis der Multiplikation einer natürlichen Zahl mit sich selbst.

Qualitative Daten Liegen nicht in Zahlenform, sondern z. B. in Worten vor.

Quantitative Daten Daten in Form von Zahlen/Werten.

Quartil In der Statistik ist das obere Quartil der Median der oberen Hälfte einer geordneten Datenmenge. Das untere Quartil ist der Median der unteren Hälfte einer geordneten Datenmenge. Quartile und Median teilen die Datenmenge in vier gleich große Teile.

Quartilabstand Abstand zwischen oberem und unterem Quartil einer Datenmenge.

Radius (Plural: Radien) Jede gerade Linie vom Mittelpunkt eines Kreises zu seinem Umfang, also zur Kreislinie.

Rechter Winkel 90°-Winkel.

Rechtwinkliges Dreieck Dreieck mit einem 90°-Winkel (einem rechten Winkel).

Relative Häufigkeit Ein Schätzwert für die Wahrscheinlichkeit.

Rest Die Zahl, die bei der Division übrigbleibt, wenn der Dividend nicht durch den Divisor teilbar ist.

Rhombus Viereck mit vier gleich langen Seiten. Gegenüberliegende Seiten sind parallel, gegenüberliegende Winkel gleich groß.

Runden Eine Zahl ungefähr angeben, indem man auf die nächste ganze Zahl oder auf die nächste (übernächste usw.) Dezimalstelle auf- oder abrundet.

Säulendiagramm Diagramm, das Mengen anhand von rechteckigen Säulen unterschiedlicher Höhe darstellt.

Schätzwert Eine Lösung, die nah an der tatsächlichen Lösung liegt; Überschlagsrechnung.

Scheitelwinkel Zwei Winkel, die sich an der Kreuzung zweier Geraden gegenüberliegen. Scheitelwinkel sind gleich groß.

Schrägbild Eine zweidimensionale Darstellung eines dreidimensionalen Objekts von vorn oder von der Seite.

Segment Teil einer Kreisfläche, begrenzt von einer Kreissehne und einem Kreisbogen.

Sehne Strecke, die zwei Punkte einer Kurve, meist einer Kreislinie, verbindet und nicht durch den Kreismittelpunkt verläuft.

Sehnenviereck Viereck, dessen vier Ecken alle auf einer Kreislinie liegen.

Sektor Teil einer Kreisfläche, der von zwei Radien und einem Teil des Kreisbogens begrenzt wird.

Senkrecht Eine Linie steht senkrecht auf einer anderen, wenn der gebildete Winkel ein 90°-Winkel ist.

Sinus In einem rechtwinkligen Dreieck ist der Sinus eines Winkels das Verhältnis aus der dem Winkel gegenüberliegenden Seite (der Gegenkathete) und der Hypotenuse.

Skalar Wert mit einer Größe, ohne Richtung.

Spannweite Abstand zwischen dem größten und dem kleinsten Wert einer Datenmenge.

Spiegelung Abbildung, die ein Spiegelbild des Originalobjekts produziert.

Spitze Obere Ecke eines Körpers.

Spitzer Winkel Winkel zwischen 0° und 90°.

Standardabweichung Ein Maß für die Streuung, das die mittlere Abweichung vom Durchschnitt angibt. Ist die Standardabweichung niedrig, so liegen die meisten Daten nah am Durchschnitt, ist die Standardabweichung hoch, so liegen viele Daten weit gestreut.

Standardschreibweise Besonders große oder besonders kleine Zahlen werden meist als Zahl zwischen 0 und 10, multipliziert mit einer Zehnerpotenz geschrieben.

Statistik Erhebung, Auswertung und Interpretation von Daten, um bestimmte Aspekte einer Population besser zu verstehen.

Steigung Der Anstieg einer Linie.

Stichprobe Ein (zufällig) ausgewählter Teil der Population, über die Daten für statistische Fragestellungen erhoben wurden.

Streckfaktor Zahl, um die ein gestrecktes Objekt vergrößert oder verkleinert wird.

Streckung Abbildung, bei der Form und Größenverhältnisse, nicht aber die Größe beibehalten wird.

Streudiagramm Diagramm, in das einzelne Punkte eingezeichnet werden, die den Zusammenhang zwischen zwei Variablen veranschaulichen.

Streuung Ein Maß dafür, wie breit die Daten über die Spannweite gestreut sind.

Strichliste Liste mit kleinen Strichen, mit denen Objekte wie vorbeifahrende Autos gezählt werden.

Stückweise verlaufender Graph Graph, der aus mehreren, unterschiedlich verlaufenden Teilstücken besteht.

Stumpfer Winkel Winkel zwischen 90° und 180°.

Subtraktion Das Abziehen eines Wertes von einem anderen. Das Symbol ist –.

Symmetrie Eigenschaft einer ebenen Figur, die durch Spiegelung entlang einer (gedachten) Achse oder durch Drehung um einen festen Drehpunkt deckungsgleich auf sich selbst abgebildet werden kann.

Tangens Im rechtwinkligen Dreieck ist der Tangens das Verhältnis zwischen Gegenkathete und Ankathete.

Tangente Gerade Linie, die einen Kreis oder eine gekrümmte Kurve in einem einzigen Punkt berührt.

Teiler Die Teiler einer Zahl sind diejenigen Zahlen, durch die sie ohne Rest dividiert werden kann.

Term Eine Zahl, eine Variable, eine Konstante oder eine Kombination aus allem.

Tortendiagramm Diagramm, in dem Kreissektoren zur Darstellung von Häufigkeiten verwendet werden.

Transversale Eine Gerade, die zwei oder mehr Parallelen schneidet.

Trapez Viereck mit mindestens zwei parallelen Seiten, die unterschiedlich lang sein können.

Trigonometrie Teilgebiet der Mathematik, das sich mit der Berechnung von Dreiecken sowie ihren Winkeln und Seitenverhältnissen beschäftigt.

Überstumpfer Winkel Winkel zwischen 180° und 360°.

Umfang Die Begrenzungslinie einer ebenen Figur oder die Länge dieser Begrenzungslinie.

Umgekehrt proportional Zwei Werte sind umgekehrt proportional, wenn die Zunahme des einen Wertes eine entsprechende Abnahme des anderen Wertes nach sich zieht (z. B. Verdoppeln bewirkt Halbieren).

Unechter Bruch Bruch, dessen Zähler größer ist als sein Nenner.

Unendlich Ohne Grenze oder Ende.

Ungleichung Eine Ungleichung zeigt die Beziehung zwischen den Größen zweier Ausdrücke oder Terme und hat oft mehrere Lösungen.

Unvereinbare Ereignisse Zwei Ereignisse, die nicht gleichzeitig eintreffen können.

Variable Unbekannter oder veränderlicher Wert in einer Gleichung, einem Term oder einem Ausdruck. Meist werden Variablen durch Buchstaben wie x, y, z ausgedrückt.

Vektor Ein Wert, der eine Größe und eine Richtung hat.

Venn-Diagramm Diagramm aus zwei oder mehr (meist) teilweise überlappenden Kreisen, die Datenmengen darstellen.

Vergrößerung Die Veränderung der Größe eines Objekts, wobei aber alle Winkelgrößen und Seitenverhältnisse gleich bleiben.

Verhältnis Eine feste Beziehung zwischen Mengen oder Größen, z. B. bei Mischungen. Beispiel: Mehl : Wasser = 3 :1

Verschiebung Bewegung eines Objekts, ohne seine Größe, Form oder Orientierung zu verändern.

Verteilung In der Wahrscheinlichkeitsrechnung oder Statistik der Bereich der möglichen Werte und ihre Wahrscheinlichkeit.

Vielfaches Das Ergebnis der Multiplikation zweier Zahlen.

Viereck Ebene, geschlossene Figur mit vier Seiten und vier Winkeln.

Volumen Rauminhalt eines Körpers. Das Volumen wird in Kubikeinheiten gemessen.

Wahrscheinlichkeit Ein Maß, das angibt, ob und wie oft etwas passieren wird oder nicht. Die Wahrscheinlichkeit ist immer ein Wert von 0 bis 1.

Wahrscheinlichkeitsverteilung Mathematische Funktion, oft entweder grafisch oder tabellarisch dargestellt, die die Wahrscheinlichkeiten aller möglichen Ausgänge eines Experiments angibt.

Wechselwinkel Zwei Winkel auf derselben Seite einer Transversalen, die zwei Parallelen schneidet. Wechselwinkel sind entweder beide über (links) oder beide unter (rechts) einer der Parallelen.

Winkel Bereich zwischen zwei von einem gemeinsamen Punkt ausgehenden Geraden. Winkel werden in Grad gemessen (°).

Wurzel 1. Die Zahl, die mit sich selbst multipliziert die Zahl unter dem Wurzelzeichen ergibt. Symbol: $\sqrt{\ }$.
2. Wurzeln einer Funktion sind diejenigen x-Werte, für die $y = 0$ gilt.

x-Achse Horizontale Achse eines Koordinatensystems.

y-Achse Vertikale Achse eines Koordinatensystems.

Zähler Die Zahl, die im Bruch oben steht: Im Bruch $\frac{2}{3}$ ist 2 der Zähler.

Zeitreihen Folge von Messungen, die über einen bestimmten Zeitraum hinweg stattfinden.

Zerfall Ein bestimmtes Muster wiederholter Abnahme.

Zinsen Geldbetrag, der gezahlt wird, wenn man Geld investiert oder leiht.

Zinseszins Zinsen, die man auf einen bestimmten Geldbetrag und zusätzlich auf die damit bereits erwirtschafteten Zinsen erhält (oder bezahlen muss).

Zusammengesetzte(r) Figur/Körper Eine Figur oder ein Körper, die/der aus mehreren einfacheren Figuren oder Körpern zusammengesetzt ist.

Register

Seitenzahlen in **Fettdruck** verweisen auf den Haupteintrag.

A

B

D

E

Dank und Bildnachweis

Der DK Verlag dankt: Tina Jindal, Mani Ramaswamy und Amanda Wyatt für die Unterstützung im Lektorat. Rabia Ahmad, Nobina Chakravorty, Meenal Goel, Arshti Narang und Anjali Sachar für die Design-Unterstützung. Anita Yadav für die Unterstützung im technischen Bereich. Allen Ma und Amber Kuang für weitere Beratungen. Priyanka Sharma und Saloni Singh für die Covergestaltung und Helen Peters für die Erstellung des Registers.

Der Verlag dankt folgenden Personen und Organisationen für die freundliche Genehmigung zum Abdruck von Fotos:

(Abkürzungen: o = oben, u = unten, m = Mitte, l = links, r = rechts, g = ganz, Hg = Hintergrund)

34 Getty Images / iStock: AdrianHillman; **66 123RF.com:** 29mokara (gur); **Dorling Kindersley:** Mattel INC (mr); **Dreamstime.com:** Naruemon Mondee (ur); Maxim Sergeenkov (mro); **71 Dreamstime.com:** Ken Cole; **73 Dreamstime.com:** Yuri Parmenov Yuri Parmenov; **82 Dreamstime.com:** Elena Tumanova (mr); **90 Dorling Kindersley:** Jerry Young (mo); **92 Getty Images / iStock:** DonNichols / E+ (mr); **126 Dreamstime.com:** Tomas Griger (mo); **150 Dreamstime.com:** Sergeyoch; **160 Dreamstime.com:** Bakerjim (mru, mlu); **Shutterstock.com:** New Africa (mro, mlo); **225 Getty Images / iStock:** mastaka (Faces); **251 Dreamstime.com:** Chernetskaya (ml); Serezniy (m); Hin255 (u); **278 Dreamstime.com:** Irochka; **279 Dreamstime.com:** Sergio Bertino / Serjedi